\<READY TO CODE\>

\<?\>

Python
学习笔记
——从入门到实战

张学建■编著

中国铁道出版社有限公司
CHINA RAILWAY PUBLISHING HOUSE CO., LTD.

内 容 简 介

本书以学习笔记的形式，循序渐进地讲解了使用Python语言的核心知识，并通过具体实例的实现过程讲解了各个知识点的使用方法和流程。全书简洁而不失其技术深度，内容丰富全面，更有大量经典案例嵌入书中相应位置。本书易于阅读，以极简的文字介绍了复杂的案例，同时涵盖了其他同类图书中很少涉及的历史参考资料，对于初级读者系统学习Python语言大有帮助。

本书旨在帮助有较少编程经验的入门读者系统学习Python语言并通过书中的大量案例学习达到熟练掌握基础开发技能的目的；除此之外，书中还较为完善地纳入了多个综合案例，可帮助进阶类读者透彻理解知识点，梳理思路，积累开发经验。

图书在版编目（CIP）数据

Python学习笔记：从入门到实战/张学建编著. —北京：中国铁道
出版社有限公司，2023.3
ISBN 978-7-113-29852-4

Ⅰ.①P… Ⅱ.①张… Ⅲ.①软件工具-程序设计Ⅳ.①TP311.561

中国版本图书馆CIP数据核字（2022）第221334号

书　　名：Python 学习笔记——从入门到实战
　　　　　Python XUEXI BIJI：CONG RUMEN DAO SHIZHAN
作　　者：张学建

责任编辑：于先军	编辑部电话：(010) 51873026	邮箱：46768089@qq.com
封面设计：宿　萌		
责任校对：刘　畅		
责任印制：赵星辰		

出版发行：中国铁道出版社有限公司（100054，北京市西城区右安门西街 8 号）
网　　址：http://www.tdpress.com
印　　刷：河北宝昌佳彩印刷有限公司
版　　次：2023 年 3 月第 1 版　2023 年 3 月第 1 次印刷
开　　本：787 mm×1 092 mm　1/16　印张：30.25　字数：736 千
书　　号：ISBN 978-7-113-29852-4
定　　价：99.80 元

配套资源下载网址：
http://www.m.crphdm.com/2019/0926/14176.shtml

前 言

从你开始学习编程的那一刻起，就注定了以后所要走的路：从编程学习者开始，依次经历实习生、程序员、软件工程师、架构师、CTO 等职位的磨砺；当你站在职位顶峰的位置蓦然回首，会发现自己的成功并不是偶然，在程序员的成长之路上会有不断修改代码、寻找并解决 Bug、不停测试程序和修改项目的经历；不可否认的是，只要你在自己的开发生涯中稳扎稳打，并且善于总结和学习，最终将会得到可喜的收获。

■ 选择一本合适的书

对于一名程序开发初学者来说，究竟如何学习并提高自己的开发能力呢？选购一本适合自己的程序开发图书是一个不错的建议。如何选择呢，首先这本书要能帮助自己搭建起基本的知识架构；除此之外，实现从理论平滑过渡到项目实战，是初学者迫切需要的知识点。为此，我们特意策划并编写了本书。

■ 本书的特色

（1）内容全面

本书详细讲解 Python 语言所涵盖的绝大部分实用的知识点，循序渐进地讲解了这些知识点的使用方法和技巧，帮助读者快速步入 Python 开发高手之列。

（2）331 个实例嵌入书中相应位置

通过对这些实例的讲解实现了对知识点的横向切入和纵向比较，让读者有更多的实践演练机会，并且可以从不同的方位展现一个知识点的用法，确保读者扎实地掌握每一个知识点。

（3）视频讲解

本书配套资源中提供的视频教学，既包括实例讲解，也包括知识点讲解，对读者的开发水平实现了拔高处理。

（4）本书售后帮助读者快速解决学习问题

无论本书阅读中的疑惑，还是在 Python 语言学习中的问题，我们会在第一时间为读者解答，这也是我们对读者的承诺。

（5）网站论坛实现教学互动，形成互帮互学的朋友圈

为了方便给读者答疑，我们特为您提供网站论坛技术支持，可通过 QQ（729017304）获得，并且随时在线与读者互动。让大家在互学互帮中形成一个良好的学习编程的氛围。

■ 本书的内容

本书循序渐进地讲解了使用 Python 语言的核心知识，并通过具体实例的实现过程讲解了各个知识点的使用方法和流程。全书共 23 章，分别讲解了 Python 语言基础，Python 基础语法，运算符和表达式，列表、元组和字典，流程控制语句，函数，面向对象编程技术，模块、包和迭代器，生成器、装饰器和闭包，文件操作处理，标准库函数，异常处理，正则表达式，开发网络程序，多线程开发，Tkinter 图形化界面开发，开发数据库程序，使用 Pygame 开发游戏，Python Web 开发，数据可视化，Python 多媒体开发实战，开发网络爬虫，大数据实战：网络爬虫房价数据并数据分析。全书简洁而不失其技术深度，内容丰富全面，历史资料翔实齐全。本书易于阅读，以极简的文字介绍了复杂的案例，同时涵盖了其他同类图书中很少涉及的历史参考资料，是学习 Python 数据分析的优选教程。

■ 本书的读者对象

翔实的知识点讲解和精练的案例搭配是本书结构和行文的特点，对于有着基本编程常识的读者可通过该种方式迅速搭建起语法架构和功能轮廓，并通过其中的嵌入案例了解知识点到实践的应用渠道。

对于已经了解 Python 语言并从事相关编程工作的读者，可通过书中的综合案例梳理开发思路，积累实践经验。

■ 致谢

本书在编写过程中，得到了中国铁道出版社有限公司编辑的大力支持，正是各位编辑的求实、耐心和效率，才使得本书能够在这么短的时间内出版。另外，也十分感谢我的家人给予的巨大支持。本人水平毕竟有限，书中纰漏之处在所难免，诚请读者提出宝贵的意见或建议，以便修订并使之日臻完善。

最后感谢您购买本书，希望本书能成为您编程路上的领航者，祝您阅读快乐！

张学建

2022 年 11 月

目 录

第 3 章 运算符和表达式

第 4 章 列表、元组和字典

第 9 章 生成器、装饰器和闭包

第 10 章 文件操作处理

第 11 章　标准库函数

第 15 章 多线程开发

第 18 章　使用 Pygame 开发游戏

第 19 章　Python Web 开发

第 20 章　数据可视化

Python 语言基础

（视频讲解：22 分钟）

在最近几年中，经常听身边的朋友在谈论 Python，并且越来越多的人在使用 Python。究竟 Python 有什么神奇之处，能够吸引广大学习者和程序员们的目光。在本章的内容中，将详细介绍 Python 语言的发展历程和特点，和读者一起找寻 Python 语言为什么受欢迎的答案。

1.1 Python 语言横空出世

都说长江后浪推前浪，一代新人换旧人。在最近的几年中，身边越来越多的人在学习 Python，越来越多的软件项目用 Python 开发。在当今编程界诞生了一颗最耀眼的新星，这就是 Python。

1.1.1 编程世界的"琅琊榜"

TIOBE 排行榜是编程语言流行趋势的一个重要指标，此榜单每月更新一次。TIOBE 排行榜的数据比较权威，具体排名使用著名的搜索引擎（诸如 Google、MSN、Yahoo!、Wikipedia、YouTube 以及百度等）进行计算。2019 年 7 月 1 日，TIOBE 发布了 6 月编程语言排行榜，可以看见 Python 语言已经超过 C++，位居第三。表 1-1 是 2018 和 2019 两年榜单中前四名的排名信息。

表 1-1

2019 年 6 月排名	2018 年年终排名	语言	2019 年 7 月占有率	和 2018 年相比
1	1	Java	15.004%	-0.36%
2	2	C	13.300%	-1.64%
3	3	Python	8.530%	+2.77%
4	4	C++	7.384%	-0.95%

注意："TIOBE 编程语言社区排行榜"只是反映某个编程语言的热门程度，并不能说明一门编程语言好不好，或者一门语言所编写的代码数量多少。"TIOBE 编程语言社区排行榜"只是说明大家都在使用什么编程语言，这既可以统计大家最喜欢的编程语言，也可以用来考查大家的编程技能是否与时俱进，也可以在开发新系统时作为一个语言选择的依据。

1.1.2 Python 语言的突出优势

"TIOBE 编程语言社区排行榜"中的排名很出乎笔者的意料，Python 语言竟然排在 C++、PHP、JavaScript、Visual Basic 等众多常用开发语言的前面。Python 语言为什么这么火呢？笔者认为 Python 语言之所以如此受大家欢迎，主要有如下三个原因：

（1）简单，学习门槛低

无论是对于广大学习者还是程序员，简单就代表了最大的吸引力。既然都能实现同样的功能，人们有什么理由不去选择更加简单的开发语言呢？例如在运行 Python 程序时，只需要简单地输入 Python 代码后即可运行，而不需要像其他语言（例如 C 或 C++）那样需要经过编译和连接等中间步骤。Python 可以立即执行程序，这样便形成了一种交互式编程体验和不同情况下快速调整的能力，往往在修改代码后能立即看到程序改变后的效果。

（2）强大的胶水语言特性

一个软件系统可以用多种语言编写，但是这些语言怎么相互连接呢？一种常用的做法是，把不同的语言编写的模块打包起来，在最外层使用 Python 调用这些封装好的包，这就是胶水语言的特性。在 Python 开发过程中，我们可以借助于第三方库实现各种各样的功能，这些第三方库可以用各种各样的语言开发实现，例如 C、C++、Java、C# 等。也就是说，因为 Python 语言拥有胶水语言的特性，所以可以调用 C、C++、Java、C# 等语言开发的功能为自己的 Python 程序所用。

（3）功能强大

Python 语言可以被用来作为批处理语言，写一些简单工具，处理一些数据，作为其他软件的接口调试等。Python 语言可以用来作为函数语言，进行人工智能程序的开发，具有 Lisp 语言的大部分功能。Python 语言可以用来作为过程语言，进行我们常见的应用程序开发，可以和 Visual Basic 等语言一起应用。Python 语言可以用来作为面向对象语言，具有大部分面向对象语言的特征，经常作为大型应用软件的原型开发，然后再用 C++ 语言改写，而有些应用软件则是直接使用 Python 来开发。

1.1.3 Python 语言的特点

（1）面向对象

Python 是一门面向对象的语言，它的类模块支持多态、操作符重载和多重继承等高级概念，并且以 Python 特有的简洁的语法和类型，面向对象十分易于使用。除了作为一种强大的代码构建和重用手段以外，Python 的面向对象特性使它成为面向对象语言（如 C++ 和 Java）的理想脚本工具。例如，通过适当的粘接代码，Python 程序可以对 C++、Java 和 C# 的类进行子类的定制。

（2）免费

Python 的使用和分发是完全免费的，就像其他的开源软件一样，如 Perl、Linux 和 Apache。开发者可以从 Internet 上免费获得 Python 系统的源代码。复制 Python，将其嵌入你的系统或者随产品一起发布都没有任何限制。

（3）可移植

Python 语言的标准实现是由可移植的 ANSI C 编写的，可以在目前所有的主流平台上编译和运行。现在从 PDA 到超级计算机，到处都可以见到 Python 程序的运行。Python 语言可以在下列平台上运行（注意，这并不是全部，而仅仅是笔者所知道的一部分）：

- Linux 和 UNIX 系统
- 微软 Windows 和 DOS（所有版本）
- Mac OS（包括 OS X 和 Classic）
- BeOS、OS/2、VMS 和 QNX
- 实时操作系统，例如 VxWorks
- Cray 超级计算机和 IBM 大型机
- 运行 Palm OS、PocketPC 和 Linux 的 PDA
- 运行 Windows Mobile 和 Symbian OS 的移动电话
- 游戏终端和 iPod

（4）混合开发

Python 程序可以以多种方式轻易地与其他语言编写的组件粘接在一起。例如，通过使用 Python 的 C 语言 API 可以帮助 Python 程序灵活地调用 C 程序。这意味着可以根据需要给 Python 程序添加功能，或者在其他环境系统中使用 Python。例如，将 Python 与 C 或者 C++ 写成的库文件混合起来，使 Python 成为一个前端语言和定制工具，这使 Python 成为一个很好的快速原型工具。出于开发速度的考虑，系统可以先使用 Python 实现，之后转移至 C，这样可以根据不同时期性能的需要逐步实现系统。

1.2　安装 Python 运行环境

在学习 Python 开发技术之前，只有在安装 Python 后，才可以在自己的电脑中运行 Python 程序。在本节的内容中，将详细讲解安装 Python 运行环境的知识，为读者步入本书后面知识的学习打下基础。

1.2.1　选择版本

因为 Python 语言是跨平台的，所以可以安装并运行在 Windows、MacOS、Linux、UNIX 和各种其他系统上，并且在 Windows 上编写的 Python 程序，可以放到 Linux 系统上运行。

到目前为止，Python 最为常用的版本有两个：一个是 2.x 版，一个是 3.x 版，这两个版本是不兼容的，因为目前 Python 正在朝着 3.x 版本进化，在进化过程中，大量的针对 2.x 版本的代码要修改后才能运行。所以，目前有一些第三方库（不是 Python 官方提供的库）还暂时无法在 3.x 上使用。读者可以根据自己的需要选择进行下载和安装，本书将以 Python 3.x 版本语法和标准库进行讲解。

1.2.2 在 Windows 系统中下载并安装 Python

因为 Python 可以在 Windows、Linux 和 Mac 三大主流的计算机系统中运行，所以在本书中将详细讲解在这三种操作系统中安装 Python 的方法，接下来首先讲解在 Windows 系统中下载并安装 Python 的过程。

（1）登录 Python 官方网站 https://www.python.org，单击顶部导航窗栏中的"Downloads"链接，来到如图 1-1 所示的下载页面。

图 1-1

（2）因为当前计算机的系统是 Windows 系统，所以单击"Looking for Python with a different OS? Python for"后面的"Windows"链接，来到如图 1-2 所示的 Windows 版下载界面。

Python ≫ Downloads ≫ Windows

Python Releases for Windows

- Latest Python 2 Release - Python 2.7.12
- Latest Python 3 Release - Python 3.5.2

- Python 3.6.0b3 - 2016-10-31
  - Download Windows x86 web-based installer
  - Download Windows x86 executable installer
  - Download Windows x86 embeddable zip file
  - Download Windows x86-64 web-based installer
  - Download Windows x86-64 executable installer
  - Download Windows x86-64 embeddable zip file
  - Download Windows help file
- Python 3.6.0b2 - 2016-10-10
  - Download Windows x86 web-based installer
  - Download Windows x86 executable installer
  - Download Windows x86 embeddable zip file
  - Download Windows x86-64 web-based installer

图 1-2

如图 1-2 所示的都是 Windows 系统平台的安装包，其中 x86 适合 32 位操作系统，x86-64 适合 64 位操作系统。并且可以通过如下三种途径获取 Python：

- web-based installer：需要通过连网完成安装。
- executable installer：通过可执行文件 (*.exe) 方式安装。
- embeddable zip file：这是嵌入式版本，可以集成到其他应用程序中。

（3）因为笔者的计算机是 64 位操作系统，所以需要选择一个 64 位的安装包，当前（笔者写稿时）最新版本"Windows x86-64 executable installer"。弹出如图 1-3 所示的下载对话框，单击"下载"按钮后开始下载。

（4）下载成功后得到一个".exe"格式的可执行文件，双击此文件开始安装。在第一个安装界面中勾选界面下方的两个复选框，然后单击"Install Now"，如图 1-4 所示。

图 1-3　　　　　　　　　　　　　　　图 1-4

注意：勾选"Add Python xx to PATH"复选框的目的是把 python 的安装路径添加到系统路径下面，勾选这个选项后，以后在执行 cmd 命令时，输入 python 后就会去调用 python.exe。如果不勾选这个选项，在 cmd 下输入 python 时就会报错。

（5）弹出如图 1-5 所示的安装进度对话框。

（6）安装完成后的界面效果如图 1-6 所示，单击"Close"按钮完成安装。

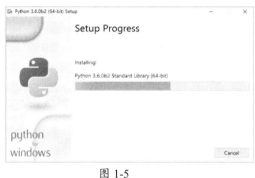

图 1-5　　　　　　　　　　　　　　　图 1-6

（7）依次单击"开始"→"运行"按钮，输入"cmd"后打开 DOS 命令界面，然后输入"python"验证是否安装成功。弹出如图 1-7 所示的界面表示安装成功。

图 1-7

1.2.3　在 MacOS 系统中下载并安装 Python

在苹果系统 MacOS 中已经默认安装了 Python，开发者只需要安装一个文本编辑器来编写 Python 程序即可，并且需要确保其配置信息正确无误。要想检查当前使用的苹果系统是否安装了 Python，需要完成如下工作：

（1）打开终端窗口（和 Windows 系统中的 CMD 控制台类似）

打开"Applications/Utilities"文件夹，选择打开里面的 Terminal，这样可以打开一个终端窗口。另外也可以按下键盘中的"Command + 空格"组合键，再输入 terminal 并按回车打开终端窗口。

（2）输入"python"命令

为了确定是否安装了 Python，接下来需要执行命令"python"（注意，其中的 p 是小写的）。如果输出了类似于下面的内容，指出了安装的 Python 版本，这表示 Python 已经安装成功；最后的">>>"是一个提示符，让我们能够进一步输入 Python 命令。

```
$ python
Python 3.6.1 (default, Mar 9 2016, 22:15:05)
[GCC 4.2.1 Compatible Apple LLVM 5.0 (clang-500.0.68)] on darwin
Type "help", "copyright", "credits", or "license" for more information.
>>>
```

上述输出表明，当前计算机默认使用的 Python 版本为 Python 3.6.1。看到上述输出后，如果要退出 Python 并返回到终端窗口，可按"Ctrl + D"组合键或执行命令 exit()。

1.2.4 在 Linux 系统中下载并安装 Python

在众多开发者的眼中，Linux 系统是专门为开发者所设计的。笔者建议读者学完本书的全部知识后，一定要学会在 Linux 系统开发 Python 的知识，主要有如下三点原因：

- 大多的 Python 库是基于 Linux 系统设计的；
- 在 Linux 系统开发 Python 程序的效率会比在 Windows 系统高；
- 在大多数的 Linux 计算机中，都已经默认安装了 Python。要在 Linux 系统中编写 Python 程序，开发者几乎不用安装什么软件，也几乎不用修改设置。

要想检查当前使用的 Linux 系统是否安装了 Python，需要完成如下所示的工作。

（1）在系统中运行应用程序 Terminal（如果使用的是 Ubuntu，可以按下"Ctrl + Alt + T"组合键），打开一个终端窗口。

（2）为了确定是否安装了 Python，需要执行"python"命令。如果输出了类似于下面的结果，则表示已经安装了 Python；最后的">>>"是一个提示符，让我们能够继续输入 Python 命令。

```
$ python
Python 2.7.6 (default, Mar 22 2014, 22:59:38)
[GCC 4.8.2] on linux2
Type "help", "copyright", "credits" or "license" for more information.
>>>
```

上述输出表明，当前计算机默认使用的 Python 版本为 Python 2.7.6。看到上述输出后，如果要退出 Python 并返回到终端窗口，可按"Ctrl + D"组合键或执行命令 exit()。要想检查系统是否安装了 Python 3，可能需要指定相应的版本，例如尝试执行命令 python3。

```
$ python3
Python 3.6.0 (default, Sep 17 2016, 13:05:18)
[GCC 4.8.4] on linux
Type "help", "copyright", "credits" or "license" for more information.
>>>
```

上述输出表明，在当前 Linux 系统中也安装了 Python 3，所以开发者可以使用这两个版本中的任何一个。在这种情况下，需要将本书中的命令 python 都替换为 python3。

1.3　使用 IDLE 开发 Python 程序

在安装 Python 后，接下来需要选择一款开发工具来编写 Python 程序。市面上有很多种支持 Python 的开发工具，其中最常用的是 Python 官方提供的 IDLE。在前面安装 Python 运行环境后会自动安装 IDLE。

1.3.1　IDLE 介绍

IDLE 是 Python 自带的开发工具，它是使用 Python 第三方库 tkinter（图形接口库）开发的一个图形界面的开发工具，其主要特点如下：

- 跨平台，包括 Windows、Linux、UNIX 和 MacOS X
- 智能缩进
- 代码着色
- 自动提示
- 可以实现断点设置、单步执行等调试功能
- 具有智能化菜单

当在 Windows 系统下安装 Python 时，会自动安装 IDLE，在开始菜单中的 Python 3.x 子菜单中就可以找到 IDLE。如图 1-8 所示。在 Windows 系统打开 IDLE 后的界面效果如图 1-9 所示。标题栏与普通的 Windows 应用程序相同，而其中所写的代码是被自动着色的。

图 1-8

图 1-9

注意：如果是在 Linux 系统下，则需要使用 yum 或 apt-get 命令进行单独安装。

IDLE 常用的快捷键见表 1-2。

表 1-2

快捷键	功　　能
Ctrl+]	缩进代码
Ctrl+[	取消缩进
Alt+3	注释代码
Alt+4	去除注释
F5	运行代码
Ctrl+Z	撤销一步

1.3.2 使用 IDLE 开发第一个 Python 程序

经过本章前面内容的学习，已经了解了安装并搭建 Python 开发环境的知识。在下面的内容中，将通过一段具体代码让你初步了解 Python 程序的基本知识。

实例 1-1：输出显示一段文本信息

源码路径：下载包 \daima\1\1-1

1．编码并运行

（1）打开 IDLE，依次单击"File"→"New File"命令，在弹出的新建文件中输入如下代码：

```
print('同学们好，我的名字是——娜娜！')
print('我暂时告别娱乐圈，决定去学习深造！')
```

在 Python 语言中，"print"是一个打印函数，这是一个 Python 内置的函数，功能是在命令行界面打印输出指定的内容，和 C 语言中的"printf"函数、Java 语言中的"println"函数类似。本实例在 IDLE 编辑器中的效果如图 1-10 所示。

```
File  Edit  Format  Run  Options  Window  Help
print('同学们好,我的名字是——娜娜!')
print('我暂时告别娱乐圈,决定去学习深造!')
```

图 1-10

（2）依次单击"File"→"Save"命令，将其保存为文件"first.py"，如图 1-11 所示。

图 1-11

（3）按下键盘中的 F5 键，或依次单击"Run"→"Run Module"命令，运行当前代码，如图 1-12 所示。

（4）本实例执行后会使用函数 print() 打印输出两行文本，执行后的效果如图 1-13 所示。

图 1-12 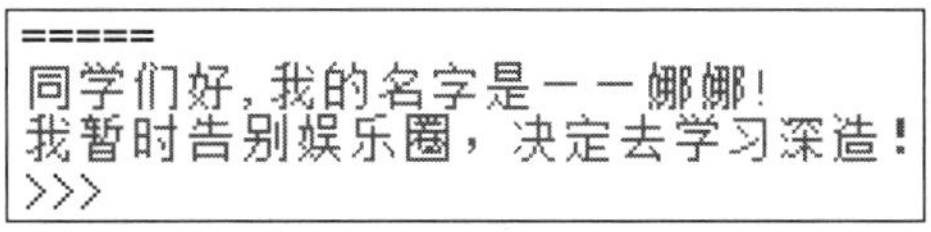　　　　　　　　　　　　　　　　　　　　　图 1-13

2. 命令行运行方式

在 Windows 系统下还可以直接使用双击的方式来运行，如果双击运行上面编写的程序文件 "first.py"，可以看到一个命令行窗口出现，然后又关闭，由于很快，看不到输出内容，因为程序运行结束后便立即退出了。为了能看到程序的输出内容，可以按以下步骤进行操作：

（1）单击"开始"菜单，在"搜索程序和文件"文本框中输入"cmd"，并按 Enter 键，打开 Windows 的命令行窗口。

（2）输入文件 first.py 的绝对路径及文件名，再按 Enter 键运行程序。也可以使用 cd 命令，进入到文件 "first.py" 所在的目录，如 "D:\lx"，然后在命令行提示符下输入 "first.py" 或者 "python first.py"，按 Enter 键即可运行。

注意：在 Linux 系统中，在 Terminal 终端的命令提示符下可以使用 python first.py 命令来运行 Python 程序。

3. 交互式运行方式

Python 的交互式运行方式是指一边输入程序，一边运行程序。具体操作步骤如下：

（1）打开 IDLE，在命令行中输入如下代码：

```
print('同学们好，我的名字是——娜娜！')
```

按 Enter 键后即可立即运行上述代码，执行结果如图 1-14 所示。

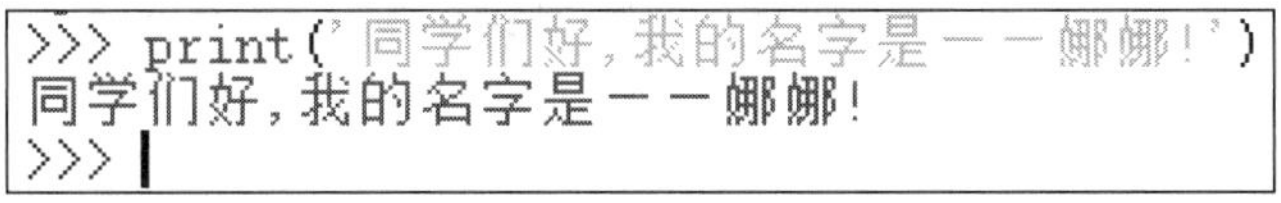

```
>>> print('同学们好，我的名字是——娜娜！')
同学们好，我的名字是——娜娜！
>>>
```

图 1-14

（2）继续输入如下代码：

```
print('我暂时告别娱乐圈，决定去学习深造！')
```

按 Enter 键后即可立即运行上述代码，执行效果如图 1-15 所示。

```
>>> print('我暂时告别娱乐圈，决定去学习深造！')
我暂时告别娱乐圈，决定去学习深造！
>>>
```

图 1-15

注意：在 Linux 系统中也可以通过在 Terminal 终端的命令提示符下运行命令 python 启动 Python 的交互式运行环境，这样可以一边输入程序，一边运行程序。

1.4 使用 PyCharm 开发 Python 程序

为了帮助读者提高开发 Python 程序的效率，在本节将介绍一款著名的 Python IDE 开发工具——PyCharm，这是拥有一整套可以帮助用户在使用 Python 语言开发时提高效率的工具，具备基本的调试、语法高亮、Project 管理、代码跳转、智能提示、自动完成、单元测试、版本控制。

1.4.1 下载、安装并设置 PyCharm

PyCharm 是业内公认的最强大的 Python 语言开发工具之一，提供了一些高级功能以用于支持各种 Python 库框架。如果读者具有 Java 开发经验，会发现 PyCharm 和 IntelliJ IDEA 十分相似。如果读者拥有 Android 开发经验，就会发现 PyCharm 和 Android Studio 十分相似。事实也正是如此，PyCharm 不但跟 IntelliJ IDEA 和 Android Studio 外表相似，而且用法也相似。拥有 Java 和 Android 开发经验的读者可以迅速上手 PyCharm，几乎不用额外的学习工作。

注意：在安装 PyCharm 之前需要先安装 Python。

（1）登录 PyCharm 官方页面 http://www.jetbrains.com/pycharm/，单击顶部中间的"DOWNLOAD NOW"按钮，如图 1-16 所示。

图 1-16

（2）在打开的新界面中显示可以下载如下 PyCharm 的两个版本（图 1-17）：

● Professional：专业版，可以使用 PyCharm 的全部功能，但是收费。

● Community：社区版，可以满足 Python 开发的大多数功能，完全免费。

并且在上方可以选择操作系统，PyCharm 分别提供了 Windows、MacOS 和 Linux 三大主流操作系统的下载版本，并且每种操作系统都分为专业版和社区版两种。

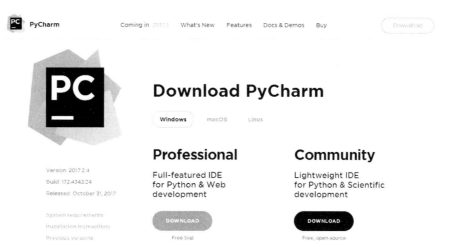

图 1-17

（3）笔者使用的是 Windows 系统的专业版，单击 Windows 选项中 Professional 下面的"DOWNLOAD"按钮，在弹出的"下载对话框"中单击"下载"按钮开始下载 PyCharm，如图 1-18 所示。

图 1-18

（4）下载成功后将会得到一个形似"pycharm-professional-201×.×.×.exe"的可执行文件，双击打开这个可执行文件，弹出如图 1-19 所示的欢迎安装界面。

图 1-19

（5）单击"Next"按钮后弹出安装目录界面，在此设置 PyCharm 的安装位置，如图 1-20 所示。

（6）单击"Next"按钮后弹出安装选项界面，在此根据自己电脑的配置勾选对应的选项，因为笔者使用的是 64 位系统，所以此处勾选"64-bit launcher"复选框。然后分别勾选"Create associations（创建关联 Python 源代码文件）"和".py"前面的复选框，如图 1-21 所示。

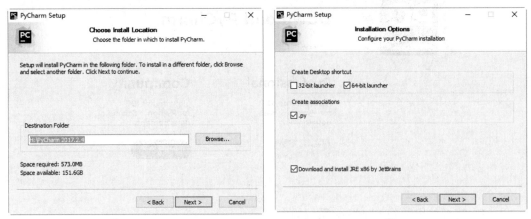

图 1-20   图 1-21

（7）单击"Next"按钮后弹出创建启动菜单界面，如图 1-22 所示。

（8）单击"Install"按钮后弹出安装进度界面，这一步的过程需要读者耐心等待一会儿，如图 1-23 所示。

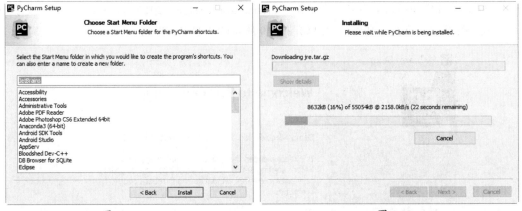

图 1-22   图 1-23

（9）安装进度条完成后弹出完成安装界面，如图 1-24 所示。单击"Finish"按钮完成 PyCharm 的全部安装工作。

（10）单击桌面中快捷方式或开始菜单中的对应选项启动 PyCharm，因为是第一次打开 PyCharm，会询问我们是否要导入先前的设置（默认为不导入）。因为我们是全新安装，所以这里直接单击"OK"按钮即可。接着 PyCharm 会让我们设置主题和代码编辑器的样式，读者可以根据自己的喜好进行设置，例如有 Visual Studio 开发经验的读者可以选择 Visual Studio 风格。完全启动 PyCharm 后的界面效果如图 1-25 所示。

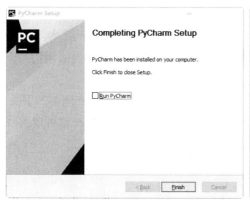

图 1-24 · · · · · · · · · · · · · · · · · · 图 1-25

- 左侧区域面板：列表显示过去创建或使用过的项目工程，因为我们是第一次安装，所以暂时显示为空白。
- 中间 Create New Project 按钮：单击此按钮后将弹出新建工程对话框，开始新建项目。
- 中间 Open 按钮：单击此按钮后将弹出打开对话框，用于打开已经创建的工程项目。
- 中间 Check out from Version Control 下拉按钮：单击后弹出项目的地址来源列表，里面有 CVS、Github、Git 等常见的版本控制分支渠道。
- 右下角 Configure：单击后弹出和设置相关的列表，可以实现基本的设置功能。
- 右下角 Get Help：单击后弹出和使用帮助相关的列表，可以帮助使用者快速入门。

1.4.2 使用 PyCharm 创建并运行一个 Python 程序

实例 1-2：输出显示"Hello 我们是 TFBOYS 组合！"

源码路径：下载包 \daima\1\1-2

具体操作步骤如下：

（1）打开 PyCharm，单击图 1-25 中的"Create New Project"按钮弹出"New Project"界面，单击左侧列表中的 Pure Python 选项，如图 1-26 所示。

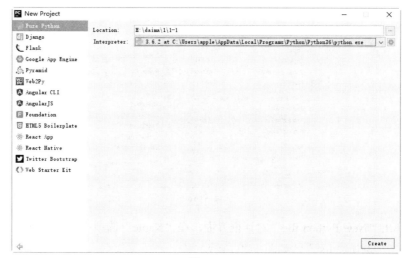

图 1-26

- Location：Python 项目工程的保存路径。
- Interpreter：选择 Python 的版本，很多开发者在电脑中安装了多个版本，例如 Python 2.7、Python3.5 或 Python 3.6 等。这一功能十分人性化，因为不同版本切换十分方便。

（2）单击"Create"按钮后将在创建一个 Python 工程，如图 1-27 所示。在图 1-27 所示的 PyCharm 工程界面中，依次单击顶部菜单中的"File"→"New Project"命令也可以实现创建 Python 工程功能。

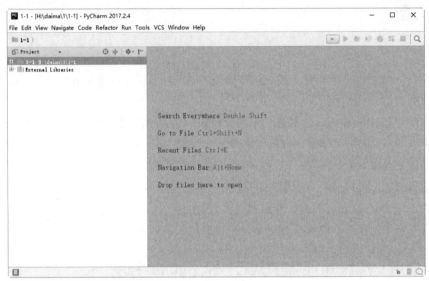

图 1-27

（3）右击左侧工程名，在弹出的选项中依次选择"New"→"Python File"，如图 1-28 所示。

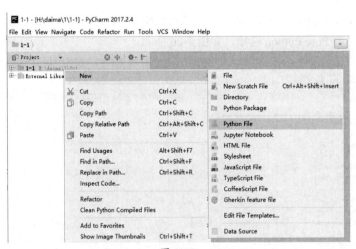

图 1-28

（4）弹出"New Python file"对话框界面，在"Name"选项中给将要创建的 Python 文件起一个名字，例如"first"，如图 1-29 所示。

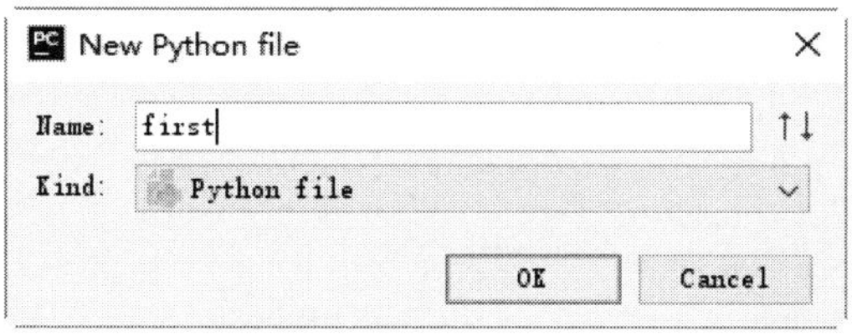

图 1-29

（5）单击"OK"按钮后会创建一个名为"first.py"的 Python 文件，鼠标选择左侧列表中的"first.py"文件名，在 PyCharm 右侧代码编辑界面编写一段 Python 代码，如图 1-30 所示。

```
# if True 是一个固定语句，后面的总是被执行
if True:
        print("Hello 我们是 TFBOYS 组合！") #缩进 4 个空白的占位
else:                                      #与 if 对齐
        print("Hello Python!")             #缩进 4 个空白的占位
```

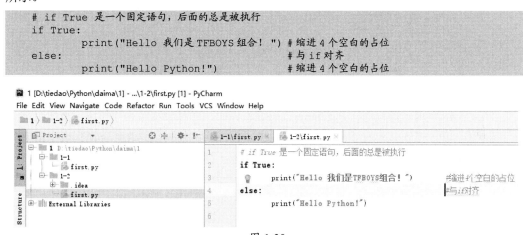

图 1-30

（6）开始运行文件 first.py，在运行之前会发现 PyCharm 顶部菜单中的运行和调试按钮都是灰色的，处于不可用状态。这时需要我们对控制台进行配置，方法是单击运行旁边的黑色倒三角，然后单击下面的"Edit Configurations"选项（或者依次单击 PyCharm 顶部菜单中的 Run → Edit Configurations 选项）来到"Run/Debug Configurations"配置界面，如图 1-31 所示。

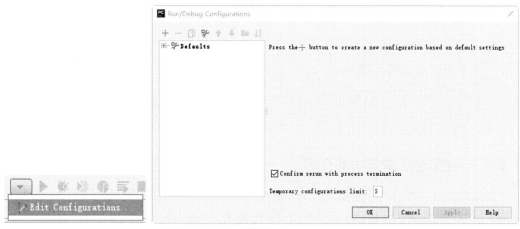

图 1-31

（7）单击左上角的绿色加号，在弹出的列表中选择"Python"选项，设置右侧界面中

的"Scrip"选项为我们前面刚刚编写的文件 first.py 的路径，如图 1-32 所示。

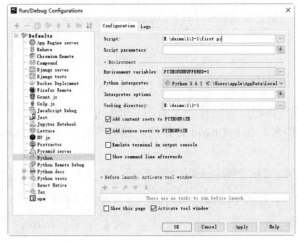

图 1-32

（8）单击"OK"按钮返回 PyCharm 代码编辑界面，此时会发现运行和调试按钮全部处于可用状态，单击后可以运行我们的文件 first.py。也可以用鼠标右键选中左侧列表中的文件名 first.py，在弹出的命令中选择"Run 'first'"来运行文件 first.py，如图 1-33 所示。

图 1-33

（9）在 PyCharm 底部的调试面板中将会显示文件 first.py 的执行效果，如图 1-34 所示。

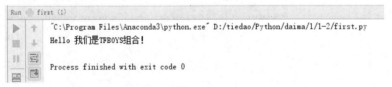

图 1-34

1.4.3 PyCharm 常用功能介绍

经过前面内容的学习，使用 PyCharm 编写并运行 Python 程序的知识介绍完毕。在接下来的内容中，将详细讲解 PyCharm 中几个常用的功能。

1. 设置行号

在安装 PyCharm 后，在代码编辑界面中是默认显示行号的。但是有的读者的 PyCharm

不显示行号，此时可以依次单击"File"→"Settings"→"Editor"→"General"→"Appearance"，在弹出的"Appearance"界面中勾选"Show Line Numbers"选项前的复选框即可实现行号显示功能，如图 1-35 所示。

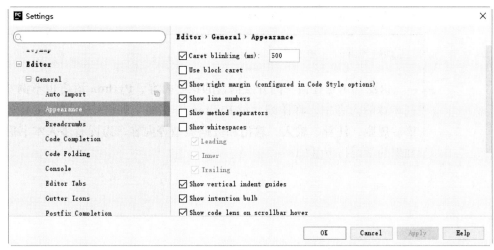

图 1-35

2. 断点调试

PyCharm 作为一款经典的 IDE 开发工具，断点调试是必须具备的功能。在 PyCharm 代码编辑界面设置断点的方法十分简单，在某行代码的前面、行号的后面，单击一下就可以设置断点。设置断点后会显示一个红色实心圆图像，如图 1-36 所示。

图 1-36

单击 PyCharm 顶部菜单中的图标可以启动断点调试，单击后会运行程序到第一个断点，并在 PyCharm 调试面板显示该断点之前的变量信息。如图 1-37 所示。单击调试面板中的图标（Step Over）或按下 F10 快捷键后可以继续往下运行，将程序运行到下一个断点。

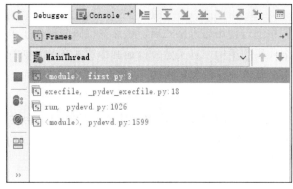

图 1-37

第2章

Python 基础语法

（📱 视频讲解：70 分钟）

语法知识是任何一门开发语言的核心内容，Python 语言也不例外。在本章的内容中，将详细介绍 Python 语言的基础语法知识，主要包括语法规则、注释、输入、输出和数据类型等内容，为读者步入本书后面知识的学习打下基础。

2.1　独一无二缩进规则

如果读者学习过其他高级程序设计语言，就会知道缩进会使程序代码的结构变得清晰。但是其他编程语言对缩进的要求不是非常严格，在大多数开发语言中，将所有代码写在同一行内也是正确无误的。

2.1.1　Python 缩进的严格要求

例如下面是一段缩进格式的 C 语言代码：

```
int main(){
  int a,b;                      // 分别定义两个int 类型的变量a 和b
  printf("please input A,B: "); // 提示输入两个值
  scanf("%d%d",&a,&b);          // 获取用户输入的两个值
  if(a!=b)                      //if 条件语句，如果输入的两个值不相等
    if(a>b)                     //if 条件语句，如果输入值a 大于b
      printf("A>B\n");          // 在控制台中打印输出a 大于b
    else                        //if 条件语句，如果输入值a 不是大于b
      printf("A<B\n");          // 在控制台中打印输出a 小于b
  else                          // 如果输入的两个值相等
    printf("A=B\n");            // 在控制台中打印输出a 等于b
}
```

在上述 C 语言代码中通过使用缩进格式后，虽然在代码中使用了多个 if 语句，并且实现了语句嵌套，但是整个代码的结构一目了然，例如其中第 3 和第 4 两行代码是并列的。如果不使用缩进格式，完全可以将上述代码写在同一行内，但是这样太难以理解这行代码的功能含义了。

上述 C 语言代码即使不使用缩进规则，整个代码的功能也不会发生变化。但是 Python 语言对缩进的要求十分严格，即使是同样的代码，不同的缩进有不同的功能含义。代码缩进一般用在函数定义、类的定义以及一些控制语句中。

针对程序缩进，Python 语言规定如下：

● 缩进只使用空白实现，必须使用 4 个空格来表示每级缩进。

● 一般来说，行尾的 ":" 表示下一行代码缩进的开始，以下的一段复杂的代码中就有在分支语句中使用缩进，即使没有使用括号、分号、大括号等进行语句（块）的分隔，通过缩进分层的结构也非常清晰。

● 要求编写的 Python 代码最好全部使用缩进来分层（块）。

● 使用 Tab 字符和其他数目的空格虽然都可以编译通过，但不符合编码规范。支持 Tab 字符和其他数目的空格仅仅是为了兼容很旧的 Python 程序和某些有问题的编辑器。

● 确保使用一致数量的缩进空格，否则编写的程序将显示错误。

2.1.2　一段使用缩进的 Python 程序

请看下面的实例代码，演示了缩进 Python 代码的过程。

实例 2-1：输出显示 "Hello，欢迎来到 Python 世界！"

源码路径：下载包 \daima\2\2-1

实例文件 suojin.py 的具体实现代码如下：

```
if True:
    print("Hello，欢迎来到 Python 世界！")        # 缩进 4 个空白占位
else:                  # 与 if 对齐
    print("Hello，欢迎来到 Java 世界！")           # 缩进 4 个空白占位
```

在上述代码中，使用了 4 个空白的缩进格式，执行后会输出：

```
Hello，欢迎来到 Python 世界!
```

再看如下所示的代码，使用了不同的缩进方式：

```
if True:
    print("Hello，欢迎来到 Python 世界！！")
else:
    print("Hello，欢迎来到 Java 世界！")
print("end")         # 改正时只需将这行代码前面的空格全部删除即可，或者跟上面的 print 行首对齐
```

在上述代码中，实现缩进的方式不一致，有的是通过键盘中的 Tab 键实现的，有的是通过空白实现的，这是 Python 语法规则所不允许的，所以执行后会出错，如图 2-1 所示。

图 2-1

注意：一定要注意 Python 语言的缩进规则。

笔者在使用 Python 语言的过程中，发现其缩进是作为语法的一部分，这和 C++、Java 等其他语言是有很大区别的。Python 中的缩进要使用 4 个空格（这不是必需的，但最好这么做），缩进表示一个代码块的开始，非缩进表示一个代码的结束。没有明确的大括号、中括号或者关键字。这意味着空白很重要，而且必须是要一致的。第一个没有缩进的行标记了代码块，意思是指函数、if 语句、for 循环、while 循环等的结束。

2.2 注释是个好帮手

在 Python 程序中，注释可以帮助大家更顺利地阅读程序，通常被用于概括算法、确认变量的用途或者阐明难以理解的代码段。注释并不会增加可执行程序的大小，编译器会忽略所有注释。在 Python 程序中有两种类型的注释，分别是单行注释和多行注释。

（1）单行注释。

单行注释是指只在一行中显示注释内容，Python 中单行注释以 # 开头，具体语法格式如下：

```
# 这是一个注释
```

例如下面的代码：

```
# 下面代码的功能是输出：Hello, World!
print("Hello, World!")
```

（2）多行注释。

多行注释也被称为成对注释，是从 C 语言继承过来的，这类注释的标记是成对出现的。在 Python 程序中，有两种实现多行注释的方法。

● 第一种：用三个单引号"'''"将注释括起来；

● 第二种：用三个双引号""""将注释括起来。

例如下面是用三个单引号创建的多行注释：

```
'''
这是多行注释，用三个单引号
这是多行注释，用三个单引号
这是多行注释，用三个单引号
'''
print("Hello, World!")
```

下面是用三个双引号创建的多行注释：

```
"""
这是多行注释，用三个双引号
这是多行注释，用三个双引号
这是多行注释，用三个双引号
"""
print("Hello, World!")
```

当使用上述多行（成对）注释时，编译器把放入注释对（三个双引号或三个单引号）之间的内容作为注释。任何允许有制表符、空格或换行符的地方都允许放注释对。注释对可以跨越程序的多行，但不是一定要如此。当注释跨越多行时，最好能直观地指明每一行都是注释的一部分。我们的风格是在注释的每一行以星号开始，指明整个范围是多行注释的一部分。

在 Python 程序中可以混用上述两种注释形式，但是太多的注释混入程序代码可能会使代码难以理解，通常最好是将一个注释块放在所解释代码的上方。当改变代码时，注释应与代码保持一致。程序员即使知道系统其他形式的文档已经过期，还是会信任注释，认为它是正确的。错误的注释比没有注释更糟，因为它会误导后来者。例如下面的实例演示了使用 Python 注释的过程。

实例 2-2：Python 注释的演示使用

源码路径：下载包 \daima\2\2-2

实例文件 zhushi.py 的具体实现代码如下：

```
'''
print("我在注释里")                      # 这部分是注释
print ("我还在注释里")                    # 这部分是注释

'''
print("这部分在注释的外面，可以显示出来！")
```

在上述代码中，虽然前两个 print 语句是 Python 格式的代码，但是因为在注释标记内，所以执行后不会显示任何效果。执行后会输出：

```
这部分在注释的外面，可以显示出来！
```

2.3　编码要用心学好

编码是指信息从一种形式或格式转换为另一种形式或格式的过程，也被称为计算机编程语言的代码，简称为编码。在编码时用预先规定的方法将文字、数字或其他对象编成数码，或将信息、数据转换成规定的电脉冲信号。编码在电子计算机、电视、遥控和通信等方面的使用十分广泛。另外，解码是编码的逆过程。

注意：请不要小看"编码"这个概念，很多的初学者甚至是有经验的 Python 程序员都因为编码问题而产生了乱码，耗费太多的时间和精力去解决乱码。

2.3.1　字符编码

计算机只能处理数字，如果要处理文本，就必须先把文本转换为数字才能处理。因为最早的计算机在设计时采用 8 个比特（bit）作为一个字节（byte），所以一个字节能表示的最大的整数就是 255（二进制 11111111= 十进制 255）。如果要表示更大的整数，就必须使用更多的字节。比如两个字节可以表示的最大整数是 65535，4 个字节可以表示的最大整数是4294967295。

又因为计算机是美国人发明的，所以最早只有 127 个字母被编码到计算机里，也就是大小写英文字母、数字和一些符号，这个编码表被称为 ASCII 编码，比如大写字母 A 的编码是 65，小写字母 z 的编码是 122。但是要处理中文，显然一个字节是不够的，至少需要两个字节，而且还不能和 ASCII 编码冲突，所以中国制定了 GB2312 编码，用来把中文编进去。概括下来，在计算机系统中常用的编码格式如下：

- GB 2312 编码：适用于汉字处理、汉字通信等系统之间的信息交换。

- GBK 编码：是汉字编码标准之一，是在 GB 2312—80 标准基础上的内码扩展规范，使用了双字节编码。
- ASCII 编码：是对英语字符和二进制之间的关系做的统一规定。
- Unicode 编码：这是一种世界上所有字符的编码，当然了它没有规定存储方式。
- UTF-8 编码：是 Unicode Transformation Format-8 bit 的缩写，UTF-8 是 Unicode 的一种实现方式。它是可变长的编码方式，可以使用 1 ~ 4 个字节表示一个字符，可以根据不同的符号变化字节长度。

2.3.2　Unicode 编码和 UTF-8 编码

读者朋友们可以想象一下，全世界有很多种文字，如果日本人民把日文编到日文电脑系统 Shift_JIS 里，韩国人民把韩文编到韩文电脑系统 Euc-kr 里，这样各国有自己的文字标准，就会不可避免地出现冲突。这样造成的结果就是，在多语言混合的文本中，显示出来的内容会有乱码。为了解决不同国家、不同语言的编程问题，Unicode 编码格式便应运而生，Unicode 会把所有语言都统一到一套编码里，这样就不会再有乱码问题了。

Unicode 标准也在不断发展，但最常用的是用两个字节表示一个字符（如果要用到非常偏僻的字符，就需要 4 个字节）。现代操作系统和大多数编程语言都直接支持 Unicode 编码格式。下面看一看 ASCII 编码和 Unicode 编码的区别，ASCII 编码是 1 个字节，而 Unicode 编码通常是 2 个字节。例如：

- 字母 A 用 ASCII 编码是十进制的 65，二进制的 01000001；
- 字符 0 用 ASCII 编码是十进制的 48，二进制的 00110000，注意字符 '0' 和整数 0 是不同的；
- 汉字中已经超出了 ASCII 编码的范围，用 Unicode 编码是十进制的 20013，二进制的 01001110 00101101。

如果把 ASCII 编码的 A 用 Unicode 编码表示，只需要在前面补 0 就可以。因此，A 的 Unicode 编码是 00000000 01000001。那么新的问题又出现了：如果统一成 Unicode 编码，乱码问题从此消失了。但是，如果你写的文本基本上全部是英文的话，用 Unicode 编码比 ASCII 编码需要多一倍的存储空间，在存储和传输上就十分不方便。所以，本着节约的精神，又出现了把 Unicode 编码转化为 "可变长编码" 的 UTF-8 编码。UTF-8 编码把一个 Unicode 字符根据不同的数字大小编码成 1 ~ 6 个字节，常用的英文字母被编码成 1 个字节，汉字通常是 3 个字节，只有很生僻的字符才会被编码成 4 ~ 6 个字节。如果你要传输的文本包含大量英文字符，使用 UTF-8 编码就能节省空间，见表 2-1。

表 2-1

字符	ASCII	Unicode	UTF-8
A	01000001	00000000 01000001	01000001
中	x	01001110 00101101	11100100 10111000 10101101

从表 2-1 的对比还可以发现，UTF-8 编码有一个额外的好处就是，ASCII 编码实际上可以被看成是 UTF-8 编码的一部分。所以，大量只支持 ASCII 编码的历史遗留软件可以在

UTF-8 编码下继续工作。

在计算机内存中，统一使用 Unicode 编码，当需要保存到硬盘或者需要传输的时候，就转换为 UTF-8 编码。举个例子，当用记事本编辑的时候，从文件读取的 UTF-8 字符被转换为 Unicode 字符到内存里，编辑完成后，保存的时候再把 Unicode 转换为 UTF-8 保存到文件，具体过程如图 2-2 所示。

当浏览网页的时候，服务器会把动态生成的 Unicode 内容转换为 UTF-8 再传输到浏览器，具体过程如图 2-3 所示。

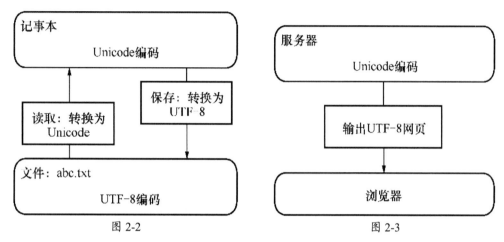

图 2-2　　　　　　　　　　　　　图 2-3

所以大家看到很多网页的源码上会有类似 <meta charset="UTF-8" /> 的信息，表示该网页使用的是 UTF-8 编码格式。

2.3.3　Python 中的编码

在默认情况下，Python 源码文件以 UTF-8 格式进行编码，所有字符串都是 Unicode 字符串。当然开发者也可以为源码文件指定不同的编码，具体格式如下：

```
# code：编码格式
```

例如下面的代码将当前源文件设置为"GB2312"编码格式：

```
# code：GB2312
```

因为 Python 只会检查 #、coding 和编码字符串，所以大家可能会见到下面这样的声明方式，这是开发者为了美观等原因才这样写的：

```
#-*- coding：UTF-8 -*-
```

在 Python 中使用字符编码时，经常会使用到 decode() 函数和 encode() 函数。特别是在抓取网页应用中，这两个函数用熟练非常有好处。其中 encode() 的功能是使我们看到的直观的字符转换成计算机内的字节形式。而函数 decode() 刚好相反，把字节形式的字符转换成我们看得懂的、直观的形式。

2.4　标识符和关键字

在编程开发语言中，标识符和关键字都是一种具有某种意义的标记和称谓。在本书前面的演示代码中，已经使用过了标识符和关键字。例如代码中的分号、单引号、双引号等就是标识符，而代码中的 if、for 等就是关键字。

语言的标识符使用规则和 C 语言类似，具体说明如下：

● 第一个字符必须是字母或下画线（_）。

● 剩下的字符可以是字母和数字或下画线。

● 大小写敏感。

● 标识符不能以数字开头；除了下画线，其他的符号都不允许使用。处理下画线最简单的方法就是把它们当成字母字符。大小写敏感意味着标识符 foo 不同于 Foo，而这两者也不同于 FOO。

● 在 Python 3.x 中，非 ASCII 标识符也是合法的。

跟 Java、C 等编程语言类似，关键字是 Python 系统保留使用的标识符，也就是说，只有 Python 系统才能使用，程序员不能使用这样的标识符。Python 的标准库提供了一个 keyword module（关键字模板），可以输出当前版本的所有关键字，执行后会输出如下结果：

```
>>> import keyword      # 导入名为 "keyword" 的内置标准库
>>> keyword.kwlist      # kwlist 能够列出所有内置的关键字
['False', 'None', 'True', 'and', 'as', 'assert', 'break', 'class', 'continue', 'def',
'del', 'elif', 'else', 'except', 'finally', 'for', 'from', 'global', 'if', 'import', 'in',
'is', 'lambda', 'nonlocal', 'not', 'or', 'pass', 'raise', 'return', 'try', 'while', 'with',
'yield']
```

在 Python 语言中，常用的关键字见表 2-2。

表 2-2

关　键　字	功　　　能
and	用于表达式运算，逻辑与操作
as	用于类型转换
assert	断言，用于判断变量或条件表达式的值是否为真
break	中断循环语句的执行
class	用于定义类
continue	继续执行下一次循环
def	用于定义函数或方法
del	删除变量或者序列的值
elif	条件语句，与 if else 结合使用
else	条件语句，与 if 和 elif 结合使用。也可以用于异常和循环使用
except	包括捕获异常后的操作代码，与 try 和 finally 结合使用
for	循环语句
finally	用于异常语句，出现异常后，始终要执行 finally 包含的代码块。与 try、except 结合使用

关　键　字	功　　能
from	用于导入模块，与 import 结合使用
global	定义全局变量
if	条件语句，与 else、elif 结合使用
import	用于导入模块，与 from 结合使用
in	判断变量是否存在序列中
is	判断变量是否为某个类的实例
lambda	定义匿名函数
nonlocal	用于标识外部作用域的变量
not	用于表达式运算，逻辑非操作
or	用于表达式运算，逻辑或操作
pass	空的类、函数、方法的占位符
print	打印语句
raise	异常抛出操作
return	用于从函数返回计算结果
try	包含可能会出现异常的语句，与 except、finally 结合使用
while	循环语句
with	简化 Python 的语句
yield	用于从函数依次返回值

注意：以下画线开始或者结束的标识符通常有特殊的意义。例如以一个下画线开始的标识符（如 "_foo"）不能用 from module import * 语句导入。前后均有两个下画线的标识符，如 __init__，被特殊方法保留。前边有两个下画线的标识符，如 __bar，被用来实现类私有属性，这将在本书后面类与面向对象的内容中讲到。通常情况下，应该避免使用相似的标识符。

2.5　变量就是一个存储空间

在计算机编程语言中，其值永远不会发生变化的量是常量，其值不能改变是指不会随着时间的变化而发生变化。而变量则和常量恰恰相反，是指其值在程序的执行过程中可以发生变化的量。

和 C/C++/Java 等语言不同，在 Python 语言中没有常量这个概念。而变量则是一个存储数据的内存空间，在定义一个变量后，会向内存申请一个带地址的空间。

Python 语言中的变量不需要声明，变量的赋值操作即是变量的声明和定义的过程。每个变量在内存中创建都包括变量的标识、名称和数据这些信息。请看下面的实例，演示了使用 Python 变量的过程。

注意：要创建良好的变量名，需要经过一定的实践，在程序复杂而有趣时尤其如此。随着读者编写的程序越来越多，并开始阅读别人编写的代码，将越来越善于创建有意义的变量名。

实例 2-3：打印变量的值

源码路径：下载包 \daima\2\2-3

实例文件 bianliang.py 的具体实现代码如下：

```
x = 1                                    # 变量赋值定义一个变量 x
print(id(x))                             # 打印变量 x 的标识
print(x+5)                               # 使用变量
x = 2                                    # 变量赋值定义一个变量 x
print(id(x))                             # 此时的变量 x 已经是一个新的变量
print(x+5)                               # 名称相同，但是使用的是新的变量 x
x = 'hello python'                       # 将变量赋值定义为一个文本字符串
print(id(x))                             # 函数 id() 的功能是返回对象的 " 身份证号 "
print(x)                                 # 现在会输出文本字符串
```

在上述代码中对变量 x 进行了三次赋值，首先给变量 x 赋值为 1，然后又重新给变量 x 赋值为 2，然后又赋值变量 x 的值为 "hello python"。在 Python 程序中，一次新的赋值将创建一个新的变量。即使变量的名称相同，变量的标识也并不同。执行后会输出：

```
1520027312
6
1520027344
7
2137148016752

hello python
```

值得读者注意的是，上述代码中的 id() 是 Python 中的一个内置函数，功能返回的是对象的 "身份证号（内存地址）"，唯一且不变，但在不重合的生命周期里，可能会出现相同的 id 值。print(id(x)) 的功能是返回变量 x 的内存地址。

Python 语言支持对多个变量同时进行赋值，请看下面的实例，演示了同时赋值多个变量的过程。

实例 2-4：同时给多个变量赋值

源码路径：下载包 \daima\2\2-4

实例文件 tongshi.py 的具体实现代码如下：

```
a = (1,2,3)                              # 定义一个元组
x,y,z = a                                # 把序列的值分别赋 x、y、z
print("x : %d, y : %d, z:%d"%(x,y,z))    # 打印结果
```

在上述代码中，对变量 x、y、z 进行了同时赋值，最后分别输出了变量 x、y、z 的值。执行后会输出：

```
a : 1, b: 2, z:3
```

注意： 在上述实例代码中用到了元组的知识，这将在本书后面的章节中进行详细介绍。

2.6 输入和输出

在 Python 程序中，必须通过输入和输出才能实现用户和计算机的交互功能。对于所有的软件程序来说，输入和输出是用户与程序进行交互的主要途径，通过输入程序能够获取程序运行所需的原始数据，通过输出程序能够将数据的处理结果输出，让开发者了解程序的运行结果。

2.6.1 输入信息

要想在 Python 程序中实现输入信息功能，就必须调用其内置函数 input() 实现。其语法格式如下：

```
input([prompt])
```

上述参数 "prompt" 是可选的，可选的意思是既可以使用，也可以不使用。参数 "prompt" 用来提供用户输入的提示信息字符串。当用户输入程序所需要的数据时，就会以字符串的形式返回。也就是说，函数 input() 不管输入的是什么，最终返回的都是字符串。如果需要输入数值，则必须经过类型转换处理。请看下面的实例，演示了同时赋值多个变量的过程。

实例 2-5：获取用户输入的内容
源码路径：下载包 \daima\2\2-5
实例文件 input.py 的具体实现代码如下：

```
name = input('毒神说：小家伙，请输入你的名字：')
```

在上述代码中，函数 input() 的可选参数是 "毒神说：小家伙，请输入你的名字："，这个可选参数的作用是提示你输入名字，这样用户就会知道将要输入的是什么数据，否则用户看不到相关提示，可能认为程序正在运行，而一直在等待运行结果。执行后将在界面中显示 "毒神说：小家伙，请输入你的名字："，之后等待用户的输入。当用户输入名字 "秦无炎" 并按下 "Enter" 键时，程序就接收到用户的输入。之后，用户输入变量名 "name"，就会显示变量所引用的对象——用户输入的姓名 "秦无炎"。在 Python 解释器的交互模式下执行后会输出：

```
>>> name = input('毒神说：小家伙，请输入你的名字：')
毒神说：小家伙，请输入你的名字：秦无炎
>>> name
'秦无炎'
```

2.6.2 输出信息

输出就是显示执行结果，在 Python 程序中，这个功能是通过函数 print() 实现的。使用 print 加上字符串，就可以向屏幕上输出指定的文字。在本书前面的实例中已经多次用到了这个函数，print() 是一个非常简单的函数。在 Python 程序中，函数 print() 的语法格式如下：

```
print (value,…,sep='', end='\n')     # 此处只是展示了部分参数
```

各个参数的具体说明如下：

● value：是用户要输出的信息，后面的省略号表示可以有多个要输出的信息。

- sep：是多个要输出信息之间的分隔符，其默认值为一个空格。
- end：是一个 print() 函数中所有要输出信息之后添加的符号，默认值为换行符。

比如想要输出显示 "hello, world"，可以用下面的代码实现：

```
>>> print ('hello, world')
```

在 Python 程序中，在 print 中也可以同时使用多个字符串，使用逗号 "," 隔开，就可以连成一串输出，例如下面的代码：

```
>>> print ('The quick brown fox', 'jumps over', 'the lazy dog')
The quick brown fox jumps over the lazy dog
```

这样 print 会依次打印每个字符串，遇到逗号 "," 时就会输出一个空格，因此输出的字符串如图 2-4 所示。

图 2-4

另外，print 也可以打印整数或计算结果，例如下面的演示代码：

```
>>> print (300)
300
>>> print (100 + 200)
300
```

我们甚至可以把计算 100 + 200 的结果打印得更漂亮一点，例如下面的演示代码：

```
>>> print ('100 + 200 =', 100 + 200)
100 + 200 = 300
```

注意：对于 "100 + 200" 来说，Python 解释器自动计算出结果 300，但是，"100 + 200 ="是字符串而非数学公式，Python 把它视为字符串，需要我们自行解释上述打印结果。

请看下面的实例，演示了使用函数 print() 输出信息的过程。

实例 2-6：使用函数 print() 输出信息

源码路径：下载包 \daima\2\2-6

实例文件 shuchu.py 的具体实现代码如下：

```
print("秦无炎的谜题：")
print('a','b','c')                    # 正常打印输出
print('a','b','c',sep=',')            # 将分隔符改为 ","

print('a','b','c',end=';')            # 将分隔符改为 ";"
print('a','b','c')                    # 正常输出
print('peace',22)
```

在上述代码中使用了 6 条语句，调用了 6 次 print() 函数。其中第 3 条语句将分隔符改为 ","，第 4 条语句将分隔符改为 ";"。第 5 条语句演示了逗号的作用，这说明在使用 print 时可以在语句中添加多个表达式，每个表达式用逗号分隔。当使用逗号分隔进行输出时，print 语句会在每个输出项后面自动添加一个空格。不管是字符串还是其他类型，最终都将转化为字符串进行打印。

所以执行后第 1、2 行为默认的输出，数据之间以空格分开，结束后添加了一个换行符；

第 3 行输出的数据项之间以逗号分开；第 5 行输出结束后添加分号，所以和第 6 条语句的输出放在同一行中。执行后会输出：

```
秦无炎的谜题:
a b c
a,b,c
a b c;a b c
peace 22
```

2.7　字符串

在 Python 语言中，字符串是最常用的数据类型之一，通过字符串可以描述程序中的各种对象。在 Python 程序中，可以使用引号 (' 或 ") 来创建字符串。在本节的内容中，将详细讲解字符串的知识和用法。

2.7.1　Python 字符串基础

Python 语言中的基本数据类型如下：

- Numbers（数字）
- String（字符串）
- List（列表）
- Tuple（元组）
- Dictionary（字典）

在 Python 程序中，字符串类型"str"是最常用的数据类型。我们可以使用引号（单引号或双引号）来创建字符串。创建 Python 字符串的方法非常简单，只要为变量分配一个值即可。例如在下面的代码中，"Hello World!"和"Python R"都属于字符串。

```
var1 = 'Hello World!'            # 字符串类型变量
var2 = "Python R"               # 字符串类型变量
```

在 Python 程序中，字符串通常由单引号"'"、双引号""""、三个单引号或三个双引号包围的一串字符组成。当然这里说的单引号和双引号都是英文字符符号。

（1）单引号字符串与双引号字符串本质上是相同的。但当字符串内含有单引号时，如果用单引号字符串就会导致无法区分字符串内的单引号与字符串标志的单引号，就要使用转义字符串，如果用双引号字符串就可以在字符串中直接书写单引号即可，例如：

```
'abc"dd"ef'
"'acc'd'12"
```

（2）三引号字符串可以由多行组成，单引号或双引号字符串则不行，当需要使用大段多行的字符串就可以使用它，例如：

```
'''
这就是字符串
'''
```

在 Python 程序中，字符串中的字符可以包含数字、字母、中文字符、特殊符号，以及一些不可见的控制字符，如换行符、制表符等，例如下面列出的都是合法的字符串：

```
'abc'
```

```
'123'
"ab12"
" 大家 "
'''123abc'''
"""abc123"""
```

2.7.2 获取字符串中的值

在 Python 程序中，字符串还可以通过序号（序号从 0 开始）来取出其中的某个字符，例如 'abcde' [1] 取得的值是 'b' 。请看下面的这个实例，演示了访问字符串中值的过程。

实例 2-7：打印输出字符串中的值

源码路径：下载包 \daima\2\2-7

实例文件 fangwen.py 的具体实现代码如下：

```
var1 = '斗破苍穹是最好看的玄幻小说！'      # 定义第一个字符串
var2 = "Python Toppr"                     # 第二个字符串
print ("var1[0]", var1[0])                # 截取第一个字符串中的第一个字符
print ("var2[1:5]", var2[1:5])            # 截取第二个字符串中的第 2 到第 5 个字符
```

在上述代码中，使用方括号截取了字符串"var1"和"var2"的值，执行后会输出：

```
var1[0] 斗
var2[1:5] ytho
```

另外，在现实应用中，还可以通过字符串的 str[beg:]、str[:end]、str[beg:end] 以及 str[:-index] 方法实现截取操作，例如下面实例文件 jiequ.py 的演示代码：

```
str = '0123456789'
print (str[0:3])        # 截取第一个到第三个的字符
print (str[:])          # 截取字符串的全部字符
print (str[6:])         # 截取第七个字符到结尾
print (str[:-3])        # 截取从头开始到倒数第三个字符之前
print (str[2])          # 截取第三个字符
print (str[-1])         # 截取倒数第一个字符
print (str[::-1])       # 创造一个与原字符串顺序相反的字符串
print (str[-3:-1])      # 截取倒数第三个与倒数第一个之前的字符
print (str[-3:])        # 截取倒数第三个到结尾
```

上述截取操作代码执行后会输出：

```
012
0123456789
6789
0123456
2
9
9876543210
78
789
```

2.7.3 修改字符串

在 Python 程序中，开发者可以对已存在的字符串进行修改，并赋值给另一个变量。请看下面的这个实例，演示了修改字符串中某个值的过程。

实例 2-8：修改字符串中的某个值

源码路径：下载包 \daima\2\2-8

实例文件 gengxin.py 的具体实现代码如下：

```
var1 = 'Hello 斗破苍穹！'                                    # 定义一个字符串
print ("最好看的玄幻小说原来是：",var1)                       # 输出字符串原来的值
print ("下面开始更新字符串：", var1[:6] + ' 蜀山传！')        # 截取字符串中的前 6 个字符
```

通过上述代码，将字符串中的"World"修改为 www.toppr.net。执行后绘输出：

```
最好看的玄幻小说原来是：Hello 斗破苍穹！
下面开始更新字符串：Hello 蜀山传！
```

2.7.4　使用转义字符

在 Python 程序中，当需要在字符中使用特殊字符时，需要用到用反斜杠"\"表示的转义字符。Python 中常用的转义字符的具体说明见表 2-3。

表 2-3

转义字符	描　　述
\（在行尾时）	续行符
\\	反斜杠符号
\'	单引号
\"	双引号
\a	响铃
\b	退格 (Backspace)
\e	转义
\000	空
\n	换行
\v	纵向制表符
\t	横向制表符
\r	回车
\f	换页
\oyy	八进制数，yy 代表的字符，例如"\o12"代表换行
\xyy	十六进制数，yy 代表的字符，例如"\x0a"代表换行
\other	其他的字符以普通格式输出

有时候，我们并不想让上面的转义字符生效，而只是想显示字符串原来的意思，这时就要用 r 和 R 来定义原始字符串。如果想在字符串中输出反斜杠"\"，应该怎样实现呢？此时需要使用"\\"来实现，例如下面的实例演示了使用转义字符的过程。

实例 2-9：打印带有转义字符的内容

源码路径：下载包 \daima\2\2-9

实例文件 zhuanyi.py 的具体实现代码如下：

```
print ("萧薰儿 \n 倾国倾城 ")          # 普通换行
print ("来吧 \\ 冷若天仙 ")           # 显示一个反斜杠
print ("萧炎爱 \' 美女 \'")           # 显示单引号
print (r'\t\r')                      # r 的功能是显示原始数据，也就是不用转义的
```

在上述代码中，第一行用到了转义字符"\n"实现了换行，第二行用到了转义字符"\\"显示一个反斜杠，第三行使用两个转义字符"\'"显示了两个单引号，第四行使用"r"显示了原始字符串，这个功能也可以使用 R 实现。执行后会输出：

```
萧薰儿

倾国倾城
```

```
来吧 \ 冷若天仙
萧炎爱 '美女'
\t\r
```

2.7.5　格式化显示字符串

Python 语言支持格式化字符串的输出功能，虽然这样可能会用到非常复杂的表达式，但是在大多数的情况下，只需要将一个值插入到一个字符串格式符"%"中即可。在 Python 程序中，字符串格式化的功能使用与 C 语言中的函数 sprintf() 类似，常用的字符串格式化符号见表 2-4。

表 2-4

符　　号	描　　　述
%c	格式化字符及其 ASCII 码
%s	格式化字符串
%d	格式化整数
%u	格式化无符号整型
%o	格式化无符号八进制数
%x	格式化无符号十六进制数
%X	格式化无符号十六进制数（大写）
%f	格式化浮点数字，可指定小数点后的精度
%e	用科学记数法格式化浮点数
%E	作用同 %e，用科学记数法格式化浮点数
%g	%f 和 %e 的简写
%G	%f 和 %E 的简写
%p	用十六进制数格式化变量的地址

请看下面的实例，演示了格式化处理字符串的过程。

实例 2-10：打印不同格式的字符串

源码路径：下载包 \daima\2\2-10

实例文件 geshihua.py 的具体实现代码如下：

```
#%s是格式化字符串
#%d是格式化整数
print ("我是天赋异禀的少年武者%s, 今年已经 %d岁了!" % ('萧炎', 18))
```

在上述代码中用到 %s 和 %d 两个格式化字符，执行后会输出：

```
我是天赋异禀的少年武者萧炎, 今年已经18岁了!
```

2.7.6　使用字符串处理函数

在 Python 语言中提供了很多个对字符串进行操作的函数，其中最为常用的字符串处理函数见表 2-5。

表 2-5

字符串处理函数	描　　　述
string.capitalize()	将字符串的第一个字母大写
string.count()	获得字符串中某一子字符串的数目
string.find()	获得字符串中某一子字符串的起始位置，无则返回 -1

字符串处理函数	描　述
string.isalnum()	检测字符串是否仅包含 0-9A-Za-z
string.isalpha()	检测字符串是否仅包含 A-Za-z
string.isdigit()	检测字符串是否仅包含数字
string.islower()	检测字符串是否均为小写字母
string.isspace()	检测字符串中所有字符是否均为空白字符
string.istitle()	检测字符串中的单词是否为首字母大写
string.isupper()	检测字符串是否均为大写字母
string.join()	连接字符串
string.lower()	将字符串全部转换为小写
string.split()	分割字符串
string.swapcase()	将字符串中大写字母转换为小写，小写字母转换为大写
string.title()	将字符串中的单词首字母大写
string.upper()	将字符串中全部字母转换为大写
len(string)	获取字符串长度

请看下面的实例，演示了使用字符串处理函数的过程。

实例 2-11：打印不同格式的"I love you"

源码路径：下载包 \daima\2\2-11

实例文件 hanshu.py 的具体实现代码如下：

```
mystr = 'I love you!.'                          # 定义的原始字符串
print('source string is:',mystr)                # 显示原始字符串
print('swapcase demo\t',mystr.swapcase())       # 大小写字母转换
print('upper demo\t',mystr.upper())             # 全部转换为大写
print('lower demo\t',mystr.lower())             # 全部转换为小写
print('title demo\t',mystr.title())             # 将字符串中的单词首字母大写
print('istitle demo\t',mystr.istitle())         # 检测是否为首字母大写
print('islower demo\t',mystr.islower())         # 检测字符串是否均为小写字母
print('capitalize demo\t',mystr.capitalize())   # 将字符串的第一个字母大写
print('find demo\t',mystr.find('u'))            # 获得字符串中字符"u"的起始位置
print('count demo\t',mystr.count('a'))          # 获得字符串中字符"a"的数目
print('split demo\t',mystr.split(' '))          # 分割字符串，以空格为界
print('join demo\t',' '.join('abcde'))          # 连接字符串
print('len demo\t',len(mystr))                  # 获取字符串长度
```

在上述代码中，从第三行开始，每行都调用了一个字符串处理函数，并打印输出了处理结果。执行后会输出：

```
source string is: I love you!.
swapcase demo     i LOVE YOU!.
upper demo  I LOVE YOU!.
lower demo  i love you!.

title demo  I Love You!.
istitle demo       False
islower demo       False
capitalize demo    I love you!.
find demo    9
count demo   0
split demo   ['I', 'love', 'you!.']
join demo    a b c d e
len demo     12
```

2.8　数字类型

在 Python 程序中，数字类型 Numbers 用于存储数值。数据类型是不允许改变的，这就意味着如果改变 Number 数据类型的值，需要重新分配内存空间。从 Python 3 开始，只支持 int、float、bool、complex（复数）共计四种数字类型，删除了 Python 2 中的 long（长整数）类型。在本节的内容中，将详细讲解上述四种数字类型的基本知识。

2.8.1　整数类型：int

整数类型就是整数，包括正整数、负整数和零，不带小数点。在 Python 语言中，整数的取值范围是很大的。Python 中的整数还可以以几种不同的进制进行书写。0+ "进制标志" +数字代表不同进制的数。现实中有如下四种常用的进制标志：

- 0o[0O] 数字：表示八进制整数，例如：0o24、0O24。
- 0x[0X] 数字：表示十六进制整数，例如：0x3F、0X3F。
- 0b[0B] 数字：表示二进制整数，例如：0b101、0B101。
- 不带进制标志：表示十进制整数。

在现实应用中，整型数据类型的最大用处应是实现数学运算。例如下面演示了在 Python 中使用整型的过程：

```
>>> 5 + 4        # 加法
9
>>> 4.3 - 2      # 减法
2.3
>>> 3 * 7        # 乘法
21
>>> 2 / 4        # 除法，得到一个浮点数
0.5
>>> 2 // 4       # 除法，得到一个整数
0
>>> 17 % 3       # 取余
2
>>> 2 ** 5       # 乘方
32
```

2.8.2　浮点型

浮点型 float 由整数部分与小数部分组成，浮点型也可以使用科学记数法表示（$2.5e2 = 2.5 \times 10^2 = 250$）。整型在计算机中肯定是不够用的，这时候就出现了浮点型数据，浮点数据用来表示 Python 中的浮点数，浮点类型数据表示有小数部分的数字。当按照科学记数法表示时，一个浮点数的小数点位置是可变的，比如，1.23×10^9 和 12.3×10^8 是相等的。浮点数可以用数学写法，如 1.23，3.14，−9.01，等等。但是对于很大或很小的浮点数，就必须用科学记数法表示，把 10 用 e 替代，1.23×10^9 就是 1.23e9，或者 12.3e8，0.000012 可以写成 1.2e-5，等等。

整数和浮点数在计算机内部存储的方式是不同的，整数运算永远是精确的（除法也是精确的），而浮点数运算则可能会有四舍五入的误差。更加详细地说，Python 语言的浮点数有如下两种表示形式：

（1）十进制数形式：这种形式就是平常简单的浮点数，例如 5.12，512.0，.512。浮点数必须包含一个小数点，否则会被当成 int 类型处理。

（2）科学记数法形式：例如 5.12e2（即 5.12×10^2），5.12E2（也是 5.12×10^2）。必须指出的是，只有浮点类型的数值才可以使用科学记数形式表示。例如 51200 是一个 int 类型的值，但 512E2 则是浮点型的值。

2.8.3　布尔型

布尔型是一种表示逻辑值的简单类型，它的值只能是真或假这两个值中的一个。布尔型是所有的诸如 a<b 这样的关系运算的返回类型。在 Python 语言中，布尔型的取值只有 True 和 False 两个，请注意大小写，分别用于表示逻辑上的"真"或"假"。其值分别是数字 1 和 0。布尔类型在 if、for 等控制语句的条件表达式中比较常见，例如 if 条件控制语句、while 循环控制语句、do 循环控制语句和 for 循环控制语句。

在 Python 程序中，可以直接用 True、False 表示布尔值（请注意大小写），也可以通过布尔运算计算出来，例如：

```
>>> True
True
>>> False
False
>>> 3 > 2                    # 数字 3 确实大于数字 2
True
>>> 3 > 5                    # 数字 3 大于数字 5？
False
```

布尔值可以用 and、or 和 not 进行运算。其中 and 运算是与运算，只有所有都为 True，and 运算结果才是 True，例如下面的演示过程：

```
>>> True and True           # 两个都为 True
True
>>> True and False          # 一个是 True，一个是 False
False
>>> False and False         # 两个都是 False
False
```

而 or 运算是或运算，只要其中有一个为 True，or 运算结果就是 True，例如：

```
>>> True or True            # 两个都为 True
True
>>> True or False           # 一个是 True，一个是 False
True
>>> False or False          # 两个都是 False
False
```

而 not 运算是非运算，它是一个单目运算符，把 True 变成 False，False 变成 True，例如：

```
>>> not True
False
>>> not False
True
```

在 Python 程序中，布尔值经常被用在条件判断应用程序中，例如：

```
age=12;                     # 设置 age 的值是 12
if age >= 18:
        print("adult")      # 如果 age 的值大于等于，18 则打印输出 "adult"
else:
        print ("teenager")  # 如果 age 的值不大于等于，18 则打印输出 "teenager"
```

2.8.4 复数型

在 Python 程序中,复数型即 complex 型,由实数部分和虚数部分构成,可以用 a + bj 或者 complex(a,b) 表示,复数的实部 a 和虚部 b 都是浮点型。表 2-6 演示了 int 型、float 型和 complex 型的对比。

表 2-6

int	float	complex
10	0.0	3.14j
100	15.20	45.j
−786	−21.9	9.322e-36j
80	32.3e18	.876j
−490	−90.	-.6545+0J
−0x260	−32.54e100	3e+26J
0x69	70.2E-12	4.53e-7j

在 Python 程序中,可以使用内置的函数 type() 查询变量所属的对象类型。请看下面的实例,演示了获取并显示各个变量的类型的过程。

实例 2-12:获取并显示各个变量的类型

源码路径:下载包 \daima\2\2-12

实例文件 leixing.py 的具体实现代码如下:

```
# 注意下面的代码中的赋值方式
# 将 a 赋值为整数 20
# 将 b 赋值为浮点数 5.5
# 将 c 赋值为布尔数 True
# 将 d 赋值为复数 4+3j
a, b, c, d = 20, 5.5, True, 4+3j
print(type(a), type(b), type(c), type(d))
```

执行后将分别显示四个变量 a、b、c、d 的数据类型,执行后会输出:

```
<class 'int'> <class 'float'> <class 'bool'> <class 'complex'>
```

注意:

● Python 可以同时为多个变量赋值,例如 a, b = 1, 2,表示 a 的值是 1,b 的值是 2;
● 一个变量可以通过赋值指向不同类型的对象;
● 数值的除法"/"总是返回一个浮点数,要想获取整数,需要使用"//"操作符;
● 在进行混合计算时,Python 会把整型转换成为浮点数。

2.9 数字类型转换

到此为止,Python 语言中的数字类型知识已经讲解完毕。在项目开发过程中,无论是简单的数字类型,还是复杂的字典类型,有时不是固定不变的,可能会面临不同类型之间相互操作的问题。在这个时候,就需要对将要操作的数据类型进行类型转换。当需要对数据内置的类型进行转换时,只需要将数据类型作为函数名即可。

2.9.1　内置类型转换函数

在 Python 程序中，通过表 2-7 中列出的内置函数可以实现数据类型的转换功能，这些函数能够返回一个新的对象，表示转换的值。

表 2-7

函　　数	描　　述
int(x [,base])	将 x 转换为一个整数
float(x)	将 x 转换为一个浮点数
complex(real [,imag])	创建一个复数
str(x)	将对象 x 转换为字符串
repr(x)	将对象 x 转换为表达式字符串
eval(str)	用来计算在字符串中的有效 Python 表达式，并返回一个对象
tuple(s)	将序列 s 转换为一个元组
list(s)	将序列 s 转换为一个列表
set(s)	转换为可变集合
dict(d)	创建一个字典。d 必须是一个序列（key,value）元组
frozenset(s)	转换为不可变集合
chr(x)	将一个整数转换为一个字符
unichr(x)	将一个整数转换为 Unicode 字符
ord(x)	将一个字符转换为它的整数值
hex(x)	将一个整数转换为一个十六进制字符串
oct(x)	将一个整数转换为一个八进制字符串

例如通过函数 int() 可以实现如下所示的两个转换功能。

（1）把符合数学格式的数字型字符串转换成整数。

（2）把浮点数转换成整数，但是只是简单的取整，而不是四舍五入。

例如在下面的实例代码中，演示了使用函数 int() 实现整型转换的过程。

实例 2-13：使用函数 int() 实现整型转换

源码路径：下载包 \daima\2\2-13

实例文件 zhuan.py 的具体实现代码如下：

```
aa = int("124")            # 正确
print ("aa = ", aa)        #result=124
bb = int(123.45)           # 正确

print ("bb = ", bb)        #result=123
#cc = int("-123.45")       # 错误，不能转换为 int 类型
#print ("cc = ",cc)
#dd = int("34a")           # 错误，不能转换为 int 类型
#print ("dd = ",dd)
#ee = int("12.3")          # 错误，不能转换为 int 类型
#print (ee)
```

在上述代码中，后面三种转换都是非法的，执行后会输出：

```
aa =  124
bb =  123
```

2.9.2　类型转换综合演练

在下面的实例代码中，演示了使用 Python 内置函数实现各种常见类型转换操作的过程。这是一个类型转换操作的综合性实例，希望你仔细阅读每一行代码，并结合程序的执行效果，了解 Python 内置类型转换函数的功能。

实例 2-14：实现各种常见类型转换操作

源码路径：下载包 \daima\2\2-14

实例文件 zhuan1.py 的具体实现代码如下：

```python
# 转换为 int 类型
print('int() 默认情况下为: ', int())
print('str 字符型转换为 int: ', int('010'))
print('float 浮点型转换为 int: ', int(234.23))
# 十进制数 10, 对应的二进制, 八进制, 十进制, 十六进制分别是: 1010,12,10,0xa
print('int(\'0xa\', 16) = ', int('0xa', 16))
print('int(\'10\', 10) = ', int('10', 10))
print('int(\'12\', 8) = ', int('12', 8))
print('int(\'1010\', 2) = ', int('1010', 2))
# 转换为 float 类型
print('float() 默认情况下为: ', float())
print('str 字符型转换为 float: ', float('123.01'))
print('int 整型转换为 float: ', float(32))
# 转换为 complex 类型
print('创建一个复数 (实部 + 虚部): ', complex(12, 43))
print('创建一个复数 (实部 + 虚部): ', complex(12))
# 转换为 str 类型
print('str() 默认情况下为: ', str())
print('float 浮点型转换为 str: ', str(232.33))
print('int 整型转换为 str: ', str(32))
lists = ['a', 'b', 'e', 'c', 'd', 'a']
print('列表 list 转换为 str:', ''.join(lists))
# 转换为 list 类型
strs = 'hongten'
print('序列 strs 转换为 list:', list(strs))
# 转换为 tuple 类型
print('列表 list 转换为 tuple:', tuple(lists))
# 字符和整数之间的转换
print('整数转换为字符 chr:', chr(67))
print('字符 chr 转换为整数:', ord('C'))
print('整数转 16 进制数:', hex(12))
print('整数转 8 进制数:', oct(12))
```

执行后会输出：

```
int() 默认情况下为:  0
str 字符型转换为 int:  10
float 浮点型转换为 int:  234
int('0xa', 16) =  10
int('10', 10) =  10
int('12', 8) =  10
int('1010', 2) =  10
int 浮点型转换为 int:  23
float() 默认情况下为:  0.0
str 字符型转换为 float:  123.01
int 浮点型转换为 float:  32.0
创建一个复数 (实部 + 虚部):  (12+43j)
创建一个复数 (实部 + 虚部):  (12+0j)
str() 默认情况下为:
float 字符型转换为 str:  232.33
int 浮点型转换为 str:  32
列表 list 转换为 str: abecda
序列 strs 转换为 list: ['h', 'o', 'n', 'g', 't', 'e', 'n']
列表 list 转换为 tuple: ('a', 'b', 'e', 'c', 'd', 'a')
整数转换为字符 chr: C
字符 chr 转换为整数: 67
整数转 16 进制数: 0xc
整数转 8 进制数: 0o14
```

## 第3章

运算符和表达式

（▣视频讲解：42 分钟）

在 Python 语言中，即使有了变量和字符串，也不能实现现实项目所要求的功能，还必须使用某种方式将变量、字符串的关系表示出来，此时便需要用到运算符和表达式。运算符和表达式的作用是将变量建立一种组合联系，实现对变量的处理，以实现现实中某个项目需求的某一个具体功能。在本章的内容中，将详细介绍 Python 语言运算符和表达式的知识。

3.1　运算符和表达式介绍

相信读者应该肯定还记得小时候学的加、减、乘、除数学题，数学题中的四则运算符号加、减、乘、除就是运算符中的一种，而算式"35÷5=7"就是一个表达式。事实上，除了加减乘除运算符外，和数学有关的运算符还有 >、≥、≤、<、∫、% 等。

在 Python 语言中，将具有运算功能的符号称为运算符。而表达式则是由运算符构成的包含由值、变量和运算符组成的式子。表达式的作用就是将运算符的运算作用表现出来。例如，下面的数学运算式就是一个表达式：

```
23.3 + 1.1
```

表达式在 Python 编辑器中的表现形式如下：

```
>>> 23.3 + 1.2      #Python 可以直接进行数学运算
24.5                #显示计算结果
```

在 Python 语言中，单一的值或变量也可以当作是表达式，例如：

```
>>> 45              #输入单一数字 45
45                  #显示结果 45
>>> x = 1.2         #输入设置 x 的值是 1.2
>>> x               #输入 x，下面可以获取 x 的值
1.2                 #显示 x 的值是 1.2
```

当 Python 显示表达式的值时，显示的格式与你输入的格式是相同的。如果是字符串，就意味着包含引号。而打印语句输出的结果不包括引号，只有字符串的内容。例如，下面演示了有引号和没有引号的区别：

```
>>> "12+11"         #有引号的输入
'12+11'
>>> 12+11           #没有引号的输入
23
```

3.2 算术运算符和算术表达式

在 Python 语言中，算术运算符是用来实现数学运算功能的，算术运算符和我们的生活最为密切相关，算术表达式是由算术运算符和变量连接起来的式子。

下面假设变量 a 的值为 10，变量 b 的值为 20，那么对变量 a 和 b 进行各种算术运算的结果见表 3-1。

表 3-1

运算符	功　能	运算结果
+	加运算符，实现两个对象相加	$a + b$ 输出结果是：30
−	减运算符，得到负数或表示用一个数减去另一个数	$a − b$ 输出结果是：−10
*	乘运算符，实现两个数相乘或是返回一个被重复若干次的字符串	$a * b$ 输出结果是：200
/	除运算符，实现 x 除以 y	b / a 输出结果是：2.0
%	取模运算符，返回除法的余数	$b \% a$ 输出结果是：0
**	幂运算符，实现返回 x 的 y 次幂	$a ** b$ 为 10 的 20 次方，输出结果是：100000000000000000000
//	取整除运算符，返回商的整数部分，不包含余数	9//2 输出结果 4 ，9.0//2.0 输出结果是：4.0

在下面的实例中演示了 Python 语言中所有算术运算符的操作过程。

实例 3-1：使用算术运算符解答简单数学题

源码路径：下载包 \daima\3\3-1

实例文件 math.py 的具体实现代码如下：

```
print ("吾皇××斯是一个数学天才，下面是他的答案！")
a = 21                                              # 设置 a 的值是 21
b = 10                                              # 设置 b 的值是 10
c = 0                                               # 设置 c 的值是 0
c = a + b                                           # 重新设置 c 的值
print ("1 - c 的值为：", c)                          # 输出现在 c 的值
c = a - b                                           # 重新设置 c 的值
print ("2 - c 的值为：", c )                         # 输出现在 c 的值
c = a * b                                           # 重新设置 c 的值
print ("3 - c 的值为：", c)                          # 输出现在 c 的值
c = a / b                                           # 重新设置 c 的值
print ("4 - c 的值为：", c )                         # 输出现在 c 的值
c = a % b                                           # 重新设置 c 的值

print ("5 - c 的值为：", c)                          # 输出现在 c 的值
# 下面分别修改 3 个变量 a、b 和 c 的值
a = 2
b = 3
c = a**b
print ("6 - c 的值为：", c)                          # 输出现在 c 的值
# 下面分别修改 3 个变量 a、b 和 c 的值
a = 10
b = 5
c = a//b
print ("7 - c 的值为：", c)                          # 输出现在 c 的值
```

执行后会输出：

```
吾皇××斯是一个数学天才，下面是他的答案！
1 - c 的值为：31
```

```
2 - c 的值为：  11
3 - c 的值为：  210
4 - c 的值为：  2.1
5 - c 的值为：  1
6 - c 的值为：  8
7 - c 的值为：  2
```

3.3　比较运算符和比较表达式

在 Python 语言中，比较运算符也被称为关系运算符，使用关系运算符可以表示两个变量或常量之间的关系。在现实应用中，经常使用关系运算来比较两个数字的大小。

3.3.1　比较运算符和比较表达式介绍

关系表达式就是用关系运算符将两个表达式连接起来的式子，被连接的表达式可以是算术表达式、关系表达式、逻辑表达式和赋值表达式等。

在 Python 语言中一共有 6 个比较运算符，下面假设变量 a 的值为 10，变量 b 的值为 20，则使用 6 个比较运算符进行处理的结果见表 3-2。

表 3-2

运算符	功　能	运算结果
==	等于运算符：用于比较对象是否相等	$(a == b)$ 返回 False
!=	不等于：用于比较两个对象是否不相等	$(a != b)$ 返回 True
>	大于：用于返回 x 是否大于 y	$(a > b)$ 返回 False
<	小于：用于返回 x 是否小于 y。所有比较运算符返回 1 表示真，返回 0 表示假。这分别与特殊的变量 True 和 False 等价。注意，这些变量名是大写	$(a < b)$ 返回 True
>=	大于等于：用于返回 x 是否大于等于 y	$(a >= b)$ 返回 False
<=	小于等于：用于返回 x 是否小于等于 y	$(a <= b)$ 返回 True

3.3.2　使用比较运算符和比较表达式

例如下面的实例演示了 Python 语言中所有比较运算符的用法。

实例 3-2：比较两个整数

源码路径：下载包 \daima\3\3-2

实例文件 bijiao.py 的具体实现代码如下：

```
print ("听说阿杜的数学也不错，这是真的吗？")
a = 21                                    #设置 a 的值是 21
b = 10                                    #设置 b 的值是 10
c = 0                                     #设置 c 的值是 0
if ( a == b ):                           #如果 a 和 b 的值相等
     print ("等于 b 吗？")                 #如果 a 和 b 的值相等时的输出
else:                                     #如果 a 和 b 的值不相等
     print ("a 不等于 b 吗？")             #如果 a 和 b 的值不相等时的输出
if ( a != b ):
     print ("a 不等于 b 吗？")             #当 a 和 b 的值不相等时的输出
else:
     print ("a 等于 b 吗？")               #当 a 和 b 的值相等时的输出
if ( a < b ):
     print ("a 小于 b 吗？")               #当 a 小于 b 时的输出
```

```
else:
        print ("a 大于等于 b 吗? ")             # 当 a 不小于 b 时的输出
if ( a > b ):                                    # 当 a 大于 b 时的输出
        print ("a 大于 b 吗? ")
else:
        print ("a 小于等于 b 吗? ")             # 当 a 不大于 b 时的输出
```

在上述代码中用到了"if else"语句，这将在本书后一章的内容中进行讲解，实例执行后会输出：

```
听说阿杜的数学也不错，这是真的吗？
a 不等于 b 吗？
a 不等于 b 吗？
a 大于等于 b 吗？
a 大于 b 吗？
```

3.4 赋值运算符和赋值表达式

在 Python 语言中，赋值运算符等号"="的功能是给某变量或表达式设置一个值。例如赋值表达式"a=5"，表示将值整数"5"赋给变量"a"，这表示一见到"a"就知道它的值是数字"5"。在 Python 语言中有两种赋值运算符，分别是基本赋值运算符和复合赋值运算符。

3.4.1 基本赋值运算符和表达式

基本赋值运算符记为"="，由"="连接的式子称为赋值表达式。在 Python 语言程序中，使用基本赋值运算符的基本格式如下：

```
变量＝表达式
```

例如，下面代码列出的都是基本的赋值处理：

```
x=a+b                    # 将 x 的值赋值为 a 和 b 的和
w=sin(a)+sin(b)          # 将 w 的值赋值为：sin(a)+sin(b)
y=i+++--j                # 将 y 的值赋值为：i+++--j
```

Python 程序中的变量不需要声明，变量的赋值操作即是变量声明和定义的过程。每个变量在内存中创建，都包括变量的标识、名称和数据这些信息。每个变量在使用前都必须赋值，变量赋值以后该变量才会被创建。等号（=）用来给变量赋值。等号（=）运算符左边是一个变量名，等号（=）运算符右边是存储在变量中的值。例如下面的实例代码演示了基本赋值运算符的用法。

实例 3-3：新赛季勇士的场均目标得分和场均三分得分

源码路径：下载包 \daima\3\3-3

实例文件 jiben.py 的具体实现代码如下：

```
counter = 118                               # 赋值整型变量
miles = 28.5                                # 浮点型
name = "新赛季勇士的场均目标得分和场均三分得分"    # 字符串
print (name)                               # 输出赋值后的结果
print (counter)                            # 输出赋值后的结果
print (miles)                              # 输出赋值后的结果
```

以上实例代码中，118、28.5 和"新赛季勇士的场均目标得分和场均三分得分"分别赋值给变量 counter、miles 和 name，执行后会输出：

```
新赛季勇士的场均目标得分和场均三分得分
118
28.5
```

在 Python 程序中，允许开发者同时为多个变量赋值，例如下面的代码：

```
a = b = c = 1                    # 同时将 3 个变量 a、b、c 赋值为 1
```

上述代码是完全合法的，在上述代码中创建了一个整型对象，这个整型对象的值为 1，三个变量 *a*、*b*、*c* 被分配到相同的内存空间上。当然也可以为多个对象指定多个变量，例如：

```
a, b, c = 1, 2, "软件"           # 分别将变量 a 赋值为 1，将 b 赋值为 2，将 c 赋值为字符串 "软件"
```

在上述代码中，两个整型对象 1 和 2 分配给变量 *a* 和 *b*，将字符串对象"浪潮软件"分配给变量 *c*。

3.4.2　复合赋值运算符和表达式

为了简化程序并提高编译效率，Python 语言允许在赋值运算符"="之前加上其他运算符，这样就构成了复合赋值运算符。复合赋值运算符的功能是对赋值运算符左、右两边的运算对象进行指定的算术运算符运算，再将运算结果赋予左边的变量。在 Python 语言中共有 7 种复合赋值运算符，下面假设变量 *a* 的值为 10，变量 *b* 的值为 20，则一种基本赋值运算符和 7 种复合赋值运算符的运算过程，见表 3-3。

表 3-3

运算符	功　　能	运算结果
=	简单的赋值运算符	c = a + b，表示将 a + b 的运算结果赋值给 c
+=	加法赋值运算符	c += a 等效于 c = c + a
-=	减法赋值运算符	c -= a 等效于 c = c - a
*=	乘法赋值运算符	c *= a 等效于 c = c * a
/=	除法赋值运算符	c /= a 等效于 c = c / a
%=	取模赋值运算符	c %= a 等效于 c = c % a
**=	幂赋值运算符	c **= a 等效于 c = c ** a
//=	取整除赋值运算符	c //= a 等效于 c = c // a

例如在下面的实例中，演示了 Python 语言中所有赋值运算符的基本操作过程。

实例 3-4：对两个整数进行赋值处理

源码路径：下载包 \daima\3\3-4

实例文件 fuzhi.py 的具体实现代码如下：

```
a = 21                          # 设置 a 的值是 21
b = 10                          # 设置 b 的值是 10
c = 0                           # 设置 c 的值是 0
c = a + b                       # 重新赋值 c 的值为 a+b，也就是 31
print ("现在 c 的值为: ", c)      # 输出 c 的值
c += a                          # 设置 c=c+a，也就是 31+21
print ("现在 c 的值为: ", c)      # 输出 c 的值
c *= a                          # 设置 c = c * a
print ("现在 c 的值为: ", c)      # 输出 c 的值
c /= a                          # 设置 c = c / a
```

```
print ("现在 c 的值为: ", c)        # 输出 c 的值
c = 2                              # 重新赋值 c 的值是 2
c %= a                             # 设置 c = c % a
print ("现在 c 的值为: ", c)        # 输出 c 的值
c **= a                            # 设置 c = c ** a, 即计算 c 的 a 次幂
print ("现在 c 的值为: ", c)        # 输出 c 的值
c //= a                            # 设置 c = c // a, 即计算 c 整除 a 的值
print ("现在 c 的值为: ", c)        # 输出 c 的值
```

执行后会输出:

```
现在 c 的值为: 31
现在 c 的值为: 52
现在 c 的值为: 1092
现在 c 的值为: 52.0
现在 c 的值为: 2
现在 c 的值为: 2097152
现在 c 的值为: 99864
```

3.5 位运算符和位表达式

在 Python 程序中，使用位运算符（Bitwise Operators）可以操作二进制数据，位运算可以直接操作整数类型的位。也就是说，按位运算符是把数字看作二进制来进行计算的。

3.5.1 位运算符和位表达式介绍

在 Python 语言中有 6 个位运算符，假设变量 a 的值为 60，变量 b 的值为 13，则在表 3-4 中展示了各个位运算符的计算过程。

表 3-4

运算符	功　能	运算结果
&	按位与运算符：参与运算的两个值，如果两个相应位都为 1，则该位的结果为 1，否则为 0	（a & b）的输出结果 12，二进制解释：0000 1100
|	按位或运算符：只要对应的二个二进位有一个为 1 时，结果位就为 1	（a | b）的输出结果 61，二进制解释：0011 1101
^	按位异或运算符：当两个对应的二进位相异时，结果为 1	（a ^ b）的输出结果 49，二进制解释：0011 0001
~	按位取反运算符：对数据的每个二进制位取反，即把 1 变为 0，把 0 变为 1	（~a）的输出结果 -61，二进制解释：1100 0011，一个有符号二进制数的补码形式
<<	左移动运算符：运算数的各二进位全部左移若干位，由 "<<" 右边的数指定移动的位数，高位丢弃，低位补 0	a << 2 的输出结果 240，二进制解释：1111 0000
>>	右移动运算符：把 ">>" 左边的运算数的各二进位全部右移若干位，">>" 右边的数指定移动的位数	a >> 2 的输出结果 15，二进制解释：0000 1111

例如，下面的代码演示了几个位运算符的处理过程:

```
a = 0011 1100
b = 0000 1101
----------------
a&b = 0000 1100
a|b = 0011 1101
a^b = 0011 0001
~a   = 1100 0011
```

3.5.2 使用位运算符和位表达式

例如下面的实例演示了使用 Python 所有位运算符的过程。

实例 3-5：对整数进行位运算操作

源码路径：下载包 \daima\3\3-5

实例文件 wei.py 的具体实现代码如下：

```
a = 60   # 60 = 0011 1100
b = 13   # 13 = 0000 1101
c = 0
c = a & b;  # 12 = 0000 1100

print("测试题: ")
print("现在 c 的值为: ", c)
c = a | b;  # 61 = 0011 1101
print("现在 c 的值为: ", c)
c = a ^ b;  # 49 = 0011 0001
print("现在 c 的值为: ", c)
c = ~a;  # -61 = 1100 0011
print("现在 c 的值为: ", c)
c = a << 2;  # 240 = 1111 0000
print("现在 c 的值为: ", c)
c = a >> 2;  # 15 = 0000 1111
print("现在 c 的值为: ", c)
print("完全回答正确, 你很优秀! ")
```

执行后会输出：

```
测试题:
现在 c 的值为:  12
现在 c 的值为:  61
现在 c 的值为:  49
现在 c 的值为:  -61
现在 c 的值为:  240
现在 c 的值为:  15
完全回答正确, 你很优秀!
```

3.6 逻辑运算符和逻辑表达式

在 Python 语言中，逻辑运算就是将变量用逻辑运算符连接起来，并对其进行求值的运算过程。在 Python 程序中，只能将 and、or、not 三种运算符用作于逻辑运算。

3.6.1 逻辑运算符和逻辑表达式介绍

Python 语言不像 C、Java 等编程语言那样，可以使用 &、|、!，更加不能使用简单逻辑与（&&）、简单逻辑或（||）等逻辑运算符。由此可见，这充分体现了 Python 始终坚持"只用一种最好的方法来解决一个问题"的设计理念。假设变量 a 的值为 10，变量 b 的值为 20，在表 3-5 中演示了 Python 中三个逻辑运算符的处理过程。

表 3-5

运算符	逻辑表达式	功　能	运算结果
and	x and y	布尔"与"运算符：如果 x 为 False，x and y 返回 False，否则它返回 y 的计算值	（a and b）返回 20

续上表

运算符	逻辑表达式	功　　能	运算结果
or	x or y	布尔"或"运算符：如果 x 是非 0，它返回 x 的值，否则它返回 y 的计算值	（a or b）返回 10
not	not x	布尔"非"运算符：如果 x 为 True，返回 False。如果 x 为 False，它返回 True	not（a and b）返回 False

3.6.2　使用逻辑运算符和逻辑表达式

例如在下面的实例代码中，演示了使用逻辑运算符的具体过程。

实例 3-6：对两个整数进行逻辑运算操作

源码路径：下载包 \daima\3\3-6

实例文件 luoji.py 的具体实现代码如下：

```python
a = 10                                  # 设置a的值是10
b = 20                                  # 设置b的值是20

if ( a and b ):                         #逻辑与运算符,如果两个操作数都为真,则条件为真。
        print (" 变量 a 和 b 都为 true")
else:
        print (" 变量 a 和 b 有一个不为 true")

if ( a or b ):                          # 逻辑or运算符,如果两个操作数不都为零,则条件为真。
        print (" 变量 a 和 b 都为 true,或其中一个变量为 true")
else:

        print (" 变量 a 和 b 都不为 true")
a = 0                                   # 修改变量a的值,重新赋值为0
if ( a and b ):                         #逻辑与运算符,如果两个操作数都为真,则条件为真。
        print (" 变量 a 和 b 都为 true")
else:
        print (" 变量 a 和 b 有一个不为 true")

if ( a or b ):                          # 逻辑or运算符,如果两个操作数不都为零,则条件为真。
        print (" 变量 a 和 b 都为 true,或其中一个变量为 true")
else:
        print (" 变量 a 和 b 都不为 true")

if not( a and b ):                      # 逻辑与运算符,如果两个操作数不都为真,则条件为真。
        print (" 变量 a 和 b 都为 false,或其中一个变量为 false")
else:
        print (" 变量 a 和 b 都为 true")
```

执行后会输出：

```
变量 a 和 b 都为 true
变量 a 和 b 都为 true,或其中一个变量为 true
变量 a 和 b 有一个不为 true
变量 a 和 b 都为 true,或其中一个变量为 true
变量 a 和 b 都为 false,或其中一个变量为 false
```

3.7　成员运算符和成员表达式

在 Python 语言中，除了拥有前面介绍的运算符之外，还可以使用成员运算符。通过使用成员运算符，可以测试实例中包含的一系列成员，包括字符串、列表或元组。

3.7.1 成员运算符和成员表达式介绍

成员运算符比逻辑运算符要简单一些，能够验证给定的值（变量）在指定的范围里是否存在。在 Python 语言中有两个成员运算符，分别是 in 和 not in。具体说明见表 3-6。

表 3-6

运算符	功　能	运算结果
in	如果在指定的序列中找到值，则返回 True；否则，返回 False	x 在 y 序列中，如果 x 在 y 序列中则返回 True
not in	如果在指定的序列中没有找到值，则返回 True；否则，返回 False	x 不在 y 序列中，如果 x 不在 y 序列中则返回 True

读者可能不太了解成员运算符的具体含义，请看下面这两句话的含义：

● My dog is in the box（狗在盒子里）；
● My dog is not in the box（狗不在盒子里）。

这就是成员运算符 in 和 not in 的真正含义，事实上 in 和 not in 会返回一个布尔类型，若为真，则表示在的情况；若为假，则表示不在的情况。

3.7.2 使用成员运算符和成员表达式

例如下面的实例演示了使用成员运算符的具体过程。

实例 3-7：判断某整数是否属于列表成员

源码路径：下载包 \daima\3\3-7

实例文件 chengyuan.py 的具体实现代码如下：

```
a = 10                          # 设置变量 a 的初始值为 10

b = 20                          # 设置变量 b 的初始值为 20
list = [1, 2, 3, 4, 5];         # 定义一个列表，里面有 5 个元素
if ( a in list ):               # 如果 a 的值在列表 list 中
     print ("现在变量 a 在给定的列表 list 中")
else:                           # 如果 a 的值没有在列表 list 中
     print ("现在变量 a 不在给定的列表 list 中")
if ( b not in list ):           # 如果 b 的值不在列表 list 中
     print ("现在变量 b 不在给定的列表 list 中")
else:                           # 如果 b 的值在列表 list 中
     print ("现在变量 b 在给定的列表 list 中")
a = 2                           # 修改变量 a 的值，重新赋值为 2
if ( a in list ):               # 如果 a 的值在列表 list 中
     print ("现在变量 a 在给定的列表 list 中")
else:                           # 如果 a 的值没有在列表 list 中
     print ("现在变量 a 不在给定的列表 list 中")
```

在上述代码中用到了 List 列表的知识，这部分内容将在本书后面的内容中进行讲解，本实例执行后会输出：

```
现在变量 a 不在给定的列表 list 中
现在变量 b 不在给定的列表 list 中
现在变量 a 在给定的列表 list 中
```

3.8　身份运算符和身份表达式

在 Python 程序中，身份运算符的功能是比较两个对象是否是同一个对象，这和用比较

运算符中的 "==" 来比较两个对象的值是否相等有所区别。Python 语言中的身份运算符有两个，分别是 is 和 is not。

3.8.1 身份运算符和身份表达式介绍

要想理解身份运算符的实现原理，需要从 Python 变量的属性谈起。Python 语言中的变量有三个属性，分别是 name、id 和 value，具体说明如下：

（1）name 可以理解为变量名；

（2）id 可以联合内存地址来理解；

（3）value 就是变量的值。

在 Python 语言中，身份运算符 "is" 是通过这个 id 来进行判断。如果 id 一样就返回 True，否则返回 False。请看下面的演示代码：

```
a = [1, 2, 3]          #a 是一个序列，里面有三个值：1、2、3
b = [1, 2, 3]          #b 是一个序列，里面有三个值：1、2、3
print( a == b )        # 比较运算符
print( a is b )        # 身份运算符
```

为什么上述代码执行后会输出下面的结果：

```
True
False
```

这是因为变量 a 和变量 b 的 value 值是一样的，用 "==" 比较运算符比较变量的 value，所以返回 True。但是当使用 is 的时候，比较的是 id，变量 a 和变量 b 的 id 是不一样的（具体可以使用 id（a）来查看 a 的 id），所以返回 False。

3.8.2 使用身份运算符和身份表达式

例如在下面的实例中，演示了使用身份运算符的具体过程。

实例 3-8：判断 a 和 b 是否有相同的标识

源码路径：下载包 \daima\3\3-8

实例文件 shenfen.py 的具体实现代码如下：

```
a = 20                                      #设置 a 的初始值是 20
b = 20                                      #设置 b 的初始值是 20
if ( a is b ):                              #用 is 判断 a 和 b 是不是引用自一个对象
      print ("现在 a 和 b 有相同的标识")
else:
      print ("现在 a 和 b 没有相同的标识")
if ( id(a) == id(b) ):                      #判断 a 和 b 的 id 是不是引用自一个对象

      print ("现在 a 和 b 有相同的标识")
else:
      print ("现在 a 和 b 没有相同的标识")
b = 30                                      # 修改变量 b 的值，重新赋值为 30
if ( a is b ):                              #用 is 判断 a 和 b 是不是引用自一个对象
      print ("现在 a 和 b 有相同的标识")
else:
      print ("现在 a 和 b 没有相同的标识")
if ( a is not b ):                          #判断两个标识符是不是引用自不同对象
      print ("现在 a 和 b 没有相同的标识")
else:
      print ("现在 a 和 b 有相同的标识")
```

执行后会输出：

```
现在 a 和 b 有相同的标识
现在 a 和 b 没有相同的标识
```

3.9　运算符的优先级

运算符的优先级是指各种运算符的优先执行顺序，在日常生活中，无论是排队买票还是超市结账，我们都遵循先来后到的顺序。在运算符操作过程中，也需要遵循一定顺序，这就是运算符的优先级。

3.9.1　Python 运算符的优先级介绍

Python 语言运算符的运算优先级共分为 13 级，1 级最高，13 级最低。在表达式中，优先级较高的先于优先级较低的进行运算。

当一个运算符号两侧的运算符优先级相同时，则按运算符的结合性所规定的结合方向处理。如果属于同级运算符，则按照运算符的结合性方向来处理。运算符通常由左向右结合，即具有相同优先级的运算符按照从左向右的顺序计算。例如，2 + 3 + 4 被计算成（2 + 3）+ 4。一些如赋值运算符那样的运算符是由右向左结合的，即 $a = b = c$ 被处理为 $a = (b = c)$。

笔者在此建议大家使用圆括号（小括号）来分组运算符和操作数，以便能够明确地指出运算的先后顺序，使程序尽可能地易读。例如，2 +（3 * 4）显然比 2 + 3 * 4 清晰。与此同时，圆括号也应该正确使用，而不应该用得过滥（比如 2 +（3 + 4））。在默认情况下，运算符优先级表决定了哪个运算符在其他运算符之前计算。然而，如果想要改变它们的计算顺序，可以使用圆括号来实现。例如想要在一个表达式中让加法在乘法之前计算，那么就得写成类似（2 + 3）* 4 的样子。

在表 3-7 中列出了从最高到最低优先级的所有运算符。

表 3-7

运　算　符	描　　述
**	指数（最高优先级）
~ + -	按位翻转，一元加号和减号（最后两个的方法名为 +@ 和 -@）
* / % //	乘、除、取模和取整除
+ -	加法、减法
>> <<	右移，左移运算符
&	位 'AND'
^ |	位运算符
<= <> == !=	比较运算符
= %= /= //= -= += *= **=	赋值运算符
is is not	身份运算符
in not in	成员运算符
not or and	逻辑运算符

3.9.2　使用 Python 运算符的优先级

例如在下面的实例中，演示了使用 Python 运算符优先级的具体过程。

实例 3-9：组合使用运算符

源码路径：下载包 \daima\3\3-9

实例文件 youxian.py 的具体实现代码如下：

```
a = 20                                    # 设置 a 的初始值是 20
b = 10                                    # 设置 b 的初始值是 10
c = 15                                    # 设置 c 的初始值是 15
d = 5                                     # 设置 d 的初始值是 5
e = 0                                     # 设置 e 的初始值是 0

e = (a + b) * c / d                       # 相当于：( 30 * 15 ) / 5
print ("(a + b) * c / d 运算结果为：",      e)
e = ((a + b) * c) / d                     # 相当于：(30 * 15 ) / 5
print ("((a + b) * c) / d 运算结果为：",      e)
e = (a + b) * (c / d);                    # 相当于： (30) * (15/5)
print ("(a + b) * (c / d) 运算结果为：",      e)
e = a + (b * c) / d;                      # 相当于：20 + (150/5)
print ("a + (b * c) / d 运算结果为：",      e)
```

执行后会输出：

```
(a + b) * c / d   运算结果为： 90.0
((a + b) * c) / d 运算结果为： 90.0
(a + b) * (c / d) 运算结果为： 90.0
a + (b * c) / d   运算结果为： 50.0
```

## 第 4 章

列表、元组和字典

（📹视频讲解：102 分钟）

在 Python 程序中，可以通过数据结构来保存项目中需要的数据信息。Python 语言内置了多种数据结构，例如列表、元组、字典和集合等。在本章的内容中，将详细讲解 Python 语言中常用数据结构的核心知识，为读者步入本书后面知识的学习打下基础。

4.1 列表是最基本的数据结构

在 Python 程序中，列表也被称为序列，是 Python 语言中最基本的一种数据结构，和其他编程语言（C/C++/Java）中的数组类似。序列中的每个元素都分配一个数字，这个数字表示这个元素的位置或索引，第一个索引是 0，第二个索引是 1，依此类推。

4.1.1 列表的基本用法

列表由一系列按特定顺序排列的元素组成，开发者可以创建包含字母表中所有字母、数字 0~9 或所有家庭成员姓名的列表，也可以将任何东西加入列表中，其中的元素之间可以没有任何关系。因为列表通常包含多个元素，所以通常给列表指定一个表示复数的名称，例如命名为 letters、digits 或 names。

在 Python 程序中使用中括号 "[]" 来表示列表，并用逗号来分隔其中的元素。例如下面的代码即为创建了一个简单的列表。

实例 4-1：创建一个名为 girl 的简单列表

源码路径：下载包 \daima\4\4-1

实例文件 easy 的具体实现代码如下：

```
girl = ['美丽', '端庄', '气质', '身材']          # 创建一个名为 girl 的列表
print(girl)                                    # 输出列表 girl 中的信息
```

在上述代码中，创建一个名为 "girl" 的列表，在列表中存储了 4 个元素，执行后会将列表打印输出，如：

```
['美丽', '端庄', '气质', '身材']
```

（1）创建数字列表

在 Python 程序中，可以使用方法 range() 创建数字列表。例如在下面的实例文件 num.py 中，使用方法 range() 创建了一个包含 3 个数字的列表。

实例 4-2：创建了一个包含 3 个数字的列表

源码路径：下载包 \daima\4\4-2

实例文件 num.py 的具体实现代码如下：

```
numbers = list(range(1,4))   # 使用方法 range() 创建列表
print(numbers)
```

在上述代码中，一定要注意方法 range() 的结尾参数是 4，才能创建 3 个列表元素。执行后会输出：

```
[1, 2, 3]
```

（2）访问列表中的值

在 Python 程序中，因为列表是一个有序集合，所以要想访问列表中的任何元素，只需将该元素的位置或索引告诉 Python 即可。要想访问列表元素，可以指出列表的名称，再指出元素的索引，并将其放在中括号内。例如，下面的代码可以从列表 girl 中提取第一个元素：

```
girl = ['美丽', '端庄', '气质', '身材']          # 创建一个名为 girl 的列表
print(girl [0])
```

上述代码非常简单，演示了访问列表元素的语法。当发出获取列表中某个元素的请求时，Python 只会返回该元素，而不包括中括号和引号，上述代码执行后只会输出：

```
美丽
```

开发者还可以通过方法 title() 获取任何列表元素，例如获取列表 car 中元素"audi"的代码如下：

```
car = ['audi', 'bmw', 'benchi', 'lingzhi']
print(car[0].title())
```

上述代码执行后的输出结果与前面的代码相同，只是首字母 a 变为大写，上述代码执行后只会输出：

```
Audi
```

在 Python 程序中，字符串还可以通过序号（序号从 0 开始）来取出其中的某个字符，例如 'abcde.[1]' 取得的值是 'b' 。看下面的实例文件 fang.py，功能是访问并显示列表中元素的值。

实例 4-3：访问并显示列表中元素的值

源码路径：下载包 \daima\4\4-3

实例文件 fang.py 的具体实现代码如下：

```
list1 = ['隔壁班花', '本班班花', 2001, 2002];  # 定义第 1 个列表 "list1"
list2 = [1, 2, 3, 4, 5, 6, 7];                # 定义第 2 个列表 "list2"
print ("list1[0]: ", list1[0])                # 输出列表 "list1" 中的第 1 个元素
print ("list2[1:5]: ", list2[1:5])            # 输出列表 "list2" 中的第 2 个到第 5 个元素
```

在上述代码中，分别定义了两个列表 list1 和 list2，执行后会输出：

```
list1[0]:  隔壁班花
list2[1:5]:  [2, 3, 4, 5]
```

（3）使用列表中的值

在 Python 程序中，可以像使用其他变量一样使用列表中的各个值。例如，可以根据列表中的值使用拼接来创建消息。例如在下面的实例中，演示了使用列表中的值创建信息的方法。

实例 4-4：使用列表中的值创建信息

源码路径：下载包 \daima\4\4-4

实例文件 use.py 的具体实现代码如下：

```
girl = ['美丽', '端庄', '气质', '身材']
#下面使用 girl[0].title() 显示列表 girl 中的第一个元素值"美丽"
message = "我人生中的第一个暗恋对象是:" + girl[0].title() + "的隔壁班花！"
print(message)
```

在上述代码中，使用列表 girl[0] 的值生成了一个句子，并将其存储在变量 message 中。然后输出了一个简单的句子，其中包含列表中的第一个元素。执行后会输出：

```
我人生中的第一个暗恋对象是：美丽的隔壁班花！
```

4.1.2　更新（修改）列表中的元素

在 Python 程序中，经常需要对列表进行操作，这也可以实现项目的指定功能。在程序中创建的大多数列表都是动态的，这表示列表被创建后，将随着程序的运行而发生变化，例如列表元素的增加和减少。接下来讲解对列表进行更新操作的知识。

更新列表元素是指修改列表元素中的值，修改列表元素的语法与访问列表元素的语法类似。在修改列表元素时，需要指定列表名和将要修改的元素的索引，再指定该元素的新值。例如在下面的实例中，演示了修改列表中元素的值的方法。

实例 4-5：修改 girl 列表中某个元素的值（"美丽"修改为"妖艳"）

源码路径：下载包 \daima\4\4-5

实例文件 xiu.py 的具体实现代码如下：

```
girl = ['美丽', '端庄', '气质', '身材']          #定义一个列表
print(girl)                                       #输出显示列表中的元素
girl[0] = '妖艳'                                  #将列表中的第一个元素修改为"妖艳"
print(girl)
```

在上述代码中，列表 girl[0] 的原始值是"美丽"，经过修改后变为了"妖艳"。执行后会输出：

```
['美丽', '端庄', '气质', '身材']
['妖艳', '端庄', '气质', '身材']
```

通过上述执行效果可以看出，只是第一个元素的值发生改变，其他列表元素的值没有发生变化。当然我们可以修改任何列表元素的值，而不仅仅是第一个元素的值。

4.1.3　插入新的元素

插入新的元素是指向某个列表中添加新的列表元素。在 Python 程序中，可以使用方法 insert() 在列表的任何位置添加新元素，在插入时需要指定新元素的索引和值。使用方法 insert() 的语法格式如下：

```
list.insert(index, obj)
```

上述两个参数的具体说明如下：

● obj：将要插入列表中的元素。

● index：元素 obj 需要插入的索引位置。

方法 insert() 没有返回值，但会在列表的指定位置插入新的元素。

例如在下面的实例中，演示了使用方法 insert() 在列表中添加新元素的方法。

实例 4-6：使用方法 insert() 在 girl 列表中添加一个新元素（温柔）

源码路径：下载包 \daima\4\4-6

实例文件 cha1.py 的具体实现代码如下：

```
girl = ['美丽', '端庄', '气质', '身材']        # 定义一个列表 girl
print(girl)                                    # 输出显示列表 girl 中的元素
car.insert(0, '温柔')                          # 在列表位置 0 添加新元素 "温柔"
print(girl)                                    # 输出添加元素后列表 girl 中的元素
```

在上述代码中，列表 girl 的原始值包含 4 个元素，然后使用方法 insert() 在列表中添加了新元素"温柔"，所以列表 girl 最终包含 5 个元素。执行后会输出：

```
['美丽', '端庄', '气质', '身材']
['温柔', '美丽', '端庄', '气质', '身材']
```

在上述代码中，新元素值"温柔"被插入到列表开头，这是通过方法 insert() 在索引 0 处添加空间，并将值"温柔"存储到索引为 0 的位置实现的。这种操作将列表中既有的每个元素都右移一个位置。同样道理，我们可以将新元素值"温柔"插入其他指定的位置，例如索引为 1、2 或 3 的位置。

4.1.4　在列表中删除元素

在列表中删除元素是指在列表中删除某个或多个已经存在的元素。在 Python 程序中，可以通过如下两种方式在列表中实现删除元素功能。

1．使用 del 语句删除元素

在 Python 程序中，如果知道要删除的元素在列表中的具体位置，可使用 del 语句实现删除功能。例如在下面的实例中，演示了使用 del 语句删除列表中某个元素的方法。

实例 4-7：使用 del 语句删除 girl 列表中的某个元素（美丽）

源码路径：下载包 \daima\4\4-7

实例文件 del1.py 的具体实现代码如下：

```
girl = ['美丽', '端庄', '气质', '身材']        # 创建列表 girl
print(girl)                                    # 输出显示列表 girl 中的元素
del girl[0]                                     # 删除列表中索引值为 0 的元素
print(girl)                                     # 再次显示列表 girl 中的元素
```

在上述代码中，使用 del 语句删除了列表中索引值为 0 的元素，也就是删除了元素"美丽"。执行后会输出：

```
['美丽', '端庄', '气质', '身材']
['端庄', '气质', '身材']
```

在 Python 程序中，使用 del 可以删除任何位置处的列表元素，前提条件是知道这个元素的索引值。当使用 del 语句将这个元素从列表中删除后，以后就无法再访问它了。

2．使用方法 pop() 删除元素

在 Python 程序中，当将某个元素从列表中删除后，有时需要接着使用这个元素的值。在 Python 程序中，可以使用方法 pop() 删除列表末尾的那个元素，并且能够接着使用它。使用方法 pop() 的语法格式如下：

```
list.pop(obj=list[-1])
```

参数"obj"是一个可选参数，表示要移除列表元素。例如在下面的实例中，演示了使用方法 pop() 删除列表中某个元素的方法。

实例 4-8：使用方法 pop() 删除 girl 列表中某个元素（端庄）

源码路径：下载包 \daima\4\4-8

实例文件 del2.py 的具体实现代码如下：

```
girl = ['美丽', '端庄', '气质', '身材']        # 创建列表 girl
print(girl)                              # 输出显示列表 girl 中的元素
car.pop(1)                               # 删除列表中索引值为 1 的元素
print(girl)                              # 再次显示列表 girl 中的元素
```

在上述代码中，使用方法 pop() 删除了列表中索引值为 1 的元素，也就是删除了元素"端庄"。执行后会输出：

```
['美丽', '端庄', '气质', '身材']
['美丽', '气质', '身材']
```

4.1.5　列表排列

在创建一个列表时，里面元素的排列顺序常常是无法预测的，因为开发不可能控制用户提供数据的顺序。但是在 Python 程序中，经常需要以特定的顺序显示列表中的信息。例如有时需要保留列表元素最初的排列顺序，有时候又需要调整排列顺序。在 Python 语言中提供了很多对列表进行排列的方法，通过这些方法可以对列表中的元素进行排列组织。

1. 使用方法 sort() 对列表进行永久性排序

在 Python 程序中，使用方法 sort() 可以轻松地对列表中的元素进行排序。方法 sort() 用于对原列表中的元素进行排序，使用此方法的语法格式如下所示。

```
list.sort([func])
```

在上述格式中，参数"func"是一个可选参数，如果指定了该参数，则使用该参数的方法进行排序。虽然方法 sort() 没有返回值，但是会对列表中的元素进行排序。假设新建了一个列表，要想让列表中的元素按字母顺序排列，可以通过下面的实例代码实现。

实例 4-9：让列表 girl 中的元素按字母顺序排

源码路径：下载包 \daima\4\4-9

实例文件 pai1.py 的具体实现代码如下：

```
#创建列表 girl
girl = ['piaoliang', 'xingan', 'wenrou', 'shencai']
girl.sort()                     # 使用方法 sort() 修改了列表元素的排列顺序
print(girl)                     # 再次显示列表 girl 中的元素
```

在上述代码中，在第 2 行使用方法 sort() 永久性地修改了列表元素的排列顺序。现在，列表 girl 中的元素是按字母顺序排列的，再也无法恢复到原来的排列顺序。执行后会输出：

```
['piaoliang', 'shencai', 'wenrou', 'xingan']
```

当然，我们还可以按与字母顺序相反的顺序排列列表元素，此时只需向 sort() 方法传递参数 reverse=True 即可。例如在下面的代码中，演示了按照与字母顺序相反的顺序进行排列的过程。

```
girl = ['piaoliang', 'xingan', 'wenrou', 'shencai']
girl.sort(reverse=True)              # 将列表 girl 中的元素按照与字母顺序相反的顺序进行排列
```

```
print(girl)
```

同样道理，经过上述处理后，对列表元素排列顺序的修改也是永久性的，执行后将会输出：

```
['xingan', 'wenrou', 'shencai', 'piaoliang']
```

2. 使用方法 sorted() 对列表进行临时排序

在 Python 程序中，要想既保留列表元素原来的排列顺序，同时又想以特定的顺序显示它们，此时可以使用方法 sorted() 实现。方法 sorted() 的功能是按照特定顺序显示列表中的元素，同时不影响它们在列表中的原始排列顺序。例如在下面的实例中，演示了使用方法 sorted() 排列列表中元素的方法。

实例 4-10：使用方法 sorted() 排列列表 cars 中的元素

源码路径：下载包 \daima\4\4-10

实例文件 pai2.py 的具体实现代码如下：

```
cars = ['benchi', 'baoma', 'aodi', 'leikesasi']  #创建列表 cars

print(" 第 1 个排列顺序是：")
print(cars)                            #显示列表默认的排列顺序
print("\n 第 2 个排列顺序是：")
print(sorted(cars))                    #使用方法 sorted() 排列列表中元素
print("\n 第 3 个排列顺序是：")
print(cars)                            #再次显示列表 cars 中的元素
```

在上述代码中，首先按原始顺序打印输出列表中的元素，然后再按照字母的顺序显示列表中的元素。以特定顺序显示列表后，最后再进行一次核实，确认列表元素的排列顺序与以前相同。执行后会输出：

```
第 1 个排列顺序是：
['benchi', 'baoma', 'aodi', 'leikesasi']

第 2 个排列顺序是：
['aodi', 'baoma', 'benchi', 'leikesasi']

第 3 个排列顺序是：
['benchi', 'baoma', 'aodi', 'leikesasi']
```

同样道理，在调用方法 sorted() 后，列表元素的排列顺序并没有变。如果要按照与字母顺序相反的顺序显示列表，也可以通过向方法 sorted() 传递参数 reverse=True 的方式实现。

4.1.6 列表的高级操作

在 Python 程序中，除了在本章前面介绍的常用列表操作外，我们还可以对列表进行其他方面的操作。在下面的内容中，将详细讲解对列表进行高级操作的知识。

1. 列表中的运算符

在 Python 语言中，在列表中可以使用 "+" 和 "*" 运算符，这两个运算符的功能与在字符串中相似。其中 "+" 运算符用于组合列表，"*" 运算符用于重复输出列表。例如在表 4-1 中演示了 "+" 运算符和 "*" 运算符在 Python 表达式中的作用。

表 4-1

Python 表达式	结　果	描　述
len([1, 2, 3])	3	长度
[1, 2, 3] + [4, 5, 6]	[1, 2, 3, 4, 5, 6]	组合

续上表

Python 表达式	结　　果	描　　述
['Hi!'] * 4	['Hi!', 'Hi!', 'Hi!', 'Hi!']	重复
3 in [1, 2, 3]	True	显示元素是否存在于列表中
for x in [1, 2, 3]: print x,	1 2 3	迭代

2. 列表截取与拼接

在 Python 程序中，可以使用"L"表达式实现列表截取与字符串操作功能，例如代码"L=['Google' , 'Apple' , 'Taobao']"的操作过程见表 4-2。

表 4-2

Python 表达式	结　　果	描　　述
L[2]	'Taobao'	读取第三个元素
L[-2]	'Apple'	从右侧开始读取倒数第二个元素
L[1:]	['Apple', 'Taobao']	输出从第二个元素开始后的所有元素

例如在下面的实例中，演示了表 4-2 中实现列表截取与拼接功能的执行过程。

实例 4-11：创建列表 L 并实现截取与拼接操作

源码路径：下载包 \daima\4\4-11

实例文件 jiao.py 的具体实现代码如下：

```
L=['Google', ' Apple ', 'Taobao']      # 创建列表 L
print(L[2])                            # 显示列表 L 中的第 3 个元素
print(L[-2])                           # 显示列表 L 中倒数第 2 个元素
print(L[1:])                           # 显示从第 2 个元素开始后的所有元素
squares = [1, 4, 9, 16, 25]            # 创建包含 5 个整数的列表 squares
print(squares + [36, 49, 64, 81, 100]) # 在列表 squares 后面追加 5 个整数
```

执行后会输出：

```
Taobao
 Apple
[' Apple ', 'Taobao']
[1, 4, 9, 16, 25, 36, 49, 64, 81, 100]
```

注意：在上述代码中，**Apple** 一词前后各自多了一个空格。对于本实例来说不会影响运行结果，但如果一旦涉及字符串匹配、查找等操作，就会成为一个极难察觉的 bug，所以读者一定要注意平常编写代码不能马虎。

3. 列表嵌套

在 Python 程序中，列表嵌套是指在一个已经存在的列表中创建其他新的列表。例如在下面的实例中，演示了实现列表嵌套功能的过程。

实例 4-12：创建 3 个列表并实现嵌套功能

源码路径：下载包 \daima\4\4-12

实例文件 qiantao.py 的具体实现代码如下：

```
print("下面是班花、系花和校花的得分：")
a = ['班花', '系花', '校花']          # 创建列表 a
n = [1, 2, 3]                        # 创建列表 n
x = [a, n]                           # 创建列表 x
print(x)                             # 同时输出列表 a 和列表 n 的值
print(x[0])                          # 输出 x 中位置为 0 的元素，也就是列表 a 的值
```

```
print(x[0][1])                                 # 输出 x 中位置为 0 中的位置为 1 的元素值
```

执行后会输出：

```
下面是班花、系花和校花的得分:

[['班花', '系花', '校花'], [70, 80, 90]]
['班花', '系花', '校花']
系花
```

4.2　元组是一种特殊的列表

在 Python 程序中，可以将元组看作是一种特殊的列表。唯一与列表不同的是，元组内的数据元素不能发生改变。不但不能改变其中的数据项，而且也不能添加和删除数据项。当开发者需要创建一组不可改变的数据时，通常会把这些数据放到一个元组中。

4.2.1　创建并访问元组

在 Python 程序中，创建元组的基本形式是以小括号 "()" 将数据元素括起来，各个元素之间用逗号 "," 隔开。例如下面都是合法的元组。

```
tup1 = ('Google', 'toppr', 1997, 2000);
tup2 = (1, 2, 3, 4, 5);
```

Python 语言允许创建空元组，例如下面的代码创建了一个空元组。

```
tup1 = ();
```

在 Python 程序中，当在元组中只包含一个元素时，需要在元素后面添加逗号 ","。例如下面的演示代码：

```
tup1 = (50,);
```

上述代码的做法是完全正确的，在 Python 程序中，元组与字符串和列表类似，下标索引也是从 0 开始的，并且也可以进行截取和组合等操作。例如在下面的实例，演示了创建并访问元组的过程。

实例 4-13：创建两个元组（tup1，tup2）并访问显示元组元素

源码路径：下载包 \daima\4\4-13

实例文件 zu.py 的具体实现代码如下：

```
tup1 = ('班花女神', '系花女神', 2001, 2002)    # 创建元组 tup1
tup2 = (1, 2, 3, 4, 5, 6, 7)                   # 创建元组 tup2
# 显示元组 "tup1" 中索引为 0 的元素的值
print ("2001 年的 ", tup1[0])

# 显示元组 "tup2" 中索引从 1 到 4 的元素的值
print ("周末约会的行走路线：", tup2[1:5])
```

在上述代码中定义了两个元组 "tup1" 和 "tup2"，然后在第 4 行代码中读取了元组 "tup1" 中索引为 0 的元素的值，然后在第 6 行代码中读取了元组 "tup2" 中索引从 1 到 4 的元素的值。执行后会输出：

```
2001 年的   班花女神
周末约会的行走路线：  (2, 3, 4, 5)
```

4.2.2　修改元组

在 Python 程序中，元组一旦创立后就是不可被修改的。但是在现实程序应用中，开发者可以对元组进行连接组合。例如在下面的实例中，演示了连接组合两个元组值的过程。

实例 4-14：连接组合两个元组中的值并输出新元组

源码路径：下载包 \daima\4\4-14

实例文件 lian.py 的具体实现代码如下：

```
tup1 = (12, 34.56);                      # 定义元组 tup1
tup2 = ('abc', 'xyz')                    # 定义元组 tup2
# 下面一行代码修改元组元素操作是非法的
# tup1[0] = 100
tup3 = tup1 + tup2;                      # 创建一个新的元组 tup3

print (tup3)                             # 输出元组 tup3 中的值
```

在上述代码中定义了两个元组"tup1"和"tup2"，然后将这两个元组进行连接组合，将组合后的值赋给新元组"tup3"。执行后输出新元组"tup3"中的元素值，执行后会输出：

```
(12, 34.56, 'abc', 'xyz')
```

4.2.3　删除元组

在 Python 程序中，虽然不允许删除一个元组中的元素值，但是可以使用 del 语句来删除整个元组。例如在下面的实例中，演示了使用 del 语句来删除整个元组的过程。

实例 4-15：创新元组 tup 后删除整个元组

源码路径：下载包 \daima\4\4-15

实例文件 shan.py 的具体实现代码如下：

```
# 定义元组 "tup"
tup = ('大明湖', '千佛山', 9, 11)
print (tup)                              # 输出元组 "tup" 中的元素
del tup;                                 # 删除元组 "tup"
# 因为元组 "tup" 已经被删除，所以不能显示里面的元素
print ("元组 tup 被删除后，系统会出错！")
print (tup)                              # 运行代码会出错
```

在上述代码中定义了一个元组"tup"，然后使用 del 语句来删除整个元组的过程。删除元组"tup"后，最后一行代码中使用"print (tup)"输出元组"tup"的值时会出现系统错误。执行后会输出：

```
"C:\Program Files\Anaconda3\python.exe" D:/tiedao/Python/daima/4/4-15/shan.py
Traceback (most recent call last):
('大明湖', '千佛山', 9, 11)
  File "D:/tiedao/Python/daima/4/4-15/shan.py", line 7, in <module>
元组 tup 被删除后，系统会出错！
    print (tup)              # 运行代码会出错
NameError: name 'tup' is not defined
```

4.2.4　使用内置方法操作元组

在 Python 程序中，可以使用内置方法来操作元组，其中最为常用的内置方法如表 4-3 所示。

表 4-3

内置方法	描述
len(tuple)	计算元组元素个数
max(tuple)	返回元组中元素最大值
min(tuple)	返回元组中元素最小值
tuple(seq)	将列表转换为元组

例如在下面的实例中，演示了使用内置方法操作元组的过程。

实例 4-16：打印元组中的元素

源码路径：下载包 \daima\4\4-16

实例文件 neizhi.py 的具体实现代码如下：

```
car = ['奥迪', '宝马', '奔驰', '雷克萨斯']       # 创建列表 car
print(len(car))                                 # 输出列表 car 的长度
tuple2 = ('5', '4', '8')                        # 创建元组 tuple2
print(max(tuple2))                              # 显示元组 tuple2 中元素的最大值

tuple3 = ('5', '4', '8')                        # 创建元组 tuple3
 print(min(tuple3))                             # 显示元组 tuple3 中元素的最小值
list1= ['Google', 'Taobao', 'Toppr', 'Baidu']  # 创建列表 list1
tuple1=tuple(list1)                             # 将列表 list1 的值赋予元组 tuple1
print(tuple1)                                   # 再次输出元组 tuple1 中的元素
```

执行后会输出：

```
4
8
4
('Google', 'Taobao', 'Toppr', 'Baidu')
```

4.2.5 将序列分解为单独的变量

在 Python 程序中，可以将一个包含 N 个元素的元组或序列分解为 N 个单独的变量。这是因为 Python 语法允许任何序列（或可迭代的对象）都可以通过一个简单的赋值操作来分解为单独的变量，唯一的要求是变量的总数和结构要与序列相吻合。例如在下面的实例文件 fenjie.py 中，演示了将序列分解为单独的变量的过程。

实例 4-17：分解元组中的元素

源码路径：下载包 \daima\4\4-17

实例文件 xinghao.py 的具体实现代码如下：

```
p = (4, 5)
x, y = p
 print(x)
print(y)
data = [ 'ACME', 50, 91.1, (2012, 12, 21) ]
name, shares, price, date = data
print(name)
print(date)
```

执行后会输出：

```
4
5
ACME
(2012, 12, 21)
```

注意：如果是分解未知或任意长度的可迭代对象，上述分解操作是为其量身定做的工具。通常在这类可迭代对象中会有一些已知的组件或模式（例如，元素 1 之后的所有内容都是电话号码），利用"*"号表达式分解可迭代对象后，使得开发者能够轻松利用这些模式，而无须在可迭代对象中做复杂的操作才能得到相关的元素。

4.3　字典：成员以"键：值"对形式存在的数据类型

在 Python 程序中，字典是一种比较特别的数据类型，字典中每个成员是以"键：值"对的形式成对存在。字典以大括号"{}"包围，并且以"键：值"对的方式声明和存在的数据集合。在本节的内容中，将详细讲解 Python 字典的知识。

注意：字典与列表相比，最大的不同在于字典是无序的，其成员位置只是象征性的，在字典中通过键来访问成员，而不能通过其位置来访问该成员。

4.3.1　创建并访问字典

在 Python 程序中，字典可以存储任意类型对象。字典的每个键值"key:value"对之间必须用冒号":"分隔，每个对之间用逗号","分隔，整个字典包括在大括号"{}"中。创建字典的语法格式如下：

```
d = {key1 : value1, key2 : value2 }
```

对上述语法格式的具体说明如下：

● 字典是一系列"键：值"对构成的，每个键都与一个值相关联，可以使用键来访问与之相关联的值；

● 在字典中可以存储任意个"键：值"对；

● 每个"key:value"键值对中键（key）必须是唯一的、不可变的，但值（key）则不必；

● 键值可以取任何数据类型，可以是数字、字符串、列表乃至字典。

例如某个班级的期末考试成绩公布了，其中第 1 名非常优秀，学校准备给予奖励。下面以字典来保存这名学生的 3 科成绩，第一个键值对是：'数学':'99'，表示这名学生的数学成绩是"99"。第二个键值对是：'语文':'99'，第三个键值对是：'英语':'99'，分别代表这名学生语文成绩是 99，英语成绩是 99。在 Python 语言中，使用字典来表示这名学生的成绩，具体代码如下：

```
dict = {'数学': '99', '语文': '99', '英语': '99' }
```

当然也可以对上述字典中的两个键值对进行分解，通过如下代码创建字典。

```
dict1 = { '数学': '99' };
dict2 = { '语文': '99' };
dict1 = { '英语': '99' };
```

在 Python 程序中，要想获取某个键的值，可以通过访问键的方式来显示对应的值。例如在下面的实例代码中，演示了获取字典中 3 个键的值的过程。

实例 4-18：创建字典 dict 并获取字典中 3 个键的值

源码路径：下载包 \daima\4\4-18

实例文件 fang.py 的具体实现代码如下：

```
dict = {'班花': '75', '系花': '85', '校花': '95' }    # 创建字典 dict
print ("班花的成绩是: ",dict['班花'])                 # 输出班花成绩
print ("系花的成绩是: ",dict['系花'])                 # 输出系花成绩
print ("校花的成绩是: ",dict['校花'])                 # 输出校花成绩
```

执行后会输出：

```
班花的成绩是:  75
系花的成绩是:  85
校花的成绩是:  95
```

注意：如果调用的字典中没有这个键，执行后会输出执行错误的提示。例如在下面的代码中，字典"dict"中并没有键为"Alice"。

```
dict = {'Name': 'Toppr', 'Age': 7, 'Class': 'First'};  # 创建字典 dict
print ("dict['Alice']: ", dict['Alice'])              # 输出字典 dict 中键为 "Alice" 的值
```

所以执行后会输出如下所示的错误提示：

```
Traceback (most recent call last):
    File «test.py», line 5, in <module>
        print («dict[‹Alice›]: «, dict[‹Alice›])
KeyError: 'Alice'
```

4.3.2　向字典中添加数据

在 Python 程序中，字典是一种动态结构，可以随时在其中添加"键值"对。在添加"键值"对时，需要首先指定字典名，然后用中括号将键括起来，然后在最后写明这个键的值。例如在下面的实例中定义了字典"dict"，在字典中设置 3 科的成绩，然后又通过上面介绍的方法添加了两个"键值"对。

实例 4-19：创建字典 dict 并向其中添加两个数据

源码路径：下载包 \daima\4\4-19

实例文件 add.py 的具体实现代码如下：

```
dict = {'数学': '99', '语文': '99', '英语': '99' }    # 创建字典 "dict"
dict['物理'] =100                                    # 添加字典值 1

dict['化学'] =98                                     # 添加字典值 2
print (dict)                                         # 输出字典 dict 中的值
print ("物理成绩是: ",dict['物理'])                   # 显示物理成绩
print ("化学成绩是: ",dict['化学'])                   # 显示化学成绩
```

通过上述代码，向字典中添加两个数据元素，分别表示物理成绩和化学成绩。其中在第2行代码中，设置在字典"dict"中新增了一个键值对，其中的键为'物理'，而值为100。而在第 3 行代码中重复了上述操作，设置新添加的键为'化学'，而对应的键值为98。执行后会输出：

```
{'数学': '99', '语文': '99', '英语': '99', '物理': 100, '化学': 98}
物理成绩是:  100
化学成绩是:  98
```

注意："键值"对的排列顺序与添加顺序不同。**Python** 不关心键值对的添加顺序，只关心键和值之间的关联关系而已。

4.3.3　修改字典

在 Python 程序中，要想修改字典中的值，需要首先指定字典名，然后使用中括号把将要修改的键和新值对应起来。例如在下面的实例中，演示了在字典中实现修改和添加功能的过程。

实例 4-20：修改字典 dict 中 Age 元素的值

源码路径：下载包 \daima\4\4-20

实例文件 xiu.py 的具体实现代码如下：

```python
# 创建字典 "dict"
dict = {'Name': ' 系花 ', 'Age': 19, 'Class': ' 外语 '}
dict['Age'] = 20;                                  # 更新 Age 的值
dict['School'] = " 山东大学 "                       # 添加新的键值
print ("dict['Age']: ", dict['Age'])               # 输出键 "Age" 的值
print ("dict['School']: ", dict['School'])         # 输出键 "School" 的值
print (dict)                                       # 显示字典 "dict" 中的元素
```

通过上述代码，将字典中键为"Age"的值修改为 20，然后新添加了新键"School"。执行后会输出：

```
dict['Age']:  20
dict['School']:  山东大学
{'Name': ' 系花 ', 'Age': 20, 'Class': ' 外语 ', 'School': ' 山东大学 '}
```

4.3.4　删除字典中的元素

在 Python 程序中，对于字典中不再需要的信息，可以使用 del 语句将相应的"键值"对信息彻底删除。在使用 del 语句时，必须指定字典名和要删除的键。例如在下面的实例中，演示了删除字典中某个元素的过程。

实例 4-21：删除字典 dict 中的 Name 元素

源码路径：下载包 \daima\4\4-21

实例文件 del.py 的具体实现代码如下：

```python
# 创建字典 "dict"
dict = {'Name': 'Toppr', 'Age': 7, 'Class': 'First'}
del dict['Name']                          # 删除键 'Name'
print (dict)                              # 显示字典 "dict" 中的元素
```

通过上述代码，使用 del 语句删除了字典中键为"Name"的元素。执行后会输出：

```
{'Age': 7, 'Class': 'First'}
```

4.3.5　和字典有关的内置函数

在 Python 程序中，包含了几个和字典操作相关的内置函数，具体说明见表 4-4。

表 4-4

函　　数	功　　能
len(dict)	计算字典元素个数，即键的总数
str(dict)	输出字典以可打印的字符串表示
type(variable)	返回输入的变量类型，如果变量是字典，就返回字典类型

例如在下面的实例中，演示了使用内置函数操作字典的过程。

实例 4-22：输出字典 dict 中校花的基本资料

源码路径：下载包 \daima\4\4-22

实例文件 hanshu.py 的具体实现代码如下：

```
# 创建字典 "dict"
dict = {'Name': 'T 系花', 'Age': 20, 'Class': ' 艺术学院 '}}
print(len(dict))                    #显示字典 "dict" 中键的总数
print(str(dict))                    #显示字典 "dict" 中的详细信息
print(type(dict))                   #返回字典 "dict" 的类型
```

通过上述代码，演示了使用 3 个内置函数的过程。执行后会输出：

```
3
{'Name': 'T 系花', 'Age': 20, 'Class': ' 艺术学院 '}
<class 'dict'>
```

4.3.6 遍历字典

在 Python 程序中，一个字典可能只包含几个"键值"对，也可能包含数百万个"键值"对。因为字典可能包含大量的数据，所以 Python 支持对字典遍历。因为在字典中可以使用各种方式存储信息，所以可以通过多种方式遍历字典。在本节的内容中，将详细讲解遍历字典的基本知识。

1. 遍历字典中的所有键

在 Python 程序中，使用内置方法 keys() 能够以列表的形式返回一个字典中的所有键。使用方法 keys() 的语法格式如下：

```
dict.keys()
```

方法 keys() 没有参数，只有返回值，返回一个字典所有的键。例如在下面的实例中，演示了使用方法 keys() 返回一个字典中的所有键的过程。

实例 4-23：返回一个字典中的所有键

源码路径：下载包 \daima\4\4-23

实例文件 languages.py 的具体实现代码如下：

```
# 创建字典 "favorite_languages"
favorite_languages = {
        ' 张三 ': 'Python',
        ' 李四 ': 'C',
        ' 王五 ': 'Ruby',
        ' 赵六 ': 'Java',
        }
print(" 下面是我最擅长的语言：")

# 使用方法 keys() 以列表的形式返回一个字典中的所有键
for name in favorite_languages.keys():
        print(name.title())
```

通过上述代码，在第 9 行中让 Python 提取字典 favorite_languages 中的所有键，并依次将它们存储到变量 name 中，执行后将输出每个键。执行后会输出：

```
下面是我最擅长的语言：
张三
李四
王五
赵六
```

在 Python 程序中遍历字典时，会默认遍历所有的键，如果将上述实例代码中的如下代码：

```
for name in favorite_languages.keys():
```

替换为如下所示的代码，执行效果不会发生任何变化。

```
for name in favorite_languages:
```

2. 遍历字典中的所有值

前面讲解的是遍历字典中的所有键，当然也可以遍历字典中的所有值。在 Python 程序中，可以使用方法 values() 返回一个字典中的所有值，而不包含任何键。使用方法 values() 的语法格式如下：

```
dict.values()
```

方法 values() 也是没有参数，只有返回值，例如在下面的实例中，演示了使用方法 values() 遍历字典中的所有值的过程。

实例 4-24：使用方法 values() 遍历字典中的所有值

源码路径：下载包 \daima\4\4-24

实例文件 zhi.py 的具体实现代码如下：

```
# 创建字典 "dict"
dict = {'Sex': 'female', 'Age': 7, 'Name': 'Zara'}
# 使用方法 values() 返回一个字典中的所有的值

print ("字典中所有的值为 : ",    list(dict.values()))
```

执行后会输出：

```
字典中所有的值为 :  ['female', 7, 'Zara']
```

注意：上述实例的这种做法（提取字典中所有的值），并没有考虑是否重复的问题。当涉及的值很少时，这也许不是问题，但如果值很多，最终的列表可能包含大量的重复项。为剔除重复项，可使用集合 (set)。集合类似于列表，但每个元素都必须是独一无二的。

4.4　集合是一个无序不重复元素的序列

在 Python 程序中，集合（set）是一个无序不重复元素的序列。集合的基本功能是进行成员关系测试和删除重复的元素。Python 语言规定使用大括号 "{}" 或函数 set() 创建集合。

读者需要注意的是，在创建一个空集合时必须用函数 set() 实现，而不能使用大括号 "{}" 实现，这是因为空的大括号 "{}" 是用来创建一个空字典的。例如在下面的实例中，演示了使用 Python 集合的过程。

实例 4-25：创建集合 student 并实现各种操作

源码路径：下载包 \daima\4\4-25

实例文件 jihe.py 的具体实现代码如下：

```
student = {'Tom', 'Jim', 'Mary', 'Tom', 'Jack', 'Rose'} # 创建集合 student
print(student)                           # 显示集合，重复的元素会被自动删除
# 测试成员 'Rose' 是否在集合中
if('Rose' in student) :
```

```
            print('Rose 在集合中 ')                    # 当在集合中时的输出信息
    else :
        print('Rose 不在集合中 ')                      # 当不在集合中时的输出信息

    # set 可以进行集合运算
    a = set('abcde')                                  # 创建集合 "a"
    b = set('abc')                                    # 创建集合 "b"
    print(a)
    print(a - b)                                      # a 和 b 的差集
    print(a | b)                                      # a 和 b 的并集
    print(a & b)                                      # a 和 b 的交集
    print(a ^ b)                                      # a 和 b 中不同时存在的元素
```

执行后会输出:

```
{'Jim', 'Mary', 'Tom', 'Rose', 'Jack'}
Rose 在集合中
{'a', 'e', 'd', 'b', 'c'}
{'e', 'd'}
{'b', 'a', 'c', 'e', 'd'}
{'b', 'a', 'c'}
{'e', 'd'}
```

第 5 章

流程控制语句

（■视频讲解：72 分钟）

在执行 Python 程序的过程中，因为各行代码的执行顺序对程序的执行结果有直接影响，所以开发者必须清楚每条语句的执行流程。在代码程序中，通过流程控制语句可以设置每行代码的执行顺序。在 Python 语言中，常用的流程控制语句有条件语句、循环语句和跳转语句等。在本章的内容中，将带领读者朋友一起领会 Python 语言中的流程控制语句的基本知识，并通过具体实例的实现过程来讲解各个知识点的具体使用流程。

5.1 条件语句：是与不是

在 Python 语言中，条件语句也被称为选择语句，是用于解决选择问题的，能够从程序表达式内的多个语句中选择一个指定的语句来执行。在 Python 语言中，条件语句是一种选择结构，因为是通过 if 关键字实现的，所以也被称为 if 语句。

5.1.1 条件语句介绍

在 Python 程序中，能够根据关键字 if 后面的布尔表达式的结果值来选择将要执行的代码语句。也就是说，if 语句有"如果…则"之意。if 语句是假设语句，也是最基础的条件语句。关键字 if 的中文意思是"如果"。

在 Python 语言中有三种 if 语句，分别是 if、if...else 和 if...elif...else。if 语句由保留字符 if、条件语句和位于后面的语句组成，条件语句通常是一个布尔表达式，结果为 true 和 false。如果条件为 true，则执行语句并继续处理其后的下一条语句；如果条件为 false，则跳过该语句并继续处理整个 if 语句的下一条语句；当条件"condition"为 true 时，执行 statement1（程序语句 1）；当条件"condition"为 false 时，则执行 statement2（程序语句 2），其具体执行流程如图 5-1 所示。

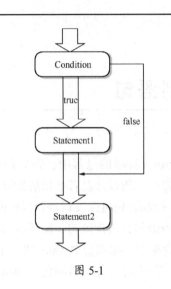

图 5-1

5.1.2 最简单的 if 语句

在 Python 程序中，最简单的 if 语句的语法格式如下：

```
if 判断条件:
        执行语句……
```

上述语法格式的含义是，当"判断条件"成立时（非零），则执行后面的语句，而执行内容可以多行，以缩进来区分表示同一范围。当条件为假时，跳过其后缩进的语句，其中的条件可以是任意类型的表达式。例如在下面的实例中，演示了使用 if 语句的基本过程。

实例 5-1：使用 if 语句判断所能承受的车票价格

源码路径：下载包 \daima\5\5-1

实例文件 if.py 的具体实现代码如下：

```
x = input('请输入所能承受的车票价格（整数）:')    # 提示输入一个整数
x = int(x)                                        # 将输入的字符串转换为整数
if x < 0:                                         # 如果 x 小于 0
        x = -x                                    # 如果 x 小于 0，则将 x 取负值
print(x)                                          # 输出 x 的值
```

通过上述代码实现了一个用于输出用户输入的整数绝对值的程序。其中 x=-x 是"if"语句条件成立时被选择执行的语句。执行后提示用户输入一个整数，假如用户输入－100，则输出其绝对值 100。执行后会输出：

```
请输入所能承受的车票价格（整数）:500
500
```

5.1.3 使用 if...else 语句

在本章前面介绍的 if 语句中，并不能对条件不符合的内容进行处理，所以 Python 引进了另外一种条件语句：if...else，基本语法格式如下：

```
if 判断条件:
        statement1
else:
        statement2
```

根据 if...else 语句的字面意思理解：在上述格式中，如果满足判断条件，则执行 statement1
（程序语句 1），如果不满足，则执行 statement2（程序语句 2）。if...else 语句的执行流程如图 5-2
所示。

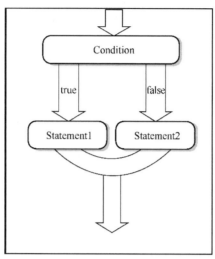

图 5-2

例如在下面的实例中，演示了使用 if...else 语句的过程。

实例 5-2：使用 if...else 语句判断所能承受的酒店价格

源码路径：下载包 \daima\5\5-2

实例文件 else.py 的具体实现代码如下：

```
x = input('请输入所能承受的酒店价格（整数）: ')    # 提示输入一个整数
x = int(x)                                      # 将输入的字符串转换为整数
if x < 0:                                       # 如果 x 小于 0
        print('大哥，你输的是一个负数。')           # 当 x 小于 0 时输出的提示信息
else:
        print('大哥，你输的是零或正数。')           # 当 x 不小于 0 时输出的提示信息
```

在上述代码中，两个缩进的 print() 函数是被选择执行的语句。代码运行后将提示用户输
入一个整数，例如输入"150"后会输出：

```
请输入所能承受的酒店价格（整数）: 150
大哥，你输的是零或正数。
```

5.1.4　使用 if...elif...else 语句

在 Python 程序中，if 语句实际上是一种十分强大的条件语句，它可以对多种情况进行判
断。可以判断多条件的语句是 if...elif...else 语句，其语法格式如下：

```
if condition(1):
        statement(1)
elif condition(2):
        statement(2)
elif condition(3):
        statement(3)
......
else:
        statement(n)
```

上述格式首先会判断第一个条件 condition(1)，当为 true 时执行 statement(1)（程序语句 1），当为 false 时，则执行 statement(1) 后面的代码；当 condition(2) 为 true 时，执行 statement(2)（程序语句 2）；当 condition(3) 为 true 时，则执行 statement(3)（程序语句 3）；当前 3 个条件都不满足时，执行 statement(n)（程序语句 n）。依此类推，中间可以继续编写无数个条件和语句分支，当所有的条件都不成立时执行 statementn。

例如在下面的实例中，演示了使用 if...elif...else 语句的具体过程。

实例 5-3：酒店入住体验打分系统

源码路径：下载包 \daima\5\5-3

实例文件 duo.py 的具体实现代码如下：

```
x = input(' 小朋友，请你输入对丽江××客栈的打分: ')    # 提示输入一个成绩信息
x = float(x)                                          # 将输入的字符串转换为浮点数
if x >= 90:                                           # 如果 x 大于等于 90
        print(' 你的打分成绩为：优。')                    # 当 x 大于等于 90 时的输出
elif x >= 80:                                         # 如果 x 大于等于 80
        print(' 你的打分成绩为：良。')                    # 当 x 大于等于 80 时的输出
elif x >= 70:                                         # 如果 x 大于等于 70

        print(' 你的打分成绩为：中。')                    # 当 x 大于等于 70 时的输出
elif x >= 60:                                         # 如果 x 大于等于 60
        print(' 你的打分成绩为：合格。')                  # 当 x 大于等于 60 时的输出
else:                                                 # 如果 x 是除了上面列出的其他值
        print(' 你的打分成绩为：不合格。')                # 当 x 是除了上面列出的其他值时的输出
```

在上述代码中使用了多个 elif 语句分支，功能是根据每个条件的成立与否来选择输出你的打分成绩等级。例如分别输入 90 后会输出：

```
小朋友，请你输入对丽江 XX 客栈的打分: 90
你的打分成绩为：优。
```

5.1.5　if 语句的嵌套

在 Python 语言中，在 if 语句中继续使用 if 语句的用法被称为嵌套。在 Python 程序中，各种结构的语句嵌套的出现是在所难免的，当然 if 语句自身也存在着嵌套情况。对于嵌套的 if 语句写法上跟不嵌套的 if 语句在形式上的区别就是缩进不同而已，例如下面就是一种嵌套的 if 语句的语法格式。

```
if condition1:
        if condition2:
                语句 1
        elif condition2:
                语句 2
else:
        语句 3
```

注意：在 Python 程序中，建议语句的嵌套不要太深，对于多层嵌套的语句，可以进行适当的修改，以减少嵌套层次，从而方便阅读和理解程序，但有时为了逻辑清晰也不用有意为之。建议读者在编写条件语句时，应该尽量避免使用嵌套语句。嵌套语句不但不便于阅读，而且可能会忽略一些可能性。

例如在下面的实例代码中，演示了使用 if 嵌套语句的具体过程。

实例 5-4：判断一个数字的大小是否合适

源码路径：下载包 \daima\5\5-4

实例文件 qiantao.py 的具体实现代码如下：

```
a = int(input('请输入一个大小合适的整数：'))        # 提示输入一个整数
if a>0:                                              # 外层分支，如果a 大于 0
        if a>10000:                                  # 内层语句，如果a 大于 10000
                print("这也太大了，当前系统无法表示出来！")   # 当 a 大于 10000 时的输出
        else:                                        # 内层语句，如果a 不大于 10000
                print("大小正合适，当前系统可以表示出来！")   # 这是嵌套内层语句，如果a
                                                     # 大于 0 且不大于 10000 时的输出
        # 下面是当a 大于 0 时的输出，这行的缩进比上一行少，所以不是嵌套内的 if 分支
        print("大于 0 的整数，系统就喜欢这一口！")
else:                                                # 外层分支，如果a 不大于 0
        if a<-10000:                                 # 内层语句，如果a 小于 -10000
                print("这也太小了，当前系统无法表示出来！")   # 当 a 小于 -10000 时的输出
        else:                                        # 内层语句，如果a 不小于 -10000
                print("大小正合适，当前系统可以表示出来！")   # 如果a 不大于 0 且不小于
                                                     #          -10000 时的输出
        print("小于 0 的整数，系统将就喜欢了！")       # 如果这行增加缩进，则属于嵌套的 if 语句
```

在上述代码中，首先根据其大于 0 还是小于 0 分为两个 if 分支，然后在大于 0 分支中以大于 10000 为条件继续细分为两个分支，在小于 0 分支中以小于 -10000 为条件继续细分为两个分支。执行后将提示用户输入一个整数，例如输入"-100"后会输出：

```
请输入一个大小合适的整数：-100
大小正合适，当前系统可以表示出来！
小于 0 的整数，系统就将喜欢了！
```

5.1.6　实现 switch 语句的功能

在开发语言中，switch 语句比较出名，例如 C、Java 和 C# 等主流编程语言都提供了 switch 选择语句。关键字 switch 有"开关"之意，switch 语句是为了判断多条件而诞生的。使用 switch 语句的方法和使用 if 嵌套语句的方法十分相似，但是 switch 语句更加直观、更加容易理解。例如在 Java 语言中，使用 switch 语句后可以对条件进行多次判断，具体语法格式如下：

```
switch(整数选择因子) {
case 整数值1 : 语句; break;
case 整数值2 : 语句; break;
case 整数值3 : 语句; break;
case 整数值4 : 语句; break;
case 整数值5 : 语句; break;
//..
default: 语句;
}
```

在上述格式中，"整数选择因子"必须是 byte、short、int 和 char 类型，每个 value 必须是与"整数选择因子"类型兼容的一个常量，而且不能重复。"整数选择因子"是一个特殊的表达式，能产生整数值。switch 能将整数选择因子的结果与每个整数值比较。若发现相符的，就执行对应的语句（简单或复合语句）。如果没有发现相符的，就执行 default 语句。并且在上面的定义格式中，每一个 case 均以一个 break 结尾。这样可使执行流程跳转至 switch 主体的末尾。这是构建 switch 语句的一种传统方式，但 break 是可选的。如果省略 break，会继续执行后面的 case 语句的代码，直到遇到一个 break 为止。尽管通常不想出现这种情况，但对有经验的程序员来说，也许能够善加利用。注意最后的 default 语句没有 break，因为执行流程已到了 break 的跳转目的地。当然，如果考虑到编程风格方面的原因，完全可以在 default 语

句的末尾放置一个 break，尽管它并没有任何实际的用处。在 Java 程序中，执行 switch 语句的流程如图 5-3 所示。

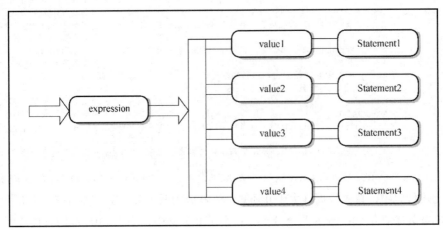

图 5-3

由此可见，switch 语句的功能十分直观，并且十分容易理解。虽然 Python 语言中并没有提供 switch 功能，但是开发者可以通过其他方式实现其他语言中 switch 语句的功能。

1. 使用 elif 实现

在 Python 程序中，要想实现其他语言中 switch 语句的多条件判断功能，可以使用 elif 来实现。如果在判断时需要同时判断多个条件，可以借助于运算符 or（或）来实现，表示两个条件有一个成立时判断条件成功。也可以借助运算符 and（与）来实现，表示只有两个条件同时成立的情况下，判断条件才成功。例如在下面的实例代码中，演示了使用 elif 实现其他语言中 switch 语句功能的过程。

实例 5-5：使用 elif 实现其他语言中的 switch 功能

源码路径：下载包 \daima\5\5-5

实例文件 switch1.py 的具体实现代码如下：

```python
print ('先去大理还是丽江？下面开始投票！')

num = 9                                      # 设置 num 的初始值是 9
if num >= 0 and num <= 10:                   # 使用 if 判断值是否在 0~10 之间
        print ('丽江')                        # 当 num 值在 0~10 之间时的输出结果
num = 10                                     # 设置 num 的初始值是 10
if num < 0 or num > 10:                      # 判断值是否小于 0 或大于 10
        print ('丽江')                        # 当 num 值小于 0 或大于 10 时的输出结果
else:                                        # 如果 num 的值不是小于 0 或大于 10
    print ('大理')                            # 当 num 值不是小于 0 或大于 10 时的输出结果
num = 8                                      # 设置 num 的初始值是 8
                                             # 判断值是否在 0~5 或者 10~15 之间
if (num >= 0 and num <= 5) or (num >= 10 and num <= 15):
        print ('丽江')                        # 当 num 值在 0~5 或者 10~15 之间时的输出结果
else:                                        # 如果 num 的值不在 0~5 或者 10~15 之间
        print ('大理')                        # 当 num 的值不在 0~5 或者 10~15 之间时的输出结果
```

在上述代码中，当 if 有多个条件时，可使用括号来区分判断的先后顺序，括号中的判断优先执行，此外 and 和 or 的优先级低于 >（大于）、<（小于）等判断符号，即大于和小于在没有括号的情况下会比与、或要优先判断。执行后会输出：

```
先去大理还是丽江？下面开始投票！
丽江
大理
大理
```

2. 使用字典实现

字典是 Python 语言中的一种十分重要的数据类型，将在本书后面的章节中进行讲解。在 Python 程序中，可以通过字典实现其他语言中 switch 语句的功能。具体实现方法分为如下：

（1）首先，定义一个字典，字典是由键值对组成的集合；

（2）其次，调用字典中的 get() 方法获取相应的表达式。

例如在下面的实例代码中，演示了使用字典实现其他语言中 switch 语句功能的过程。

实例 5-6：用字典实现其他语言中的 switch 功能

源码路径：下载包 \daima\5\5-6

实例文件 switch2.py 的具体实现代码如下：

```python
from __future__ import division       # 导入 "division" 模块实现精准除法
x = 1                                 # 设置 x 的初始值是 1
y = 2                                 # 设置 y 的初始值是 2
operator = "/"                        # 设置 operator 的初始值是 "/"
result = {                            # 定义字典 "result"，实现 switch 功能
    "+" : x + y,                      # 当字典值为 "+" 时求 x 和 y 的和

    "-" : x - y,                      # 当字典值为 "-" 时求 x 和 y 的差
    "*" : x * y,                      # 当字典值为 "*" 时求 x 和 y 的积
    "/" : x / y*100                   # 当字典值为 "/" 时求 x 和 y 的商，然后乘以 100
}
print ("入住香格里拉大酒店的概率是百分之")
print (result.get(operator))          # 计算 x 除以 y 的值
```

执行后会输出：

```
入住香格里拉大酒店的概率是百分之
50.0
```

5.2　for 循环语句：全部走一遍

在 Python 语言中，循环语句是一种十分重要的程序结构。其特点是，在给定条件成立时，反复执行某程序段，直到条件不成立为止。给定的条件称为循环条件，反复执行的程序段称为循环体。在 Python 程序中主要有三种循环语句，分别是 for、while 和循环控制语句。

注意：循环结构就像大家在操场跑步，例如每天跑 8 000 米，你就得在操场跑道跑 20 圈，这 20 圈的路线是相同的、重复的，这 20 圈跑步动作就是一个循环。

5.2.1　基本的 for 循环语句

在 Python 程序中，绝大多数的循环结构都是用 for 语句来完成的。和 Java、C 语言等其他语言相比，Python 语言中的 for 语句有很大的不同，其他高级语言 for 语句需要用循环控制变量来控制循环。而 Python 语言中的 for 循环语句是通过循环遍历某一序列对象（例如本

书后面将要讲解的元组、列表、字典等）来构建循环，循环结束的条件就是对象被遍历完成。

在 Python 程序中，使用 for 循环语句的基本语法格式如下：

```
for iterating_var in sequence:
        statements
```

在上述格式中，各个参数的具体说明如下：

● iterating_var：表示循环变量。

● sequence：表示遍历对象，通常是元组、列表和字典等。

● statements：表示执行语句。

上述 for 循环语句的执行流程如图 5-4 所示。

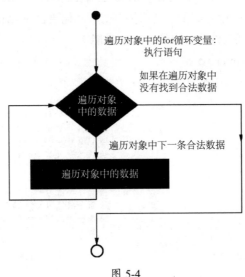

图 5-4

在 Python 语言中，for 循环语句的含义是：遍历 for 语句中的遍历对象，每经过一次循环，循环变量就会得到遍历对象中的一个值，可以在循环体中处理它。在一般情况下，当遍历对象中的值全部遍历完毕时，就会自动退出循环。

例如在下面的实例中，演示了使用 for 循环语句的基本过程。

实例 5-7：使用 for 循环语句输出英文单词的字母

源码路径：下载包 \daima\5\5-7

实例文件 for.py 的具体实现代码如下：

```
for letter in 'Python':                          # 第一个实例，定义一个字符
        print (' 当前字母 :', letter)            # 循环输出字符串 "Python" 中的各个字母
fruits = ['banana', 'apple',      'mango'] # 定义一个列表
for fruit in fruits:
        print (' 当前单词 :', fruit)             # 循环输出列表 "fruits" 中的 3 个值
print ("Good bye!")
```

执行后会输出：

```
当前字母 : P
当前字母 : y
当前字母 : t
当前字母 : h
当前字母 : o
当前字母 : n
当前单词 : banana
```

```
当前单词 : apple
当前单词 : mango
Good bye!
```

5.2.2　通过序列索引迭代

在 Python 程序中，还可以通过序列索引迭代的方式实现循环功能。在具体实现时，可以借助于内置函数 range() 实现。因为在 Python 语言的 for 语句中，对象集合可以是列表、字典以及元组等，所以可以通过函数 range() 产生一个整数列表，这样可以完成计数循环功能。在 Python 语言中，函数 range() 的语法格式如下：

```
range([start,] stop[, step])
```

各个参数的具体含义如下：

● start：可选参数，起始数，默认值为 0。
● stop：终止数，如果 range 只有一个参数 *x*，那么 range 生产一个从 0 ~ *x*-1 的整数列表。
● step：可选参数，表示步长，即每次循环序列增长值。

注意：产生的整数序列的最大值为 stop-1。

例如在下面的实例中，通过序列索引迭代的方式循环输出了列表中的元素。

实例 5-8：循环输出了列表 fruits 中的元素

源码路径：下载包 \daima\5\5-8

实例文件 diedai.py 的具体实现代码如下：

```
fruits = ['石林', '滇池', '民族村']          # 定义一个数组
for index in range(len(fruits)):           # 使用函数 range() 遍历数组
        print ('当前游览位置 : ', fruits[index])   # 输出遍历数组后的结果
print ("欢迎来到美丽的云南! ")
```

执行后会输出：

```
当前游览位置 ：石林
当前游览位置 ：滇池
当前游览位置 ：民族村
欢迎来到美丽的云南！
```

5.2.3　使用 for ... else 循环语句

在 Python 程序中，for...else 表示的含义是：for 中的语句和普通的没有区别，else 中的语句会在循环正常执行完（即 for 不是通过 break 跳出而中断的）的情况下执行。使用 for...else 循环语句的语法格式如下：

```
for iterating_var in sequence:
        statements1
else:
        statements2
```

在上述格式中，各个参数的具体说明见表 5-1。

表 5-1

参数名称	描　　述
iterating_var	表示循环变量
sequence	表示遍历对象，通常是元组、列表和字典等
statements1	表示 for 语句中的循环体，它的执行次数就是遍历对象中值的数量
statements2	else 语句中的 statements2，只有在循环正常退出（遍历完所有遍历对象中的值）时执行

例如在下面的实例中，演示了使用 for … else 循环语句的判断是否是质数的过程。

实例 5-9：判断是否是质数（10 ～ 20 之间的数字）

源码路径：下载包 \daima\5\5-9

实例文件 else.py 的具体实现代码如下：

```
for num in range(10,20):                    # 循环迭代10 到 20 之间的数字
    for i in range(2,num):                  # 根据因子迭代
        if num%i == 0:                      # 确定第一个因子
            j=num/i                         # 计算第二个因子
            print ('%d 等于 %d * %d' % (num,i,j))
            break                           # 跳出当前循环
    else:                                   # 如果上面的条件不成立，则执行循环中的else 部分
        print (num, '是一个质数')           # 输出这是一个质数
```

执行后会输出：

```
10 等于 2 * 5
11 是一个质数
12 等于 2 * 6
13 是一个质数
14 等于 2 * 7
15 等于 3 * 5
16 等于 2 * 8
17 是一个质数
18 等于 2 * 9
19 是一个质数
```

5.2.4 嵌套 for 循环语句

当在 Python 程序中使用 for 循环语句时，可以是嵌套的。也就是说，可以在一个 for 语句中使用另外一个 for 语句。例如在前面的实例 5-3 中使用了嵌套循环，即在 for 循环中又使用了一个 for 循环。使用 for 循环语句的形式如下：

```
for iterating_var in sequence:
    for iterating_var in sequence:
        statements
    statements
```

上述各参数的含义跟前面非嵌套格式的参数完全相同，例如下面实例的功能是使用嵌套 for 循环语句获取两个整数之间的所有素数。

实例 5-10：获取两个整数之间的所有素数

源码路径：下载包 \daima\5\5-10

实例文件 qiantao.py 的具体实现代码如下：

```
# 提示我们输入一个整数
x = (int(input("请输入一个整数值作为开始：")),int(input("请输入一个整数值作为结尾：")))
x1 = min(x)                         # 获取输入的第 1 个整数
x2 = max(x)                         # 获取输入的第 2 个整数
for n in range(x1,x2+1):           # 使用外循环语句生成要判断素数的序列
    for i in range(2,n-1):         # 使用内循环生成测试的因子
        if n % i == 0:             # 生成测试的因子能够整除，则不是素数
            break
    else:                          # 上述条件不成立，则说明是素数
        print("你输入的 ",n," 是素数。")
```

在上述代码中，首先使用输入函数获取用户指定的序列开始和结束，然后使用 for 语句构建了两层嵌套的循环语句用来获取素数并输出结果。使用外循环语句生成要判断素数的序

列，使用内循环生成测试的因子。并且使用 else 子句的缩进来表示它属于内嵌的 for 循环语句，如果多缩进一个单位，则表示属于其中的 if 语句；如果少缩进一个单位，则表示属于外层的 for 循环语句。因此，Python 中的缩进是整个程序的重要构成部分。执行后将提示用户输入两个整数作为范围，例如分别输入"100"和"105"后会输出：

```
请输入一个整数值作为开始：100
请输入一个整数值作为结尾：105
你输入的 101 是素数。
你输入的 103 是素数。
```

注意：

C/C++/Java/C# 程序员需要注意如下两点：

- Python 语言的 for 循环完全不同于 C/C++ 的 for 循环。C# 程序员会注意到，在 Python 中 for 循环类似于 foreach 循环。Java 程序员会注意到，同样类似于在 Java 1.5 中的 to for (int i : IntArray)。

- 在 C/C++ 中，如果你想写 for (int i = 0; I<5; i++)，那么在 Python 中你只要写 for i in range(0,5)。正如您看到的，在 Python 中 for 循环更简单，更富有表现力且不易出错。

5.3　while 循环语句：不知道重复多少次

在 Python 程序中，除了 for 循环语句以外，while 语句也是十分重要的循环语句，其特点和 for 语句十分类似，差别在于：for 语句用于已知次数的循环，while 语句适用于未知次数的循环。在本节的内容中，将详细讲解使用 while 循环语句的基本知识。

5.3.1　基本的 while 循环语句

在 Python 语言中，while 语句用于循环执行某段程序，以处理需要重复处理的相同任务。在 Python 语言中，虽然绝大多数的循环结构都是用 for 循环语句来完成的，但是 while 循环语句也可以完成 for 语句的功能，只不过不如 for 循环语句来得简单明了。

在 Python 程序中，while 循环语句主要用于构建比较特别的循环。while 循环语句的最大特点就是不知道循环多少次使用它，当不知道语句块或者语句需要重复多少次时，使用 while 语句是最好的选择。当 while 的表达式是真时，while 语句重复执行一条语句或者语句块。

在 Python 程序中，使用 while 语句的基本格式如下：

```
while condition
    statements
```

对上述格式的具体说明如下：

- 当 condition 为真时将循环执行后面的执行语句，一直到条件为假时再退出循环。

- 如果第一次条件表达式就是假，那么 while 循环将被忽略。如果条件表达式一直为真，那么 while 循环将一直执行。也就是说，while 循环中的执行语句部分会一直循环执行，直到当条件不能被满足为假时才退出循环，并执行循环体后面的语句。

在 Python 程序中，while 循环语句最常被用在计数循环中，具体执行流程如图 5-5 所示。

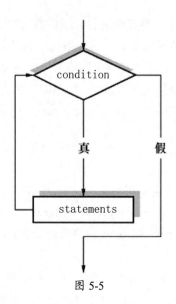

图 5-5

例如在下面的实例代码中，演示了使用 while 循环语句的过程。

实例 5-11：使用 while 循环语句显示小鸟的假期

源码路径：下载包 \daima\5\5-11

实例文件 while.py 的具体实现代码如下：

```
print ("小鸟的假期一共有 8 天: ")
count = 0                        #设置 count 的初始值为 0
while (count < 9):               #如果 count 小于 9 则执行下面的 while 循环
        print ('The count is:', count)
        count = count + 1        #每次 while 循环 count 值递增 1
print ("Good bye!")
```

执行后会输出：

```
小鸟的假期一共有 8 天:
The count is: 0
The count is: 1

The count is: 2
The count is: 3
The count is: 4
The count is: 5
The count is: 6
The count is: 7
The count is: 8
Good bye!
```

5.3.2 使用 while...else 循环语句

和使用 for...else 循环语句一样，在 Python 程序中也可以使用 while...else 循环语句，具体语法格式如下：

```
while <条件>:
        <语句 1>
else:
        <语句 2>          #如果循环未被 break 终止，则执行
```

对上述格式的具体说明如下：

- 上述 while…else 循环与 for 循环不同的是，while 语句只有在测试条件为假时才会停止。
- 在 while 语句的循环体中一定要包含改变测试条件的语句，以保证循环能够结束，以避免死循环的出现。
- while 语句包含与 if 语句相同的条件测试语句，如果条件为真，就执行循环体；如果条件为假，则终止循环。
- while 语句也有一个可选的 else 语句块，它的作用与 for 循环中的 else 语句块一样，当 while 循环不是由 break 语句终止的话，则会执行 else 语句块中的语句。
- continue 语句也可以用于 while 循环中，其作用是跳过 continue 后的语句，提前进入下一个循环。

例如在下面的实例代码中，演示了使用 while…else 循环语句的过程。

实例 5-12：设置到 5 停止循环

源码路径：下载包 \daima\5\5-12

实例文件 else.py 的具体实现代码如下：

```
count = 0                          # 设置 count 的初始值为 0
while count < 5:                   # 如果 count 值小于 5 则执行循环
    print (count, "小于 5")         # 如果 count 值小于 5 则输出小于 5
    count = count + 1              # 每次循环，count 值加 1
else:                              # 如果 count 值大于等于 5
    print (count, "停下来，休息一下！")  # 则输出大于等于 5
```

执行后会输出：

```
0 小于 5
1 小于 5
2 小于 5
3 小于 5
4 小于 5
5 停下来，休息一下！
```

5.3.3　死循环问题

死循环也被称为无限循环，是指这个循环将一直执行下去。在 Python 程序中，while 循环语句不像 for 循环语句那样可以遍历某一个对象的集合。在使用 while 语句构造循环语句时，最容易出现的问题就是测试条件永远为真，导致死循环。因此在使用 while 循环时应仔细检查 while 语句的测试条件，避免出现死循环。

例如在下面的实例代码中，演示了使用 while 循环语句的死循环问题。

实例 5-13：使用 while 循环时的死循环问题

源码路径：下载包 \daima\5\5-13

实例文件 wuxian.py 的具体实现代码如下：

```
var = 1                            # 设置 var 的初始值为 1
# 下面的代码当 var 为 1 时执行循环，实际上 var 的值确实为 1
while var == 1 :                   # 所以该条件永远为 true，循环将无限执行下去
   num = input("亲，请输入你所期望的酒店价格（每晚），谢谢！") # 提示输入一个整数
    print ("亲，您输入的是: ", num)   # 显示一个整数
print ("再见，Good bye!")
```

在上述代码中，因为循环条件变量 var 的值永远为 1，所以该条件永远为 true，所以循

环将无限执行下去,这就形成了死循环。所以执行后将一直提示用户输入一个整数,在用户输入一个整数后还继续无限次数地提示用户输入一个整数,例如下面的情况。

```
亲,请输入你所期望的酒店价格(每晚),谢谢! 11
亲,您输入的是: 11
亲,请输入你所期望的酒店价格(每晚),谢谢! 110
亲,您输入的是: 110
亲,请输入你所期望的酒店价格(每晚),谢谢! 200
亲,您输入的是: 200
亲,请输入你所期望的酒店价格(每晚),谢谢!
```

在 IDLE 中使用"Ctrl+C"组合键可以中断上述死循环,在 PyCharm 中可以单击 ■ 按钮中断程序的运行。

5.3.4 使用 while 循环嵌套语句

和使用 for 循环嵌套语句一样,在 Python 程序中也可以使用 while 循环嵌套语句,具体语法格式如下:

```
while expression:
    while condition:
        statement(s)
    statement(s)
```

我们可以在循环体内嵌入其他的循环体,例如在 while 循环中可以嵌入 for 循环。反之,也可以在 for 循环中嵌入 while 循环。例如在下面的实例文件中,演示了使用 while 循环嵌套语句输出 0 到 100 之内的素数的过程。

实例 5-14:输出 0 到 100 之内的素数

源码路径:下载包 \daima\5\5-14

实例文件 qiantao.py 的具体实现代码如下:

```
i = 2                             # 设置 i 的初始值为 2
while(i < 100):                   # 如果 i 的值小于 100 则进行循环
    j = 2                         # 设置 j 的初始值为 2
    while(j <= (i/j)):            # 如果 j 的值小于等于 "i/j" 则进行循环
        if not(i%j): break        # 如果能整除则用 break 停止运行
        j = j + 1                 # 将 j 的值加 1
    if (j > i/j) : print (i, "是素数")  # 如果 "j > i/j" 则输出 i 的值
    i = i + 1                     # 循环输出素数 i 的值
print ("谢谢使用,Good bye!")
```

执行后会输出:

```
2    是素数
3    是素数
5    是素数
7    是素数
11   是素数
13   是素数
17   是素数
19   是素数
23   是素数
29   是素数
31   是素数
37   是素数
41   是素数
43   是素数
47   是素数
```

```
53   是素数
59   是素数
61   是素数
67   是素数
71   是素数
73   是素数
79   是素数
83   是素数
89   是素数
97   是素数
```

5.4   循环控制语句：处理突发事件

在 Python 程序中，通过跳转语句可以将程序的执行跳转到一个指定的位置。正因如此，跳转语句常用于项目内的条件转移控制。在 Python 语言中，循环控制语句有 3 种，分别是 break、continue 和 pass。在本节的内容中，将详细讲解使用 Python 循环控制语句的过程。

注意：程序的执行也是不总按部就班的，也会有突发事件发生，这时候就需要用循环控制语句来实现。在很多开发语言中，循环控制语句也被称为跳转语句，其功能可以更改循环语句执行的顺序。例如在使用循环语句时，有时候不需要再继续循环下去，此时就需要特定的语句来实现跳转功能。

5.4.1   使用 break 语句

在 Python 程序中，break 语句的功能是终止循环语句，即循环条件没有 false 条件或者序列还没被完全递归完时，也会停止执行循环语句。break 语句通常用在 while 循环语句和 for 循环语句中，具体语法格式如下：

```
break
```

在 Python 程序中，break 语句的执行流程如图 5-6 所示。

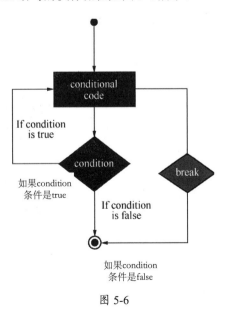

图 5-6

请看下面的实例，分别演示了在 for 循环语句和 while 循环语句中使用 break 语句的过程。

实例 5-15：使用 break 停止循环

源码路径：下载包 \daima\5\5-15

实例文件 br1.py 的具体实现代码如下：

```
for letter in 'Python':                          #第1个例子，设置字符串 "Python"
        if letter == 'h':                        #如果找到字母 "h"
                break                            #则停止遍历
        print ('Current Letter :', letter)       #显示遍历的字母
var = 10                                          #第2个例子，设置 var 的初始值是10
while var > 0:                                    #如果 var 大于0，则下一行代码输出当前 var 的值
        print ('Current variable value :', var)
        var = var -1                             #然后逐一循环设置 var 的值减1
        if var == 5:                             #如果 var 的值递减到5，则使用 break 停止循环
                break
print ("执行完毕, Good bye!")
```

执行后会输出：

```
Current Letter : P
Current Letter : y
Current Letter : t
Current variable value : 10
Current variable value : 9
Current variable value : 8
Current variable value : 7
Current variable value : 6
执行完毕, Good bye!
```

注意：如果在 Python 程序中使用了嵌套循环，break 语句将停止执行最深层的循环，并开始执行下一行代码。

5.4.2 使用 continue 语句

在 Python 程序中，continue 语句的功能是跳出本次循环。这和 break 语句是有区别的，break 语句的功能是跳出整个循环。通过使用 continue 语句，可以告诉 Python 跳过当前循环的剩余语句，然后继续进行。

在 Python 中，continue 语句通常被用在 while 和 for 循环中。使用 continue 语句的语法格式如下：

```
continue
```

在 Python 程序中，continue 语句的执行流程如图 5-7 所示。

例如在下面的实例中，演示了在 for 循环语句和 while 循环语句中使用 continue 语句的过程。

实例 5-16：循环输出字母和数字

源码路径：下载包 \daima\5\5-16

实例文件 con1.py 的具体实现代码如下：

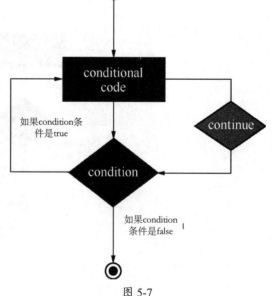

图 5-7

```
for letter in 'Python':              # 第 1 个例子, 设置字符串 "Python"
    if letter == 'h':                # 如果找到字母 "h"
        continue                     # 使用 continue 跳出当前循环, 然后进行后面的循环
    print (' 当前字母 :', letter)    # 循环显示字母
var = 10                             # 第 2 个例子, 设置 var 的初始值是 10
while var > 0:                       # 如果 var 的值大于 0
    var = var -1                     # 逐一循环设置 var 的值减 1
    if var == 5:                     # 如果 var 的值递减到 5
        continue                     # 则使用 continue 跳出当前循环, 然后进行后面的循环
    print (' 当前变量值 :', var)     # 循环显示数字
print (" 执行完毕, 游戏结束, Good bye!")
```

执行后会输出：

```
当前字母 : P
当前字母 : y
当前字母 : t
当前字母 : o
当前字母 : n
当前变量值 : 9
当前变量值 : 8
当前变量值 : 7
当前变量值 : 6
当前变量值 : 4
当前变量值 : 3
当前变量值 : 2
当前变量值 : 1
当前变量值 : 0
执行完毕, 游戏结束, Good bye!
```

5.4.3　使用 pass 语句

在 Python 程序中，pass 是一个空语句，是为了保持程序结构的完整性而推出的语句。在代码程序中，pass 语句不做任何事情。在 Python 程序中，使用 pass 语句的语法格式如下：

```
pass
```

如果读者学过 C/C++/Java 语言，就会知道 Python 中的 pass 语句就是 C/C++/Java 中的空语句。在 C/C++/Java 语言中，空语句用一个独立的分号来表示，例如以 if 语句为例。下面是在 C/C++/Java 中的空语句演示代码：

```
if(true)
;// 这是一个空语句, 什么也不做
else
{
// 这里的代码不是空语句, 可以做一些事情
}
```

而在 python 程序中，和上述功能对应的代码如下：

```
if true:
pass # 这是一个空语句, 什么也不做
else:
# 这里的代码不是空语句, 可以做一些事情
```

例如在下面的实例中，演示了使用 pass 语句输出指定英文单词中的每个英文字母。

实例 5-17：输出指定字符串 python 中的每个英文字母

源码路径：下载包 \daima\5\5-17

实例文件 kong.py 的具体实现代码如下：

```
for letter in 'Python':# 从字符串 "Python" 中遍历每一个字母
```

```
        if letter == 'h': #如果遍历到字母 "h"，则使用 pass 输出一个空语句
            pass
            print ('这是 pass 语句，是一个空语句，什么都不执行！')
        print ('当前字母:', letter)  #输出 Python 的每个字母
print ("程序运行完毕，Good bye!")
```

执行后会输出：

```
当前字母 : P
当前字母 : y
当前字母 : t
这是 pass 语句，是一个空语句，什么都不执行！
当前字母 : h
当前字母 : o
当前字母 : n
程序运行完毕，Good bye!
```

## 第6章

函　数

（🎬视频讲解：63 分钟）

　　函数是 **Python** 语言程序的基本构成部分，通过对函数的调用就能够实现特定的功能。在一个 **Python** 语言项目中，几乎所有的功能都是通过一个个函数实现的。函数在 **Python** 语言中的地位，犹如 **CPU** 在计算机中的地位，是高高在上的。在本章的内容中，将详细介绍 **Python** 语言中函数的基本知识，为读者步入本书后面的学习打下坚实的基础。

6.1　函数就是某个指定功能的语句

　　在编写 Python 程序的过程中，可以将完成某个指定功能的语句提取出来，将其编写为函数。这样，在程序中可以方便地调用函数来完成这个功能，并且可以多次调用多次完成这个功能，而不必重复地复制粘贴代码。并且使用后也可以使得程序结构更加清晰、更加容易维护。Python 提供了许多内置的函数，比如在前面多次使用的 print()。开发者也可以自己创建函数，这被叫作用户自定义函数。

6.1.1　定义函数

　　在 Python 程序中，在使用函数之前必须先定义（声明）函数，然后才能调用它。在使用函数时，只要按照函数定义的形式，向函数传递必需的参数，就可以调用函数完成相应的功能或者获得函数返回的处理结果。

　　在使用自定义函数之前，需要先定义这个函数。在 Python 程序中，使用关键字 def 可以定义一个函数，定义函数的语法格式如下：

```
def< 函数名 >（参数列表）:
      < 函数语句 >
      return< 返回值 >
```

　　在上述格式中，参数列表和返回值不是必需的，return 后也可以不跟返回值，甚至连 return 也没有。如果 return 后没有返回值，并且没有 return 语句，这样的函数都会返回 None 值。有些函数可能既不需要传递参数，也没有返回值。

　　注意：当函数没有参数时，包含参数的圆括号也必须写上，圆括号后也必须有 "："。

　　在 Python 程序中，完整的函数是由函数名、参数以及函数实现语句（函数体）组成的。在函数声明中，也要使用缩进以表示语句属于函数体。如果函数有返回值，那么需要在函数中使用 return 语句返回计算结果。

根据前面的学习，我们可以总结出定义 Python 函数的语法规则，具体说明如下：

- 函数代码块以 def 关键字开头，后接函数标识符名称和圆括号 ()；
- 任何传入参数和自变量必须放在圆括号中间，圆括号之间可以用于定义参数；
- 函数的第一行语句可以选择性地使用文档字符串——用于存放函数说明；
- 函数内容以冒号起始，并且缩进；
- return [表达式] 结束函数，选择性的返回一个值给调用方。不带表达式的 return 相当于返回 None。

例如在下面的实例代码中，定义了一个基本的输出信息函数 hello()。

实例 6-1：定义了一个基本的输出信息函数

源码路径：下载包 \daima\6\6-1

实例文件 han.py 的具体实现代码如下：

```
def hello() :                                    # 定义函数 hello()
    print("你好美女，很高兴认识你！")            # 这行属于函数 hello() 内的
hello()
```

在上述代码中，定义了一个基本的函数 hello()，函数 hello() 的功能是输出"你好美女，我是小鸟，很高兴认识你！！"。执行后会输出：

```
你好美女，我是小鸟，很高兴认识你！
```

由此可见，Python 语言的函数比较灵活，与 C 语言中函数的声明相比，在 Python 中声明一个函数不需要声明函数的返回值类型，也不需要声明参数的类型。

6.1.2 调用函数

调用函数就是使用函数，在 Python 程序中，当定义一个函数后，就相当于给了函数一个名称，指定了函数里包含的参数和代码块结构。完成这个函数的定义工作后，接下来就可以通过调用的方式来执行这个函数，也就是使用这个函数。

在 Python 程序中，可以直接从 Python 命令提示符执行一个已经定义了的函数。例如在本章前面的实例 6-1 中，前两行代码定义了函数 hello()，最后一行代码调用了函数 hello()。

既然调用函数就是使用函数，那么在本章前面的内容中已经多次用到了调用函数功能，例如前面已经多次用到了输入函数 input() 和输出函数 print()，在使用这两个函数时，就是在调用 Python 的内置函数 input() 和 print() 的过程。

注意：在 Python 中，调用自己定义函数与调用内建函数及标准库中的函数方法都是相同的，要调用指定的函数就在语句中使用函数名，并且在函数名之后用小括号将调用参数括起来，而多个参数之间则用逗号隔开。调用自定义函数与内置函数的不同点在于，在调用自定义函数前必须先声明函数。内置函数就是 Python 已经编写好了函数，开发者只需直接调用即可。和内置函数相对应的就是自定义函数，这需要开发者根据项目的需求来编写函数的具体实现代码，然后在使用时再调用这个函数。

例如在下面的实例中，演示了定义并使用自定义函数计算元组内元素的和的过程。

实例 6-2：定义表调用函数，计算元组内元素的和

源码路径：下载包 \daima\6\6-2

实例文件 he.py 的具体实现代码如下：

```
def tpl_sum( T ):                       #定义函数 tpl_sum()
        result = 0                      #定义 result 的初始值为 0
        for i in T:                     ·#遍历 T 中的每一个元素 i
                result += i             # 计算各个元素 i 的和
        return result                   # 函数 tpl_sum() 最终返回计算的和
print("(1,2,3,4) 元组中元素的和为：",tpl_sum((1,2,3,4)))          # 使用函数 tpl_sum()
                                                                计算元组内元素的和
print("[3,4,5,6] 列表中元素的和为：",tpl_sum([3,4,5,6]))          # 使用函数 tpl_sum()
                                                                计算列表内元素的和
print("[2.7,2,5.8] 列表中元素的和为：",tpl_sum([2.7,2,5.8]))  #使用函数 tpl_sum()
                                                                计算列表内元素的和
print("[1,2,2.4] 列表中元素的和为：",tpl_sum([1,2,2.4]))          # 使用函数 tpl_sum()
                                                                计算列表内元素的和
print(" 通过考验，允许你加我好友！ ")
```

在上述代码中定义了函数 tpl_sum()，函数的功能是计算元组内元素的和。然后在最后的 4 行代码中分别调用了 4 次函数，并且这 4 次调用的参数不一样。执行后会输出：

```
(1,2,3,4) 元组中元素的和为： 10
[3,4,5,6] 列表中元素的和为： 18
[2.7,2,5.8] 列表中元素的和为： 10.5
[1,2,2.4] 列表中元素的和为： 5.4
通过考验，允许你加我好友！
```

6.2　函数的参数

在 Python 程序中，参数是函数的重要组成元素。Python 中的函数参数有多种形式。例如，在调用某个函数时，既可以向其传递参数，也可以不传递参数，但是这都不影响函数的正常调用。另外还有一些情况，比如函数中的参数数量不确定，可能为 1 个，也可能为几个甚至几十个。对于这些函数，应该怎么定义其参数呢？在本节的内容中，将详细讲解使用 Python 函数参数的知识。

6.2.1　形参和实参

在前面的实例 6-2 中，参数"T"是形参，而在实例 6-2 最后 4 行代码中，小括号中的"(1,2,3,4)"和"[3,4,5,6]"都是实参。在 Python 程序中，形参表示函数完成其工作所需的一项信息；而实参是调用函数时传递给函数的信息。初学者有时候会形参、实参不分，因此如果你看到有人将函数定义中的变量称为实参或将函数调用中的变量称为形参，不要大惊小怪。

在 Python 程序中调用函数时，可以使用的正式实参类型有必需参数、关键字参数、默认参数和不定长参数。在本书后面的内容中，将详细讲解这些参数的基本知识和用法。

6.2.2　必需参数

在 Python 程序中，必需参数也被称为位置实参，在使用时必须以正确的顺序传入函数。并且调用函数时，必需参数的数量必须和声明时的一样。例如在下面的实例代码中，在调用 printme() 函数时必须传入一个参数，不然会出现语法错误。

实例 6-3：一个错误用法

源码路径： 下载包 \daima\6\6-3

实例文件 bi.py 的具体实现代码如下：

```
def printme( str ):                     # 定义函数 printme()
    " 打印任何传入的字符串 "
    print (str);                        # 打印显示函数的参数
    return;
printme();                              # 调用函数 printme()
```

在上述代码中，在调用 printme() 函数时没有传入一个参数，所以执行后会出错。执行后会输出：

```
Traceback (most recent call last):
  File "G:\Python\daima\6\6-3\bi.py", line 8, in <module>
    printme();
TypeError: printme() missing 1 required positional argument: 'str'
```

6.2.3 关键字参数

在 Python 程序中，关键字参数和函数调用关系紧密。在调用函数时，通过使用关键字参数可以确定传入的参数值。在使用关键字参数时，允许函数调用时参数的顺序与声明时不一致，因为 Python 解释器能够用参数名匹配参数值。例如，在下面的实例中，在调用函数 printme() 时使用了关键字参数。

实例 6-4：打印网友的信息

源码路径： 下载包 \daima\6\6-4

实例文件 guan.py 的具体实现代码如下：

```
def printme( str ):                     # 定义函数 printme()
    " 打印任何传入的字符串 "
    print (str);                        # 打印显示函数的参数
    return;
printme( str = " 加了几个漂亮小姐姐为好友 ");   # 调用函数 printme()，设置参数 str 的
                                               值是 "Python 教程"
```

在上述代码中，设置了函数 printme() 的参数值为 "Python 教程"。执行后会输出：

```
加了几个漂亮小姐姐为好友
```

例如在下面的实例中，演示了在使用函数参数时不需要指定顺序的过程。

实例 6-5：在使用函数参数时不需要指定顺序

源码路径： 下载包 \daima\6\6-5

实例文件 shun.py 的具体实现代码如下：

```
def printinfo( name, age ):             # 定义函数 printinfo()
    " 打印任何传入的字符串 "
    print (" 名字 : ", name);           # 打印显示函数的参数 name
    print (" 年龄 : ", age);            # 打印显示函数的参数 age
    return;
# 下面调用函数 printinfo()，设置参数 age 的值是 19，参数 name 的值是 " 午夜玫瑰 "

printinfo( age=19, name=" 午夜玫瑰 " );
```

在上述代码中，函数 printinfo() 原来的参数顺序为先 name 后 age，但是在调用时是先 age 后 name。执行后会输出：

```
名字 :  午夜玫瑰
```

```
年龄： 19
```

6.2.4 默认参数

当在 Python 程序中调用函数时，如果没有传递参数，则会使用默认参数（也被称为默认值参数）。例如在下面的实例中，演示了如果没有传入参数 age，则使用默认值的过程。

实例 6-6：打印两个好友的信息

源码路径：下载包 \daima\6\6-6

实例文件 moren.py 的具体实现代码如下：

```
# 定义函数 printinfo()，参数 age 的默认值是 19
def printinfo( name, age = 19 ):
    " 打印任何传入的字符串 "
    print ("名字： ", name);              # 打印显示函数的参数 name

    print ("年龄： ", age);               # 打印显示函数的参数 age
    return;
# 下面调用函数 printinfo()，设置参数 age 的值是 20，参数 name 的值是 " T 夜色妖娆 "
print ("下面是小鸟的两个好友资料：")
printinfo( age=20, name="T 夜色妖娆 " );
print ("------------------------")
printinfo( name="狐狸 " );               # 重新设置参数 name 的值是 "狐狸 "
```

在上述代码中，在最后一行代码中调用函数 printinfo() 时，没有指定参数 age 的值，但是执行后使用了其默认值。执行后会输出：

```
下面是小鸟的两个好友资料：
名字： T 夜色妖娆
年龄： 20
------------------------
名字： 狐狸
年龄： 19
```

注意：在 Python 程序中，如果在声明一个函数时，其参数列表中既包含无默认值参数，又包含有默认值的参数，那么在声明函数的参数时，必须先声明无默认值参数，后声明有默认值参数。

6.2.5 不定长参数

在 Python 程序中，可能需要一个函数处理比当初声明时更多的参数，这些参数叫作不定长参数。不定长参数也被称为可变参数，和前面介绍的参数类型不同，声明不定长参数时不会命名，基本语法格式如下：

```
def functionname([formal_args,] *var_args_tuple ):
    " 函数 _ 文档字符串 "
    function_suite
    return [expression]
```

在上述格式中，加了星号 "*" 的变量名会存放所有未命名的变量参数。如果在函数调用时没有指定参数，它就是一个空元组，开发者也可以不向函数传递未命名的变量。由此可见，在自定义函数时，如果参数名前加上一个星号 "*"，则表示该参数就是一个可变长参数。在调用该函数时，如果依次序将所有的其他变量都赋予值之后，剩下的参数将会收集在一个元组中，元组的名称就是前面带星号的参数名。

例如在下面的实例中，演示了使用不定长参数的过程。

实例 6-7：在同一个函数中分别使用一个参数和三个参数

源码路径：下载包 \daima\6\6-7

实例文件 ding.py 的具体实现代码如下：

```
def printinfo( arg1, *vartuple ):#定义函数 printinfo()，参数 vartuple 是不定长参数
    "打印任何传入的参数"
    print ("输出： ")                    #打印显示文本
    print (arg1)                        #打印显示参数 arg1
    for var in vartuple:                #循环遍历参数 vartuple
        print (var)                     #打印遍历到的参数 vartuple
    return;
printinfo( 10 );                        #调用函数 printinfo()
printinfo( 70, 60, 50 );                #因为参数 vartuple 是不定长参数，所以本行代码合法
```

在上述代码中，在最后两行代码中调用了函数 printinfo()，其中倒数第二行使用了 1 个参数，而最后一行使用了 3 个参数。执行后会输出：

```
输出：
10
输出：
70
60
50
```

6.2.6 按值传递参数和按引用传递参数

在 Python 程序中，函数参数传递机制问题在本质上是调用函数（过程）和被调用函数（过程）在调用发生时进行通信的方法问题。基本的参数传递机制有两种，分别是按值传递和按引用传递，具体说明如下：

（1）在值传递（Pass-By-Value）过程中，被调函数的形式参数作为被调函数的局部变量来处理，即在堆栈中开辟了内存空间以存放由主调函数放进来的实参的值，从而成为了实参的一个副本。值传递的特点是被调函数对形式参数的任何操作都是作为局部变量进行，不会影响主调函数的实参变量的值。

（2）在引用传递（Pass-By-Reference）过程中，被调函数的形式参数虽然也作为局部变量在堆栈中开辟了内存空间，但是这时存放的是由主调函数放进来的实参变量的地址。被调函数对形参的任何操作都被处理成间接寻址，即通过堆栈中存放的地址访问主调函数中的实参变量。正因为如此，被调函数对形参做的任何操作都影响了主调函数中的实参变量。

例如在下面的实例代码中，传入函数的对象和在末尾添加新内容的对象用的是同一个引用。

实例 6-8：函数的参数是一个列表

源码路径：下载包 \daima\6\6-8

实例文件 yin.py 的具体实现代码如下：

```
def changeme( mylist ):                 #定义函数 changeme()
    "修改传入的列表"
    mylist.append([1,2,3,4]);           #向参数 mylist 中添加一个列表

    print ("函数内取值： ", mylist)
    return
```

```
mylist = [10,20,30];                          # 设置 mylist 的值是一个列表
changeme( mylist );                           # 调用 changeme 函数，函数内取值
print ("函数外取值：", mylist)                 # 函数外取值
```

执行后会输出：

```
函数内取值： [10, 20, 30, [1, 2, 3, 4]]
函数外取值： [10, 20, 30, [1, 2, 3, 4]]
```

6.3 函数的返回值

函数并不是总是直接显示输出信息的，有时也可以处理一些数据，并返回一个或一组值。函数返回的值被称为返回值。在 Python 程序中，函数可以使用 return 语句将值返回到调用函数的代码行。通过使用返回值，可以让开发者将程序的大部分工作转移到函数中去完成，从而简化主程序的代码量。

6.3.1 返回一个简单值

在 Python 程序中，对函数返回值的最简单用法就是返回一个简单值，例如返回一个文本单词。例如在下面的实例代码中，演示了返回一个简单值的过程。

实例 6-9：定义函数 get_name() 并通过形参返回一个简单的值

源码路径：下载包 \daima\6\6-9

实例文件 jian.py 的具体实现代码如下：

```
def get_name(first_name, last_name):
        """返回一个简单的值："""
        full_name = first_name + ' ' + last_name

        return full_name.title()
jiandan = get_name('拉黑我的那个网友', '是外表控')    # 调用函数 get_name()
print(jiandan)                                        # 打印显示两个参数的内容
```

在上述代码中，在定义函数 get_name() 时通过形参接受"first_name"和"last_name"，然后将两者合二为一，在它们之间加上一个空格，并将结果存储在变量 full_name 中。然后，将 full_name 的值转换为首字母大写格式（当然我们这里用的是中文，读者可以尝试换成两个小写英文字符串），并将结果返回到函数调用行。在调用返回值的函数时，需要提供一个变量，用于存储返回的值。在这里将返回值存储在变量 jiandan 中。执行后会输出：

```
拉黑我的那个网友 是外表控
```

6.3.2 可选实参

有时需要让实参变成一个可选参数，这样函数的使用者只需在必要时才提供额外的信息。在 Python 程序中，可以使用默认值来让实参变成可选的。例如在下面的实例中，假设还需要扩展函数 get_name() 的功能，使其还具备处理中间名的功能，则可以使用如下所示的实例代码实现，即让实参变成一个可选参数。

实例 6-10：让实参变成一个可选参数

源码路径：下载包 \daima\6\6-10

实例文件 ke.py 的具体实现代码如下：

```
# 定义函数 get_name()，其中 middle_name 是可选参数
def get_name(first_name, last_name,middle_name=''):
        """ 返回一个简单的值："""

        full_name = first_name + ' ' +    middle_name + ' ' + last_name
        return full_name.title()
jiandan = get_name('网友', '被我的才气所打动', '狐狸')
print(jiandan)
```

在上述代码中，通过三个参数（first_name, last_name, middle_name）构建了一个字符串。执行后会输出：

```
网友 狐狸 被我的才气所打动
```

注意：在现实应用中，并非所有的对象都有中间名，但是如果调用这个函数时只提供了 first_name 和 last_name，那么它将不正确地运行。为了让 middle_name 变成可选的，可以给实参 middle_name 指定一个默认值：空字符串，并在用户没有提供中间名时不使用这个实参。为了让函数 get_name() 在没有提供中间名时依然可行，可以给实参 middle_name 指定一个默认值：空字符串，并将其移到形参列表的末尾，具体解决方案如下：

（1）在函数体中检查是否提供了中间名。

（2）因为 Python 将非空字符串解读为 True，所以如果在函数调用中提供了中间名，那么"if middle_name"将为 True。如果提供了中间名，就将 first_name、last_name 和 middle_name 合并为全称，并返回到函数调用行。

（3）在函数调用部分将返回的值存储在变量 jiandan 中，然后将这个变量的值打印出来。如果没有提供中间名，middle_name 将为空字符串，导致 if 语句没有通过，进而执行 else 代码块，并将设置好格式的姓名返回给函数调用行。

（4）在函数调用行，将返回的值存储在变量 jiandan 中。

（5）然后打印这个变量的值。

6.3.3 返回一个字典

在 Python 程序中，函数可返回任意类型的值，包括列表和字典等较复杂的数据结构。例如在下面的实例代码中，演示了函数的返回值是一个字典的过程。

实例 6-11：定义函数 person() 并让其返回值是一个字典

源码路径：下载包 \daima\6\6-11

实例文件 zi.py 的具体实现代码如下：

```
def person(first_name, last_name, age=''):               # 定义函数 person()
        """ 返回一个字典 """
        person = {'first': first_name, 'last': last_name}     # 将参数封装在字典
                                                                       person 中
        if age:
                person['age'] = age   # 设置字典 person 中的 age 就是参数 age 的值
        return person
musician = person('狐狸', '樱桃小丸子', age=20)
print(musician)
```

在上述代码中，函数 person() 接受两个参数（first_name 和 last_name），并将这些值封装到

字典中。在存储 first_name 的值时，使用的键为 first，而在存储 last_name 的值时，使用的键为 last。最后，返回表示人的整个字典。在最后一行代码打印这个返回的值，此时原来的两项文本信息存储在一个字典中。执行后会输出：

```
{'first': '狐狸', 'last': '樱桃小丸子', 'age': 20}
```

6.4　变量的作用域

在 Python 程序中，变量的作用域是指变量的作用范围，是指这个变量在什么范围内起作用。在 Python 程序中有三种作用域，分别是局部作用域、全局作用域和内置作用域。

6.4.1　三种变量作用域

Python 三种变量作用域的具体说明如下：

- 局部作用域：定义在函数内部的变量拥有一个局部作用域，表示只能在其被声明的函数内部访问。
- 全局作用域：定义在函数外的拥有全局作用域，表示可以在整个程序范围内访问。在调用一个函数时，所有在函数内声明的变量名称都将被加入到作用域中。
- 内置作用域：Python 预先定义的。

注意：既然定义在函数内部的变量拥有一个局部作用域，那么每当执行一个 Python 函数时，都会创建一个新的命名空间，这个新的命名空间就是局部作用域。如果同一个函数在不同的时间运行，那么其作用域是独立的。不同的函数也可以具有相同的参数名，其作用域也是独立的。在函数内已经声明的变量名，在函数以外依然可以使用。并且在程序运行的过程中，其值并不相互影响。

6.4.2　使用变量作用域

例如在下面的实例代码中，演示了在函数内外都有同一个名称的变量而互不影响的过程。

实例 6-12：使用相互不影响的同名变量

源码路径：下载包 \daima\6\6-12

实例文件 bu.py 的具体实现代码如下：

```python
def myfun():                          # 定义函数 myfun()
    a = 0                             # 声明变量 a，初始值为 0
    a += 3                            # 变量 a 的值加 3
    print('函数内 a:',a)
a = 'external'                        # 函数外赋值 a
print('全局作用域 a:',a)              # 打印显示函数外赋值
myfun()                               # 打印显示函数内赋值
print('全局作用域 a:',a)              # 再次打印显示函数外赋值
```

在上述代码中，在函数中声明了变量 a，其值为整数类型。在函数外声明了同名变量 a，其值为字符串。在调用函数前后，函数外声明的变量 a 的值不变。在函数内可以对 a 的值进行任意操作，它们互不影响。执行后会输出：

```
全局作用域 a: external
函数内 a: 3
```

```
全局作用域a: external
```

在上述实例代码中，因为两个变量 a 处于不同的作用域中，所以相互之间不影响，但是如果将全局作用域中的变量作为函数的参数引用，则就变成了另外的情形，但这两者不属于同一问题范畴。

另外，还有一种方法使函数中引用全局变量并进行操作，如果要在函数中使用函数外的变量，可以在变量名前使用关键字 global。例如在下面的实例代码中，演示了使用关键字 global 在函数内部使用全局变量的过程。

实例 6-13：使用关键字 global 在函数内部使用全局变量

源码路径：下载包 \daima\6\6-13

实例文件 go.py 的具体实现代码如下：

```python
def myfun():                    # 定义函数 myfun()
    global a                    # 使用关键字 global
    a = 0                       # 全局变量 a, 初始值为 0
    a += 3                      # 全局变量 a 的值加 3
    print(' 函数内 a:',a)
a = 'external'                  # 函数外赋值 a

print(' 全局作用域 a:',a)        # 打印显示变量 a 的值, 函数外赋值
myfun()                         # 打印显示函数内赋值
print(' 全局作用域 a:',a)        # 打印显示变量 a 的值, 此时由字符串 'external' 变为整数 3
```

在上述代码中，通过代码 "global a" 使在函数内使用的变量 *a* 变为全局变量。在函数中改变了全局作用域变量 *a* 的值，即由字符串 "external" 变为整数 3。执行后会输出：

```
全局作用域a: external
函数内a: 3
全局作用域a: 3
```

6.5 使用函数传递列表

在 Python 程序中，有时需要使用函数传递列表，在这类列表中可能包含名字、数字或更复杂的对象（例如字典）。将列表传递给函数后，函数就可以直接访问其内容。在现实应用中，可以使用函数来提高处理列表的效率。

6.5.1 访问列表中的元素

例如在下面的实例中，假设有一个"我的好友"列表，要想访问列表中的每位用户。将一个名字列表传递给一个名为 users() 的函数，通过这个函数问候列表中的每个好友。

实例 6-14：定义函数 users() 并问候列表中的每个好友

源码路径：下载包 \daima\6\6-14

实例文件 users.py 的具体实现代码如下：

```python
def users(names):                               # 定义函数 users()
    """ 向我的每一位好友打一个招呼："""
    for name in names:                          # 遍历参数 names 中的每一个值
        msg = "Hello, " + name.title() + "!"    # 设置问候语 msg 的值
        print(msg)                              # 打印显示问候语 msg
usernames = [' 雨夜 ', ' 好人 ', ' 落雪飞花 ']    # 设置参数列表值
```

```
users(usernames)                                          # 调用函数 users()
```

在上述实例代码中，将函数 users() 定义成接受一个名字列表的函数，并将其存储在形参
names 中。通过这个函数遍历传递过来的列表，并对其中的每位用户都发送一条问候语。在
第 6 行代码中定义了一个用户列表 usernames，然后调用函数 users()，并将这个列表传递给它。
执行后会输出：

```
Hello, 雨夜！
Hello, 好人！
Hello, 落雪飞花！
```

6.5.2　在函数中修改列表

在 Python 程序中，当将列表信息传递给函数后，函数就可以对其进行修改。通过在函
数中对列表进行修改的方式，可以高效地处理大量的数据。例如在下面的实例中，假设某个
用户需要拷贝自己的普通好友列表，复制后移到另一组名为"亲人"的 QQ 分组列表中。

实例 6-15：定义函数 copy() 并复制好友到"亲人"分组

源码路径：下载包 \daima\6\6-15

实例文件 copy.py 的具体实现代码如下：

```
def copy(friend, relatives):                              # 定义函数 copy，负责复制好友
        """
        这是复制列表
        """
        while friend:
                current_design = friend.pop()
                # 从 copy 列表中复制
                print("复制好友： " + current_design)
                relatives.append(current_design)

def qinren(relatives):
        """ 下面显示所有被复制的元素 """
        print("\n 下面的好友已经被复制到 " 亲人 " 分组中！ ")
        for completed_model in relatives:                 # 遍历 relatives 中的值
                print(completed_model)
friend = [' 雨夜 ', ' 好人 ', ' 落雪飞花 ']                # 设置好友列表的值
relatives = []                                            # 设置拷贝到 relatives 的初始值为空
copy(friend, relatives)                                   # 拷贝 friend 中的值到 relatives 中
qinren(relatives)                                         # 调用函数 qinren() 显示 " 亲人 " 列表
```

在上述实例代码中，第一个函数负责复制好友，而第二个函数负责打印输出复制到"亲
人"群组中的好友信息。函数 copy() 包含两个形参：一个是需要复制的好友列表，一个是复
制完成后的"亲人"列表。给定这两个列表，这个函数模拟打印每个设计复制的过程，将要
拷贝的好友逐个从未复制的列表中取出，并加入到"亲人"列表中。执行后会输出：

```
复制好友： 落雪飞花
复制好友： 好人
复制好友： 雨夜

下面的好友已经被复制到 " 亲人 " 分组中！
落雪飞花
好人
雨夜
```

6.6 lambda 来创建和使用匿名函数

在 Python 程序中，可以使用 lambda 来创建匿名函数。所谓匿名，是指不再使用 def 语句这样标准的形式定义一个函数。在本节的内容中，将详细讲解使用 Python 匿名函数的知识，为读者步入本书后面知识的学习打下基础。

6.6.1 匿名函数介绍

在 Python 程序中，可以将匿名函数赋给一个变量供调用，它是 Python 中一类比较特殊的声明函数的方式，lambda 来源于 LISP 语言。其语法格式如下：

```
lambda params:expr
```

其中参数"params"相当于声明函数时的参数列表中用逗号分隔的参数，参数"expr"函数要返回值的表达式，而表达式中不能包含其他语句，也可以返回元组（要用括号），并且还允许在表达式中调用其他函数。

在 Python 程序中使用 lambda 创建匿名函数时，应该注意如下四点：

- lambda 只是一个表达式，比 def 简单很多；
- lambda 的主体是一个表达式，而不是一个代码块，仅仅能在 lambda 表达式中封装有限的逻辑进去；
- lambda 函数拥有自己的命名空间，且不能访问自有参数列表之外或全局命名空间里的参数；
- 虽然 lambda 函数看起来只能写一行，却不等同于 C 或 C++ 的内联函数，后者的目的是调用小函数时不占用栈内存从而增加运行效率。

6.6.2 使用匿名函数

例如在下面的实例中，演示了使用 lambda 创建匿名函数的过程。

实例 6-16：使用 lambda 创建匿名函数 sum() 并输出恋爱前后的幸福指数值

源码路径：下载包 \daima\6\6-16

实例文件 ni.py 的具体实现代码如下：

```python
sum = lambda arg1, arg2: arg1 + arg2;
# 调用 sum 函数
print ("恋爱前的幸福指数值为 : ", sum( 10, 20 ))
print ("恋爱后的幸福指数值为 : ", sum( 20, 20 ))
```

执行后会输出：

```
恋爱前的幸福指数值为 :    30
恋爱后的幸福指数值为 :    40
```

在 Python 程序中，通常使用 lambda 定义如下类型的函数：

- 简单匿名函数：写起来快速而简单，节省代码。
- 不复用的函数：在有些时候需要一个抽象简单的功能，又不想单独定义一个函数。
- 为了代码清晰：有些地方使用它，代码会更加清晰易懂。

比如在某个函数中需要一个重复使用的表达式，就可以使用 lambda 来定义一个匿名函数。当发生多次调用时，就可以减少代码的编写量，使条理变得更加清晰。

6.7　函数和模块开发

在编程语言中，函数的优点之一是可以实现代码块与主程序的分离。并且还可以进一步将函数存储在被称为模块的独立文件中，再将模块导入主程序中。在 Python 程序中，可以使用 import 语句导入并使用其他模块中的代码。

6.7.1　导入整个模块文件

在 Python 程序中，导入模块的方法有多种，下面将首先讲解导入整个模块的方法。要想让函数变为是可导入的，需要先创建一个模块。模块是扩展名为 ".py" 格式的文件，在里面包含了要导入到程序中的代码。

例如在下面的实例中，创建了一个被包含导入函数 make() 的模块，将这个函数单独放在一个程序文件 pizza.py 中，然后在另外一个独立文件 making.py 中调用文件 pizza.py 中的函数 make()，在调用时调用了整个 pizza.py 文件。

实例 6-17：导入模块文件的全部内容

源码路径：下载包 \daima\6\6-17

实例文件 pizza.py 的功能是编写函数 make()，实现制作披萨的功能，具体实现代码如下：

```
def make(size, *toppings):                          # 定义函数 make()
        print("\n 制作一个 " + str(size) +
                "寸的披萨需要的配料: ")              # 打印显示披萨的尺寸
        for topping in toppings:                     # 遍历配料参数 toppings 中的值
                print("- " + topping)                # 打印显示遍历到的值
```

实例文件 making.py 的功能是，使用 import 语句调用外部模块文件 pizza.py，然后使用文件 pizza.py 中的函数 make() 实现制作披萨的功能，具体实现代码如下：

```
import pizza                              # 导入模块，让 Python 打开文件 pizza.py
pizza.make(16, '黄油', '虾', '芝士')      # 调用函数 make()，制作第 1 个披萨
pizza.make(12, '黄油')                    # 调用函数 make()，制作第 2 个披萨
```

在上述代码中，当 Python 读取这个文件时，通过第 1 行代码 import pizza 让 Python 打开文件 pizza.py，并将其中的所有函数都复制到这个程序中。开发者看不到复制的代码，只是在程序运行时，Python 在幕后复制这些代码。这样在文件 making.py 中，可以使用文件 pizza.py 中定义的所有函数。在第 2 行和第 3 行代码中，使用了被导入模块中的函数，在使用时指定了导入的模块名称 pizza 和函数名 make，并用点 "." 分隔它们。执行后会输出：

```
制作一个 16 寸的披萨需要的配料:
- 黄油
- 虾
- 芝士
制作一个 12 寸的披萨需要的配料:
- 黄油
```

上述实例很好地展示了导入整个模块文件的过程，整个过程只需要编写一条 import 语句并在其中指定模块名后，就可以在程序中使用该模块中的所有函数。在 Python 程序中，如果

使用这种 import 语句导入了名为 module_name.py 的整个模块，就可以使用下面的语法使用其中的任何一个函数。

```
module_name.function_name( )
```

6.7.2 只导入指定的函数

在 Python 程序中，还可以根据项目的需要只导入模块文件中的特定函数，这种导入方法的语法格式如下：

```
frommodule_name import function_name
```

如果需要从一个文件中导入多个指定的函数，可以使用逗号隔开多个导入函数的名称。具体语法格式如下：

```
frommodule_name import function_name0,function_name1,function_name2
```

例如在下面的实例中，演示了导入外部模块文件中指定函数 printinfo() 的过程。

实例 6-18：导入模块文件中的某个函数

源码路径：下载包 \daima\6\6-18

（1）实例文件 jiafa.py 的功能是编写函数 printinfo()，具体实现代码如下：

```
def printinfo( arg1, *vartuple ):          # 定义函数 printinfo()
      " 打印任何传入的参数 "
      print (arg1)                          # 打印显示参数 arg1

      for var in vartuple:                  # 遍历参数 vartuple 中的值
            print (var)                     # 打印显示遍历到的值
      return;
```

（2）实例文件 yong.py 的功能是导入文件 jiafa.py 中的函数 printinfo()，具体实现代码如下：

```
from jiafa import printinfo               # 导入文件 jiafa.py 中的函数 printinfo()
print (" 恋爱前的指数：")
printinfo( 10 );                          # 调用函数 printinfo()
print (" 恋爱后的指数：")
printinfo( 70, 60, 50 );                  # 调用函数 printinfo()
```

在上述代码中，只是导入了文件 jiafa.py 中的函数 printinfo()，即使在文件 jiafa.py 中还有很多其他函数，也不会调用使用其他函数。执行后会输出：

```
恋爱前的指数：
10
恋爱后指数：
70
60
50
```

6.7.3 使用 as 设置函数的别名

在 Python 程序中，如果要从外部模板文件中导入的函数名称可能与程序中现有的名称发生冲突，或者函数的名称太长，可以使用关键字 "as" 设置一个简短而独一无二的别名。例如在下面的实例中，演示了使用 as 设置函数别名的过程。

实例 6-19：给函数设置一个别名

源码路径：下载包 \daima\6\6-19

将文件 jiafa.py 作为外部模块文件，在里面编写了功能函数 printinfo()。实例文件 yong.py 的功能是导入文件 jiafa.py 中的函数 printinfo()，在导入时将函数 printinfo() 设置为别名"mm"。具体实现代码如下：

```
from jiafa import printinfo as mm    # 导入文件 jiafa.py 中的函数 printinfo()，并
                                     #   将函数 printinfo() 设置为别名"mm"
mm( 10 );                            # 相当于调用函数 printinfo()
mm( 70, 60, 50 );                    # 相当于调用函数 printinfo()
```

在上述代码中，将函数 printinfo() 的别名设置为"mm"。在这个程序中，每当需要调用函数 printinfo() 时，都可简写成 mm()，Python 会运行 printinfo() 中的代码，这样可避免与这个程序中可能包含的函数 printinfo() 混淆。执行后会输出：

```
输出：
10
输出：
70
60
50
```

6.7.4　使用 as 设置模块别名

在 Python 程序中，除了可以使用关键字"as"给函数设置一个简短而独一无二的别名外，还可以使用关键字"as"给模块文件指定一个别名。例如在下面的实例中，演示了使用 as 设置模块文件别名的过程。

实例 6-20：给模块设置一个别名

源码路径：下载包 \daima\6\6-20

将文件 jiafa.py 作为外部模块文件，在里面编写了功能函数 printinfo()。实例文件 yong.py 的功能是导入文件 jiafa.py 中的所有模块功能（其实只是定义了一个函数 printinfo() 而已），在导入时将模块文件 jiafa.py 的别名设置为"mm"。具体实现代码如下：

```
import jiafa as mm             # 导入文件 jiafa.py 中的函数 printinfo()，并将文件
                               #   jiafa.py 设置为别名"mm"
mm.printinfo( 10 );            # 调用函数 printinfo()
mm.printinfo( 70, 60, 50 );    # 调用函数 printinfo()
```

在上述代码中，通过 import 语句给模块 jiafa 指定了别名 mm，但该模块中所有函数的名称都没变。当调用函数 printinfo() 时，可编写代码 mm.printinfo() 而不是 jiafa.printinfo()，这样不仅可以使代码变得更加简洁，而且还可以让开发者不再关注模块名，而专注于描述性的函数名。这些函数名明确地指出了函数的功能，对理解代码而言，它们比模块名更加重要。执行后会输出：

```
输出：
10
输出：
70
60
50
```

6.7.5　导入所有函数

在 Python 程序中，可以使用星号运算符"*"导入外部模块文件中的所有函数。例如在下面的实例中，演示了使用"*"运算符导入外部模块文件中所有函数的过程。

实例 6-21：使用"*"运算符导入外部模块文件中所有函数

源码路径： 下载包 \daima\6\6-21

将文件 jiafa.py 作为外部模块文件，在里面编写了功能函数 printinfo()。实例文件 yong.py 的功能是导入文件 jiafa.py 中的函数 printinfo()，在导入时使用"*"运算符导入了文件 jiafa.py 中的所有函数。具体实现代码如下：

```
from jiafa import *                  #导入文件 jiafa.py 中的所有函数
print("单身时：")

printinfo( 10 );                     #调用函数 printinfo()
print("恋爱又失恋后：")
printinfo( 70, 60, 50 );             #调用函数 printinfo()
```

在上述代码中，通过 import 语句中的星号让 Python 将模块 jiafa 中的所有函数都复制到这个程序文件中。由于导入了所有的、每个函数，所以可以通过名称来调用每个函数，而无须使用句点表示法。执行后会输出：

```
单身时：
10
恋爱又失恋后：
70
60
50
```

注意：在 Python 程序中，当使用并非自己编写的大型模块时，最好不要采用这种导入方法。因为如果在模块中有函数的名称与你的项目中使用的名称相同，就会导致意想不到的结果。并且 Python 可能会遇到多个名称相同的函数或变量，从而覆盖函数，而不是分别导入所有的函数。对于开发者来说，最佳做法是要么只导入需要使用的函数，要么导入整个模块并使用句点表示法。这样可以使代码变得更清晰，更加容易阅读和理解。

第7章

面向对象编程技术

（🎬视频讲解：82 分钟）

面向对象编程技术是软件开发的核心，因为 Python 是一门面向对象的编程语言，所以了解面向对象编程的知识变得十分重要。在使用 Python 语言编写程序时，首先应该使用面向对象的思想来分析问题，抽象出项目的共同特点。在本章的内容中，将向读者详细介绍面向对象编程技术的基本知识，为读者步入本书后面的学习打下坚实的基础。

7.1 面向对象基础

在学习本章的内容之前，我们需要先弄清楚什么是面向对象，掌握面向对象编程思想是学好 Python 语言的前提。在本节的内容中，将简要介绍面向对象编程的基础知识，为读者步入本书后面知识的学习打下坚实的基础。

在目前的软件开发领域中有两种主流的开发方法，分别是结构化开发方法和面向对象开发方法。早期的编程语言如 C、Basic、Pascal 等都是结构化编程语言，随着软件开发技术的逐渐发展，人们发现面向对象可以提供更好的可重用性、可扩展性和可维护性，于是催生了大量的面向对象的编程语言，如 C++、Java、C# 和 Ruby 等。

一般认为，面向对象编程（Object-Oriented Programming，OOP）起源于 20 世纪 60 年代的 Simula 语言，发展至今，它已经是一种理论完善并可由多种面向对象程序设计语言（Object-Oriented Programming Language，OOPL）来实现的技术了。由于存在很多原因，所以在国内大部分程序设计人员并没有很深入地了解 OOP 以及 OOPL 理论，对纯粹的 OOP 思想以及动态类型语言更是知之甚少。

对象的产生通常基于两种基本方式，它们分别是以原型对象为基础产生新对象和以类为基础产生新对象。

7.1.1 Python 的面向对象编程

面向对象编程方法是 Python 编程的指导思想。在使用 Python 语言进行编程时，应该首先利用对象建模技术（OMT）来分析目标问题，抽象出相关对象的共性，对它们进行分类，并分析各类之间的关系。然后再用类来描述同一类对象，归纳出类之间的关系。Coad和 Yourdon（Coad/Yourdon 方法由 P.Coad 和 E.Yourdon 于 1990 年推出，Coad 是指 Peter Coad，而 Yourdon 是指 Edward Yourdon）在对象建模技术、面向对象编程和知识库系统的基础之上设计了一整套面向对象的方法，具体分为面向对象分析（OOA）和面向对象设计（OOD）。它们共同构成了系统设计的过程，如图 7-1 所示。

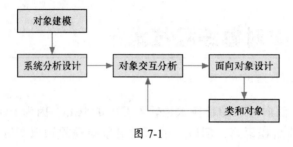

图 7-1

7.1.2　Python 面向对象的几个核心概念

1．类

只要是一门面向对象的编程语言（例如 C++、C# 等），那么就一定会有类这个概念。类是指将相同属性的东西放在一起，类是一个模板，能够描述一类对象的行为和状态。请看下面两个例子：

（1）在现实生活中，可以将人看成一个类，这类称为人类；

（2）如果某个男孩想找一个对象（女朋友），那么所有的女孩都可能是这个男孩的女朋友，所有的女孩就是一个"类"。

Python 中的每一个源程序至少都会有一个类，例如在本书前面介绍的实例中，用关键字 class 定义的都是类。Java 是面向对象的程序设计语言，类是面向对象的重要内容，我们可以把类当成一种自定义数据类型，可以使用类来定义变量，这种类型的变量统称为引用型变量。也就是说，所有类都引用数据类型。

2．对象

对象是实际存在某个类中的每一个个体，因而也称为实例（instance）。对象的抽象是类，类的具体化就是对象，也可以说类的实例是对象。类用来描述一系列对象，类会概述每个对象包括的数据和行为特征。因此，我们可以把类理解成某种概念、定义，它规定了某类对象所共同具有的数据和行为特征。

接着前面的两个例子，下面继续举例：

（1）人这个"类"的范围实在是太笼统了，人类里面的秦始皇是一个具体的人，是一个客观存在的人，我们就将秦始皇称为一个对象。

（2）想找对象（女朋友）的男孩已经找到目标了，他的女朋友名叫"大美女"。注意，假设在女孩中，叫这个名字的仅有一个，此时名叫"大美女"的这个女孩就是一个对象。

在面向对象的程序中，首先要将一个对象看作一个类，假定人是对象，任何一个人都是一个对象，类只是一个大概念而已，而类中的对象是具体的，它们具有自己的属性（例如漂亮、身材好）和方法（例如会作诗、会编程）。

3．Python 中的对象

通过上面的讲解可知，我们的身边有很多对象，例如车、狗、人等。所有这些对象都有自己的状态和行为。拿一条狗来说，它的状态有：名字、品种、颜色；行为有：叫、摇尾巴和跑。

现实对象和软件对象之间十分相似。软件对象也有状态和行为，软件对象的状态就是属性，行为通过方法来体现。在软件开发过程中，方法操作对象内部状态的改变，对象的相互调用也是通过方法来完成的。

注意：类和对象有以下区别。

（1）类描述客观世界里某一类事物的共同特征，而对象则是类的具体化，Python 程序使用类的构造器来创建该类的对象。

（2）类是创建对象的模板和蓝图，是一组类似对象的共同抽象定义。类是一个抽象的概念，不是一个具体的事物。

（3）对象是类的实例化结果，是真实的存在，代表现实世界的某一事物。

4．属性

属性有时也称为字段，用于定义该类或该类的实例所包含的数据。在 Python 程序中，属性通常用来描述某个对象的具体特征，是静态的。例如姚明（对象）身高为2.6m，小白（对象）的毛发是棕色的，二郎神（对象）额头上有只眼睛等，都是属性。

5．方法

方法用于定义该类或该类实例的行为特征或功能实现。每个对象都有自己的行为或者是使用它们的方法，比如说一条狗（对象）会跑、会叫等。我们把这些行为称为方法，它是动态的，可以使用这些方法来操作一个对象。

6．类的成员

属性和方法都被称为所在类的成员，因为它们是构成一个类的主要部分，如果没有这两样东西，那么类的定义也就没有内容了。

7.2　定义并使用类

类是面向对象编程中的最基本也是最重要的一种结构类型，它是许多具有共同特征的个体的集合。这些个体拥有共同的方法、数据结构，同时个体间又存在各种差异。这些个体叫作类的实例。基于这个特征，类具有继承和多态等特性，即子类可以继承父类、类和类之间可以有覆盖的方法。

7.2.1　定义一个类

在 Python 程序中，把具有相同属性和方法的对象归为一个类，例如可以将人类、动物和植物看作是不同的"类"。在使用类之前必须先创建这个类，在 Python 程序中，定义类的语法格式如下：

```
class ClassName:
语句
```

- class：是定义类的关键字。
- ClassName：类的名称，Python 语言规定，类的首字母大写。

7.2.2 类的基本用法

在 Python 程序中，类只有被实例化后才能够被使用。类的实例化跟函数调用类似，只要使用类名加小括号的形式就可以实例化一个类。类实例化以后会生成该类的一个实例，一个类可以实例化成多个实例，实例与实例之间并不会相互影响，类实例化以后就可以直接使用了。例如在下面的实例代码中，演示了定义并使用类的基本过程。

实例 7-1：财产分配说明书

源码路径： 下载包 \daima\7\7-1

实例文件 lei.py 的具体实现代码如下：

```
class MyClass:                                    # 定义类 MyClass
        "这是一个类 ."
myclass = MyClass()                              # 实例化类 MyClass

print(myclass.__doc__)                           # 显示属性值
print('显示类帮助信息：')
help(myclass)
```

在上述代码中，首先定义了一个自定义类 MyClass，在类体中只有一行类的说明信息"这是一个类 ."，然后实例化该类，并调用类的属性来显示属性"__doc__"的值，Python 语言中的每个对象都会有一个"__doc__"属性，该属性用于描述该对象的作用。在最后一行代码中用到了 Python 的内置函数 help()，功能是显示帮助信息。执行后会输出：

```
财产分配说明：
这是一个说明类 .
显示类帮助信息：
Help on MyClass in module __main__ object:

class MyClass(builtins.object)
 |  这是一个说明类 .
 |
 |  Data descriptors defined here:
 |
 |  __dict__
 |      dictionary for instance variables (if defined)
 |
 |  __weakref__
 |      list of weak references to the object (if defined)
```

7.3 对象

在 Python 程序中，类实例化后就生成了一个对象。类对象可以支持两种操作，分别是属性引用和实例化。属性引用的使用方法和 Python 中所有的属性引用的方法一样，都是使用"obj.name"格式。在类对象被创建后，类命名空间中所有的命名都是有效属性名。

例如在下面的实例代码中，演示了使用类对象的基本过程。

实例 7-2：使用类的对象

源码路径： 下载包 \daima\7\7-2

实例文件 dui.py 的具体实现代码如下：

```
class MyClass:                                    # 定义类 MyClass
        """一个简单的类实例"""
```

```
        i = 123456789101112              # 设置变量 i 的初始值
        def f(self):                     # 定义类方法 f()

            return '们好，我是霍老板！'    # 打印显示文本
x = MyClass()                            # 实例化类
# 下面两行代码分别访问类的属性和方法
print(x.f())                             # 类 MyClass 中的方法 f 输出
print("我的财产有: ", x.i,"元")           # 显示 MyClass 中的属性 i 的值
```

在上述代码中，创建了一个新的类实例并将该对象赋给局部变量 *x*。*x* 的初始值是一个
空的 MyClass 对象，通过最后两行代码分别对 *x* 对象成员进行了赋值。执行后会输出：

```
你们好，我是霍老板！
我的财产有: 123456789101112 元
```

7.4　方法

在 Python 程序中，正如实例 7-1 所定义的类 MyClass 那样，只有一个说明信息的类是没
有任何意义的。要想用类来解决实际问题，还需要定义一个具有一些属性和方法的类，因为
这才符合真实世界中的事物特征，就像实例 7-2 中的属性"i"那样。

7.4.1　定义并使用类方法

在 Python 程序中，可以使用关键字 def 在类的内部定义一个方法。在定义类的方法后，
可以让类具有一定的功能。在类外部调用该类的方法时就可以完成相应的功能，或改变类的
状态，或达到其他目的。

在 Python 中，定义类方法的方式与其他一般函数的定义方式相似，但是有如下三点区别：

（1）方法的第一个参数必须是 self，而且不能省略；

（2）方法的调用需要实例化类，并以"实例名 . 方法名（参数列表）"的形式进行调用；

（3）必须整体进行一个单位的缩进，表示这个方法属于类体中的内容。

例如在下面的实例代码中，演示了定义并使用类方法的过程。

实例 7-3：调用类方法打印信息

源码路径：下载包 \daima\7\7-3

实例文件 fang.py 的具体实现代码如下：

```
class SmplClass:                         # 定义类 SmplClass
        def info(self):                  # 定义类方法 info()
            print('我定义的类！')         # 打印显示文本
        def mycacl(self,x,y):            # 定义类方法 mycacl()
            return x + y                 # 返回参数 x 和 y 的和
sc = SmplClass()                         # 实例化类 SmplClass
print('调用 info 方法的结果: ')

sc.info()                                # 调用实例对象 sc 中的方法 info()
print('调用 mycacl 方法的结果: ')
print(sc.mycacl(3,4))                    # 调用实例对象 sc 中的方法 mycacl()
```

在上述实例代码中，首先定义了一个具有两个方法 info() 和 mycacl() 的类，然后实例化
该类，并调用这两个方法。其中第一个方法调用的功能是直接输出信息，第二个方法调用的
功能是计算了参数 3 和 4 的和。执行后会输出：

```
调用 info 方法的结果：
我定义的类！
调用 mycacl 方法的结果：
7
```

注意：在定义方法时，也可以像定义函数一样声明各种形式的参数。在调用方法时，不用提供 self 参数。

7.4.2 构造方法

在 Python 程序中，在定义类时可以定义一个特殊的构造方法，即 __init__() 方法，注意 init 前后分别是两个下画线 "_"。构造方法用于类实例化时初始化相关数据，如果在这个方法中有相关参数，则实例化时就必须提供。

在 Python 语言中，有很多类都倾向于将对象创建为有初始状态的形式，所以会在很多类中看到定义一个名为 __init__() 的构造方法，例如下面的演示代码：

```
def __init__(self):
    self.data = []
```

在 Python 程序中，如果在类中定义了 __init__() 方法，那么类的实例化操作会自动调用 __init__() 方法。所以接下来可以这样创建一个新的实例：

```
x = MyClass()
```

构造方法 __init__() 可以有参数，参数通过构造方法 __init__() 传递到类的实例化操作中。例如在下面的实例代码中，参数通过 __init__() 传递到类的实例化操作中。

实例 7-4：使用构造方法打印信息

源码路径：下载包 \daima\7\7-4

实例文件 gouzao.py 的具体实现代码如下：

```
class Complex:                                    # 定义类
    def __init__(self, realpart, imagpart):      # 定义构造方法
        self.r = realpart                        # 初始化构造方法参数
        self.i = imagpart                        # 初始化构造方法参数
print("一碗豆腐脑的利润你知道吗？")
x = Complex(0.1, 2.4)                            # 实例化类

print(x.r,"到", x.i,"之间")                       # 显示两个方法参数
```

执行后会输出：

```
一碗豆腐脑的利润你知道吗？
0.1 到 2.4 之间
```

假设有这么一个场景，同学"霍老二"的宠物狗是一种名贵品种，具有独一无二的汪汪叫和伸舌头的两个技能。在下面实例中，定义了狗狗类 Dog，然后根据类 Dog 创建的每个实例都将存储名字和年龄，并赋予了小狗的汪汪叫"wang"和伸舌头"shen"技能。

实例 7-5：霍老二的宠物狗

源码路径：下载包 \daima\7\7-5

实例文件 dog.py 的具体实现代码如下：

```
① class Dog():
②     """ 小狗狗 """
③     def __init__(self, name, age):
④         """ 初始化属性 name 和 age."""
```

```
⑤                    self.name = name
⑥                    self.age = age

⑦            def wang(self):
⑧                """模拟狗狗汪汪叫."""
⑨                print(self.name.title() + " 汪汪 ")
⑩            def shen(self):
⑪                """模拟狗狗伸舌头."""
⑫                print(self.name.title() + "伸舌头")
```

在上述代码中，在第 1 行中定义了一个名为 Dog 的类，这个类定义中的括号是空的。然后在第 2 行编写了一个文档字符串，对这个类的功能进行了描述。在第 3 行代码中使用构造方法 __init__()，每当根据类 Dog 创建新的实例时，Python 都会自动运行这个构造方法。在这个构造方法 __init__() 的名称中，开头和末尾各有两个下画线，这是一种约定，目的是避免跟程序中的普通方法发生命名冲突。

在上述方法 __init__() 定义中包含了三个形参，分别是 self、name 和 age。在这个方法的定义中，其中形参 self 是必不可少的，并且还必须位于其他形参的前面。究竟为何必须在方法定义中包含形参 self 呢？这是因为当 Python 调用这个 __init__() 方法来创建类 Dog 的实例时，会自动传入实参 self。在 Python 程序中，每个与类相关联的方法调用都会自动传递实参 self，这是一个指向实例本身的引用，可以让实例能够访问类中的属性和方法。

在创建类 Dog 的实例时，Python 会自动调用类 Dog 中的构造方法 __init__()。我们将通过实参向 Dog() 传递 "name" 和 "age"。因为 self 会自动传递，所以我们不需要传递它，每当根据类 Dog 创建实例时，都只需要给最后两个形参（name 和 age）提供值即可。

在第 5 行和第 6 行代码中，定义的两个变量都有前缀 self。在 Python 程序中，以 self 为前缀的变量都可以供类中的所有方法使用，并且还可以通过类的任何实例来访问这些变量。代码 "self.name=name" 能够获取存储在形参 name 中的值，并将其存储到变量 name 中，然后该变量被关联到当前创建的实例中。代码 "self.age=age" 的作用与此相类似。在 Python 程序中，可以通过实例访问的变量被称为属性。

通过第 7 行和第 10 行代码，在类 Dog 中定义了另外两个方法：wang() 和 shen()。因为这些方法不需要额外的信息，如 "name" 或 "age"，所以它们只有一个形参 self。这样在以后将创建的实例能够访问这些方法，也就是说，它们都会 "汪汪叫" 和 "伸舌头"。上述代码中的方法 wang() 和 shen() 所具有的功能有限，只是打印一条正在汪汪叫或伸舌头的消息而已。

7.4.3　方法调用

方法调用就是调用创建的方法，在 Python 程序中，类中的方法既可以调用本类中的方法，也可以调用全局函数来实现相关功能。调用全局函数的方式和面向过程中的调用方式相同，而调用本类中的方法时应该使用如下的格式：

```
self.方法名(参数列表)
```

在 Python 程序中调用本类中的方法时，读者需要注意的是，应该在提供的参数列表中包含 "self"。例如在下面的实例中，演示了在类中调用类的自身方法和全局函数的过程。

实例 7-6：在类中调用类的自身方法和全局函数

源码路径：下载包 \daima\7\7-6

实例文件 quan.py 的具体实现代码如下：

```python
def diao(x,y):
        return (abs(x),abs(y))
class Ant:
        def __init__(self,x=0,y=0):
                self.x = x
                self.y = y
                self.d_point()

        def yi(self,x,y):
                x,y = diao(x,y)
                self.e_point(x,y)
                self.d_point()

        def e_point(self,x,y):
                self.x += x
                self.y += y
        def d_point(self):
                print("移动轨迹是：(%d,%d)" % (self.x,self.y))
ant_a = Ant()
ant_a.yi(2,7)
ant_a.yi(-5,6)
```

在上述实例代码中，首先定义了一个全局函数 diao()，然后定义了类"Ant"，并在类中定义了一个构造方法，并且在构造方法中也调用了类中的其他方法 d_point()。然后在定义方法 yi() 的同时调用了全局函数 diao() 和类中的两个方法 e_point() 和 d_point()。在代码行"ant_a = Ant()"中，因为在初始化类 Ant 类时没有给出参数，所以运行后使用了默认值"0，0"。因为在代码行"ant_a.yi（2,7）"中提供了参数"2，7"，所以位置变为（2，7）。在代码行"ant_a.yi（－5,6）"中提供了参数"－5，6"，所以位置变为了（7，13）。执行后会输出：

```
移动轨迹是：(0,0)
移动轨迹是：(2,7)
移动轨迹是：(7,13)
```

7.4.4 创建多个实例

在 Python 程序中，可以将类看作是创建实例的一个模板。只有在类中创建实例，这个类才变得有意义。例如在本章前面的实例 7-5 中，类 Dog 只是一系列说明而已，让 Python 知道如何创建表示特定"宠物狗"的实例。而并没有创建实例对象，所以运行后不会显示任何内容。要想使类 Dog 变得有意义，可以根据类 Dog 创建实例，然后就可以使用点"."符号表示法来调用类 Dog 中定义的任何方法。并且在 Python 程序中，可以按照需求根据类创建任意数量的实例。例如在下面的实例中，演示了在类中创建多个实例的过程。

实例 7-7：创建多个不同的对象实例

源码路径：下载包 \daima\7\7-7

实例文件 duo.py 的具体实现代码如下：

```python
① class Dog():
②         """小狗狗"""
③         def __init__(self, name, age):
④                 """初始化属性 name 和 age."""
```

```
⑤                        self.name = name
⑥                        self.age = age
⑦            def wang(self):
⑧                        """模拟狗狗汪汪叫 ."""
⑨                        print(self.name.title() + " 汪汪 ")
⑩            def shen(self):
⑪                        """模拟狗狗伸舌头 ."""
⑫                        print(self.name.title() + "伸舌头")
⑬ my_dog = Dog(' 大狗 ', 6)

⑭ your_dog = Dog(' 小狗 ', 3)
⑮ print("霍老二爱犬的名字是 " + my_dog.name.title() + ".")
⑯ print("霍老二的爱犬已经 " + str(my_dog.age) + "岁了! ")
⑰ my_dog.wang()
⑱ print("\n 你爱犬的名字是 " + your_dog.name.title() + ".")
⑲ print("你的爱犬已经 " + str(your_dog.age) + "岁了! ")
⑳ your_dog.wang()
```

在上述实例代码中，使用了前面实例 7-5 中定义的类 Dog，在第 13 行代码中创建了一个 name 为 "大狗"、age 为 "6" 的小狗狗，当运行这行代码时，Python 会使用实参 "大狗" 和 "6" 调用类 Dog 中的方法 __init__()。方法 __init__() 会创建一个表示特定小狗的实例，并使用我们提供的值来设置属性 name 和 age。另外，虽然在方法 __init__() 中并没有显式地包含 return 语句，但是 Python 会自动返回一个表示这条小狗的实例。在上述代码中，将这个实例存储在变量 my_dog 中。

而在第 14 行代码中创建了一个新的实例，其中 name 为 "小狗"，age 为 "3"。第 13 行中的小狗实例和第 14 行中的小狗实例各自独立，各自有自己的属性，并且能够执行相同的操作。例如在第 15、16、17 行代码中，独立输出了实例对象 "my_dog" 的信息。而在第 18、19、20 行代码中，独立输出了实例对象 "your_dog" 的信息，执行后会输出：

```
霍老二爱犬的名字是大狗
霍老二的爱犬已经 6 岁了!
大狗 汪汪

你爱犬的名字是 小狗
你的爱犬已经 3 岁了!
小狗 汪汪
```

7.4.5　使用私有方法

在 Python 程序中也有 "私有" 这一概念，与大多数的语言不同，一个 Python 函数、方法或属性是私有还是公有，完全取决于它的名字。如果一个 Python 函数、类方法或属性的名字以两个下画线 "__" 开始（注意，不是结束），那么这个函数、方法或属性就是私有的，其他所有的方式都是公有的。当在类的内部调用私有成员时，可以用点 "." 运算符实现，例如在类的内部调用私有方法的语法格式如下所示。

```
slef.__方法名
```

在 Python 程序中，私有函数、方法或属性的特点如下：

● 私有函数不可以从它们的模块外面被调用；
● 私有类方法不能够从它们的类外面被调用；
● 私有属性不能够从它们的类外面被访问。

在 Python 程序中，在该类以外的地方是不能调用该类的私有方法。如果想试图调用一个私有方法，Python 将引发一个有些误导的异常，宣称那个方法不存在。当然它确实存在，但是它是私有的，所以在类外是不可使用的。从严格意义上说，私有方法在它们的类外是可以访问的，只是不容易处理而已。在 Python 程序中，没有什么是真正私有的。在一个类的内部，私有方法和属性的名字被忽然改变和恢复，以致使得它们看上去用它们给定的名字是无法使用的。例如在下面的实例中，演示了使用私有方法的过程。

实例 7-8：打印网店的地址

源码路径：下载包 \daima\7\7-8

实例文件 si.py 的具体实现代码如下：

```python
class Site:                              # 定义类 Site
    def __init__(self, name, url):       # 定义构造方法
            self.name = name             # 公共属性
            self.__url = url             # 私有属性
    def who(self):
            print('店名    : ', self.name)
            print('网址 : ', self.__url)
    def __foo(self):                     # 定义私有方法
            print('这是私有方法')
    def foo(self):                       # 定义公共方法
            print('这是公共方法')
            self.__foo()
x = Site('霍老二豆腐店', 'www.doufu')

x.who()                                  # 这行代码正常输出
x.foo()                                  # 这行代码正常输出
#x.__foo()                               # 这行代码报错
```

在上述实例代码中定义了私有方法 __foo，在类中可以使用。在最后一行代码中，想尝试在外部调用私有方法 __foo，这在 Python 中是不允许的。执行后会输出：

```
店名    : 霍老二豆腐店
网址 : www.doufu
这是公共方法
这是私有方法
```

7.4.6 析构方法

在 Python 程序中，析构方法是 __del__()，"del" 前后分别有两个下画线 "__"。当使用内置方法 del() 删除对象时，会调用它本身的析构函数。另外当一个对象在某个作用域中调用完毕后，在跳出其作用域的同时析构函数也会被调用一次，这样可以使用析构方法 __del__() 释放内存空间。例如在下面的实例中，演示了使用析构方法的过程。

实例 7-9：打印三种客户类型信息

源码路径：下载包 \daima\7\7-9

实例文件 xigou.py 的具体实现代码如下：

```python
class NewClass(object):                  # 定义类 NewClass
    num_count = 0                        # 所有的实例都共享此变量，不能单独为每个实例分配
    def __init__(self,name):             # 定义构造方法
            self.name = name             # 实例属性
            NewClass.num_count += 1      # 设置变量 num_count 值加 1
            print (name,NewClass.num_count)
    def __del__(self):                   # 定义析构方法 __del__
            NewClass.num_count -= 1      # 设置变量 num_count 值减 1
            print ("Del",self.name,NewClass.num_count)
```

```
        def test():                          # 定义方法 test()
                print ("aa")
aa = NewClass("普通客户")                     # 定义类 NewClass 的实例化对象 aa
bb = NewClass("大客户")                       # 定义类 NewClass 的实例化对象 bb

cc = NewClass("集团客户")                      # 定义类 NewClass 的实例化对象 cc
del aa                                        # 调用析构
del bb                                        # 调用析构
del cc                                        # 调用析构
print ("Over")
```

在上述实例代码中，num_count 是全局的，这样每当创建一个实例时，构造方法 __init__()
就会被调用，num_count 的值递增 1。当程序结束后，所有的实例都会被析构，即调用方法
__del__()，每调用一次，num_count 的值递减 1。执行后会输出：

```
普通客户 1
大客户 2
集团客户 3
Del 普通客户 2
Del 大客户 1
Del 集团客户 0
Over
```

7.4.7　静态方法和类方法

在 Python 程序中，类中的方法可以分为多种，其中最为常用的有实例方法、类方法和
静态方法。具体说明如下：

（1）实例方法：在本书前面用到的所有类中的方法都是实例方法，其隐含调用参数是
类的实例。

（2）类方法：隐含调用的参数是类。在定义类方法时，应使用装饰器 @classmethod 进
行修饰，并且必须有默认参数"cls"。

（3）静态方法：没有隐含调用参数。类方法和静态方法的定义方式都与实例方法不同，
它们的调用方式也不同。在定义静态方法时，应该使用修饰符 @staticmethod 进行修饰，并
且没有默认参数。

**注意：在调用类方法和静态方法时，可以直接由类名进行调用，在调用前无须实例化类。
另外，也可以使用该类的任意一个实例进行调用。**

例如在下面的实例代码中，演示了使用类方法和静态方法的过程。

实例 7-10：同时使用类方法和静态方法

源码路径：下载包 \daima\7\7-10

实例文件 jing.py 的具体实现代码如下：

```
class Jing:                                   # 定义类 Jing
        def __init__(self,x=0):               # 定义构造方法
                self.x = x                    # 设置属性
        @staticmethod                         # 使用静态方法装饰器
        def static_method():                  # 定义静态类方法
                print('此处调用了静态方法！')
##              print(self.x)
        @classmethod                          # 使用类方法装饰器
        def class_method(cls):                # 定义类方法，默认参数是 cls
                print('此处调用了类方法！')
Jing.static_method()                          # 没有实例化类，通过类名调用静态方法
```

```
Jing.class_method()              # 没有实例化类，通过类名调用类方法
dm = Jing()                      # 实例化类
dm.static_method()               # 通过类实例调用静态方法
dm.class_method()                # 通过类实例调用类方法
```

在上述实例代码中，在类 Jing 中同时定义静态方法和类方法，然后在未实例化时使用类名进行调用，最后在实例化后用类实例再次进行调用。执行后会输出：

```
此处调用了静态方法！
此处调用了类方法！
```

7.4.8 类的专有方法

在 Python 程序中，类可以定义专用方法，也被称为专有方法。专用方法是指在特殊情况下或当使用特别语法时由 Python 替你调用的，而不是在代码中直接调用（像普通的方法那样）。例如本章前面讲解的构造方法 __init__() 和析构方法 __del__ 就是常见的专有方法。

在 Python 语言中，类中常用的专有方法见表 7-1。

表 7-1

方法名称	描　　述
__init__	构造方法，在生成对象时调用
__del__	析构方法，释放对象时使用
__repr__	打印，转换
__setitem__	按照索引赋值
__getitem__	按照索引获取值
__len__	获得长度
__cmp__	比较运算
__call__	函数调用
__add__	加运算
__sub__	减运算
__mul__	乘运算
__div__	除运算
__mod__	求余运算
__pow__	乘方

7.5 属性

属性是对现实世界中实体特征的抽象，提供了对类或对象性质的访问。举一个例子，长方形是一个对象，则长和宽就是长方形的两个属性。在本节的内容中，将详细讲解 Python 属性的基本知识。

注意：属性反映了面向对象的编程思想，即不能直接操作类的字段。属性隔离了字段，而且能对要赋值的字段进行监测，合乎要求的才会被允许。属性是这样的成员：它提供了灵活的机制来读取、编写或计算某个私有字段的值。可以像使用公共数据成员一样使用属性，但实际上它们是称作"访问器"的特殊方法。这使得可以轻松访问数据，此外还有助于提高方法的安全性和灵活性。

7.5.1　认识属性

在 Python 程序中，属性是对类进行建模必不可少的内容，7.3 节介绍的方法是用来操作数据的，而和操作相关的大部分内容都和下面将要讲解的属性有关。我们既可以在构造方法中定义属性，也可以在类中的其他方法中使用定义的属性。在本章前面的内容中，已经多次用到了属性，例如在本章前面的实例 7-5 和实例 7-7 中，"name"和"age"都是属性。实例 7-7 的实现代码如下：

```
class Dog():
    """小狗狗"""
    def __init__(self, name, age):
        """初始化属性 name 和 age."""
        self.name = name
        self.age = age
    def wang(self):
        """模拟狗狗汪汪叫."""
        print(self.name.title() + " 旺旺 ")
    def shen(self):
        """模拟狗狗伸舌头."""
        print(self.name.title() + "伸舌头")
my_dog = Dog('将军', 6)
your_dog = Dog('武士', 3)
print("霍老二爱犬的名字是 " + my_dog.name.title() + ".")
print("霍老二的爱犬已经 " + str(my_dog.age) + "岁了! ")
my_dog.wang()
print("\n你爱犬的名字是 " + your_dog.name.title() + ".")
print("你的爱犬已经 " + str(your_dog.age) + "岁了! ")
your_dog.wang()
```

在实例 7-7 的代码中，在构造方法 __init__() 中创建一个表示特定小狗的实例，并使用我们提供的值来设置属性 name 和 age。在 my_dog.name.title() 和 str(my_dog.age) 中点运算符"."访问了实例属性，运算符表示法在 Python 中很常用，这种语法演示了 Python 如何获取属性的值。在上述代码中，Python 先找到实例 my_dog，再查找与这个实例相关联的属性 name。在类 Dog 中引用这个属性时，使用的是 self.name。同样道理，可以使用同样的方法来获取属性 age 的值。在代码 "my_dog.name.title()" 中，将 my_dog 的属性 name 的值改为首字母是大写的，当然我们代码中用的是汉字，读者可以将其设置为字母试一试。在代码行 "str(my_dog.age)" 中，将 my_dog 的属性 age 的值 "6" 转换为字符串。

7.5.2　类属性和实例属性

在 Python 程序中，通常将属性分为实例属性和类属性两种，具体说明如下：

（1）实例属性：是同一个类的不同实例，其值是不相关联的，也不会互相影响的，定义时使用 "self. 属性名" 的格式定义，调用时也使用这个格式调用。

（2）类属性：是同一个类的所有实例所共有的，直接在类体中独立定义，引用时要使用 "类名 . 类变量名" 的格式来引用，只要是某个实例对其进行修改，就会影响其他所有这个类的实例。

请看下面的实例，演示了定义并使用类属性和实例属性的过程。

实例 7-11：改变变量的值

源码路径：下载包 \daima\7\7-11

实例文件 shux.py 的具体实现代码如下：

```
class X_Property:                                    # 定义类 X_Property
        class_name = "X_Property"                     # 设置类的属性
        def __init__(self,x=0):                       # 构造方法
                self.x = x                            # 设置实例属性

        def class_info(self):                         # 定义方法 class_info() 输出信息
                print('类变量值: ',X_Property.class_name)        # 输出类变量值
                print('实例变量值: ',self.x)                      # 输出实例变量值

        def chng(self,x):                             # 定义方法 chng() 修改实例属性
                self.x = x                            # 引用实例属性

        def chng_cn(self,name):                       # 定义方法 chng_cn() 修改类属性
                X_Property.class_name = name          # 引用类属性

aaa = X_Property()                                    # 定义类 X_Property 的实例化对象 aaa
bbb = X_Property()                                    # 定义类 X_Property 的实例化对象 bbb
print('初始化两个实例')
aaa.class_info()                                      # 调用方法 class_info() 输出信息
bbb.class_info()                                      # 调用方法 class_info() 输出信息
print('修改实例变量')
print('修改 aaa 实例变量')
aaa.chng(3)                                          # 修改对象 aaa 的实例变量
aaa.class_info()                                      # 调用方法 class_info() 输出信息
bbb.class_info()                                      # 调用方法 class_info() 输出信息
print('修改 bbb 实例变量')
bbb.chng(10)                                         # 修改 bbb 实例变量

aaa.class_info()                                      # 调用方法 class_info() 输出信息
bbb.class_info()                                      # 调用方法 class_info() 输出信息
print('修改类变量')
print('修改 aaa 类变量')
aaa.chng_cn('aaa')                                   # 修改 aaa 类变量
aaa.class_info()                                      # 调用方法 class_info() 输出信息
bbb.class_info()                                      # 调用方法 class_info() 输出信息

print('修改 bbb 类变量')                               # 修改 bbb 类变量
bbb.chng_cn('bbb')
aaa.class_info()                                      # 调用方法 class_info() 输出信息
bbb.class_info()                                      # 调用方法 class_info() 输出信息
```

在上述实例代码中，首先定义了类 X_Property，在类中有一个类属性 class_name 和一个实例属性 x，两个分别修改实例属性和类属性的方法。然后分别实例化这个类，并调用这两个类实例来修改类属性和实例属性。对于实例属性来说，两个实例相互之间并不联系，可以各自独立地被修改为不同的值。而对于类属性来说，无论哪个实例修改了它，都会导致所有实例的类属性值发生变化。执行后会输出：

```
初始化两个实例
类变量值: X_Property
实例变量值: 0
类变量值: X_Property
实例变量值: 0
修改实例变量
修改 aaa 实例变量
类变量值: X_Property
实例变量值: 3
类变量值: X_Property
实例变量值: 0
修改 bbb 实例变量
```

```
类变量值：　X_Property
实例变量值：　3
类变量值：　X_Property
实例变量值：　10
修改类变量
修改 aaa 类变量
类变量值：　aaa
实例变量值：　3
类变量值：　aaa
实例变量值：　10
修改 bbb 实例变量
类变量值：　bbb
实例变量值：　3
类变量值：　bbb
实例变量值：　10
```

7.5.3　设置属性的默认值

在 Python 程序中，类中的每个属性都必须有初始值，并且有时可以在方法 __init__() 中指定某个属性的初始值是 0 或空字符串。如果设置了某个属性的初始值，就无须在 __init__() 中提供为属性设置初始值的形参。假设有这么一个场景，年底将至，想换辆新车，初步中意车型是奔驰 E 级。例如在下面的实例中，定义了一个表示汽车的类，在类中包含了和汽车有关的属性信息。

实例 7-12：设置汽车的属性信息

源码路径：下载包 \daima\7\7-12

实例文件 benz.py 的具体实现代码如下：

```
① class Car():
②     """ 奔驰，我的最爱！ """
③     def __init__(self, manufacturer, model, year):
④         """ 初始化操作，创建描述汽车的属性 ."""
⑤         self.manufacturer = manufacturer
⑥         self.model = model
⑦         self.year = year

⑧         self.odometer_reading = 0
⑨     def get_descriptive_name(self):
⑩         """ 返回描述信息 """
⑪         long_name = str(self.year) + ' ' + self.manufacturer + ' ' + self.model
⑫         return long_name.title()
⑬     def read_odometer(self):
⑭         """ 行驶里程 ."""
⑮         print("霍老二的一辆新车,目前仪表显示行驶里程是" + str(self.odometer_reading) + "公里！")
⑯ my_new_car = Car('Benz', 'E300L', 2019)
⑰ print(my_new_car.get_descriptive_name())
⑱ my_new_car.read_odometer()
```

对上述实例代码的具体说明如下：

（1）首先定义了方法 __init__()，这个方法的第一个形参为 self，三个形参：manufacturer、model 和 year。运行后方法 __init__() 接收这些形参的值，并将它们存储在根据这个类创建的实例的属性中。创建新的 Car 实例时，我们需要指定其品牌、型号和生产日期。

（2）在第 8 行代码中添加了一个名 odometer_reading 的属性，并设置其初始值总是为 0。

（3）在第 9 行代码定义了一个名为 get_descriptive_name() 的方法，在里面使用属性 year、

manufacturer 和 model 创建了一个对汽车进行描述的字符串，在程序中我们无须分别打印输出每个属性的值。为了在这个方法中访问属性的值，分别使用了 self.manufacturer、self.model 和 self.year 格式进行访问。

（4）在第 13 行代码中定义了方法 read_odometer()，功能是获取当前奔驰汽车的行驶里程。

（5）在倒数第 3 行代码中，为了使用类 Car，根据类 Car 创建了一个实例，并将其存储到变量 my_new_car 中。然后调用方法 get_descriptive_name()，打印输出我当前想购买的是哪一款汽车。

（6）在最后 1 行代码中，打印输出当前奔驰汽车的行驶里程。因为设置的默认值是 0，所以会显示行驶里程为 0。

执行后会输出：

```
2019 Benz E300L
霍老二的一辆新车，目前仪表显示行驶里程是 0 公里！
```

7.5.4 修改属性的值

在 Python 程序中，可以使用如下两种不同的方式修改属性的值：

- 直接通过实例进行修改；
- 通过自定义方法修改。

在下面的内容中，将详细讲解上述两种修改属性值方法的知识。

1．直接通过实例进行修改

在 Python 程序中，可以直接通过实例的方式修改一个属性的值。例如在下面的实例代码中，将霍老板的新车奔驰 E300L 的行驶里程修改为 12 公里。

实例 7-13：通过实例修改霍老板新车的行驶里程

源码路径：下载包 \daima\7\7-13

实例文件 benz.py 的具体实现代码如下：

```
my_new_car = Car('Benz', 'E300L', 2019)          # 定义一个汽车对象
print(my_new_car.get_descriptive_name())          # 显示汽车信息

my_new_car.odometer_reading = 12                   # 将行驶里程修改为 12 公里
my_new_car.read_odometer()                         # 读取显示汽车的行驶里程
```

在上述实例代码中，使用点运算符 "." 来直接访问并设置汽车的属性 odometer_reading，并将属性 odometer_reading 值设置为 12。执行后会输出：

```
2019 Benz E300L
霍老二的一辆新车，目前仪表显示行驶里程是 12 公里，这是很正常的一个数据！
```

2．自定义方法修改

在 Python 程序中，可以自定义编写一个专有方法来修改某个属性的值。这时可以无须直接访问属性，而只是将值传递给自定义编写的方法，并在这个方法内部进行修改即可。例如在下面的实例代码中，通过自定义方法 update_odometer() 将行驶里程修改为 15 公里。

实例 7-14：通过自定义方法修改霍老板新车行驶里程的方法

源码路径：下载包 \daima\7\7-14

实例文件 up1.py 的具体实现代码如下：

```
        def update_odometer(self, mileage):
            """
            修改行驶里程
            """
            if mileage >= self.odometer_reading:
                self.odometer_reading = mileage
            else:
                print("这是一个不合理的数据!")
my_new_car = Car('Benz', 'E300L', 2019)
print(my_new_car.get_descriptive_name())

my_new_car.update_odometer(15)
my_new_car.read_odometer()
```

在上述实例代码中定义了一个自定义方法 update_odometer()，此方法可以接受一个行驶里程值，并将其存储到 self.odometer_reading 中。并且设置在修改属性前检查指定的里程数据是否合理。如果新指定的里程大于或等于原来的里程"self.odometer_reading"，则将里程数据改为新设置的里程数据。否则就发出提醒，输出"这是一个不合理的数据!"的提示。在倒数第 2 行代码中，调用自定义方法 update_odometer() 将行驶里程修改为 15。执行后会输出：

```
2019 Benz E300L
霍老二的一辆新车，目前仪表显示行驶里程是 15 公里，这是很正常的一个数据!
```

能不能将属性值设置为一个递增值，而不是将其设置为一个具体的值。假设我新买的奔驰 E300L 从提车那天起，到今天为止已经行驶了 2000 公里，我们可以编写一个自定义方法，在这个方法中传递这个新增加的 2000 公里值，这里便通过递增的方式修改了属性值。

例如在下面的实例代码中演示了你的上述修改过程。

实例 7-15：通过递增值修改霍老板新车的行驶里程

源码路径：下载包 \daima\7\7-15

实例文件 up2.py 的具体实现代码如下：

```
......
        def increment_odometer(self, miles):
            """通过递增的方式修改行驶里程。"""
            self.odometer_reading += miles

my_new_car = Car('迈巴赫', 'S800', 2019)
print(my_new_car.get_descriptive_name())
my_new_car.update_odometer(15)

my_new_car.read_odometer()

my_new_car.increment_odometer(2000)
my_new_car.read_odometer()
```

在上述实例代码中，使用自定义方法 increment_odometer() 接受一个新的行驶里程数字，并将其加入到 self.odometer_reading 中。提车时设置的行驶里程是 15 公里，然后通过"my_new_car.increment_odometer(2000)"设置从提车到现在又行驶了 2000 公里，所以通过方法 update_odometer() 将现在总的行驶里程修改为 2015 公里。执行后会输出：

```
2019 迈巴赫 S800
目前仪表显示行驶里程是 15 公里，这是很正常的一个数据!
目前仪表显示行驶里程是 2015 公里，这是很正常的一个数据!
```

7.5.5 使用私有属性

在本章前面 7.4.5 的内容中已经讲解了私有方法的知识，已经了解到只要在属性名或方法名前加上两个下画线"__"，那么这个属性或方法就会为私有的了。在 Python 程序中，私有属性不能在类的外部被使用或直接访问。当在类的内部使用私有属性时，需要通过"self.__属性名"的格式使用。例如在下面的实例中演示了在类内使用私有属性过程。

实例 7-16：打印私有属性的值

源码路径：下载包 \daima\7\7-16

实例文件 sishu.py 的具体实现代码如下：

```
class Person:                          # 定义类 Person
    def __init__(self):
        self.__name = 'haha'           # 设置私有属性值是 'haha'
        self.age = 22                  # 设置属性 age 值是 22
    def get_name(self):                # 定义方法

        return self.__name             # 返回私有属性
    def get_age(self):                 # 定义方法 get_age()
        return self.age
person = Person()                      # 定义类对象实例
print (person.get_age())              # 打印显示属性值
print (person.get_name())            # 打印显示私有属性值
```

在上述实例代码中，"__name"是私有属性。如果直接访问私有属性和私有方法，系统会提示找不到相关的属性或者方法。执行后会输出：

```
22
haha
```

7.6 继承

在 Python 程序中，类的继承是指新类从已有的类中取得已有的特性，诸如属性、变量和方法等。类的派生是指从已有的类产生新类的过程，这个已有的类称之为基类或者父类，而新类则称之为派生类或者子类。派生类（子类）不但可以继承使用基类中的数据成员和成员函数，而且也可以增加新的成员。在本节的内容中，将详细讲解 Python 语言中继承的基本知识。

7.6.1 定义子类

在 Python 程序中，定义子类的语法格式如下：

```
class ClassName1(ClassName2):
语句
```

上述语法格式非常容易理解："ClassName1"表示子类（派生类）名，"ClassName2"表示基类（父类）名。如果在基类中有一个方法名，而在子类使用时未指定，Python 会从左到右进行搜索。也就是说，当方法在子类中未找到时，从左到右查找基类中是否包含方法。另外，基类名 ClassName2 必须与子类在同一个作用域内定义。

例如在本章前面的实例中，我们多次用到了汽车的场景模拟。其实市场中的汽车品牌有很多，例如宝马、奥迪、奔驰、丰田、比亚迪等。如果想编写一个展示霍老二豆腐车的程序，最合理的方法是先定义一个表示汽车的类，然后定义一个表示某个品牌汽车的子类。例如在下面的实例中，代码中，首先定义了汽车类 Car，能够表示所有品牌的汽车。然后定义了基于汽车类的子类 Bmw，用于表示宝马牌豆腐汽车。

实例 7-17：霍老二的一辆豆腐车

源码路径：下载包 \daima\7\7-17

实例文件 car_bmw.py 的具体实现代码如下：

```
class Car():
    """汽车之家！"""
    def __init__(self, manufacturer, model, year):
        """初始化操作，建立描述汽车的属性."""
        self.manufacturer = manufacturer
        self.model = model
        self.year = year

        self.odometer_reading = 0
    def get_descriptive_name(self):
        """返回描述信息"""
        long_name = str(self.year) + ' ' + self.manufacturer + ' ' + self.model
        return long_name.title()
    def read_odometer(self):
        """行驶里程."""
        print("这是一辆豆腐车，目前仪表显示行驶里程是" + str(self.odometer_
reading) + "公里！")
class Bmw(Car):
    """这是一个子类 Bmw，基类是 Car."""
    def __init__(self, manufacturer, model, year):
        super().__init__(manufacturer, model, year)
my_tesla = Bmw('宝马', '拉豆腐 525Li', '2019 款')
print(my_tesla.get_descriptive_name())
```

对上述实例代码的具体说明如下：

（1）汽车类 Car 是基类（父类），宝马类 Bmw 是派生类（子类）。

（2）在创建子类 Bmw 时，父类必须包含在当前文件中，且位于子类前面。

（3）上述加粗部分代码定义了子类 Bmw，在定义子类时，必须在括号内指定父类的名称。方法 __init__() 可以接受创建 Car 实例所需的信息。

（4）加粗代码中的方法 super() 是一个特殊函数，功能是将父类和子类关联起来。可以让 Python 调用 Car 的父类的方法 __init__()，可以让 Bmw 的实例包含父类 Car 中的所有属性。父类也被称为超类 (superclass)，名称 super 因此而得名。

（5）为了测试继承是否能够正确地发挥作用，在倒数第 2 行代码中创建了一辆宝马汽车实例，代码中提供的信息与创建普通汽车的完全相同。在创建类 Bmw 的一个实例时，将其存储在变量 my_tesla 中。这行代码调用在类 Bmw 中定义的方法 __init__()，后者能够让 Python 调用父类 Car 中定义的方法 __init__()。在代码中使用了三个实参"宝马""拉豆腐 525Li"和"2019 款"进行测试。

执行后会输出：

```
2019 款 宝马 拉豆腐 525Li
```

注意：除了方法 __init__() 外，在子类 Bmw 中没有其他特有的属性和方法，这样做的目的是验证子类汽车（Bmw）是否具备父类汽车（Car）的行为。

7.6.2　在子类中定义方法和属性

在 Python 程序中，子类除了可以继承使用父类中的属性和方法外，还可以单独定义自己的属性和方法。例如继续拿宝马子类进行举例，在宝马 5 系中，530Li 配备的是 6 缸 3.0T 发动机。例如在下面的实例中，我们可以定义一个专有的属性来存储这个发动机参数。

实例 7-18：豆腐车的发动机参数

源码路径：下载包 \daima\7\7-18

实例文件 bmw530li.py 的具体实现代码如下：

```python
class Car():
    """汽车之家！"""
    def __init__(self, manufacturer, model, year):
        """初始化操作，建立描述汽车的属性."""
        self.manufacturer = manufacturer
        self.model = model
        self.year = year
        self.odometer_reading = 0



    def get_descriptive_name(self):
        """返回描述信息"""
        long_name = str(self.year) + ' ' + self.manufacturer + ' ' + self.model
        return long_name.title()
    def read_odometer(self):
        """行驶里程."""
            print("这是一辆豆腐车,目前仪表显示行驶里程是" + str(self.odometer_
reading) + "公里！")
class Bmw(Car):
    """这是一个子类Bmw,基类是Car."""
    def __init__(self, manufacturer, model, year):
①           super().__init__(manufacturer, model, year)
            self.battery_size = "12马力的,拉豆腐绰绰有余！"
②       def motor(self):
③           """输出发动机参数"""
④           print("发动机是" + str(self.battery_size))
my_tesla = Bmw('宝马', '拉豆腐525Li', '2019款')
print(my_tesla.get_descriptive_name())
my_tesla.motor()
```

对上述实例代码的具体说明如下：

● 和本章前面的实例 7-17 相比，只是多了加粗部分代码而已。

● 在第 1 行加粗代码中，在子类 Bmw 中定义了新的属性"self.battery_size"，并设置属性值为"12 马力的，拉豆腐绰绰有余！"。

● 在第 2 行到第 4 行加粗代码中，在子类 Bmw 中定义了新的方法 motor()，功能是打印输出发动机参数。

● 对于类 Bmw 来说，里面定义的属性"self.battery_size"和方法 motor() 可以随便使用，并且还可以继续添加任意数量的属性和方法。但是如果一个属性或方法是任何汽车都具有的，而不是宝马汽车特有的，建议将其加入到类 Car 中，而不是类 Bmw 中。这样，在程序中使用类 Car 时就会获得相应的功能，而在类 Bmw 中只包含处理和宝马牌汽车有关的特有属性和方法。

本实例执行后会输出：

```
2019 款 宝马 拉豆腐 525Li
发动机是 12 马力的，拉豆腐绰绰有余！
```

7.6.3 子类可以继续派生新类

在 Python 程序中，根据项目情况的需要，可以基于一个子类继续创建一个子类。这种情况是非常普遍的，例如在使用代码模拟实物时，开发者可能会发现需要给类添加越来越多的细节，这样随着属性和方法个数的增多，代码也变得更加复杂，十分不利于阅读和后期维护。在这种情况下，为了使整个代码变得更加直观一些，可能需要将某个类中的一部分功能作为一个独立的类提取出来。例如我们可以将大型类（例如类 A）派生成多个协同工作的小类，既可以将它们划分为和类 A 同级并列的类，也可以将它们派生为类 A 的子类。例如我们发现宝马汽车类 Bmw 中的发动机属性和方法非常复杂，例如 5 系有多款车型，每个车型的发动机参数也不一样，随着程序功能的增多，很需要将发动机作为一个独立的类进行编写。

例如在下面的实例代码中，将原来保存在类 Bmw 中和发动机有关的这些属性和方法提取出来，放到另一个名为 Motor 的类中，将类 Motor 作为类 Bmw 的子类，并将一个 Motor 实例作为类 Bmw 的一个属性。

实例 7-19：豆腐车的升级版

源码路径：下载包 \daima\7\7-19

实例文件 bmw530li.py 的具体实现代码如下：

```
class Bmw(Car):
        """这是一个子类 Bmw，基类是 Car."""
        def __init__(self, manufacturer, model, year):
                super().__init__(manufacturer, model, year)

⑤              self.Motor = Motor()
⑥ class Motor(Bmw):
        """类 Motor 是类 Car 的子类"""
⑧       def __init__(self, Motor_size=60):
                """初始化发动机属性"""
                self.Motor_size = Motor_size
        def describe_motor(self):
                """输出发动机参数"""
                print("这款车的发动机参数是 " + str(self.Motor_size) + " 24 马力，3.0T
涡轮增压，225KW，能拉一吨豆腐。")
my_tesla = Bmw('宝马', '535Li', '2019 款')
print(my_tesla.get_descriptive_name())
my_tesla.Motor.describe_motor()
```

对上述实例代码的具体说明如下：

（1）和本章前面的实例 7-18 相比，只是加粗部分代码不一样。

（2）在第 6 行定义了一个名为 Motor 的新类，此类继承于类 Bmw。在第 8 行的方法 __init__() 中，除了属性 self 之外，还设置了形参 Motor_size。形参 Motor_size 是可选的，如果没有给它提供值，发动机功率将被设置为 60。另外，方法 describe_motor() 的实现代码也被放置到了这个类 Motor 中。

（3）在类 Bmw 中，添加了一个名为 self.Motor 的属性（第 5 行）。运行这行代码后，Python 会创建一个新的 Motor 实例。因为没有指定发动机的具体参数，所以会被设置为默认值 60，并将该实例存储在属性 self.Motor 中。因为每当方法 __init__() 被调用时都会执行这个操作，所以在每个 Bmw 实例中都包含一个自动创建的 Motor 实例。

（4）创建了一辆宝马汽车，并将其存储在变量 my_tesla 中。在描述这辆宝马车的发动机参数时，需要使用类 Bmw 中的属性 Motor。

（5）调用方法 describe_motor()。

（6）整个实例的继承关系就是类 Car 是父类，在下面创建了一个子类 Bmw，而在子类 Bmw 中又创建了一个子类 Motor。可以将类 Motor 看作类 Car 的孙子，这样类 Motor 不但会继承类 Bmw 的方法和属性，而且也会继承 Car 的方法和属性。

执行后 Python 会在实例 my_tesla 中查找属性 Motor，并对存储在该属性中的 Motor 调用方法 describe_motor() 输出信息。执行后会输出：

```
2019 款 宝马 535Li
这款车的发动机参数是 624 马力，3.0T 涡轮增压，225KW，能拉一吨豆腐。
```

7.6.4 私有属性和私有方法

在 Python 程序中，当子类继承了父类之后，虽然子类具有了父类的属性与方法，但是不能继承父类中的私有属性和私有方法（属性名或方法名的前缀为两个下画线），在子类中还可以使用重写的方式来修改父类的方法，以实现与父类不同的行为表现或能力。例如在下面的实例中，虽然类 A 和类 B 是继承关系，但是不能相互访问私有变量。

实例 7-20：不能相互访问私有变量

源码路径： 下载包 \daima\7\7-20

实例文件 si.py 的具体实现代码如下：

```python
class A:                              # 定义类 A
    def __init__(self):              # 构造函数
        # 定义私有属性
        self.__name = "wangwu"
        # 定义普通属性
        self.age = 19
class B(A):                           # 定义类 B，此类继承于类 A
    def sayName(self):               # 定义方法 sayName()
print (self.__name)

b = B()                               # 定义类 B 的对象实例
b.sayName()                           # 调用方法 sayName()
```

执行后会输出：

```
line 9, in sayName
    print (self.__name)
AttributeError: 'B' object has no attribute '_B__name'
```

7.6.5 多重继承

在面向对象编程的语言中，有很多开发语言支持多重继承。多重继承是指一个类可以同时继承多个，在实现多重继承定义时，在定义类时需要继承父类的小括号中以 "," 分隔开要多重继承的父类。具体语法格式如下：

```
class DerivedClassName(Base1, Base2, Base3):
```

上述语法格式很容易理解："DerivedClassName" 表示子类名，小括号中的 "Base1"

"Base2" 和 "Base3" 表示多个父类名。在 Python 多重继承程序中，继承顺序是一个很重要的要素。如果继承的多个父类中有相同的方法名，但在类中使用时未指定父类名，则 Python 解释器将从左至右搜索，即调用先继承的类中的同名方法。

例如在下面的实例中，演示了实现多重继承的过程。

实例 7-21：3 个子类的多重继承

源码路径：下载包 \daima\7\7-21

实例文件 duo.py 的具体实现代码如下：

```python
class PrntOne:                              # 定义类 PrntOne
        namea = 'PrntOne'                   # 定义变量
        def set_value(self,a):             # 定义方法 set_value()
                self.a = a                  # 设置属性值
        def set_namea(self,namea):         # 定义方法 set_namea()
                PrntOne.namea = namea       # 设置属性值
        def info(self):                     # 定义方法 info()
                print('PrntOne:%s,%s' % (PrntOne.namea,self.a))

class PrntSecond:                           # 定义类 PrntSecond
        nameb = 'PrntSecond'                # 定义变量
        def set_nameb(self,nameb):         # 定义方法 set_nameb()
                PrntSecond.nameb = name     # 设置属性值

        def info(self):                     # 定义方法 info()
                print('PrntSecond:%s' % (PrntSecond.nameb,))

class Sub(PrntOne,PrntSecond):    # 定义子类 Sub, 先后继承于类 PrntOne 和 PrntSecond
        pass
class Sub2(PrntSecond,PrntOne):   # 定义子类 Sub2, 先后继承于类 PrntSecond 和 PrntOne
        pass

class Sub3(PrntOne,PrntSecond):   # 定义子类 Sub3, 先后继承于类 PrntOne 和 PrntSecond
def info(self):
                PrntOne.info(self)          # 分别调用两个父类中的 info() 方法
                PrntSecond.info(self)       # 分别调用两个父类中的 info() 方法

print(' 使用第一个子类: ')
sub = Sub()                                 # 定义子类 Sub 的对象实例
sub.set_value('11111')                      # 调用方法 set_value()

sub.info()                                  # 调用方法 info()
sub.set_nameb('22222')                      # 调用方法 set_nameb()

sub.info()                                  # 调用方法 info()
print(' 使用第二个子类: ')
sub2= Sub2()                                # 定义子类 Sub2 的对象实例
sub2.set_value('33333')                     # 调用方法 set_value()

sub2.info()                                 # 调用方法 info()
sub2.set_nameb('44444')                     # 调用方法 set_nameb()

sub2.info()                                 # 调用方法 info()
print(' 使用第三个子类: ')
sub3= Sub3()                                # 定义子类 Sub3 的对象实例
sub3.set_value('55555')                     # 调用方法 set_value()

sub3.info()                                 # 调用方法 info()
sub3.set_nameb('66666')                     # 调用方法 set_nameb()
sub3.info()                                 # 调用方法 info()
```

对上述实例代码的具体说明如下：

（1）首先定义了两个父类 PrntOne 和 PrntSecond，它们有一个同名的方法 info() 用于输出类的相关信息。

（2）第一个子类 Sub 先后继承了 PrntOne，PrntSecond，在实例化后，先调用 PrntOne 中的方法，然后调用了 info() 方法，由于两个父类中有同名的方法 info()，所以实际上调用了 PrntOne 中的 info() 方法，因此只输出了从父类 PrntOne 中继承的相关信息。

（3）第二个子类 Sub2 继承的顺序相反，当调用 info() 方法时，实际上调用的是属于 PrntSecond 中的 info() 方法，因此只输出从父类 PrntSecond 中继承的相关信息。

（4）第三个子类 Sub3 继承的类及顺序和第一个子类 Sub 相同，但是修改了父类中的 info() 方法，在其中分别调用了两个父类中的 info() 方法，因此，每次调用 Sub3 类实例的 info() 方法，两个被继承的父类中的信息都输出了。

当使用第一个和第二个子类时，虽然两次调用了方法 info()，但是仅输出了其中一个父类的信息。当使用第三个子类时，每当调用方法 info() 时会同时输出两个父类的信息。执行后会输出：

```
使用第一个子类：
PrntOne:PrntOne,11111
PrntOne:PrntOne,11111
使用第二个子类：
PrntSecond:22222
PrntSecond:44444
使用第三个子类：
PrntOne:PrntOne,55555
PrntSecond:44444
PrntOne:PrntOne,55555
PrntSecond:66666
```

7.7 方法重写

在 Python 程序中，当子类在使用父类中的方法时，如果发现父类中的方法不符合子类的需求，可以对父类中的方法进行重写。在重写时需要先在子类中定义一个这样的方法，与要重写的父类中的方法同名，这样 Python 程序将不会再使用父类中的这个方法，而只使用在子类中定义的这个和父类中重名的方法（重写方法）。

例如在下面的实例中，演示了实现方法重写的过程。

实例 7-22：通过重写修改方法的功能

源码路径：下载包 \daima\7\7-22

实例文件 chong.py 的具体实现代码如下：

```
class Wai:                                  # 定义父类 Wai
def __init__(self,x=0,y=0,color='black'):
            self.x = x
            self.y = y
            self.color =color

        def haijun(self,x,y):                # 定义海军方法 haijun()
            self.x = x
            self.y = y
            print(' 鱼雷 ...')
```

```
                    self.info()
            def info(self):
                    print('定位目标: (%d,%d)' % (self.x,self.y))
            def gongji(self):                          # 父类中的方法 gongji()
                    print("导弹发射！")
class FlyWai(Wai):                                     # 定义继承自类 Wai 的子类 FlyWai
            def gongji(self):                          # 子类中的方法 gongji()
                    print("飞船拦截！")
            def fly(self,x,y):                         # 定义火箭军方法 fly()
                    print('火箭军...')
                    self.x = x

                    self.y = y
self.info()
flyWai = FlyWai(color='red')                  # 定义子类 FlyWai 对象实例 flyWai
flyWai.haijun(100,200)                        # 调用海军方法 haijun()
flyWai.fly(12,15)                             # 调用火箭军方法 fly()
flyWai.gongji()        # 调用攻击方法 gongji()，子类方法 gongji() 和父类方法 gongji() 同名
```

在上述实例代码中首先定义了父类 Wai，在里面定义了海军方法 haijun()，并且可以发射鱼雷。然后定义了继承自类 Wai 的子类 FlyWai，从父类中继承了海军发射鱼雷的方法，然后又添加了火箭军方法 fly()。并在子类 FlyWai 中修改了方法 gongji()，将父类中的“导弹发射！”修改为“飞船拦截！”。子类中的方法 gongji() 和父类中的方法 gongji() 是同名的，所以上述在子类中使用方法 gongji() 的过程就是一个方法重载的过程。执行后会输出：

```
鱼雷...
定位目标: (100,200)
火箭军...
定位目标: (12,15)
飞船拦截！
```

## 第8章

模块、包和迭代器

（🎬视频讲解：33 分钟）

在前面的内容中，已经讲解了 **Python** 语言面向对象编程技术的基本知识，在本章的内容中，将进一步向读者介绍面向对象编程技术的核心知识，主要包括模块导入、包和迭代器等内容，为读者步入本书后面知识的学习打下坚实的基础。

8.1 模块架构

因为 Python 语言是一门面向对象的编程语言，所以也遵循了模块架构程序的编码原则。在前面的内容中，已经讲解了模块化开发的基本知识。在本节的内容中，将进一步讲解使用模块化方式架构 Python 程序的知识。

8.1.1 最基本的模块调用

在前面的内容中，已经详细讲解了和模块化开发相关的基本知识，例如在下面的实例代码中，演示了在程序中调用外部模块文件的过程。

实例 8-1：在程序中调用外部模块文件

源码路径：下载包 \daima\8\8-1

实例文件 mokuai.py 使用三种方式调用外部文件，具体实现代码如下：

```python
import math                              # 导入 math 模块
from math import sqrt                    # 从 math 模块中导入 sqrt() 函数
import math as shuxue                    # 导入 math 模块，并将此模块新命名为 shuxue
print("下面是数学函数：")
print('调用 math.sqrt:\t',math.sqrt(3))  # 调用 math 模块中的 sqrt() 函数
print('直接调用 sqrt:\t',sqrt(4))        # 直接调用 sqrt() 函数

print('调用 shuxue.sqrt:\t',shuxue.sqrt(5)) # 等价于调用 math 模块中的 sqrt() 函数
```

在上述代码中，分别使用三种不同的方式导入了 **math** 模块或其中的函数，然后分别以三种不同的方式导入对象。虽然被导入的都是同一个模块或模块中的内容（都是调用了系统内置库函数中的 math.sqrt() 方法），但是相互之间并不冲突。执行后会输出：

```
下面是数学函数：
调用 math.sqrt:       1.7320508075688772
直接调用 sqrt:        2.0
调用 shuxue.sqrt:     2.23606797749979
```

在 Python 程序中，不能随便导入编写好的外部模块，只有被 Python 找到的模块才能被导入。如果自己编写的外部模块文件和调用文件处于同一个目录中，那么可以不需要特殊设置就能被 Python 找到并导入。但是如果两个文件不在同一个目录中呢？例如在下面的实例中分别编写了外部调用模块文件 module_test.py 和测试文件 but.py，但是这两个文件不是在同一个目录中。

实例 8-2：外部模块文件和测试文件不在同一个目录

源码路径：下载包 \daima\8\8-2

外部模块文件 module_test.py 的具体实现代码如下：

```
print('导入的测试模块的输出')              # 打印输出文本信息
name = 'module_test'                       # 设置变量 name 的值
def m_t_pr():                              # 定义方法 m_t_pr()
print('模块 module_test 中 m_t_pr() 函数')
```

在测试文件 but.py 中，使用"import"语句调用了外部模块文件 module_test.py，文件 but.py 的具体实现代码如下：

```
import module_test                         # 导入外部模块 module_test
module_test.m_t_pr()                       # 调用外部模块 module_test 中的方法 m_t_pr()
print('使用外部模块 "module_test" 中的变量：',module_test.name)
```

上述模块文件 module_test.py 和测试文件 but.py 被保存在同一个目录中，如图 8-1 所示。

| but.py | 2018/9/18 9:42 | Python File |
| module_test.py | 2018/9/18 9:42 | Python File |

图 8-1

执行后会输出：

```
导入的测试模块的输出
模块 module_test 中 m_t_pr() 函数
使用外部模块 "module_test" 中的变量： module_test
```

如果在文件 but.py 所在的目录中新建一个名为"module"的目录，然后把文件 module_test.py 保存到 module 目录中。再次运行文件 but.py 后会引发 ImportError 错误，即提示找不到要导入的模块。执行效果如图 8-2 所示。

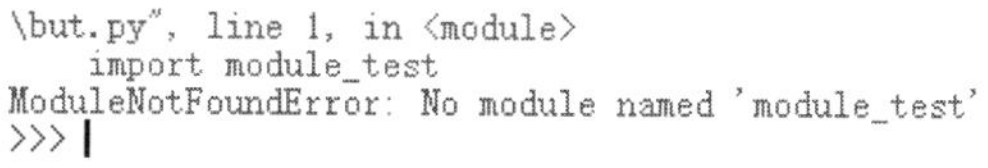

```
\but.py", line 1, in <module>
    import module_test
ModuleNotFoundError: No module named 'module_test'
>>>
```

图 8-2

上述错误提示我们没有找到名为"module_test"的模块，在程序中 Python 导入一个模块时，解释器首先在当前目录中查找要导入的模块。如果没有找到这个模块，Python 解释器会从"sys"模块中的 path 变量指定的目录查找这个要导入的模块。如果在以上所有目录中没有找到这个要导入的模块，则会引发 ImportError 错误。

注意：在导入模块时首先需要查找的路径是当前目录下的模块。

在大多数情况下，Python 解释器会在运行程序前将当前目录添加到 sys.path 路径的列表中，所以在导入模块时首先查找的路径是当前目录下的模块。在 Windows 系统中，其他默认模块的查找路径是 Python 的安装目录及子目录，例如：lib、lib\site-packages、dlls 等。在 Linux 系统中，默认模块查找路径为：/usr/lib、/usr/lib64 及它们的子目录。

8.1.2 目录"__pycache__"

在本章前面的实例 8-2 中，如果外部模块文件 module_test.py 和测试文件 but.py 在同一个目录中，运行成功后会在本目录中生成一个名为"__pycache__"的文件夹目录，在这个目录下还有一个名为"module_test.cpython-36.pyc"的文件，如图 8-3 所示。

__pycache__	2019/7/2 21:29	文件夹
module	2019/7/2 21:29	文件夹
but.py	2018/9/18 9:42	Python File
module_test.py	2018/9/18 9:42	Python File

图 8-3

文件 module_test.cpython-36.pyc 是一个可以直接运行的文件，这是 Python 将文件 module_test.py 编译成字节码后的文件，Python 可以将程序编译成字节码的形式。对于外部模块文件来说，Python 总是在第一次调用后将其编译成字节码的形式，以提高程序的启动速度。

Python 程序在导入外部模块文件时会查找模块的字节码文件，如果存在则将编译版后的模块的修改时间同模块的修改时间进行比较。如果两者的修改时间不同，Python 会重新编译这个模块，目的是确保两者的内容相符。

在开发 Python 程序过程中，如果不想将某个源文件发布，此时可以发布编译后的程序（例如上面的文件 module_test.cpython-36.pyc），这样可以起到一定的保护源文件的作用。对于不作为模块来使用的 Python 程序来说，Python 不会在运行脚本后将其编译成字节码的形式。如果想将其编译，可以使用 compile 模块实现。

例如在下面的实例代码中，将文件 mokuai.py 进行了编译操作。

实例 8-3：编译指定的文件

源码路径：下载包 \daima\8\8-3

实例文件 bianyi.py 的具体实现代码如下：

```
import py_compile                                    # 调用系统内置模块 py_compile
py_compile.compile('mokuai.py','mokuai.pyc');        # 调用内置库函数 compile()
```

在上述代码中，首先使用 import 语句调用系统内置模块 py_compile，然后调用里面的内置库函数 compile()，将同目录下的文件 mokuai.py 编译成文件 mokuai.pyc。执行后将会在同目录下生成一个名为"mokuai.pyc"的文件，如图 8-4 所示。

bianyi.py	2016/12/5 15:45
mokuai.py	2016/12/5 12:10
mokuai.pyc	2019/7/3 16:15

图 8-4

在 Python 3 语法规范中规定，如果在方法 py_compile.compile 中不指定第二个参数，则会在当前目录中新建一个名为"__pycache__"的目录，并在这个目录中生成如下格式的 pyc 字节码文件。

```
被编译模块名 .cpython-32.pyc
```

运行文件 mokuai.pyc 后，和单独运行文件 mokuai.py 的执行效果是相同的，编译后生成的文件 mokuai.pyc 并没有改变程序功能，只是以 Python 字节码的形式存在而已，起到了一个保护源码不被泄露的作用。

除此之外，还可以使用 Python 命令行选项实现脚本编译。通常有如下两个 Python 编译的优化选项：

- -O：该选项对脚本的优化程度不大，编译后的脚本以 ".pyo" 为扩展名。凡是以 ".pyo" 为扩展名的 Python 字节码都是经过优化处理的。
- -OO：该选项对脚本优化处理的程度较大，使用这个选项标志可以使编译后的 Python 脚本变得更小。但是在使用该选项时可能会导致脚本运行错误，读者需要谨慎使用这个选项。

例如可以通过如下命令行编译成 pyo 文件。

```
python -O -m py_compile file.py
```

在上述命令行中，其中的 "-m" 相当于脚本中的 import，这里的 "-m py_compile" 相当于 "import py_compile"。如果将上面的 "-O" 改成 "-OO"，则表示删除相应的 pyo 文件，具体帮助信息可以在控制台中输入 "python -h" 命令查看。

8.1.3　使用 "__name__" 属性

在 Python 程序中，当一个程序第一次引入一个模块时，将会运行主程序。如果想在导入模块时不执行模块中的某一个程序块，可以用 "__name__" 属性使该程序块仅在该模块自身运行时执行。在运行每个 Python 程序时，通过对这个 "__name__" 属性值的判断，可以让作为导入模块和独立运行时的程序都可以正确运行。在 Python 程序中，如果程序作为一个模块被导入，则其 "__name__" 属性设置为模块名。如果程序独立运行，则将其 "__name__" 属性设置为 "__main__"。由此可见，可以通过属性 "__name__" 来判断程序的运行状态。

例如在下面的实例代码中，演示了使用 "__name__" 属性设置测试模块是否能正常运行的过程。

实例 8-4：测试模块是否能正常运行

源码路径：下载包 \daima\8\8-4

实例文件 using_name.py 的具体实现代码如下：

```
if __name__ == '__main__':          # 将 "__name__" 属性与 "__main__" 比较
    print('三体飞船在运行')          # 程序自身在运行，仅在该模块自身运行时执行
else:                                # 如果程序是作为一个模块被导入
    print('我来自另一模块')
```

在上述代码中，将模块的主要功能以实例的形式保存在 if 语句中，这样可以方便地测试模块是否能够正常运行，或者发现模块的错误。执行后会显示 "三体飞船在运行"，如果输入 "import using_name"，按下回车后则输出 "我来自另一模块"。执行后会输出：

```
三体飞船在运行
>>> import using_name
我来自另一模块
```

注意：建议读者在命令行模式运行【python using_name.py】命令查看完整运行结果，后面的交互式实例也不例外。

如果想了解模块中所提供的功能（变量名、函数名），可以使用内建的函数 dir（模块名）来输出模块中的这些信息，当然也可以不使用模块名参数来列出当运行时中的模块信息。例如可以通过"dir(using_name)"列出模块"using_name"中的信息，如图 8-5 所示。

```
>>> dir(using_name)
['__builtins__', '__cached__', '__doc__', '__file__', '__loader__', '__name__',
'__package__', '__spec__']
>>>
```

图 8-5

8.2　包是管理程序模块的形式

当某个 Python 应用程序或项目具有很多功能模块时，如果把它们都放在同一个文件夹下，就会显得组织混乱。这时，可以使用 Python 语言中提供的包来管理这些功能模块。使用包的好处是避免名字冲突，便于包的维护管理。在本节的内容中，将详细讲解在 Python 程序中使用包的知识。

8.2.1　表示包

在 Python 程序中，包其实就是一个文件夹或目录，但其中必须包含一个名为"__init__.py"（init 的前后均有两条下画线）的文件。"__init__.py"可以是一个空文件，表示这个目录是一个包。另外，还可以使用包的嵌套用法，即在某个包中继续创建子包。

在编程过程中，我们可以将包看作是处于同一目录中的模块。在 Python 程序中使用包时，需要先使用目录名，然后再使用模块名导入所需要的模块。如果需要导入子包，则必须按照包的顺序（目录顺序）使用点运算符"."进行分隔，并使用 import 语句进行导入。

在 Python 语言中，包是一种管理程序模块的形式，采用上面讲解的"点模块名（.模块名）"方式来表示。比如一个模块的名称是"A.B"，则表示这是一个包 A 中的子模块 B。在使用一个包时，就像在使用模块时不用担心不同模块之间的全局变量相互影响一样。在使用"点模块名（.模块名）"这种形式时，无须担心不同库之间模块重名的问题。

为了便于读者理解，下面举两个简单的例子。

（1）Web 项目举例

对于一个常见的 Web 项目来说，一种常见的包组织结构如下：

```
myweb/
      manage.py          # 主程序
      urls.py
      __init__.py
handle/
       init.py
      __init__.py
       index.py
       info.py
temple/
      index.html
```

```
        info.html
tools/
        __init__.py
        send_email.py
```

在上述结构中，"myweb""handle""temple"和"tools"是相互独立并列的文件夹，每个文件夹就是一个包，里面都保存了对应的程序文件。在现实应用中，通常将功能不同的程序文件放在不同的目录下，同目录保存同类功能的程序文件。此时如果想在主程序中调用包"handle"中文件 index.py 模块中的函数 ad()，可以使用如下三种方法实现：

```
import handle.index              # 导入后使用 handle.index.ad() 调用
from handle import index         # 导入后使用 index.ad() 调用
from handle.index import ad      # 导入后使用 ad() 调用
```

（2）数据处理项目。

假设想设计一套统一处理声音文件和数据的模块（或者称之为一个"包"），因为有很多种不同的音频文件格式（例如 .wav，.aiff，.au 等），所以需要有一组不断增加的模块，用来在不同的格式之间转换。并且针对这些音频数据，还有很多不同的操作（比如混音，添加回声，增加均衡器功能，创建人造立体声效果），所以还需要一组怎么也写不完的模块来处理这些操作。下面给出了一种可能的包结构：

```
sound/                                        顶层包
        __init__.py                           初始化 sound 包
        formats/                              文件格式转换子包
                __init__.py
                wavread.py
                wavwrite.py
                aiffread.py
                aiffwrite.py
                auread.py
                auwrite.py
                ...
        effects/                              声音效果子包
                __init__.py
                echo.py
                surround.py
                reverse.py
                ...
        filters/                              filters 子包
                __init__.py
                equalizer.py
                vocoder.py
                karaoke.py
                ...
```

在 Python 程序中导入一个包时，Python 会根据 sys.path 中的目录来寻找这个包中包含的子目录。当目录中包含一个名为"__init__.py"的文件时，才会认作这是一个包，这样做的目的主要是避免一些被滥用的名字（比如叫作 string）影响搜索路径中的有效模块。

8.2.2　创建并使用包

在 Python 程序中，最简单创建包的方法是放一个空的"__init__.py"文件即可。当然在这个文件中也可以包含一些初始化代码或者为变量"__all__"赋值。

在使用包时，开发者可以每次只导入一个包里面的特定模块，比如：

```
import sound.effects.echo
```

这样会导入子模块：sound.effects.echo，此时必须使用全名进行访问。

```
sound.effects.echo.echofilter(input, output, delay=0.7, atten=4)
```

除此之外，还有一种导入子模块的方法是：

```
from sound.effects import echo
```

上述方法同样会导入子模块：echo，并且不需要那些冗长的前缀，所以也可以这样使用：

```
echo.echofilter(input, output, delay=0.7, atten=4)
```

除此之外，还有一种变化就是直接导入一个函数或者变量。

```
from sound.effects.echo import echofilter
```

同样道理，这种方法会导入子模块：echo，并且可以直接使用里面的 echofilter() 函数。

```
echofilter(input, output, delay=0.7, atten=4)
```

注意：当使用"from package import item"这种形式的时候，对应的 item 既可以是包里面的子模块（子包），也可以是包里面定义的其他名称，比如函数、类或变量。通过使用 import 语句，首先会把 item 当作一个包定义的名称。如果没找到，可以再按照一个模块进行导入。如果还是没有找到，就会抛出 exc:ImportError 异常。如果使用形如"import item. subitem.subsubitem"这种导入方式，除了最后一项外都必须是包，而最后一项可以是模块或者是包，但是不可以是类、函数或变量的名字。

例如在下面的实例代码中，演示了在 Python 程序中创建并使用包输出指定内容的过程。

实例 8-5：创建并使用包输出指定的内容

源码路径：下载包 \daima\8\8-5

（1）首先新建一个名为"pckage"的文件夹，然后在里面创建文件 __init__.py，这样文件夹"pckage"便成为一个包。在文件 __init__.py 中定义了方法 pck_test_fun()，具体实现代码如下：

```
name = 'pckage'                              # 定义变量 name 的初始值是文件夹 "pckage"
print('__init__.py 中输出 :',name)
def pck_test_fun():                          # 定义方法 pck_test_fun()
print('包 pckage 中的方法 pck_test_fun')
```

（2）在包"pckage"中创建文件 tt.py，在里面定义方法 tt()，具体实现代码如下：

```
def tt():                     # 定义方法 tt()
        print('hello packge')
```

（3）在"pckage"文件夹同级目录中创建文件 bao.py，功能是调用包"pckage"中的方法输出对应的提示信息。具体实现代码如下：

```
import pckage                                # 导入包 pckage
import pckage.tt                             # 导入包 pckage 中的模块 tt
# 打印显示变量 name 的值
print(" 输出包 pckage 中的变量 name:",pckage.name)

print(' 调用包 pckage 中的函数 : ',end='')
pckage.pck_test_fun()                        # 调用包 pckage 中的方法 pck_test_fun()
pckage.tt.tt()                               # 调用包 pckage 中的模块 tt 中的方法 tt()
```

在上述代码中，通过代码"import pckage"使得文件 __init__.py 中的代码被调用执行，并自动导入其中的变量和函数。执行后会输出：

```
__init__.py 中输出：pckage
输出包 pckage 中的变量 name: pckage
调用包 pckage 中的函数：包 pckage 中的方法 pck_test_fun
hello packge
```

8.3　迭代器：简化代码并节约内存

迭代是 Python 语言中最强大的功能之一，是访问集合元素的一种方式。通过使用迭代器，简化了循环程序的代码并且可以节约内存。迭代器是一种可以从其中连续迭代的一个容器，Python 程序中所有的序列类型都是可迭代的。

8.3.1　什么是迭代器

在 Python 程序中，迭代器是一个可以记住遍历位置的对象。迭代器对象从集合的第一个元素开始访问，直到所有的元素被访问完结束，迭代器只能往前不会后退。其实在本章前面实例中用到的 for 语句，其本质上都属于迭代器的应用范畴。

从表面上看，迭代器是一个数据流对象或容器。每当使用其中的数据时，每次从数据流中取出一个数据，直到数据被取完为止，而且这些数据不会被重复使用。从编写代码角度看，迭代器是实现了迭代器协议方法的对象或类。在 Python 程序中，主要有如下两个内置迭代器协议方法：

（1）方法 iter()：返回对象本身，是 for 语句使用迭代器的要求。

（2）方法 next()：用于返回容器中下一个元素或数据，当使用完容器中的数据时会引发 StopIteration 异常。

在 Python 程序中，只要一个类实现了或具有上述两个方法，就可以称这个类为迭代器，也可以说是可迭代的。当使用这个类作为迭代器时，可以用 for 语句来遍历（迭代）它。例如在下面的演示代码中，在每个循环中，for 语句都会从迭代器的序列中取出一个数据，并将这个数据赋值给 item，这样以供在循环体内使用或处理。从表面形式上来看，迭代遍历完全与遍历元组、列表、字符串、字典等序列一样。

```
for item in iterator:
        pass
```

例如在下面的实例代码中，演示了使用 for 循环语句遍历迭代器的过程。

实例 8-6：使用 for 循环语句遍历迭代器

源码路径：下载包 \daima\8\8-6

实例文件 for.py 的具体实现代码如下：

```
list=[1,2,3,4]              # 创建列表 "list"
it = iter(list)            # 创建迭代器对象
for x in it:               # 遍历了迭代器中的数据
        print (x, end=" ")  # 打印显示迭代结果
```

在上述实例代码中，将列表 "list" 构建成为迭代器，然后使用 for 循环语句遍历迭代器中的数据内容。执行后会输出：

```
1 2 3 4
```

8.3.2 创建并使用迭代器

在 Python 程序中，要想创建一个自己的迭代器，只需要定义一个实现迭代器协议方法的类即可。例如在下面的实例代码中，演示了创建并使用迭代器的过程。

实例 8-7：打印迭代的元素

源码路径：下载包 \daima\8\8-7

实例文件 use.py 的具体实现代码如下：

```
class Use:                                    # 定义迭代器类 Use
      def __init__(self,x=2,max=50):          # 定义构造方法
            self.__mul,self.__x = x,x         # 初始化属性，x 的初始值是 2
            self.__max = max                  # 初始化属性
      def __iter__(self):                     # 定义迭代器协议方法
            return self                       # 返回类的自身
      def __next__(self):                     # 定义迭代器协议方法
            if self.__x and self.__x != 1:    # 如果 x 值不是 1
                  self.__mul *= self.__x      # 设置 mul 值
                  if self.__mul <= self.__max:     # 如果 mul 值小于等于预设的最
                                                     大值 max
                        return self.__mul     # 则返回 mul 值
                  else:
                        raise StopIteration   # 当超过参数 max 的值时会引发
                                                StopIteration 异常
            else:
                  raise StopIteration
if __name__ == '__main__':
      my = Use()                              # 定义类 Use 的对象实例 my
      for i in my:                            # 遍历对象实例 my
            print('迭代的数据元素为：',i)
```

在上述实例代码中，首先定义了迭代器类 Use，在其构造方法中，初始化私有的实例属性，功能是生成序列并设置序列中的最大值。这个迭代器总是返回所给整数的 *n* 次方，当其最大值超过参数 max 值时，就会引发 StopIteration 异常，并且马上结束遍历。最后，实例化迭代器类，并遍历迭代器的值序列，同时输出各个序列值。在本实例中初始化迭代器时使用了默认参数，遍历得到的序列是 2 的 *n* 次方的值，最大值不超过 50。执行后会输出：

```
迭代的数据元素为：  4
迭代的数据元素为：  8
迭代的数据元素为：  16
迭代的数据元素为：  32
```

注意：在 Python 程序中使用迭代器类时，一定要在某个条件下引发 StopIteration 错误，这样可以结束遍历循环，否则会产生死循环。

8.3.3 使用内置迭代器协议方法 iter()

在 Python 程序中，可以通过如下两种方法使用内置迭代器方法 iter()：

```
iter(iterable)
iter(callable, sentinel)
```

对上述两种使用方法的具体说明如下：

- 第一种：只有一个参数 iterable，要求参数为可迭代的类型，也可以使用各种序列类型。
- 第二种：具有两个参数，第一个参数 callable 表示可调用类型，一般为函数；第二个

参数 sentinel 是一个标记，当第一个参数（函数）调用返回值等于第二个参数的值时，
迭代或遍历会马上停止。

在前面的实例 8-6 中，已经演示了上述第一种格式的用法。例如在下面的实例代码中，
演示了使用上述第二种格式的过程。

实例 8-8：显示迭代器中的数据元素

源码路径：下载包 \daima\8\8-8

实例文件 er.py 的具体实现代码如下：

```
class Counter:                              # 定义类 Counter
        def __init__(self,x=0):             # 定义构造方法
                self.x = x                  # 初始化属性 x
counter = Counter()                         # 实例化类 Counter
def used_iter():                            # 定义方法 used_iter()
        counter.x += 2                      # 修改实例属性的值，加 2

        return counter.x                    # 返回实例属性 x 的值
for i in iter(used_iter,12):                # 迭代遍历方法 iter() 产生的迭代器
        print(' 当前遍历的数值：',i)
```

在上述实例代码中，首先定义了一个计数的类 Counter，功能是记录当前的值，并实例
化这个类作为全局变量。然后定义一个在方法 iter() 中调用的函数，并使用 for 循环来遍历方
法 iter() 产生的迭代器，输出遍历之后得到的值。运行后将分别遍历得到 2、4、6、8、10，
当接下来计算得到 12 时，因为 12 与方法 iter() 中提供的第二个参数 12 相等，所以将马上停
止迭代。执行后会输出：

```
当前遍历的数值： 2
当前遍历的数值： 4
当前遍历的数值： 6
当前遍历的数值： 8
当前遍历的数值： 10
```

第9章

生成器、装饰器和闭包

（视频讲解：38 分钟）

在前面的内容中，已经讲解了在 Python 程序中导入模块、包和使用迭代器的知识，在本章的内容中，将进一步讲解 Python 面向对象的知识，详细讲解生成器、装饰器、命名空间和闭包等内容，为读者步入本书后面知识的学习打下坚实的基础。

9.1 生成器：边循环边计算

在 Python 程序中，使用关键字 yield 定义的函数被称为生成器（Generator）。通过使用生成器，可以生成一个值的序列用于迭代，并且这个值的序列不是一次生成的，而是使用一个，再生成一个，最大的好处是可以使程序节约大量内存。在本节的内容中，将详细讲解 Python 生成器的基本知识。

9.1.1 生成器的运行机制

在 Python 程序中，生成器是一个记住上一次返回时在函数体中位置的函数。对生成器函数的第二次（或第 *n* 次）调用跳转至该函数中间，而上次调用的所有局部变量都保持不变。生成器不仅"记住"了它的数据状态，还"记住"了它在流控制构造（在命令式编程中，这种构造不只是数据值）中的位置。

概括来说，生成器的特点如下：

（1）生成器是一个函数，而且函数的参数都会保留；

（2）当迭代到下一次的调用时，所使用的参数都是第一次所保留下的。也就是说，在整个所有函数调用的参数都是第一次所调用时保留的，而不是新创建的。

在 Python 程序中，使用关键字 yield 定义生成器。当向生成器索要一个数时，生成器就会执行，直至出现 yield 语句时，生成器把 yield 的参数传给你，之后生成器就不会往下继续运行。当向生成器索要下一个数时，它会从上次的状态开始运行，直至出现 yield 语句时把参数传给你，然后停下。如此反复，直至退出函数为止。

当在 Python 程序中定义一个函数时，如果使用了关键字 yield，那么这个函数就是一个生成器，它的执行会和其他普通的函数有很多不同，函数返回的是一个对象，而不是平常函数所用的 return 语句那样，能得到结果值。如果想取得值，还需要调用 next() 函数，例如在

136

下面的演示代码中，每当调用一次迭代器的 next() 函数，生成器函数便会运行到 yield 位置，返回 yield 后面的值，并且在这个地方暂停，所有的状态都会被保持住，直到下次 next() 函数被调用或者碰到异常循环时才退出。

```
c = h() #h() 包含了 yield 关键字
#返回值
c.next()
```

例如在下面的实例代码中，演示了使用 yield 生成器的过程。

实例 9-1：使用 yield 生成器显示奥运会金牌榜的变化

源码路径：下载包 \daima\9\9-1

实例文件 sheng.py 的具体实现代码如下：

```
def fib(max):                        # 定义方法 fib()
        a, b = 1, 1                  # 为变量 a 和 b 赋值为 1
        while a < max:               # 如果 a 小于 max
                yield a              # 当程序运行到 yield 这行时就不会继续往下执行
                a, b = b, a+b
print ("奥运会金牌榜的变化")
for n in fib(15):                    # 遍历 15 以内的值
        print (n)
```

在上述实例代码中，当程序运行到 yield 这行时就不会继续往下执行，而是返回一个包含当前函数所有参数状态的 iterator 对象。目的就是为了第二次被调用时，能够访问到函数所有的参数值都是第一次访问时的值，而不是重新赋值。当程序第一次调用时：

```
yield a # 这时 a,b 值分别为 1,1，当然，程序也在执行到这行时，返回
```

当程序第二次调用时，从前面可知，当第一次调用时，a,b=1,1，那么第二次调用时（其实就是调用第一次返回的 iterator 对象的 next() 方法），程序跳到 yield 语句处，当执行"a,b = b, a+b"语句时，此时值变为：a,b = 1, (1+1) => a,b = 1, 2。然后程序继续执行 while 循环，这样会再一次碰到 yield a 语句，也是像第一次那样，保存函数所有参数的状态，返回一个包含这些参数状态的 iterator 对象。然后等待第三次调用……执行后会输出：

```
奥运会金牌榜的变化
1
1
2
3
5
8
13
```

9.1.2　创建生成器

根据本章前面内容的学习可知，在 Python 程序中可以使用关键字 yield 将一个函数定义为一个生成器。所以说生成器也是一个函数，能够生成一个值的序列，以便在迭代中使用。例如在下面的实例代码中，演示了 yield 生成器的运行机制。

实例 9-2：创建一个递减序列生成器

源码路径：下载包 \daima\9\9-2

实例文件 dijian.py 的具体实现代码如下：

```
def shengYield(n):                   # 定义方法 shengYield()
        while n>0:                   # 如果 n 大于 0 则开始循环
```

```
                        print("开始生成...:")
                        yield n                                #定义一个生成器
                        print("完成一次...:")
                        n -= 1                                 #生成初始值的不断递减的数字序列
    if __name__ == '__main__':                                 #当模块被直接运行时,以下代码块会运行,
                                                                  当模块是被导入时不被运行。
            for i in shengYield(4):     #遍历4次
                    print("遍历得到的值: ",i)
            print()
            sheng_yield = shengYield(3)
            print('已经实例化生成器对象')
            sheng_yield.__next__()                             #直接遍历自己创建的生成器
            print('第二次调用 __next__()方法: ')
            sheng_yield.__next__()                             #手工方式获取生成器产生的数值序列
```

在上述实例代码中,自定义了一个递减数字序列的生成器,每次调用时都会生成一个从调用时所提供值为初始值的不断递减的数字序列。生成对象不但可以直接被 for 循环语句遍历,而且也可以进行手工遍历,在上述最后两行代码中便是使用的手工遍历方式。第一次使用 for 循环语句时直接遍历自己创建的生成器,第二次用手工方式获取生成器产生的数值序列。执行后会输出:

```
开始生成...:
遍历得到的值: 4
完成一次...:
开始生成...:
遍历得到的值: 3
完成一次...:
开始生成...:
遍历得到的值: 2
完成一次...:

开始生成...:
遍历得到的值: 1
完成一次...:

已经实例化生成器对象
开始生成...:
第二次调用 __next__()方法:
完成一次...:
开始生成...:
```

通过上述实例的实现过程可知,当在生成器中包含yield语句时,不但可以用for直接遍历,而且也可以使用手工方式调用其方法 __next__() 进行遍历。在 Python 程序中,yield 语句是生成器中的关键语句,生成器在实例化时并不会立即执行,而是等候其调用方法 __next__() 才开始运行,并且当程序运行完 yield 语句后就会保持当前状态并且停止运行,等待下一次遍历时才恢复运行。

在上述实例的执行结果中,在空行之后的输出"已经实例化生成器对象"的前面,已经实例化了生成器对象,但是生成器并没有运行(没有输出"开始生成")。当第一次手工调用方法 __next__()后,才输出"开始生成"提示,这说明生成器已经开始运行,并且在输出"第二次调用 __next__()方法:"文本前并没有输出"完成一次"文本,这说明 yield 语句在运行之后就立即停止了运行。在第二次调用方法 __next__()后,才输出"完成一次…"的文本提示,这说明从 yield 语句之后开始恢复运行生成器。

9.1.3　生成器的第一次调用

在 Python 程序中，通过 yield 语句可以使函数成为生成器，返回相关的值，并即时接受调用者传来的数值。但是读者需要注意的是，当在第一次调用生成器时，不能传送给生成器 None 值以外的值，否则会引发错误。例如在下面的实例代码中，演示了调用生成器的具体过程。

实例 9-3：重新初始化生成器生成初始值

源码路径：下载包 \daima\9\9-3

实例文件 diyi.py 的具体实现代码如下：

```
def shengYield(n):                               # 定义方法 shengYield()
    while n>0:                                   # 如果 n 大于 0 则开始循环
        rcv = yield n                            # 通过 "rcv" 来接收调用者传来的值
        n -= 1                                   # 生成初始值的不断递减的数字序列
        if rcv is not None:
            n = rcv
if __name__ == '__main__':                       # 当模块被直接运行时，以下代码块会运行，
                                                 #     当模块是被导入时不被运行。
    sheng_yield = shengYield(2)                  # 开始遍历时从默认值 2 开始递减并输出
    print(sheng_yield.__next__())
    print(sheng_yield.__next__())
    print('将接力棒传递给另一个人，重新开始跑。')    # 传给生成器一个值，重新初始化生成器
    print(sheng_yield.send(11))                  # 当重新传一个值 11 给生成器
    print(sheng_yield.__next__())                # 得到一个从 11 开始递减的遍历
```

在上述实例代码中，实现了一个可以接收调用者传来的值并重新初始化生成器生成值的过程。首先定义了一个生成器函数，其中 yield 语句为"rcv = yield n"，通过"rcv"来接收调用者传来的值。如果在调用时只提供了一个值，就会从这个值开始递减生成序列。程序运行后，在开始遍历时从 2 开始递减并输出，当重新传一个值 11 给生成器时，会得到一个从 11 开始递减的遍历。执行后会输出：

```
2
1
将接力棒传递给另一个人，重新开始跑。
11
10
```

9.1.4　使用协程重置生成器序列

在 Python 程序中，可以使用方法 send() 重置生成器的生成序列，这被称为协程。协程是一种解决程序并发的基本方法，如果采用一般的方法来实现生产者与消费者这个传统的并发与同步程序设计问题，则需要考虑很多复杂的问题。但是如果通过生成器实现的协程这种方式，便可以很好地解决这个问题。

例如在下面的实例代码中，演示了使用协程重置生成器序列的过程。

实例 9-4：使用方法 send() 重置生成器的序列

源码路径：下载包 \daima\9\9-4

实例文件 xie.py 的具体实现代码如下：

```
def xie():                                       # 方法 xie() 代表生产者模型
    print('其他队员等待接收处理任务 ...')
    while True:                                  # 每个循环模拟发送一个任务给消费者模型（生成器）
```

```
                    data = (yield)
                    print('收到任务: ',data)

def producer():                             #方法 producer()代表消费者模型
        c = xie()                           #调用函数 xie()来处理任务
        c.__next__()
        for i in range(3):                  #遍历 3 个任务
                print('游泳名将 X 杨发送一个任务...','任务%d' % i)
                c.send('任务%d' % i)          #发送任务
if __name__ == '__main__':
        producer()
```

在上述实例代码中，演示了一个简单的生产者与消费者编程模型的实现过程。通过定义两个函数 xie() 和 producer() 分别代表消费者和生产者模型，而其中消费者模型实际是一个生成器。在生产者模型函数中每个循环模拟发送一个任务给消费者模型（生成器），而生成器可以调用相关函数来处理任务。这是通过 yield 语句的"停止"特性来完成这一任务的。程序在运行时，每次的发送任务都是通过调用生成器函数 send() 实现的，收到任务的生成器会执行相关的函数调用并完成子任务。执行后会输出：

```
其他队员等待接收处理任务...
游泳名将 X 杨发送一个任务... 任务 0
收到任务：任务 0
游泳名将 X 杨发送一个任务... 任务 1
收到任务：任务 1
游泳名将 X 杨发送一个任务... 任务 2
收到任务：任务 2
```

9.2 装饰器：拓展函数功能

在 Python 程序中，通过使用装饰器可以给函数或类增强功能，并且还可以快速地给不同的函数或类插入相同的功能。从绝对意义上来说，装饰器是一种代码的实现方式。在本节的内容中，将详细讲解 Python 装饰器的知识。

9.2.1 创建装饰器

在 Python 程序中，可以使用装饰器给不同的函数或类插入相同的功能。与其他高级语言相比，Python 语言不但简化了装饰器代码，而且可以快速地实现所需的功能。同时，装饰器为函数或类对象在增加功能时变得十分透明。对于同一函数来说，既可以添加简单的功能，也可以添加复杂功能，并且使用起来很灵活。当调用被装饰的函数时，没有任何附加的东西，仍然像调用原函数或没有被装饰的函数一样。

要想在 Python 程序中使用装饰器，需要使用一个特殊的符号"@"来实现。在定义装饰器装饰函数或类时，使用"@装饰器名称"的形式将符号"@"放在函数或类的定义行之前。例如，有一个装饰器名称为"run_time"，当需要在函数中使用装饰器功能时，可以使用如下形式定义这个函数：

```
@ run_time
def han_fun():
        pass
```

在 Python 程序中使用装饰器后，例如上述代码定义的函数 han_fun() 可以只定义自己所需的功能，而装饰器所定义的功能会自动插入函数 han_fun() 中，这样就可以节约大量具有相同功能的函数或类的代码。即使是不同目的或不同类的函数或类，也可以插入完全相同的功能。

要想用装饰器来装饰一个对象，必须先定义这个装饰器。在 Python 程序中，定义装饰器的格式与定义普通函数的格式完全一致，只不过装饰器函数的参数必须要有函数或类对象，然后在装饰器函数中重新定义一个新的函数或类，并且在其中执行某些功能前后或中间来使用被装饰的函数或类，最后返回这个新定义的函数或类。

9.2.2 使用装饰器修饰函数

在 Python 程序中，可以使用装饰器装饰函数。在使用装饰器装饰函数时，首先要定义一个装饰器，然后使用定义的装饰器来装饰这个函数。例如在下面的实例代码中，演示了使用装饰器修饰函数的过程。

实例 9-5：比较装饰器函数和非装饰器函数
源码路径：下载包 \daima\9\9-5
实例文件 zz.py 的具体实现代码如下：

```python
def zz(fun):                          # 定义一个装饰器函数 zz()
    def wrapper(*args,**bian):        # 定义一个包器函数 wrapper()
        print(' 比赛开始了 ...')
        fun(*args,**bian)            # 使用被装饰函数
        print(' 比赛结束！')
    return wrapper                    # 返回包装器函数 wrapper()

@zz                                   # 装饰函数语句
def demo_decoration(x):               # 定义普通函数，被装饰器装饰
    a = []                            # 定义空列表 a
    for i in range(x):                # 遍历 x 的值
        a.append(i)                   # 将 i 添加到列表末尾
    print(a)
@zz
def hello(name):                      # 定义普通函数 hello()，被装饰器装饰
    print('Hello ',name)
if __name__ == '__main__':
    demo_decoration(5)               # 调用被装饰器装饰的函数 demo_decoration()
    print()
    hello(' 中国跳水梦之队 ')          # 调用被装饰器装饰的函数 hello()
```

在上述实例代码中，首先定义了一个装饰器函数 zz()，此函数有一个可以使用函数对象的参数 fun。然后定义了两个被装饰器装饰的普通函数，分别是 demo_decoration() 和 hello()。最后对被装饰的函数进行调用，当调用被装饰的函数时会发现，与调用普通函数没有任何区别。而在实现装饰器定义的内部，很明显又定义了一个内嵌的函数 wrapper()，在这个内嵌的函数中执行了一些语句，也调用了被装饰的函数。最后返回这个内嵌函数，并代替了被装饰的函数，从而完成了装饰器的功能。执行后会发现在调用两个被装饰的函数前后都输出了相应的信息的功能，执行后会输出：

```
比赛开始了 ...
[0, 1, 2, 3, 4]
比赛结束！

比赛开始了 ...
```

```
Hello   中国跳水梦之队
比赛结束!
```

在上述实例中,其中装饰函数 wrapper() 的参数是可变的,而被装饰函数 demo_decoration() 和 hello() 的参数是固定的。

在 Python 程序中,当对带参数的函数进行装饰时,内嵌包装函数的形参和返回值与原函数相同,装饰函数返回内嵌包装函数对象。例如在下面的实例代码中,演示了使用装饰器装饰带参函数的过程。

实例 9-6:比较调用前后的执行结果

源码路径:下载包 \daima\9\9-6

实例文件 dai.py 的具体实现代码如下:

```python
def deco(func):                                              # 定义装饰器函数 deco()
        def _deco(a, b):                                    # 定义函数 _deco()
                print("在函数 myfunc() 之前被调用 .")
                ret = func(a, b)
                print("在函数 myfunc() 之后被调用,结果是: %s" % ret)
                return ret
        return _deco
@deco
def myfunc(a, b):                                            # 定义函数 myfunc()
        print(" 函数 myfunc(%s,%s) 被调用! " % (a, b))
        return a + b
myfunc(1, 2)

myfunc(3, 4)
```

执行后会输出:

```
在函数 myfunc() 之前被调用 .
函数 myfunc(1,2) 被调用!
在函数 myfunc() 之后被调用,结果是: 3
在函数 myfunc() 之前被调用 .
函数 myfunc(3,4) 被调用!
在函数 myfunc() 之后被调用,结果是: 7
```

9.2.3 使用装饰器修饰类

在 Python 程序中,也可以使用装饰器来装饰类。在使用装饰器装饰类时,需要先定义内嵌类中的函数,然后返回新类。例如在下面的实例代码中,演示了使用装饰器修饰类的过程。

实例 9-7:打印 x、y、z 的坐标

源码路径:下载包 \daima\9\9-7

实例文件 lei.py 的具体实现代码如下:

```python
def zz(myclass):                                            # 定义一个能够装饰类的装饰器 zz
        class InnerClass:                                   # 定义一个内嵌类 InnerClass 来代替被装饰的类
                def __init__(self,z=0):
                        self.z = 0                          # 初始化属性 z 的值
                        self.wrapper = myclass()            # 实例化被装饰的类
                def position(self):
                        self.wrapper.position()
                        print('z 轴坐标: ',self.z)
        return InnerClass                                   # 返回新定义的类
@zz                                                         # 使用装饰器
class coordination:                                         # 定义一个普通类 coordination
```

```
        def __init__(self,x=0,y=0):
            self.x = x                      # 初始化属性 x
            self.y =y                       # 初始化属性 y
        def position(self):                 # 定义普通方法 position()

            print('x轴坐标: ',self.x)        # 显示 x 坐标
            print('y轴坐标: ',self.y)        # 显示 y 坐标
if __name__ == '__main__': # 当模块被直接运行时，以下代码块会运行，当模块是被导入时不被运行
    coor = coordination()
    coor.position()                         # 调用普通方法 position()
```

在上述实例代码中，首先定义了一个能够装饰类的装饰器 zz，然后在里面定义了一个内嵌类 InnerClass 来代替被装饰的类，并返回新的内嵌类。在实例化普通类时得到的是被装饰器装饰后的类。在运行程序后，因为原来定义的坐标类只包含平面坐标，而通过装饰器的装饰后则成为了可以表示立体坐标的三个坐标值，所以执行后会看到显示的坐标为立体坐标值（3 个方向的值），执行后会输出：

```
x 轴坐标: 0
y 轴坐标: 0
z 轴坐标: 0
```

9.3 命名空间：存储变量与值对应关系的字典

在现实应用中，我们可以将 Python 语言中的命名空间理解为一个容器。在这个容器中可以装许多标识符，不同容器中同名的标识符是不会相互冲突的，它们有相互的对应关系。在 Python 程序中，使用命名空间来记录变量的轨迹。命名空间是一个字典（Dictionary），它的键就是变量名，它的值就是对应变量的值。

9.3.1 命名空间的本质

在 Python 程序中，通常会存在如下三个可用的命名空间：

（1）每个函数都有自己的命名空间，这被称为局部命名空间，它记录了函数的变量，包括函数的参数和局部定义的变量；

（2）每个模块拥有自己的命名空间，这被称为全局命名空间，它记录了模块的变量，包括函数、类、其他导入的模块、模块级的变量和常量；

（3）还有就是内置命名空间，任何模块均可访问它，它存放着内置的函数和异常。

要想理解 Python 语言的命名空间，首先需要掌握如下三条规则：

（1）赋值（包括显式赋值和隐式赋值）产生标识符，赋值的地点决定标识符所处的命名空间。

（2）函数定义（包括 def 和 lambda）产生新的命名空间。

（3）Python 搜索一个标识符的顺序是"LEGB"。所谓的"LEGB"，是指 Python 语言中 4 层命名空间的英文名字首字母的缩写，具体说明如下所示。

● 最里面的 1 层是 L（local），表示在一个函数定义中，而且在这个函数里面没有再包含函数的定义。

● 第 2 层 E（enclosing function），表示在一个函数定义中，但这个函数里面还包含有

函数的定义，其实 L 层和 E 层只是相对的。

- 第 3 层 G（global），是指一个模块的命名空间，也就是说在一个 .py 文件中定义的标识符，但不在一个函数中。
- 第 4 层 B（builtin），是指 Python 解释器启动时就已经具有的命名空间，之所以叫 builtin 是因为在 Python 解释器启动时会自动载入 __builtin__ 模块，这个模块中的 list、str 等内置函数处于 B 层的命名空间中。

注意：在 Python 程序中，可以通过模块来管理复杂的程序，而将不同功能的函数分布在不同的模块中，函数及其全局命名空间决定了函数中引用全局变量的值。函数的全局命名空间始终是定义该函数的模块，而不是调用该函数的命名空间。因此，在函数中引用的全局变量始终是定义该函数模块中的全局变量。

例如在下面的实例代码中，演示了函数与其全局命名空间关系的过程。

实例 9-8：函数与其全局命名空间

源码路径：下载包 \daima\9\9-8

实例文件 mo.py 是一个模块文件，在里面定义了全局变量 name 和函数 moo_fun()，并在函数 moo_fun() 中输出了全局变量 name 的值。文件 mo.py 的具体实现代码如下：

```
name = "Moo Module"                    # 定义变量 name 的初始值
def moo_fun():                         # 定义方法 moo_fun()
print(' 函数 moo_fun:')                # 打印显示文本
print(' 变量 name: ',name)             # 打印显示变量 name 的值
```

实例文件 test.py 是一个测试文件，调用了模块 mo 中的方法 moo_fun()。在此文件中也定义了全局变量 name 和函数 bar()，并在函数 bar() 中输出了全局变量 name 的值。然后分别调用本模块中定义的函数 bar() 和从 mo 模块中导入的函数 moo_fun()，最后还定义一个把函数作为参数传入并调用的函数 call_moo_fun()。因为函数中引用的全局变量始终是定义该函数模块中的全局变量，所以第一次调用输出了当前模块中的全局变量 name 的值；而第二次调用从 mo 模块中导入的函数 moo_fun()，输出的则是在 mo 模块中的全局变量 name 的值。第三次调用 call_moo_fun() 函数，并把从 mo 模块中导入的函数 moo_fun() 作为参数传入其中进行调用，即使是在函数内部被调用，它仍然输出函数 moo_fun() 模块中全局变量 name 的值。实例文件 test.py 的具体实现代码如下：

```
from mo import moo_fun                 # 调用模块 mo 中的方法 moo_fun()
name = 'Current module'                # 定义全局变量 name
def bar():                             # 定义函数 bar()
    print(' 当前模块中函数 bar:')        # 打印显示文本
    print(' 变量 name: ',name)          # 打印显示变量 name 的值

def call_moo_fun(fun):                 # 定义方法 call_moo_fun()
    fun()
if __name__ == '__main__':
    bar()                              # 输出当前模块中的全局变量 name 的值
    print()
    moo_fun()                          # 调用从 mo 模块中导入的函数 moo_fun()
    print()
    # 调用函数 call_moo_fun()，并把从 mo 模块中导入的函数 moo_fun() 作为参数传入其中进行调用
    call_moo_fun(moo_fun)
```

在运行程序后，第一次输出的是当前模块中的全局变量 name 的值 "Current module"，

第二次输出的是 mo 模块中的全局变量 name 的值"Moo Module"，第三次输出的仍然是 mo 模块中的全局变量 name 的值"Moo Module"。执行后会输出：

```
当前模块中函数 bar:
变量 name: Current module

函数 moo_fun:
变量 name: Moo Module


函数 moo_fun:
变量 name: Moo Module
```

9.3.2　查找命名空间

在 Python 程序中，当某一行代码要使用变量 x 的值时，会到所有可用的名字空间去查找这个变量，按照如下的顺序进行查找：

（1）局部命名空间：特指当前函数或类的方法。如果函数定义了一个局部变量 x，或一个参数 x，Python 程序将使用它，然后停止搜索。

（2）全局命名空间：特指当前的模块。如果模块定义了一个名为 x 的变量，函数或类，Python 将使用它然后停止搜索。

（3）内置命名空间：对每个模块都是全局的。作为最后的尝试，Python 将假设 x 是内置函数或变量。

（4）如果 Python 在上述命名空间找不到 x，它将放弃查找并引发一个 NameError 异常，例如 NameError: name 'aa' is not defined。

在 Python 程序中，嵌套函数命名空间的查找顺序比较特殊，具体说明如下：

（1）先在当前（嵌套的或 lambda）函数的命名空间中搜索；

（2）然后在父函数的命名空间中进行搜索；

（3）接着在模块命名空间中搜索；

（4）最后在内置命名空间中搜索。

例如在下面的实例代码中，演示了嵌套函数命名空间的查找过程。

实例 9-9：查找嵌套函数命名空间

源码路径：下载包 \daima\9\9-9

实例文件 qian.py 的具体实现代码如下：

```
info = "2024 奥运会主办地: "              # 定义全局变量的初始值
def func_father(country):              # 定义父函数 func_father()
    def func_son(area):               # 定义嵌套子函数 func_son()
        city= "巴黎"                    # 此处的 city 变量, 覆盖了父函数的 city 变量
        print(info + country + city + area)
    city = " 洛杉矶 "
    func_son(" 丰台区 ");               # 调用内部函数

func_father(" 法国 ")
```

在上述实例代码中，info 在全局命名空间中，country 在父函数的命名空间中，city 和 area 在自己函数的命名空间中。执行后会输出：

```
2024 奥运会主办地: 法国巴黎丰台区
```

9.3.3 命名空间的生命周期

在 Python 程序中，在不同的时刻创建不同的命名空间，这些命名空间会有不同的生存期。具体说明如下：

（1）内置命名空间在 Python 解释器启动时创建，会一直保留下去，不会被删除；

（2）模块的全局命名空间在模块定义被读入时创建，通常模块命名空间也会一直保存到解释器退出；

（3）当函数被调用时创建一个局部命名空间，当函数返回结果或抛出异常时被删除。每一个递归调用的函数都拥有自己的命名空间。

Python 语言有一个自己的特别之处，在于其赋值操作总是在最里层的作用域。赋值不会复制数据，只是将命名绑定到对象而已。删除操作也是如此，例如"del y"只是从局部作用域的命名空间中删除命名"y"而已。而事实上，所有引入新命名的操作都作用于局部作用域。请看下面的演示代码，因为在创建命名空间时，Python 会检查代码并填充局部命名空间。在 Python 运行那行代码之前，就发现了对 i 的赋值，并把它添加到局部命名空间中。当函数执行时，Python 解释器认为 i 在局部命名空间中，但是没有值，所以会产生错误。

```
i=1
def func2():
i=i+1
func2();
# 错误：UnboundLocalError: local variable 'i' referenced before assignment
```

再看下面的演示代码，如果删除"del y"代码语句后会运行正常。

```
def func3():
y=123
del y
print(y)
func3()
# 运行错误：UnboundLocalError: local variable 'y' referenced before assignment
```

9.3.4 命名空间访问函数 locals() 与 globals()

在 Python 程序中访问命名空间时，不同的命名空间用不同的方式进行访问，具体说明如下：

（1）局部命名空间。

在 Python 程序中，可以使用内置函数 locals() 来访问局部命名空间。例如在下面的实例代码中，演示了使用内置函数 locals() 来访问局部命名空间的过程。

实例 9-10：使用内置函数 locals() 访问局部命名空间

源码路径：下载包 \daima\9\9-10

实例文件 sheng.py 的具体实现代码如下：

```
def func1(i, str ):              # 定义函数 func1()
    x = 12345                    # 定义变量 x 的值是 12345
    print(locals())             # 访问局部命名空间
func1(1 , "first")
```

执行后会输出：

```
middle
[165, 170, 177]
```

```
short
[158, 159]
tall
[191, 181, 182, 190]
```

（2）全局（模块级别）命名空间。

在 Python 程序中，可以使用内置函数 globals() 来访问全局（模块级别）命名空间。例如在下面的实例代码中，演示了使用内置函数 globals() 来访问全局命名空间的过程。

实例 9-11：使用函数 globals() 访问全局命名空间

源码路径：下载包 \daima\9\9-11

实例文件 quan.py 的具体实现代码如下：

```
import copy                                       # 导入 copy 模块
from copy import deepcopy                         # 导入 deepcopy
gstr = "global string"                            # 定义变量 gstr
def func1(i, info):                               # 定义函数 func1()

        x = 12345
        print(locals())                           # 访问局部命名空间
func1(1 , "first")
if __name__ == "__main__":
        print("the current scope's global variables:")
        dictionary=globals()                      # 访问全局（模块级别）命名空间
        print(dictionary)
```

执行后的效果如图 9-1 所示，在此需要注意，执行效果中的某些输出结果会因用户的测试环境的差异而不同。

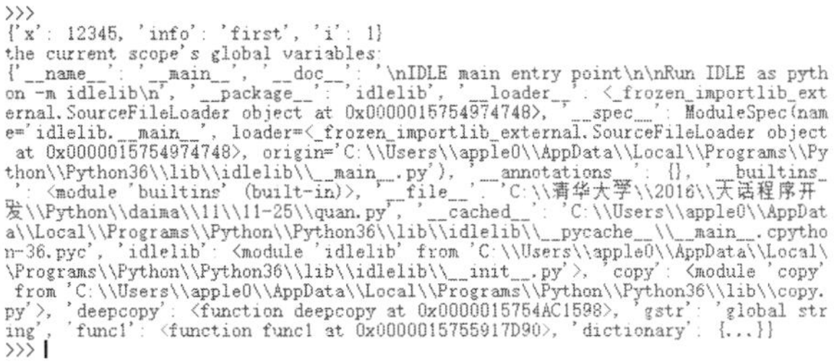

图 9-1

注意： 通过上述执行效果可知，模块的名字空间不仅仅包含模块级的变量和常量，还包括所有在模块中定义的函数和类。除此以外，还包括任何被导入到模块中的东西。另外也可以看到，内置命名也同样被包含在一个模块中，它被称作 __builtins__。当使用 import module 时，模块自身被导入，但是它保持着自己的名字空间，这就是为什么需要使用模块名来访问它的函数或属性 module.function 的原因。但是当使用 from module import function 时，实际上是从另一个模块中将指定的函数和属性导入到名字空间中，这就是为什么我们可以直接访问它们却不需要引用它们所来源的模块。在使用 globals() 函数时，会真切地看到这一切的发生。

在 Python 程序中，使用内置函数 locals() 和 globals() 是不同的。其中 locals 是只读的，而 globals 则不是只读的。例如在下面的实例代码中，演示了 locals 与 globals 之间的区别。

实例 9-12：同时使用内置函数 locals 与 globals，并分析三者区别

源码路径：下载包 \daima\9\9-12

实例文件 qu.py 的具体实现代码如下：

```
def func1(i, info):                          # 定义函数 func1()
    x = 41                                   # 定义 x 的初始值
    print(locals())                          # 访问局部命名空间
    locals()["A 国 "]= 23                    #locals 是只读的
    print("A 国 =",x)

y=55                                         # 定义 y 的初始值
func1(1 , "first")
globals()["B 国 "]= 34                       #globals 不是只读的
print( " B 国 =",y)
```

执行后会输出：

```
{'x': 41, 'info': 'first', 'i': 1}
A 国 = 41
B 国 = 55
```

在 Python 程序中，locals 实际上没有返回局部名字空间，它返回的是一个拷贝。所以对它进行改变对局部名字空间中的变量值并无影响。而 globals 返回实际的全局名字空间，而不是一个拷贝。所以对 globals 所返回的 dictionary 的任何改动都会直接影响到全局变量。

9.4 闭包：函数和引用环境组合而成的实体

在计算机编程应用中，闭包（Closure）是词法闭包（Lexical Closure）的简称，是引用了自由变量的函数。这个被引用的自由变量将和这个函数一同存在，即使已经离开了创造它的环境也不例外。所以还有另一种说法，认为闭包是由函数和与其相关的引用环境组合而成的实体。闭包在运行时可以有多个实例，不同的引用环境和相同的函数组合可以产生不同的实例。在本节的内容中，将详细讲解闭包的知识，为读者步入本书后面知识的学习打下基础。

9.4.1 什么是闭包

根据字面意思，可以形象地把闭包理解为一个封闭的包裹，这个包裹就是一个函数，当然还有函数内部对应的逻辑，包裹里面的东西就是自由变量，自由变量可以随着包裹到处游荡。当然还得有个前提，这个包裹是被创建出来的。在 Python 语言中，一个闭包就是你调用了一个函数 A，这个函数 A 返回了一个函数 B 给你。这个返回的函数 B 就叫作闭包。你在调用函数 A 的时候，传递的参数就是一个自由变量。

例如在下面的实例代码中，演示了生成一个闭包的具体过程。

实例 9-13：打印教练的信息

源码路径：下载包 \daima\9\9-13

实例文件 bi.py 的具体实现代码如下：

```
def func(name):
    def inner_func(age):
        print ('name:', name, 'age:', age)

    return inner_func
bb = func('希丁克')
bb(72)
```

在上述实例代码中，当调用函数 func() 的时候就产生了一个闭包：inner_func()，并且该闭包拥有自由变量"name"。这表示当函数 func() 的生命周期结束之后,变量 name 会依然存在,因为它被闭包引用了,所以不会被回收。执行后会输出:

```
name: 希丁克 age: 72
```

注意: 闭包并不是 Python 语言所特有的概念,所有把函数作为"一等公民"的语言均有闭包这一概念。不过像 Java 这样以 class 为"一等公民"的语言中也可以使用闭包,只是它得用类或接口来实现。

另外,如果从表现形式上来讲解 Python 中的闭包,表示如果在一个内部函数里,对外部作用域(但不是在全局作用域)的变量进行引用,那么内部函数就被认为是闭包。这种解释非常容易理解,不像其他定义那样有一堆陌生名词,不适合初学者。

注意: 闭包和类的异同。

基于前面内容的介绍,相信读者已经发现闭包和类有点相似,相似点在于它们都提供了对数据的封装。不同的是闭包本身就是个方法。和类一样,我们在编程时经常会把通用的东西抽象成类(当然,还有对现实世界——业务的建模),以复用通用的功能。闭包也是一样,当我们需要函数粒度的抽象时,闭包就是一个很好的选择。在这点上闭包可以被理解为一个只读对象,你可以给它传递一个属性,但它只能提供给你一个执行的接口。因此在程序中我们经常需要这样的一个函数对象——闭包来帮我们完成一个通用的功能,比如本书前面讲解的装饰器。

9.4.2　闭包和嵌套函数

在 Python 语言中,闭包是指将组成函数的语句和这些语句的执行环境打包到一起所得到的对象。当使用嵌套函数(函数中定义函数)时,闭包将捕获内部函数执行所需的整个环境。此外,嵌套函数可以使用被嵌套函数中的任何变量,就像普通函数可以引用全局变量一样,而不需要通过参数引入。

例如在下面的实例代码中,演示了嵌套函数可以使用被嵌套函数中的任何变量的过程。

实例 9-14:使用被嵌套函数中的变量

源码路径:下载包 \daima\9\9-14

实例文件 qian.py 的具体实现代码如下:

```
x = 14                                   # 定义全局变量 x
def foo():                               # 定义嵌套函数的外层函数 foo()
    x = 3                                # 定义一个变量 x 的初始值是 3
    def bar():                           # 定义嵌套的内层函数 bar()
        print('x 的值是: %d' % x)         # 引用的变量 x

    print('希丁克的计划是干 %d'% x,'年 ')
    bar()                                # 调用嵌套的内层函数 bar()
if __name__ == '__main__':
    foo()                                # 调用嵌套函数的外层函数 foo()
```

在上述实例代码中定义了一个全局变量 *x*,在嵌套函数的外层函数 foo() 中也定义了一个变量 *x*;在嵌套的内层函数 bar() 中引用的变量 *x* 应该是 foo() 中定义的 *x*。因为嵌套函数可以直接引用其外层的函数中定义的变量 *x* 的值并输出,所以输出的值为 3,而不是全局变量 *x* 的值 14。执行后会输出:

```
x 的值是：3
希丁克的计划是干 3 年
```

9.4.3　使用闭包记录函数被调用的次数

为了深入理解 Python 闭包的知识，下面举一个内外嵌套函数调用的例子。我们可以把这个实例看作是统计一个函数调用次数的函数。可以将 count[0] 看作是一个计数器，每执行一次函数 hello()，count[0] 的值就加 1。

实例 9-15：统计调用函数的次数

源码路径：下载包 \daima\9\9-15

实例文件 ci.py 的具体实现代码如下：

```
def hellocounter (name):
    count=[0]
    def counter():
        count[0]+=1
        print ('Hello,',name,',',str(count[0])+' access!')
    return counter

hello = hellocounter('iPhone 7S')
hello()
hello()
hello()
```

在上述实例代码中，也许有的读者会提出疑问：为什么不直接写 count，而用一个列表实现呢？这其实是 Python 2 的一个 bug，如果不用列表的话，会报如下的错误：

```
UnboundLocalError: local variable 'count' referenced before assignment.
```

上述错误的意思是说变量 count 没有定义就直接引用了，于是在 Python 3 中引入了一个关键字 nonlocal，这个关键字的功能是告诉 Python 程序，这个 count 变量是在外部定义的，然后 Python 就会去外层函数查找变量 count，然后就找到了 count=0 这个定义和赋值，这样程序就能正常执行了。执行后会输出：

```
Hello, iPhone 7S , 1 access!
Hello, iPhone 7S , 2 access!
Hello, iPhone 7S , 3 access!
```

## 第 10 章

文件操作处理

（视频讲解：60 分钟）

在计算机信息系统中，根据信息的存储时间的长短，可以分为临时性信息和永久性信息。简单来说，临时信息存储在计算机系统临时存储设备（例如存储在计算机内存），这类信息随系统断电而丢失。永久性信息存储在计算机的永久性存储设备（例如存储在磁盘和光盘）。永久性的最小存储单元为文件，因此文件管理是计算机系统中的一个重要问题。在本章的内容中，将详细讲解使用 Python 语言实现文件操作的基本知识，为读者步入本书后面知识的学习打下坚实的基础。

10.1 文件操作基础

在 Python 中有一个很重要的知识点：文件操作。实现文件操作不但需要对基本语法精通掌握，还需要对函数功能有所造诣，因为文件的处理就是通过对应的函数来实现的。无论何种编程语言，都会专门用至少一章的内容介绍文件操作，你可以随意找一本 Java、C++、PHP、C# 之类的入门书籍，验证一下看是否都有文件操作的章节。

在计算机世界中，文本文件可存储各种各样的数据信息，例如天气预报、交通信息、财经数据、文学作品等。当需要分析或修改存储在文件中的信息时，读取文件工作十分重要。通过文件读取功能，可以获取一个文本文件的内容，并且可以重新设置里面的数据格式并将其写入到文件中，并且可以让浏览器能够显示文件中的内容。

在读取一个文件的内容之前，需要先打开这个文件。在 Python 程序中，可以通过内置函数 open() 来打开一个文件，并用相关的方法读或写文件中的内容供程序处理和使用，而且也可以将文件看作是 Python 中的一种数据类型。使用函数 open() 的语法格式如下所示。

```
open(file, mode='r', buffering=-1, encoding=None, errors=None,
newline=None,closefd=True, opener=None)
```

当使用上述函数 open() 打开一个文件后，就会返回一个文件对象。上述格式中主要参数的具体说明见表 10-1。

表 10-1

参数名称	描 述
file	表示要打开的文件名
mode	可选参数，文件打开模式。这个参数是非强制的，默认文件访问模式为只读 (r)
bufering	可选参数，缓冲区大小
encoding	文件编码类型
errors	编码错误处理方法

参数名称	描　　述
newline	控制通用换行符模式的行为
closefd	控制在关闭文件时是否彻底关闭文件

在上述格式中，参数"mode"表示文件打开模式。在 Python 程序中，常用的文件打开模式见表 10-2。

表 10-2

模式	描　　述
r	以只读方式打开文件。文件的指针将会放在文件的开头。这是默认模式
rb	以二进制格式打开一个文件用于只读。文件指针将会放在文件的开头
r+	打开一个文件用于读 / 写。文件指针将会放在文件的开头
rb+	以二进制格式打开一个文件用于读 / 写。文件指针将会放在文件的开头
w	打开一个文件只用于写入。如果该文件已存在则将其覆盖。如果该文件不存在，创建新文件
wb	以二进制格式打开一个文件只用于写入。如果该文件已存在则将其覆盖。如果该文件不存在，创建新文件
w+	打开一个文件用于读 / 写。如果该文件已存在则将其覆盖。如果该文件不存在，创建新文件
wb+	以二进制格式打开一个文件用于读 / 写。如果该文件已存在则将其覆盖。如果该文件不存在，创建新文件
a	打开一个文件用于追加。如果该文件已存在，文件指针将会放在文件的结尾。也就是说，新的内容将会被写入到已有内容之后。如果该文件不存在，创建新文件进行写入
ab	以二进制格式打开一个文件用于追加。如果该文件已存在，文件指针将会放在文件的结尾。也就是说，新的内容将会被写入到已有内容之后。如果该文件不存在，创建新文件进行写入
a+	打开一个文件用于读 / 写。如果该文件已存在，文件指针将会放在文件的结尾。文件打开时会是追加模式。如果该文件不存在，创建新文件用于读 / 写
ab+	以二进制格式打开一个文件用于追加。如果该文件已存在，文件指针将会放在文件的结尾。如果该文件不存在，创建新文件用于读 / 写

10.2　使用 File 操作文件

在 Python 程序中，当使用函数 open() 打开一个文件后，接下来就可以使用 File 对象对这个文件进行操作处理。在本节的内容中，将详细讲解使用 File 对象操作文件的知识。

10.2.1　File 对象介绍

在 Python 程序中，当一个文件被打开后，便可以使用 File 对象得到这个文件的各种信息。File 对象中的属性信息见表 10-3。

表 10-3

属　　性	描　　述
file.closed	返回 True 如果文件已被关闭，否则返回 False
file.mode	返回被打开文件的访问模式
file.name	返回文件的名称

在 Python 程序中，对象 File 是通过内置函数实现对文件操作的，其中常用的内置函数见表 10-4。

表 10-4

函　　数	功　　能
file.close()	关闭文件，关闭后文件不能再进行读 / 写操作
file.flush()	刷新文件内部缓冲，直接把内部缓冲区的数据立刻写入文件，而不是被动地等待输出缓冲区写入
file.fileno()	返回一个整型的文件描述符（file descriptor，FD），可以用在如 os 模块的 read() 方法等一些底层操作上
file.isatty()	如果文件连接到一个终端设备返回 True，否则返回 False
file.next()	返回文件下一行
file.read([size])	从文件读取指定的字节数，如果未给定或为负，则读取所有
file.readline([size])	读取整行，包括 "\n" 字符
file.readlines([hint])	读取所有行并返回列表，若给定 hint>0，返回总和大约为 hint 字节的行，实际读取值可能比 hint 大，因为需要填充缓冲区
file.seek(offset[, whence])	设置文件当前位置
file.tell()	返回文件当前位置
file.truncate([size])	截取文件，截取的字节通过 size 指定，默认为当前文件位置
file.write(str)	将字符串写入文件，没有返回值
file.writelines(lines)	向文件写入一个序列字符串列表，如果需要换行，则要自己加入每行的换行符

例如在下面的实例代码中，演示了打开一个文件并查看其属性的过程。

实例 10-1：打开一个文件并查看其属性

源码路径：下载包 \daima\10\10-1

实例文件 open.py 的具体实现代码如下：

```
# 打开一个文件
fo = open("好声音机密文件 .txt", "wb")          # 用 wb 格式打开指定文件
print ("文件名 : ", fo.name)                    # 显示文件名
print ("是否已关闭 : ", fo.closed)              # 显示文件是否关闭
print ("访问模式 : ", fo.mode)                  # 显示文件的访问模式
```

在上述代码中，使用函数 open() 以"wb"的方式打开了文件"好声音机密文件 .txt"。然后分别获取了这个文件的 name、closed 和 mode 属性信息。执行后会输出：

```
文件名 :  好声音机密文件 .txt
是否已关闭 :  False
访问模式 :  wb
```

10.2.2　使用 close() 方法关闭操作

在 Python 程序中，方法 close() 用于关闭一个已经打开的文件，关闭后的文件不能再进行读 / 写操作，否则会触发 ValueError 错误。在程序中可以多次调用 close() 方法，当 file 对象被引用到操作另外一个文件时，Python 会自动关闭之前的 file 对象。及时使用方法关闭文件是一个好的编程习惯，使用 close() 方法的语法格式如下：

```
fileObject.close();
```

方法 close() 没有参数，也没有返回值。例如在下面的实例代码中，演示了使用 close() 方法关闭文件操作的过程。

实例 10-2：打开和关闭一个记事本文件

源码路径：下载包 \daima\10\10-2

实例文件 guan.py 的具体实现代码如下：

```
fo = open("好声音 8 强名单 .txt", "wb")        # 用 wb 格式打开指定文件
print("文件名为: ", fo.name)                   # 显示打开的文件名

# 关闭文件
fo.close()
```

在上述代码中，使用函数 open() 以"wb"的方式打开了文件"好声音 8 强名单 .txt"。
然后使用 close() 方法关闭文件操作，执行后会输出：

```
文件名为:  好声音 8 强名单 .txt
```

10.2.3 使用方法 flush()

在 Python 程序中，方法 flush() 的功能是刷新缓冲区，即将缓冲区中的数据立刻写入文件，
同时清空缓冲区。在一般情况下，文件关闭后会自动刷新缓冲区，但是有时需要在关闭之前
刷新它，这时就可以使用方法 flush() 实现。使用方法 flush() 的语法格式如下：

```
fileObject.flush();
```

和上一个方法一样，方法 flush() 既没有参数，也没有返回值。例如在下面的实例代码中，
演示了使用 flush() 方法刷新缓冲区的过程。

实例 10-3：使用 flush() 方法刷新缓冲区

源码路径：下载包 \daima\10\10-3

实例文件 shua.py 的具体实现代码如下：

```
# 用 wb 格式打开指定文件
fo = open("导师 xx 锋的 8 强学员名单", "wb")
print ("文件名为: ", fo.name)                  # 显示打开文件的文件名
fo.flush()                                     # 刷新缓冲区
fo.close()                                     # 关闭文件
```

在上述代码中，首先使用函数 open() 以"wb"的方式打开了文件"导师 xx 锋的 8 强学
员名单 .txt"，然后使用方法 flush() 刷新缓冲区，最后使用方法 close() 关闭文件操作，执行
后会输出：

```
文件名为:  导师 xx 锋的 8 强学员名单 .txt
```

10.2.4 使用方法 fileno()

在 Python 程序中，方法 fileno() 的功能是返回一个整型的文件描述符，可以用于底层操
作系统的 I/O 操作。使用方法 fileno() 的语法格式如下：

```
fileObject.fileno();
```

方法 fileno() 没有参数，有返回值，只是返回一个整型文件描述符。

例如在下面的实例代码中，演示了使用方法 fileno() 返回文件描述符的过程。

实例 10-4：使用方法 fileno() 返回文件描述符

源码路径：下载包 \daima\10\10-4

实例文件 zheng.py 的具体实现代码如下：

```
# 用 wb 格式打开指定文件
fo = open("导师 x 健的 8 强学员名单 .txt", "wb")
print ("文件名是: ", fo.name)                  # 显示打开文件的文件名
```

```
fid = fo.fileno()                                          #返回一个整型的文件描述符
print ("文件的描述符是: ", fid)                            #显示这个文件的描述符
fo.close()                                                 #关闭文件
```

在上述代码中，首先使用函数 open() 以"wb"的方式打开了文件"导师 x 健的 8 强学员名单 .txt"，然后使用方法 fileno() 返回这个文件的整型描述符，最后使用方法 close() 关闭文件操作，执行后会输出：

```
文件名是: 导师 x 健的 8 强学员名单 .txt
文件的描述符是: 3
```

10.2.5　使用方法 isatty()

在 Python 程序中，方法 isatty() 的功能是检测某文件是否连接到一个终端设备，如果是则返回 True，否则返回 False。使用方法 isatty() 的语法格式如下：

```
fileObject.isatty();
```

方法 isatty() 没有参数，有返回值。如果连接到一个终端设备返回 True，否则返回 False。

例如在下面的实例代码中，演示了使用方法 isatty() 检测文件是否连接到一个终端设备的过程。

实例 10-5：检测某文件是否连接到一个终端设备

源码路径：下载包 \daima\10\10-5

实例文件 lian.py 的具体实现代码如下：

```
#用 wb 格式打开指定文件
fo = open("导师庆哥的 8 强学员名单 .txt", "wb")
print ("文件名是: ", fo.name)                              #显示打开文件的文件名
ret = fo.isatty()                                          #检测文件是否连接到一个终端设备

print ("返回值是: ", ret)                                  #显示连接检测结果
# 关闭文件
fo.close()
```

在上述代码中，首先使用函数 open() 以"wb"的方式打开了文件"导师庆哥的 8 强学员名单 .txt"，然后使用方法 isatty() 检测这个文件是否连接到一个终端设备，最后使用方法 close() 关闭文件操作，执行后会输出：

```
文件名为是: 导师庆哥的 8 强学员名单 .txt
返回值是: False
```

10.2.6　使用方法 next()

在 Python 程序中，File 对象不支持方法 next()。在 Python 3 程序中，内置函数 next() 通过迭代器调用方法 __next__() 返回下一项。在循环中，方法 next() 会在每次循环中调用，该方法返回文件的下一行。如果到达结尾（EOF），则触发 StopIteration 异常。使用方法 next() 的语法格式如下：

```
next(iterator[,default])
```

方法 next() 没有参数，有返回值，返回文件的下一行。

例如在下面的实例代码中，演示了使用方法 next() 返回文件各行内容的过程。

实例 10-6：返回文件各行内容

源码路径：下载包 \daima\10\10-6

实例文件 next.py 的具体实现代码如下：

```
#用 r 格式打开指定文件
fo = open("456.txt", "r")
print ("文件名为：", fo.name)                    #显示打开文件的文件名
for index in range(4):                          #遍历文件的内容
    line = next(fo)                             #返回文件中的各行内容
    print ("第 %d 行 - %s" % (index, line))     #显示 4 行文件内容
fo.close()                                       #关闭文件
```

在上述代码中，首先使用函数 open() 以 "r" 的方式打开了文件 "456.txt"，然后使用方法 next() 返回文件中的各行内容，最后使用方法 close() 关闭文件操作。文件 456.txt 的内容如图 10-1 所示。实例文件 next.py 执行后会输出如图 10-2 所示的内容。

图 10-1   图 10-2

注意：本书下载包中的记事本文件的编码格式是 ANSI 编码格式，读者需要确保记事本文件和当前系统的编码格式保持一致，否则会出现运行错误。

10.2.7　使用方法 read()

在 Python 程序中，要想使用某个文本文件中的数据信息，首先需要将这个文件的内容读取到内存中，既可以一次性读取文件的全部内容，也可以按照每次一行的方式进行读取。其中方法 read() 的功能是从目标文件中读取指定的字节数，如果没有给定字节数或为负，则读取所有内容。使用方法 read() 的语法格式如下：

```
file.read([size]);
```

上述参数 "size" 表示从文件中读取的字节数，返回值是从字符串中读取的字节。

例如在下面的实例代码中，演示了使用方法 read() 读取文件中 3 个字节内容的过程。

实例 10-7：读取文件中三个字节的内容

源码路径：下载包 \daima\10\10-7

实例文件 du.py 的具体实现代码如下所示。

```
#用 r+ 格式打开指定文件
fo = open("456.txt", "r+")
print ("文件名为：", fo.name)                    #显示打开文件的文件名
line = fo.read(3)                               #读取文件中前三个字节的内容
print ("读取的字符串：%s" % (line))              #显示读取的内容
fo.close()                                       #关闭文件
```

在上述代码中，首先使用函数 open() 以 "r+" 的方式打开了文件 "456.txt"，然后使用方法 read() 读取了目标文件中前三个字节的内容，最后使用方法 close() 关闭文件操作。执行效果如图 10-3 所示。

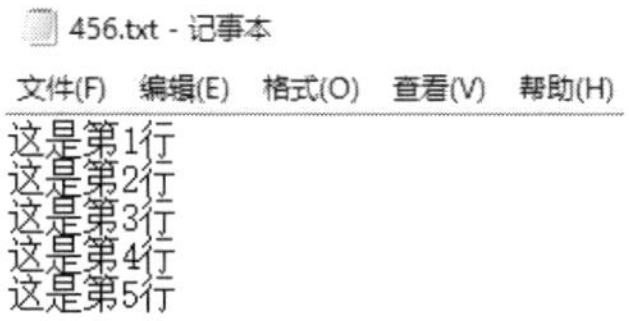

文件 456.txt 的内容 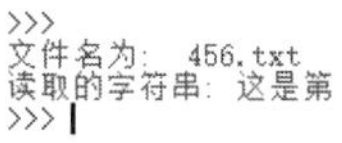　　　　　　　　执行 Python 程序

图 10-3

10.3　使用 OS 对象

在 Python 程序中，File 对象只能对某个文件进行操作。但是有时需要对某个文件夹目录进行操作，此时就需要使用 OS 对象来实现。在本节的内容中，将详细讲解在 Python 程序中使用 OS 对象的知识。

10.3.1　OS 对象介绍

在计算机系统中对文件进行操作时，就免不了要与文件夹目录打交道。对一些比较烦琐的文件和目录操作，可以使用 Python 提供的 OS 模块对象来实现。在 OS 模块中包含了很多操作文件和目录的函数，可以方便地实现文件重命名、添加 / 删除目录、复制目录 / 文件等操作。

在 Python 语言中，OS 对象主要包含如下几个内置函数，具体说明见表 10-5。

表 10-5

函数名称	描　　述
os.access(path, mode)	检验权限模式
os.chdir(path)	改变当前的工作目录
os.chflags(path, flags)	设置路径的标记为数字标记
os.chmod(path, mode)	更改权限
os.chown(path, uid, gid)	更改文件所有者
os.chroot(path)	改变当前进程的根目录
os.close(fd)	关闭文件描述符 fd
os.closerange(fd_low, fd_high)	关闭所有文件的描述符，从 fd_low（包含）到 fd_high（不包含），错误会被忽略
os.dup(fd)	复制文件描述符 fd
os.dup2(fd, fd2)	将一个文件描述符 fd 复制到另一个 fd2
os.fchdir(fd)	通过文件描述符改变当前工作目录
os.fchmod(fd, mode)	改变一个文件的访问权限，该文件由参数 fd 指定，参数 mode 是 UNIX 下的文件访问权限
os.fchown(fd, uid, gid)	修改一个文件的所有权，这个函数修改一个文件的用户 ID 和用户组 ID，该文件由文件描述符 fd 指定
os.fdatasync(fd)	强制将文件写入磁盘，该文件由文件描述符 fd 指定，但是不强制更新文件的状态信息
os.fdopen(fd[, mode[, bufering]])	通过文件描述符 fd 创建一个文件对象，并返回这个文件对象

函数名称	描 述
os.fpathconf(fd, name)	返回一个打开文件的系统配置信息。name 为检索的系统配置的值，它也许是一个定义系统值的字符串，这些名字在很多标准中指定（POSIX.1, UNIX 95, UNIX 98 和其他）
os.fstat(fd)	返回文件描述符 fd 的状态，例如 stat()
os.fstatvfs(fd)	返回包含文件描述符 fd 的文件的文件系统的信息，例如 statvfs()
os.fsync(fd)	强制将文件描述符为 fd 的文件写入硬盘
os.ftruncate(fd, length)	裁剪文件描述符 fd 对应的文件，所以它最大不能超过文件大小
os.getcwd()	返回当前工作目录
os.isatty(fd)	如果文件描述符 fd 是打开的，同时与 tty(-like) 设备相连，则返回 True，否则 False
os.lchflags(path, flags)	设置路径的标记为数字标记，类似函数 chflags()，但是没有软链接
os.lchmod(path, mode)	修改链接文件权限
os.lchown(path, uid, gid)	更改文件所有者，类似函数 chown()，但是不追踪链接
os.link(src, dst)	创建硬链接，名为参数 dst，指向参数 src
os.listdir(path)	返回 path 指定的文件夹包含的文件或文件夹的名字的列表
os.lseek(fd, pos, how)	设置文件偏移位置，文件由文件描述符 fd 指示。这个函数依据参数 how 来确定文件偏移的起始位置，参数 pos 指定位置的偏移量
os.lstat(path)	例如 stat()，但是没有软链接
os.major(device)	从原始的设备号中提取设备 major 号码（使用 stat 中的 st_dev 或者 st_rdev field）
os.makedev(major, minor)	以 major 和 minor 设备号组成一个原始设备号
os.makedirs(neme[, mode])	递归文件夹创建函数。和函数 mkdir() 类似，但创建的所有 intermediate-level 文件夹需要包含子文件夹
os.minor(device)	从原始的设备号中提取设备 minor 号码（使用 stat 中的 st_dev 或者 st_rdev field）
os.mkdir(path[, mode])	以数字 mode 的 mode 创建一个名为 path 的文件夹，默认的 mode 是 0777（八进制）
os.mkfifo(path[, mode])	创建命名管道，mode 为数字，默认为 0666（八进制）
os.mknod(path[, mode=0o600, device])	创建一个名为 path 的文件系统节点
os.open(path, flags[, mode])	打开一个文件，并且设置需要的打开选项，参数 mode 是可选的
os.openpty()	打开一个新的伪终端对。返回 pty 和 tty 的文件描述符
os.pathconf(path, name)	返回相关文件的系统配置信息
os.pipe()	创建一个管道，返回一对文件描述符（r, w），分别表示读和写
os.popen(cmd[, mode[, bufering]])	从一个 cmd 打开一个管道
os.read(fd, n)	从文件描述符 fd 中读取最多 n 个字节，返回包含读取字节的字符串，文件描述符 fd 对应文件已达到结尾，返回一个空字符串
os.readlink(path)	返回软链接所指向的文件
os.remove(path)	删除路径为 path 的文件。如果 path 是一个文件夹，将抛出 OSError; 查看下面的 rmdir() 删除一个 directory
os.removedirs(name)	递归删除目录
os.rename(src, dst)	重命名文件或目录，从 src 到 dst
os.renames(old, new)	递归地对目录进行更名，也可以对文件进行更名
os.rmdir(path)	删除 path 指定的空目录，如果目录非空，则抛出一个 OSError 异常
os.stat(path:)	获取 path 指定的路径信息，功能等同于 C API 中的 stat() 系统调用

函数名称	描　述
os.stat_float_times([newvalue])	决定 stat_result 是否以 float 对象显示时间戳
os.statvfs(path)	获取指定路径的文件系统统计信息
os.symlink(src, dst)	创建一个软链接
os.tcgetpgrp(fd)	返回与终端 fd（一个由 os.open() 返回的打开的文件描述符）关联的进程组
os.tcsetpgrp(fd, pg)	设置与终端 fd（一个由 os.open() 返回的打开的文件描述符）关联的进程组为 pg
os.ttyname(fd)	返回一个字符串，它表示与文件描述符 fd 关联的终端设备。如果 fd 没有与终端设备关联，则引发一个异常
os.unlink(path)	删除文件路径
os.utime(path, times)	返回指定的 path 文件的访问和修改的时间
os.walk(top[, topdown=True[, onerror=None[, followlinks=False]]])	输出在文件夹中的文件名通过在树中游走，向上或者向下
os.write(fd, str)	写入字符串到文件描述符 fd 中，返回实际写入的字符串长度

10.3.2　使用方法 access()

在 Python 程序中，方法 access() 的功能是检验对当前文件的操作权限模式。方法 access() 使用当前的 uid/gid 尝试访问指定路径。使用方法 access() 的语法格式如下：

```
os.access(path, mode);
```

（1）参数"path"：用于检测是否有访问权限的路径。

（2）参数"mode"：表示测试当前路径的模式，主要包括如下四种取值模式。

● os.F_OK：测试 path 是否存在。

● os.R_OK：测试 path 是否可读。

● os.W_OK：测试 path 是否可写。

● os.X_OK：测试 path 是否可执行。

方法 access() 有返回值，如果允许访问，则返回 True；否则，返回 False。

例如在下面的实例代码中，演示了使用方法 access() 获取文件操作权限的过程。

实例 10-8：获取指定文件的操作权限

源码路径：下载包 \daima\10\10-8

实例文件 quan.py 的具体实现代码如下：

```
import os, sys
# 假定 123/456.txt 文件存在，并设置有读 / 写权限
ret = os.access("123/456.txt", os.F_OK)
print ("F_OK - 返回值 %s"% ret)#显示文件是否存在
ret = os.access("123/456.txt", os.R_OK)          #检测文件是否可读
print ("R_OK - 返回值 %s"% ret)                    #显示文件是否可读

ret = os.access("123/456.txt", os.W_OK)          #检测文件是否可写
print ("W_OK - 返回值 %s"% ret)                    #显示文件是否可写
ret = os.access("123/456.txt", os.X_OK)          #检测文件是否可执行
print ("X_OK - 返回值 %s"% ret)                    #显示文件是否可执行
```

在运行上述实例代码之前，需要在实例文件 quan.py 的目录下创建一个名为"123"的文件夹，然后在里面创建一个文本文件"456.txt"。在上述代码中，使用方法 access() 获取了对文件"123/456.txt"的操作权限。执行后会输出：

```
F_OK - 返回值 True
R_OK - 返回值 True
W_OK - 返回值 True
X_OK - 返回值 True
```

10.3.3 使用方法 chdir()

在 Python 程序中，方法 chdir() 的功能是修改当前工作目录到指定的路径。使用方法 chdir() 的语法格式如下：

```
os.chdir(path)
```

上述函数参数"path"表示要切换到的新路径。方法 chdir() 有返回值，如果允许修改，则返回 True；否则，返回 False。

例如在下面的实例代码中，演示了使用方法 chdir() 修改当前工作目录到指定路径的过程。

实例 10-9：修改当前工作目录到指定路径

源码路径：下载包 \daima\10\10-9

实例文件 gai.py 的具体实现代码如下：

```
import os, sys
path = "123"                                          # 设置目录变量的初始值
retval = os.getcwd()                                  # 获取当前文件的工作目录
print ("新歌声栏目机密文件的当前工作目录为 %s" % retval)   # 显示当前文件的工作目录
# 修改当前工作目录
os.chdir( path )
# 查看修改后的工作目录
retval = os.getcwd()                                  # 再次获取当前文件的工作目录
print ("目录修改成功 %s" % retval)
```

在上述实例代码中，首先使用方法 getcwd() 获取了当前文件的工作目录，然后使用方法 chdir() 修改当前工作目录到指定路径"123"。执行后会输出：

```
新歌声栏目机密文件的当前工作目录为 G:\Python\daima\10\10-9
目录修改成功 G:\Python\daima\10\10-9\123
```

10.3.4 使用方法 chmod()

在 Python 程序中，方法 chmod() 的功能是修改文件或目录的权限。使用方法 chmod() 的语法格式如下：

```
os.chmod(path, flags)
```

方法 chmod() 没有返回值，上述格式中参数的具体说明如下：

（1）path：文件名路径或目录路径。

（2）mode：表示不同的权限级别，可用表 10-6 所示的选项按位或操作生成。

表 10-6

选项名称	操　　作
stat.S_IXOTH	其他用户有执行权限 0o001
stat.S_IWOTH	其他用户有写权限 0o002
stat.S_IROTH	其他用户有读权限 0o004
stat.S_IRWXO	其他用户有全部权限（权限掩码）0o007

选项名称	操　　作
stat.S_IXGRP	组用户有执行权限 0o010
stat.S_IWGRP	组用户有写权限 0o020
stat.S_IRGRP	组用户有读权限 0o040
stat.S_IRWXG	组用户有全部权限（权限掩码）0o070
stat.S_IXUSR	拥有者具有执行权限 0o100
stat.S_IWUSR	拥有者具有写权限 0o200
stat.S_IRUSR	拥有者具有读权限 0o400
stat.S_IRWXU	拥有者有全部权限（权限掩码）0o700
stat.S_ISVTX	目录里文件目录只有拥有者才可删除更改 0o1000
stat.S_ISGID	执行此文件其进程有效组为文件所在组 0o2000
stat.S_ISUID	执行此文件其进程有效用户为文件所有者 0o4000
stat.S_IREAD	Windows 下设为只读
stat.S_IWRITE	Windows 下取消只读

注意：目录的读权限表示可以获取目录里的文件名列表，执行权限表示可以把工作目录切换到此目录。删除添加目录里的文件必须同时有写和执行权限，文件权限以"用户 id →组 id →其他"顺序进行检验，最先匹配的允许或禁止权限被应用，意思是先匹配哪一个权限，就使用哪一个权限。

例如在下面的实例代码中，演示了使用方法 chmod() 修改文件或目录权限的过程。

实例 10-10：修改指定文件或目录权限

源码路径：下载包 \daima\10\10-10

实例文件 xiu.py 的具体实现代码如下：

```
import os, sys, stat
# 假设 123/456.txt 文件存在，设置文件可以通过用户组执行
os.chmod("123/456.txt", stat.S_IXGRP)

# 设置文件可以被其他用户写入
os.chmod("123/456.txt", stat.S_IWOTH)
print ("导师锋哥说修改成功！！！！")
```

在上述实例代码中，使用方法 chmod() 将文件"123/456.txt"的权限修改为"stat.S_IWOTH"。执行后会输出：

```
导师锋哥说修改成功！！
```

10.3.5　打开、写入和关闭

在 Python 程序中，当想要操作一个文件或目录时，首先需要打开这个文件，然后才能执行写入或读取等操作，在操作完毕后一定要及时关闭操作。其中打开操作是通过方法 open()实现的，写入操作是通过方法 write() 实现的，关闭操作是通过方法 close() 实现的。

1. 方法 open()

在 Python 程序中，方法 open() 的功能是打开一个文件，并且设置需要的打开选项。使用方法 open() 的语法格式如下：

```
os.open(file, flags[, mode]);
```

方法 open() 有返回值，返回新打开文件的描述符。上述格式中各个参数的具体说明如下：

（1）参数 "file"：要打开的文件。

（2）参数 "mode"：可选参数，默认为 0777。

（3）参数 "flags"：可以是表 10-7 中的选项值，多个选项之间使用 "|" 隔开。

表 10-7

选项名称	操　作
os.O_RDONLY	以只读的方式打开
os.O_WRONLY	以只写的方式打开
os.O_RDWR	以读 / 写的方式打开
os.O_NONBLOCK	打开时不阻塞
os.O_APPEND	以追加的方式打开
os.O_CREAT	创建并打开一个新文件
os.O_TRUNC	打开一个文件并截断它的长度为零（必须有写权限）
os.O_EXCL	如果指定的文件存在，返回错误
os.O_SHLOCK	自动获取共享锁
os.O_EXLOCK	自动获取独立锁
os.O_DIRECT	消除或减少缓存效果
os.O_FSYNC	强制同步写入
os.O_NOFOLLOW	不追踪软链接

2. 方法 write()

在 Python 程序中，方法 write() 的功能是写入字符串到文件描述符 fd 中，返回实际写入的字符串长度。方法 write() 在 UNIX 系统中也是有效的，使用方法 write() 的语法格式如下：

```
os.write(fd, str)
```

● 参数 "fd"：表示文件描述符。

● 参数 "str"：表示写入的字符串。

方法 write() 有返回值，返回写入的实际位数。

3. 方法 close()

在 Python 程序中，方法 close() 的功能是关闭指定文件的描述符 fd。使用方法 close() 的语法格式如下：

```
os.close(fd)
```

方法 close() 没有返回值，参数 "fd" 表示文件描述符。

例如在下面的实例代码中，演示了使用方法 open()、write() 和 close() 实现文件的打开、写入和关闭操作的过程。

实例 10-11：创建并打开文件 "456.txt"，然后实现文件的打开、写入和关闭操作

源码路径：下载包 \daima\10\10-11

实例文件 da.py 的具体实现代码如下：

```
import os, sys
# 打开文件
```

```
fd = os.open("456.txt",os.O_RDWR|os.O_CREAT)
# 设置写入字符串变量
str = " 中国好声音是最好看的节目 "
ret = os.write(fd,bytes(str, 'UTF-8'))
# 输出返回值
print (" 写入的位数为 : ")                              # 显示提示文本
print (ret)                                             # 显示写入的位数
print (" 写入成功 ")                                    # 显示提示文本
os.close(fd)                                            # 关闭文件
print (" 关闭文件成功 !!")                              # 显示提示文本
```

在上述实例代码中，首先使用方法 open() 创建并打开了一个名为"456.txt"的文件，然后使用方法 write() 向这个文件中写入了文本"中国好声音是最好看的节目"，最后通过方法 close() 关闭了文件操作。执行后会输出：

```
写入的位数为 :
36
写入成功
关闭文件成功 !!
```

10.3.6　打开、读取和关闭

在 Python 程序中，方法 read() 的功能是从文件描述符 fd 中读取最多 n 个字节，返回包含读取字节的字符串，文件描述符 fd 对应文件已达到结尾，返回一个空字符串。使用方法 read() 的语法格式如下：

```
os.read(fd,n)
```

方法 read() 有返回值，返回包含读取字节的字符串。其中参数 fd 表示文件描述符，参数 n 表示读取的字节。

例如在下面的实例代码中，演示了使用方法 read() 读取文件中指定字符的过程。

实例 10-12：读取文件中的指定字符

源码路径：下载包 \daima\10\10-12

实例文件 du.py 的具体实现代码如下：

```
import os, sys
# 以读写方式打开文件
fd = os.open("456.txt",os.O_RDWR)
# 读取文件中的 10 个字符

ret = os.read(fd,10)
print (ret)                                  # 打印显示读取的内容
# 关闭文件
os.close(fd)
print (" 关闭文件成功 !!")
```

在上述实例代码中，首先使用方法 open() 打开了一个名为"456.txt"的文件，然后使用方法 read() 读取文件中的 10 个字符，最后通过方法 close() 关闭了文件操作。执行效果如图 10-4 所示。

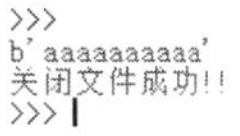

```
>>>
b' aaaaaaaaaa'
关闭文件成功 !!
>>> |
```

图 10-4

10.3.7　创建目录

在 Python 程序中，可以使用 OS 对象的内置方法创建文件夹目录。

1．使用方法 mkdir()

在 Python 程序中，方法 mkdir() 的功能是以数字权限模式创建目录，默认的模式为 0777（八进制）。使用方法 mkdir() 的语法格式如下：

```
os.mkdir(path[, mode])
```

方法 mkdir() 有返回值，返回包含读取字节的字符串。其中参数 path 表示要创建的目录，参数 mode 表示要为目录设置的权限数字模式。

例如在下面的实例代码中，演示了使用方法 mkdir() 创建一个目录的过程。

实例 10-13：使用方法 mkdir() 创建一个目录"top"

源码路径：下载包 \daima\10\10-13

实例文件 mu.py 的具体实现代码如下：

```
import os, sys
# 设置变量 path 表示创建的目录


path = "top"
os.mkdir( path )                              # 执行创建目录操作
print ("目录已创建")
```

在上述实例代码中，使用方法 mkdir() 在实例文件 mu.py 的同级目录下新建一个目录"top"。执行效果如图 10-5 所示。

图 10-5

注意：在本书下载包中保存的是实例 10-13 运行后的目录信息，也就是说在文件 mu.py 的同级目录下已经生成了名为"top"的文件夹，这时读者如果再运行实例 10-13 就会报错。解决方法是将文件 mu.py 同级目录中是"top"文件夹删除，然后再运行就不会出错了，本章后面的类似实例也是如此。

2．使用方法 makedirs()

在 Python 程序中，方法 makedirs() 的功能是递归创建目录。功能和方法 mkdir() 类似，但是可以创建包含子目录的文件夹目录。使用方法 makedirs() 的语法格式如下：

```
os.makedirs(path, mode=0o777)
```

方法 makedirs() 有返回值，返回包含读取字节的字符串。其中参数 path 表示要递归创建的目录，参数 mode 表示要为目录设置的权限数字模式。

例如在下面的实例代码中，演示了使用方法 makedirs() 创建一个目录的过程。

实例 10-14：使用方法 makedirs() 创建一个目录"tmp/home/123"

源码路径：下载包 \daima\10\10-14

实例文件 cmu.py 的具体实现代码如下：

```
import os, sys
# 设置变量 path 表示创建的目录
```

```
path = "tmp/home/123"
os.makedirs( path );                                    # 执行创建操作

print ("路径被创建")
```

　　在上述实例代码中，使用方法 makedirs() 在实例文件 cmu.py 的同级目录下新建包含子目录的目录"tmp/home/123"。执行效果如图 10-6 所示。

图 10-6

## 第 11 章

标准库函数

（🎬视频讲解：32 分钟）

为了帮助开发者快速开发出需要的软件功能，Python 提供了大量内置的标准库，例如文件操作库、正则表达式库、数学运算库和网络操作库等。在这些标准库中都提供了大量的内置函数，这些函数是 Python 程序实现软件项目的最有力工具。在本章的内容中，将详细讲解 Python 语言中常用标准库函数的核心知识，为读者步入本书后面知识的学习打下基础。

11.1 字符串处理函数

在 Python 的内置模块中提供了大量的处理字符串函数，通过这些函数可以帮助开发者快速处理字符串。在本节的内容中，将详细讲解 Python 字符串处理函数的知识。

11.1.1 分隔字符串

分隔字符串是指按照某个参照物或标识来分隔字符串的内容，例如有一个字符串"aa,bb,cc,123"，我们可以根据逗号进行分隔，分隔后可以分别得到子串"aa""bb""cc""123"。

（1）使用内置模块 string 中的函数 split()

在内置模块 string 中，函数 split() 的功能是通过指定的分隔符对字符串进行切片，如果参数 num 有指定值，则只分隔 num 个子字符串。使用函数 split() 的语法格式如下：

```
str.split(str="", num=string.count(str));
```

- 参数 str：是一个分隔符，默认为所有的空字符，包括空格、换行"\n"、制表符"\t"等。
- 参数 num：分割次数。

在下面的实例文件 fenge.py 中，使用函数 split() 分隔了指定的字符串。

实例 11-1：使用函数 split() 分隔指定的字符串

源码路径：下载包 \daima\11\11-1

实例文件 enge.py 的具体实现代码如下：

```
str = "this is string example....wow!!!"
print (str.split( ))
print (str.split('i',1))
print (str.split('w'))
import re
print (re.split('w'))
```

在上述代码中，分别三次调用内置函数 str.split( ) 对字符串"str"进行了分隔，执行后输出：

```
['this', 'is', 'string', 'example....wow!!!']
['th', 's is string example....wow!!!']
['this is string example....', 'o', '!!!!']
```

（2）使用内置模块 re 中的函数 split()

在内置模块 re 中，函数 split() 的功能是进行字符串分隔操作。其语法格式如下：

```
re.split(pattern, string[, maxsplit])
```

上述语法格式的功能是按照能够匹配的子字符串将 string 分隔，然后返回分隔列表。参数 maxsplit 用于指定最大的分隔次数，不指定将全部分隔。

例如在下面的实例文件 refenge.py 中，演示了使用函数 re.split() 分隔指定字符串的过程。

实例 11-2：使用函数 re.split() 分隔指定字符串

源码路径：下载包 \daima\11\11-2

实例文件 refenge.py 的具体实现代码如下：

```
import re
line = 'asdf fjdk; afed, fjek,asdf,        foo'
# 根据空格、逗号和分号进行拆分
① parts = re.split(r'[;,\s]\s*', line)
print(parts)
# 根据捕获组进行拆分
② fields = re.split(r'(;|,|\s)\s*', line)
print(fields)
```

①使用的分隔符是逗号、分号或者是空格符，后面可跟着任意数量的额外空格。

②根据捕获组进行分隔，在使用 re.split() 时需要注意正则表达式模式中的捕获组是否包含在括号中。如果用到了捕获组，那么匹配的文本也会包含在最终结果中。

执行后会输出：

```
['asdf', 'fjdk', 'afed', 'fjek', 'asdf', 'foo']
['asdf', ' ', 'fjdk', ';', 'afed', ',', 'fjek', ',', 'asdf', ',', 'foo']
```

11.1.2　字符串开头和结尾处理

在计算机编程应用中，经常需要对某个字符串的结尾或开头进行处理，例如删除开头或结尾的空格、下画线等特殊字符。在下面的内容中，将详细讲解在 Python 中实现字符串开头和结尾处理的知识。

（1）函数 startswith()

在内置模块 string 中，函数 startswith() 的功能是检查字符串是否是以指定的子字符串开头，如果是则返回 True，否则返回 False。如果参数 beg 和 end 指定了具体的值，则会在指定的范围内进行检查。使用函数 startswith() 的语法格式如下：

```
str.startswith(str, beg=0,end=len(string));
```

● 参数 str：要检测的字符串。

● 参数 strbeg：可选参数，用于设置字符串检测的起始位置。

● 参数 strend：可选参数，用于设置字符串检测的结束位置。

（2）函数 endswith()

在内置模块 string 中，函数 endswith() 的功能是判断字符串是否以指定后缀结尾，如果以指定后缀结尾返回 True，否则返回 False。其中的可选参数 "start" 与 "end" 分别表示检索字符串的开始与结束位置。使用函数 endswith() 的语法格式如下：

```
str.endswith(suffix[, start[, end]])
```

- 参数 suffix：可以是一个字符串或者是一个元素。
- 参数 start：字符串中的开始位置。
- 参数 end：字符中的结束位置。

在下面的实例文件中，分别使用函数 startswith() 和 endswith() 对指定的字符串进行处理。

实例 11-3：使用函数 startswith() 和 endswith() 处理指定字符串

源码路径：下载包 \daima\11\11-3

实例文件 qianhou.py 的具体实现代码如下：

```
str = "this is string example....wow!!!"
print (str.startswith( 'this' ))
print (str.startswith( 'string', 8 ))
print (str.startswith( 'this', 2, 4 ))

suffix='!!!'
print (str.endswith(suffix))
print (str.endswith(suffix,20))

suffix='run'
print (str.endswith(suffix))
print (str.endswith(suffix, 0, 19))
```

由此可见，函数 startswith() 和 endswith() 提供了一种非常方便的方式，对字符串的前缀和后缀实现了基本的检查。执行后会输出：

```
True
True
False
True
True
False
False
```

11.1.3 实现字符串匹配处理

在计算机编程应用中，经常需要对某个字符串进行匹配处理，例如提取字符串中的数字、大写字母、特殊符号等。在下面的内容中，将详细讲解在 Python 中实现字符串匹配处理的知识。

（1）函数 fnmatch()

在内置模块 fnmatch 中，函数 fnmatch() 的功能是采用大小写区分规则和底层文件相同（根据操作系统而区别）的模式进行匹配。其语法格式如下：

```
fnmatch.fnmatch(name, pattern)
```

上述语法格式的功能是测试 name 是否匹配 pattern，是则返回 true，否则返回 false。

（2）函数 fnmatchcase()

在内置模块 fnmatch 中，函数 fnmatchcase() 的功能是根据所提供的大小写进行匹配，用法和上面的函数 fnmatch() 类似。

函数 fnmatch() 和 fnmatchcase() 的匹配样式是 UnixShell 风格的，其中 "*" 表示匹配任

何单个或多个字符，"?"表示匹配单个字符，[seq] 表示匹配单个 seq 中的字符，[!seq] 表示匹配单个不是 seq 中的字符。

在下面的实例文件中，演示了分别使用函数 fnmatch() 和 fnmatchcase() 实现字符串匹配的过程。

实例 11-4：匹配处理各种类型的字符

源码路径：下载包 \daima\11\11-4

实例文件 pipeizifu.py 的具体实现代码如下：

```
from fnmatch import fnmatchcase as match
import fnmatch
# 匹配以 .py 结尾的字符串
① print(fnmatch.fnmatch('py','.py'))

② print(fnmatch.fnmatch('tlie.py','*.py'))

# On OS X (Mac)
③ #print(fnmatch.fnmatch('123.txt', '*.TXT'))
# On Windows
④ print(fnmatch.fnmatch('123.txt', '*.TXT'))
⑤ print(fnmatch.fnmatchcase('123.txt', '*.TXT'))
⑥ addresses = [
    '5000 A AAA FF',
    '1000 B BBB',
    '1000 C CCC',
    '2000 D DDD NN',
    '4234 E EEE NN',
]

⑦ a = [addr for addr in addresses if match(addr, '* FF')]
print(a)

⑧ b = [addr for addr in addresses if match(addr, '42[0-9][0-9] *NN*')]
print(b)
```

①②演示了函数 fnmatch() 的基本用法，可以匹配以 .py 结尾的字符串，用法和函数 fnmatchcase() 相似。

③④演示了函数 fnmatch() 的匹配模式所采用的大小写区分规则和底层文件系统相同，根据操作系统的不同而有所不同。

⑤使用函数 fnmatchcase() 可以根据提供的大小写方式进行匹配。

⑥演示了在处理非文件名的字符串时的作用，定义了保存一组联系地址的列表 addresses。

⑦⑧使用 match() 进行推导。

由此可见，fnmatch() 所实现的匹配操作介乎于简单的字符串方法和正则表达式之间。如果只想在处理数据时提供一种简单的机制以允许使用通配符，那么通常这都是合理的解决方案。本实例执行后会输出：

```
False
True
True
False
['5000 A AAA FF']
['4234 E EEE NN']
```

11.1.4 文本模式匹配和查找

如果只是想要匹配简单的文字，只需使用内置模块 string 中的函数 str.find()、str.endswith()、str.startswith() 即可实现。例如在下面的实例文件 jdanwenb.py 中，演示了使用内置模块实现文本模式匹配和查找的过程。

实例 11-5：查找字符串中的字符

源码路径： 下载包 \daima\11\11-5

实例文件 jdanwenb.py 的具体实现代码如下：

```
text = 'yes, but no, but yes, but no, but yes'
text == 'yeah'

# 开头测试匹配
print(text.startswith('yes'))
# 结尾测试匹配
print(text.endswith('no'))

# 搜索第一次出现的位置
print(text.find('no'))
```

执行后会输出：

```
True
False
9
```

11.1.5 文本查找和替换

在 Python 程序中，如果只是想实现简单的文本替换功能，只需使用内置模块 string 中的函数 replace() 即可。函数 replace() 的语法格式如下：

```
str.replace(old, new[, max])
```

- old：将被替换的子字符串。
- new：新字符串，用于替换 old 子字符串。
- max：可选字符串，替换不超过 max 次。

函数 replace() 能够把字符串中的 old（旧字符串）替换成 new（新字符串），如果指定第三个参数 max，则替换不超过 max 次。例如在下面的实例文件 tihuan.py 中，演示了使用函数 replace() 实现文本替换的过程。

实例 11-6：使用函数 replace() 替换文本

源码路径： 下载包 \daima\11\11-6

实例文件 tihuan.py 的具体实现代码如下：

```
str = "www.toppr.net"
print ("玲珑科技新地址：", str)
print ("玲珑科技新地址：", str.replace("chubanbook.com", "www.w3cschool.cc"))

str = "this is string example....hehe!!!"
print (str.replace("is", "was", 3))
```

执行后会输出：

```
玲珑科技新地址：  www.toppr.net
玲珑科技新地址：  www.toppr.net
thwas was string example....hehe!!!
```

11.1.6　实现最短文本匹配

当在 Python 程序中使用正则表达式对文本模式进行匹配时，被识别出来的是最长的可能匹配。要想将匹配结果修改为最短的匹配，此时需要用到正则表达式的知识。例如在下面的实例文件 duan.py 中，演示了使用正则表达式实现最短文本匹配的过程。

实例 11-7：使用正则表达式实现最短文本匹配

源码路径：下载包 \daima\11\11-7

实例文件 duan.py 的具体实现代码如下：

```
import re
① str_pat = re.compile(r'\"(.*)\"')
text1 = '计算机回复说 "no."'
print(str_pat.findall(text1))

text2 = '计算机回复说 "no." 手机回复说 "yes."'
② print(str_pat.findall(text2))

③ str_pat = re.compile(r'\"(.*?)\"')
print(str_pat.findall(text2))
```

①中的模式 r' \" (.*)\" ' 想去匹配包含在引号中的文本，但是，星号 "*" 在正则表达式中采用的是贪心策略，所以匹配过程是基于找出最长的可能匹配来进行的。

②在 text2 的掩饰代码中，错误地匹配成两个被引号包围的字符串。

③在模式中的星号 "*" 后面加上问号 "?" 修饰符，这样匹配过程就不会以贪心方式进行，这样就会生成出最短的匹配。

执行后会输出：

```
['no.']
['no." 手机回复说 "yes.']
['no.', 'yes.']
```

11.1.7　处理 Unicode 文本

当在 Python 程序中处理 Unicode 字符串时，需要确保所有的字符串都拥有相同的底层表示。在 Unicode 字符串中，有一些特定的字符可以被表示成多种合法的代码点序列。例如在下面的实例文件 teshu.py 中，演示了 Unicode 字符串的代码点序列表示方法。

实例 11-8：Unicode 字符串的代码点序列表示方法

源码路径：下载包 \daima\11\11-8

实例文件 teshu.py 的具体实现代码如下：

```
s1 = 'I Love Python\u00f1o'
s2 = 'I Love Pythonn\u0303o'

# (a) Print them out (usually looks identical)
print(s1)

print(s2)

# (b) Examine equality and length
print('s1 == s2', s1 == s2)
print(len(s1), len(s2))
```

在上述代码中，将字符串文本 "I Love Pythonño" 以两种形式显示出来。第一种使用的是字符"ñ"的全组成（U+00F1）形式，第二种使用的是拉丁字母"n"紧跟着一个"~"组合而成的字符（U+0303）形式。执行后会输出：

```
I Love Pythonño
I Love Pythonño
s1 == s2 False
15 16
```

在 Python 程序中，对于一个使用比较字符串的程序来说，因为同一个文本拥有多种不同的表示形式，这个问题给开发者带来了极大的困扰。为了解决这个问题，需要先将文本统一表示为一个规范形式，这在 Python 中通常通过模块 unicodedata 实现。

在 Python 语言中，通过使用模块 unicodedata 中的函数 normalize() 实现归一化操作。归一化的目标是把需要处理的数据经过处理后（通过某种算法）限制在你需要的一定范围内。首先归一化是为了后面数据处理的方便，其次是保证程序运行时收敛加快。归一化的具体作用是归纳统一样本的统计分布性。归一化在 0～1 之间是统计的概率分布，归一化在某个区间上是统计的坐标分布。归一化有同一、统一和合一的意思。

注意：归一化的目的简而言之是使得没有可比性的数据变得具有可比性，同时又保持相比较的两个数据之间的相对关系，如大小关系；或是为了作图，原来很难在一张图上作出来，归一化后就可以很方便地给出图上的相对位置等。

例如在下面的实例文件中，演示了使用函数 normalize() 归一化 Unicode 字符串的过程。

实例 11-9：使用函数 normalize() 归一化 Unicode 字符串

源码路径：下载包 \daima\11\11-9

实例文件 guiyihua.py 的具体实现代码如下：

```
import unicodedata
s1 = 'I Love Python\u00f1o'
s2 = 'I Love Pythonn\u0303o'


n_s1 = unicodedata.normalize('NFC', s1)
n_s2 = unicodedata.normalize('NFC', s2)


print('n_s1 == n_s2', n_s1 == n_s2)
print(len(n_s1), len(n_s2))

# 标准化分解和剥离
t1 = unicodedata.normalize('NFD', s1)
print(''.join(c for c in t1 if not unicodedata.combining(c)))
```

在上述代码中，函数 normalize() 的第一个参数指定了字符串应该如何完成规范表示。为了从某些文本中删除所有的音符标记，进行搜索或匹配处理。执行后会输出：

```
n_s1 == n_s2 True
15 15
I Love Pythonno
```

11.1.8　删除字符串中的字符

在 Python 程序中，如果想在字符串的开始、结尾或中间删除掉不需要的字符或空格，可使用内置模块 string 中的函数 strip() 从字符串的开始和结尾处去掉字符。函数 lstrip() 和 rstrip() 可以分别从左侧或从右侧开始执行删除字符的操作。

（1）函数 strip()

函数 strip() 的功能是删除字符串头尾指定的字符（默认为空格），语法格式如下：

```
str.strip([chars]);
```

参数 chars 表示删除字符串头尾指定的字符。

（2）函数 lstrip()

函数 lstrip() 的功能是截取掉字符串左边的空格或指定字符。其语法格式如下：

```
str.lstrip([chars])
```

参数 chars 用于设置截取的字符，返回值是截掉字符串左边的空格或指定字符后生成的新字符串。

（3）函数 rstrip()

函数 rstrip() 的功能是删除 string 字符串末尾的指定字符（默认为空格），语法格式如下：

```
str.rstrip([chars])
```

参数 chars 用于指定删除的字符（默认为空格），返回值是删除 string 字符串末尾的指定字符后生成的新字符串。

例如在下面的实例文件中，演示了使用上述三个函数删除字符串字符的过程。

实例 11-10：删除字符串中的指定的内容

源码路径：下载包 \daima\11\11-10

实例文件 shanchu.py 的具体实现代码如下：

```
str = "     this is string example....wow!!!     ";
print( str.lstrip() );
str = "88888888this is string example....wow!!!8888888";
print( str.lstrip('8') );


str1 = "     this is string example....wow!!!     "
print (str1.rstrip())
str2 = "*****this is string example....wow!!!*****"
print (str2.rstrip('*'))

str3 = "     this is string example....wow!!!     ";
print( str3.lstrip() );
str3 = "88888888this is string example....wow!!!8888888";
print( str3.lstrip('8') );
```

执行后会输出：

```
this is string example....wow!!!
this is string example....wow!!!8888888
     this is string example....wow!!!
*****this is string example....wow!!!
this is string example....wow!!!
this is string example....wow!!!8888888
```

读者需要注意的是，上述删除字符的操作函数不会对位于字符串中间的任何文本起作用。例如下面的演示代码：

```
>>> s = ' hello world \n'
>>> s = s.strip()
>>> s
```

```
'hello world'
>>>
```

11.1.9　字符过滤和清理

在 Python 程序中，有时候想以某种方式清理过滤掉文本中的某类字符，例如用户注册表单中的非法字符。在现实应用中，文本过滤和清理操作涉及文本解析和数据处理等领域，在实现时可以从以下三个方面着手：

（1）在一些简单的应用中，可以用基本的字符串函数（例如 str.upper() 和 str.lower()）将文本转换为标准形式；

（2）在实现简单的替换操作时，可以通过内置函数 str.replace() 或 re.sub() 来实现，将核心操作用在删除或修改特定的字符序列上；

（3）可以利用 unicodedata.normalize() 函数来规范化文本，式将其清理掉。

如果想删除整个范围内的字符，可以使用内置函数 str.translate() 实现，其语法格式如下：

```
str.translate(table[, deletechars]);
bytes.translate(table[, delete])
bytearray.translate(table[, delete])
```

● 参数 table：翻译表，翻译表是通过 maketrans() 方法转换而来。

● 参数 deletechars：字符串中要过滤的字符列表。

函数 translate() 的功能是根据参数 table 给出的表（包含 256 个字符）转换字符串的字符，将要被过滤掉的字符放到数 deletechars 中。返回值是翻译后的字符串，如果给出了 delete 参数，则删除原来在 bytes 中的属于 delete 的字符，剩下的字符要按照 table 中给出的映射来进行映射。

请看下面的实例文件，功能是使用函数 translate() 删除空格和 Unicode 组合字符。

实例 11-11：删除空格和 Unicode 组合字符

源码路径：下载包 \daima\11\11-11

实例文件 gaoji.py 的具体实现代码如下：

```
① s = 'p\xfdt\u0125\xf6\xf1\x0cis\tppppp\r\n'
print(s)

# 删除空格
② chuli = {
    ord('\t') : ' ',
    ord('\f') : ' ',
    ord('\r') : None                                   # 删除
}

a = s.translate(chuli)

③ print('whitespace chuliped:', a)

# 删除所有的 Unicode 组合字符标记
④ import unicodedata
import sys
cmb_chrs = dict.fromkeys(c for c in range(sys.maxunicode)
                         if unicodedata.combining(chr(c)))
```

```
b = unicodedata.normalize('NFD', a)
c = b.translate(cmb_chrs)
⑤ print('accents removed:', c)

# 使用 I/O 解码和编码函数
⑥ d = b.encode('ascii','ignore').decode('ascii')
⑦ print('accents removed via I/O:', d)
```

①打印输出混乱字符串 s。

②③首先建立一个小型的转换表 chuli，然后使用函数 translate() 删除空格。类似"\t"和"\f"之类的空格字符已经被重新映射成一个单独的空格，回车符"\r"已经被完全被删除掉。

④⑤删除掉所有的 Unicode 组合字符，首先使用函数 dict.fromkeys() 构建一个将每个 Unicode 组合字符都映射为 None 的字典。原始的输入信息会通过 unicodedata.normalize() 函数转换为分离的形式，然后再通过函数 translate() 删除所有的重复符号。同样道理，读者朋友们也可以使用相似的方法来删除其他类型的字符，例如控制字符。

⑥⑦首先初步清理文本，然后利用函数 encode() 和 decode() 修改或清理文本。函数 normalize() 先对原始的文本进行操作，后续的 ASCII 编码 / 解码只是简单地一次性丢弃所有不需要的字符。

执行后的效果如图 11-1 所示。

pýthon♠is　ppppp

whitespace chuliped: pýthon is ppppp

accents removed: python is ppppp

accents removed via I/O: python is ppppp

图 11-1

11.1.10　字符串对齐处理

在 Python 程序中，有些时候根据不同需要，字符串要做一些左对齐、居中、右对齐操作，可以使用如下所示的三个内置函数实现字符串的对齐处理，这三个函数被保存在内置模块 string 中。

（1）函数 ljust()

函数 ljust() 的功能是返回一个原字符串左对齐，并使用空格填充至指定长度的新字符串。如果指定的长度小于原字符串的长度，则返回原字符串。其语法格式如下：

```
str.ljust(width[, fillchar])
```

● 参数 width：指定字符串长度。

● 参数 fillchar：填充字符，默认为空格。

（2）函数 rjust()

函数 rjust() 的功能是返回一个原字符串右对齐,并使用空格填充至长度 width 的新字符串。如果指定的长度小于字符串的长度，则返回原字符串。其语法格式如下：

```
str.rjust(width[, fillchar])
```

- 参数 width：填充指定字符后中字符串的总长度。
- 参数 fillchar：填充的字符，默认为空格。

（3）函数 center()

函数 center() 的功能是返回一个指定的宽度 width 居中的字符串，fillchar 为填充的字符，默认值为空格。其语法格式如下：

```
str.center(width[, fillchar])
```

- 参数 width：字符串的总宽度。
- 参数 fillchar：填充字符。

例如在下面的实例文件 duiqi.py 中，演示了使用上述三个函数实现字符串对齐处理的过程。

实例 11-12：按照指定格式对齐字符串

源码路径：下载包 \daima\11\11-12

实例文件 duiqi.py 的具体实现代码如下：

```
str = "Toppr example....wow!!!"
print (str.ljust(50, '*'))

str1 = "this is string example....wow!!!"
print (str1.rjust(50, '*'))

str3 = "[www.toppr.net]"
print ("str3.center(40, '*') : ", str.center(40, '*'))
```

执行后会输出：

```
Toppr example....wow!!!***************************

*****************this is string example....wow!!!
str3.center(40, '*') :  ********Toppr example....wow!!!*********
```

11.1.11　字符串连接和合并

在 Python 程序中，通常需要将许多个小的字符串合并成一个大的字符串。其中最为简单的方法是使用内置模块 string 中的 join() 函数，此函数的功能是将序列中的元素以指定的字符连接生成一个新的字符串，具体语法格式如下：

```
str.join(sequence)
```

参数 sequence 表示要连接的元素序列。例如在下面的实例文件 lianjie.py 中，演示了使用函数 join() 和其他方式实现字符串连接功能的过程。

实例 11-13：合并给出的多个字符串

源码路径：下载包 \daima\11\11-13

实例文件 lianjie.py 的具体实现代码如下：

```
① s1 = "-"

s2 = ""
seq = ("t", "o", "p", "p", "r") # 字符串序列
print (s1.join( seq ))
print (s2.join( seq ))
```

```
parts = ['Is', 'Toppr', 'Not', 'Topr?']
print(' '.join(parts))
print(','.join(parts))
② print(''.join(parts))

③ a = 'Is Toppr'
b = 'Not Topr?'
④ print(a + ' ' + b)

⑤ print('{} {}'.format(a,b))
⑥ print(a + ' ' + b)

⑦ a = 'Is Toppr'' ''Not Topr?'
⑧ print(a)
```

①②使用函数 join() 实现字符串连接，乍看上去其语法可能显得有些怪异，但是 join() 函数操作其实是字符串对象的一个方法。因为想要合并在一起的对象可能来自于各种不同的数据序列，例如可能是列表、元组、字典、文件、集合或生成器，如果每次单独在每一种序列对象中实现一个 join() 函数，就会显得十分多余。所以好的做法是只需要指定想要的分隔字符串，然后在字符串对象上使用 join() 函数将文本片段连接在一起即可。

③④使用加号操作符 "+" 实现字符串连接。

⑤⑥为了实现更加复杂的字符串格式化操作，加号操作符 "+" 可以作为 format() 函数的替代者。

⑦⑧如果想在源代码中将字符串字面值合并在一起，可以简单地将它们排列在一起，在中间无须使用加号操作符 "+"。

执行后输出：

```
t-o-p-p-r
toppr
Is Toppr Not Topr?
Is,Toppr,Not,Topr?
IsTopprNotTopr?
Is Toppr Not Topr?
Is Toppr Not Topr?
Is Toppr Not Topr?
Is Toppr Not Topr?
```

读者们需要注意，使用加号 "+" 连接符做大量的字符串连接是非常低效的，这是因为会产生内存拷贝和垃圾收集。例如可能会写出如下所示的字符串连接代码：

```
s = ''
for p in parts:
s += p
```

上述代码的做法比使用 join() 函数要慢很多，这是因为每个 "+=" 操作都会创建一个新的字符串对象。最好的做法是先收集所有要连接的部分，然后再一次将它们连接起来。

11.2　数字处理函数

在 Python 的内置模块中，提供了大量的数字处理函数，通过这些函数可以帮助开发者灵活高效地处理数字。在本节的内容中，将详细讲解使用 Python 数字处理函数的知识。

11.2.1 使用 math 模块实现数学运算

在 Python 语言中，模块 math 提供了一些实现基本数学运算功能的函数，例如求弦、求根等。在下面的内容中，将详细讲解 math 模块中常用内置函数的知识。

（1）函数 abs()：功能是计算一个数字的绝对值，其语法格式如下：

```
abs( x )
```

参数 x 是一个数值表达式，如果参数 x 是一个复数，则返回它的大小。例如在下面的实例文件 juedui.py 中，演示了使用函数 abs() 返回数字绝对值的过程。

实例 11-14：使用函数 abs() 返回数字绝对值

源码路径：下载包 \daima\11\11-14

实例文件 juedui.py 的具体实现代码如下：

```
print ("abs(-40) : ", abs(-40))
print ("abs(100.10) : ", abs(100.10))
```

执行后会输出：

```
abs(-40) :  40
abs(100.10) :  100.1
```

（2）函数 ceil(x)：功能是返回一个大于或等于 x 的最小整数。其语法格式如下：

```
math.ceil( x )
```

参数 x 是一个数值表达式。

在 Python 程序中，函数 ceil() 是不能直接访问的，在使用时需要导入 math 模块，通过静态对象调用该函数。

例如在下面的实例文件中，演示了使用函数 ceil() 返回最小整数值的过程。

实例 11-15：使用函数 ceil() 返回最小整数值

源码路径：下载包 \daima\11\11-15

实例文件 zuixiaozheng.py 的具体实现代码如下：

```
import math  # 导入 math 模块
print ("math.ceil(-45.17) : ", math.ceil(-45.17))
print ("math.ceil(100.12) : ", math.ceil(100.12))
print ("math.ceil(100.72) : ", math.ceil(100.72))
print ("math.ceil(math.pi) : ", math.ceil(math.pi))
```

执行后会输出：

```
math.ceil(-45.17) :  -45
math.ceil(100.12) :  101
math.ceil(100.72) :  101
math.ceil(math.pi) :  4
```

在上述代码中，如果删除了头文件"import math"，则后面的代码会提示错误。

（3）函数 exp()：返回参数 x 的指数 e^x。其语法格式如下：

```
math.exp( x )
```

在 Python 程序中，函数 exp() 是不能直接访问的，在使用时需要导入 math 模块，通过静态对象调用该函数。

（4）函数 fabs()：功能是返回数字的绝对值，如 math.fabs(-10) 返回 10.0。其语法格式如下所示：

```
math.fabs(x)
```

函数 fabs() 类似于 abs() 函数，两者主要有如下所示的两点区别：

● abs() 是内置标准函数，而 fabs() 函数在 math 模块中定义；

● 函数 fabs() 只对浮点型跟整型数值有效，而函数 abs() 还可以被运用在复数中。

在 Python 程序中，函数 fabs() 是不能直接访问的，在使用时需要导入 math 模块，通过静态对象调用该函数。

（5）函数 floor(x)：功能是返回参数数字 x 的下舍整数，返回值小于或等于 x。其语法格式如下：

```
math.floor( x )
```

在 Python 程序中，函数 floor(x) 是不能直接访问的，在使用时需要导入 math 模块，通过静态对象调用该函数。

（6）函数 log()：功能是返回参数 x 的自然对数，x > 0。其语法格式如下：

```
math.log( x )
```

在 Python 程序中，函数 log() 是不能直接访问的，在使用时需要导入 math 模块，通过静态对象调用该函数。

（7）函数 log10()：功能是返回以 10 为基数的参数 x 对数，x>0。其语法格式如下：

```
math.log10( x )
```

在 Python 程序中，函数 log10() 是不能直接访问的，在使用时需要导入 math 模块，通过静态对象调用该函数。

（8）函数 max()：功能是返回指定参数的最大值，参数可以是序列。其语法格式如下：

```
max( x, y, z, .... )
```

参数 x、y 和 z 都是一个数值表达式。

（9）函数 min()：功能是返回给定参数的最小值，参数是一个序列。其语法格式如下：

```
min( x, y, z, .... )
```

（10）函数 modf()：功能是分别返回参数 x 的整数部分和小数部分，两部分的数值符号与参数 x 相同，整数部分以浮点型表示。其语法格式如下：

```
math.modf( x )
```

在 Python 程序中，函数 modf() 是不能直接访问的，在使用时需要导入 math 模块，通过静态对象调用该函数。

（11）函数 pow()：功能是返回 x^y（x 的 y 次方）的结果值。在 Python 程序中，有两种语法格式的 pow() 函数。其中在 math 模块中，函数 pow() 的语法格式如下：

```
math.pow( x, y )
```

Python 内置的标准函数 pow() 的语法格式如下：

```
pow(x, y[, z])
```

函数 pow() 的功能是计算 x 的 y 次方，如果 z 存在，则再对结果进行取模，其结果等于：pow(x,y) %z。

如果通过 Python 内置函数的方式直接调用 pow()，内置函数 pow() 会把其本身的参数作为整型。而在 math 模块中，则会把参数转换为 float 型。

例如在下面的实例文件中，演示了使用两种格式 pow() 函数的过程。

实例 11-16：使用两种格式的 pow() 函数

源码路径：下载包 \daima\11\11-16

实例文件 cifang.py 的具体实现代码如下：

```python
import math    # 导入 math 模块
print ("math.pow(100, 2) : ", math.pow(100, 2))
# 使用内置，查看输出结果区别
print ("pow(100, 2) : ", pow(100, 2))
print ("math.pow(100, -2) : ", math.pow(100, -2))
print ("math.pow(2, 4) : ", math.pow(2, 4))
print ("math.pow(3, 0) : ", math.pow(3, 0))
```

执行后会输出：

```
math.pow(100, 2) :  10000.0
pow(100, 2) :  10000
math.pow(100, -2) :  0.0001
math.pow(2, 4) :  16.0
math.pow(3, 0) :  1.0
```

（12）函数 round()：功能是返回浮点数 x 的四舍五入值，其语法格式如下：

```
round( x [, n] )
```

参数 x 和 n 都是一个数值表达式。例如在下面的实例文件中，演示了使用函数 round() 计算指定数字四舍五入值的过程。

实例 11-17：计算指定数字四舍五入值

源码路径：下载包 \daima\11\11-17

实例文件 sishe.py 的具体实现代码如下：

```python
print ("round(70.23456) : ", round(70.23456))
print ("round(56.659,1) : ", round(56.659,1))
print ("round(80.264, 2) : ", round(80.264, 2))
print ("round(100.000056, 3) : ", round(100.000056, 3))
print ("round(-100.000056, 3) : ", round(-100.000056, 3))
```

执行后会输出：

```
round(70.23456) :  70
round(56.659,1) :  56.7
round(80.264, 2) :  80.26
round(100.000056, 3) :  100.0
round(-100.000056, 3) :  -100.0
```

（13）函数 sqrt()：功能是返回参数 x 的平方根，其语法格式如下：

```
math.sqrt( x )
```

在 Python 程序中，函数 sqrt() 是不能直接访问的，在使用时需要导入 math 模块，通过静态对象调用该函数。

（14）函数 isinf(x)：如果 x 为无穷大，则返回 True；否则，返回 False。其语法格式如下：

```
math.isinf(x)
```

（15）函数 isnan(x)：如果 x 不是数字则返回 True，否则返回 False。其语法格式如下：

```
math.isnan(x)
```

除了上面介绍的内置函数外，在模块 math 中还包含了大量的三角函数，具体说明见表 11-1。

表 11-1

函　　数	描　　述
acos(x)	返回 x 的反余弦弧度值
asin(x)	返回 x 的反正弦弧度值
atan(x)	返回 x 的反正切弧度值
atan2(y, x)	返回给定的 X 及 Y 坐标值的反正切值
cos(x)	返回 x 弧度的余弦值
hypot(x, y)	返回欧几里德范数 sqrt(x*x + y*y)
sin(x)	返回 x 弧度的正弦值
tan(x)	返回 x 弧度的正切值
degrees(x)	将弧度转换为角度，如 degrees(math.pi/2)，返回 90.0
radians(x)	将角度转换为弧度

注意：有关上述函数的基本知识和具体用法，请读者参阅官方文档。

11.2.2　使用 decimal 模块实现精确运算

在 Python 程序中，模块 decimal 的功能是实现定点数和浮点数的数学运算。decimal 实例可以准确地表示任何数字，对其上取整或下取整，还可以对有效数字个数加以限制。当在程序中需要对小数进行精确计算，不希望因为浮点数天生存在的误差带来影响时，decimal 模块便是开发者的最佳选择。例如在下面的实例文件中，演示了分别实现误差运算和精确运算的过程。

实例 11-18：分别实现误差运算和精确运算

源码路径：下载包 \daima\11\11-18

实例文件 wucha.py 的具体实现代码如下：

```
①a = 4.2
②b = 2.1
print(a + b)
print((a + b) == 6.3)

from decimal import Decimal
③a = Decimal('4.2')
b = Decimal('2.1')
print(a + b)

print(Decimal('6.3'))
print(a + b)
④print((a + b) == Decimal('6.3'))
from decimal import localcontext
⑤a = Decimal('1.3')
b = Decimal('1.7')
print(a / b)

with localcontext() as ctx:
  ctx.prec = 3                              #设置 3 位精度
  print(a / b)
```

```
with localcontext() as ctx:
  ctx.prec = 50                                        # 设置 50 位精度
⑥ print(a / b)
```

①②展示浮点数是一个尽人皆知的问题：无法精确表达出所有的十进制小数位。从原理上讲，这些误差是底层 CPU 的浮点运算单元和 IEEE 754 浮点数算术标准的一种"特性"。因为 Python 使用原始表示形式保存浮点数类型数据，所以如果在编写代码时用到了 float 实例，那么就无法避免类似的误差。

③④使用 decimal 模块解决浮点数误差，将数字以字符串的形式进行指定。Decimal 对象能以任何期望的方式来工作，能够支持所有常见的数学操作。如果要将它们打印出来或在字符串格式化函数中使用，看起来就和普通的数字一样。

⑤⑥使用 decimal 模块设置运算数字的小数位数，在实现时需要创建一个本地的上下文环境，然后修改其设定。

执行后会输出：

```
6.300000000000001
False
6.3
6.3
6.3
True
0.76470588235294117647058823553
0.765
0.7647058823529411764705882352941176470588235294117
```

很多 Python 新手可能会更加喜欢用 decimal 模块来规避解决 float 数据类型所固有的精度问题。笔者在此建议，如果读者处理的是科学或工程类的问题，例如计算机图形学或者大部分带有科学性质的问题，那么更常见的做法是直接使用普通的浮点类型。首先，在真实世界中极少有什么东西需要计算到小数点后 17 位（float 提供 17 位的精度）。因此，在计算中引入的微小误差就显得吹毛求疵。其次，在执行大量的计算时，原生的浮点数运算性能要快上许多，此时的性能问题就显得非常重要了。

11.2.3 处理二进制、八进制和十六进制数据

在 Python 程序中，当需要对以二进制、八进制或十六进制表示的数值进行转换或输出操作时，通常可以使用内置函数 bin()、oct() 和 hex() 来实现，这三个函数可以将一个整数转换为二进制、八进制或十六进制的文本字符串形式。如果不想在程序中出现 0b、0o 或者 0x 之类的进制前缀符，可以使用 format() 函数来进行处理。如果需要将字符串形式的整数转换为不同的进制，可以使用函数 int() 来实现。

例如在下面的实例文件中，演示了将一个整数转换为二进制、八进制或十六进制的过程。

实例 11-19：将一个整数转换为二进制、八进制或十六进制

源码路径： 下载包 \daima\11\11-19

实例文件 erbashiliu.py 的具体实现代码如下：

```
① x = 123
print(bin(x))
print(oct(x))
② print(hex(x))
```

```
③ print(format(x, 'b'))
print(format(x, 'o'))

④ print(format(x, 'x'))

⑤ x = -123
print(format(x, 'b'))
⑥ print(format(x, 'x'))

⑦ x = -123
print(format(2**32 + x, 'b'))
⑧ print(format(2**32 + x, 'x'))

⑨ print(int('4d2', 16))
⑩ print(int('10011010010', 2))
```

①②使用内置函数 bin()、oct() 和 hex() 实现进制转换。

③④使用函数 format() 取消进制的前缀。

⑤⑥转换处理负整数。

⑦⑧添加最大值来设置比特位的长度，这样可以生成一个无符号的数值。

⑨⑩使用函数 int() 设置进制，将字符串形式的整数转换为不同的进制。

执行后会输出：

```
0b1111011
0o173
0x7b
1111011
173
7b
-1111011
-7b
11111111111111111111111110000101
ffffff85
1234
1234
```

11.2.4　实现复数运算

在 Python 程序中，有如下两种方式实现复数运算：

（1）使用"浮点数 + 后缀 j"的格式进行指定；

（2）使用函数 complex(real, imag) 实现复数运算功能，函数 complex() 的功能是创建一个值为"real + imag * j"的复数或者转化一个字符串或数为复数。其语法格式如下所示：

```
class complex([real[, imag]])
```

参数 real 是 int、long、float 或字符串格式，参数 imag 是 int、long 或 float 格式；如果第一个参数为字符串，则不需要指定第二个参数。

例如在下面的实例文件中，演示了操作处理复数数据的过程。

实例 11-20：操作处理复数数据

源码路径：下载包 \daima\11\11-20

实例文件 complexYONG.py 的具体实现代码如下：

```
a = complex(2, 4)
b = 3 - 5j
① print(a)
```

```
② print(b)

③ print(a.real)
print(a.imag)
④ print(a.conjugate())

⑤ print(a + b)
print(a * b)
print(a / b)
⑥ print(abs(a))

⑦ import cmath
print(cmath.sin(a))
print(cmath.cos(a))
⑧ print(cmath.exp(a))
```

①使用函数 complex() 处理复数，②使用浮点数加后缀 j 的格式来处理复数。

③④提取复数的实部、虚部和共轭值。

⑤⑥使用常见的算术运算来操作处理复数。

⑦⑧使用 cmath 模块执行和复数有关的求正弦、余弦或平方根函数操作。

执行后会输出：

```
(2+4j)
(3-5j)
2.0
4.0
(2-4j)
(5-1j)
(26+2j)
(-0.4117647058823529+0.6470588235294118j)
11.37213595499958
(24.83130584894638-11.356612711218174j)
(-11.36423470640106-24.814651485634187j)
(-4.829809383269385-5.5920560936409816j)
```

11.2.5 使用 fractions 模块处理分数

在 Python 程序中，通过内置模块 fractions 来处理分数。类 Fraction 是 fractions 模块的核心，它继承了 numbers.Rational 类并且实现了该类所有的方法。类 Fraction 包括如下两个构造函数：

```
class fractions.Fraction(numerator=0, denominator=1)
class fractions.Fraction(int|float|str|Decimal|Fraction)
```

开发者可以同时提供分子（numerator）和分母（denominator）给构造函数用于实例化 Fraction 类，但两者必须同时是 int 类型或者 numbers.Rational 类型，否则会抛出类型错误。当分母为 0，初始化的时候会导致抛出异常 ZeroDivisionError。

如果只提供一个参数，则可以用上述五种类型进行初始化。当使用字符串进行初始化时，fractions 模块使用内置的正则表达式进行匹配。而使用浮点数或者 Decimal 进行初始化时，fractions 模块会在内部调用 as_integer_ratio()。

例如在下面的实例文件中，演示了使用 fractions 模块处理分数的过程。

实例 11-21：对分数进行各种运算处理

源码路径：下载包 \daima\11\11-21

实例文件 fenshu.py 的具体实现代码如下：

```
from fractions import Fraction
print(Fraction(16, -10))
print(Fraction(123))
print(Fraction())
print(Fraction('3/7'))
print(Fraction(' -3/7 '))
print(Fraction('1.414213 \t\n'))
print(Fraction('-.125'))
print(Fraction('7e-6'))
print(Fraction(2.25))
print(Fraction(1.1))
from decimal import Decimal
print(Fraction(Decimal('1.1')))
```

执行后会输出：

```
-8/5
123
0
3/7
-3/7
1414213/1000000
-1/8
7/1000000
9/4
2476979795053773/2251799813685248
11/10
```

11.2.6 使用 NumPy 模块

在 Python 程序中，模块 numpy（Numerical Python）提供了对多维数组对象的支持。不仅具有矢量运算能力，并且支持高级大量的维度数组与矩阵运算，也针对数组运算提供大量的数学函数库。例如在下面的实例文件中，演示了使用 NumPy 模块分别创建一维数组和二维数组的过程。

实例 11-22：创建一维数组和二维数组

源码路径：下载包 \daima\11\11-22

实例文件 daxing.py 的具体实现代码如下：

```
import numpy as np
data= np.array([2,5 ,6 ,8 ,3 ])              # 构造一个简单的数组
print(data)
data1=np.array([[2,5,6,8,3],np.arange(5)])   # 构建一个二维数组
print(data1)
```

执行后会输出：

```
[2 5 6 8 3]
[[2 5 6 8 3]
 [0 1 2 3 4]]
```

模块 NumPy 的主要功能是为 Python 提供数组对象，因为比标准 Python 中的列表有更好的性能表现，所以更加适合于做数学计算方面的工作。

11.3　日期和时间函数

在 Python 的内置模块中，提供了大量的日期和时间函数，通过这些函数可以帮助开发者快速实现日期和时间功能。在本节的内容中，将详细讲解使用 Python 时间和日期函数的知识。

11.3.1　使用时间模块

在 Python 程序中，时间 Time 模块中的常用内置函数如下：

（1）函数 time.altzone：功能是返回格林威治西部的夏令时地区的偏移秒数，如果该地区在格林威治东部会返回负值（如西欧，包括英国）。只有对夏令时启用地区才能使用此函数。例如下面的演示过程展示了函数 altzone() 的使用方法。

```
>>> import time
>>> print ("time.altzone %d " % time.altzone)
time.altzone -28800
```

（2）函数 time.asctime([tupletime])：功能是接受时间元组并返回一个可读的形式为"Tue Dec 11 18:07:14 2018"（2018 年 12 月 11 日 周二 18 时 07 分 14 秒）的 24 个字符的字符串。例如下面的演示过程展示了函数 asctime() 的使用方法：

```
>>> import time
>>> t = time.localtime()
>>> print ("time.asctime(t): %s " % time.asctime(t))
time.asctime(t): Thu Apr  7 10:36:20 2018
```

（3）函数 time.clock()：以浮点数计算的秒数返回当前的 CPU 时间，用来衡量不同程序的耗时，比 time.time() 函数更有用。读者需要注意，函数 time clock() 在不同的操作系统中的含义不同。在 UNIX 系统中，它返回的是"进程时间"，是用秒表示的浮点数（时间戳）。当在 Windows 系统中第一次调用时，返回的是进程运行的实际时间。而在第二次之后调用的是自第一次调用以后到现在的运行时间（实际上是以 Win32 上 QueryPerformanceCounter() 为基础，它比毫秒表示更为精确）。

在第一次调用函数 time.clock() 的时候，返回的是程序运行的实际时间。第二次之后的调用，返回的是自第一次调用后，到这次调用的时间间隔。在 Win32 系统下，这个函数返回的是真实时间（wall time），而在 UNIX/Linux 下返回的是 CPU 时间。

例如在下面的实例中，演示了使用函数 time.clock() 实现时间处理的过程。

实例 11-23：使用函数 time.clock() 实现时间处理

源码路径：下载包 \daima\11\11-23

实例文件 shijian01.py 的具体实现代码如下：

```
import time

def procedure():
    time.sleep(2.5)

# time.clock
t0 = time.clock()

procedure()
```

```
print (time.clock() - t0)

# time.time
t0 = time.time()
procedure()
print (time.time() - t0)
```

在不同机器的执行效果不同，在笔者机器中执行后会输出：

```
2.5002231225581215
2.5006518363952637
```

（4）函数 time.ctime([secs])：其功能相当于 asctime(localtime(secs)) 函数，如果没有参数，则相当于 asctime() 函数。例如下面的演示过程展示了函数 time.ctime() 的使用方法：

```
>>> import time
>>> print ("time.ctime() : %s" % time.ctime())
time.ctime() : Thu Apr  7 10:51:58 2018
```

（5）函数 time.gmtime([secs])：接收时间戳并返回格林威治天文时间下的时间元组 t。读者需要注意，t.tm_isdst 始终为 0。例如下面的演示过程展示了函数 gmtime() 的使用方法：

```
>>> import time
>>> print ("gmtime :", time.gmtime(1455508609.34375))
gmtime : time.struct_time(tm_year=2016, tm_mon=2, tm_mday=15, tm_hour=3, tm_
min=56, tm_sec=49, tm_wday=0, tm_yday=46, tm_isdst=0)
```

（6）函数 time.localtime([secs])：接收时间戳并返回当地时间下的时间元组 t（t.tm_isdst 可以取 0 或 1，取决于当地当时是不是夏令时）。例如下面的演示过程展示了函数 localtime() 的使用方法：

```
>>> import time
>>> print ("localtime(): ", time.localtime(1455508609.34375))
localtime():  time.struct_time(tm_year=2016, tm_mon=2, tm_mday=15, tm_hour=11,
tm_min=56, tm_sec=49, tm_wday=0, tm_yday=46, tm_isdst=0)
```

（7）函数 time.mktime(tupletime)：接受时间元组并返回时间戳。函数 mktime(tupletime) 执行与 gmtime(), localtime() 相反的操作，能够接收 struct_time 对象作为参数，返回用秒数来表示时间的浮点数。如果输入的值不是一个合法的时间，将会触发 OverflowError 或 ValueError 错误。参数 tupletime 是结构化的时间或者完整的 9 位元组元素。例如在下面的实例中，演示了使用函数 mktime(tupletime) 实现时间操作的过程。

实例 11-24：使用函数 mktime(tupletime) 实现时间操作

源码路径：下载包 \daima\11\11-24

实例文件 shijian02.py 的具体实现代码如下：

```
import time

t = (2018, 2, 17, 17, 3, 38, 1, 48, 0)
secs = time.mktime( t )
print ("time.mktime(t) : %f" % secs)

print ("asctime(localtime(secs)): %s" % time.asctime(time.localtime(secs)))
```

执行后会输出：

```
time.mktime(t) : 1518858218.000000
asctime(localtime(secs)): Sat Feb 17 17:03:38 2018
```

（8）函数 time.sleep(secs)：功能是推迟调用线程的运行，参数 secs 指秒数。例如下面的演示过程展示了函数 time.sleep(secs) 的使用方法：

```
import time
print ("Start : %s" % time.ctime())
time.sleep( 5 )
print ("End : %s" % time.ctime())
```

（9）函数 time.strftime(fmt[,tupletime])：接收时间元组，并返回以可读字符串表示的当地时间，格式由 fmt 决定。例如下面的演示实例展示了 strftime() 函数的使用方法：

```
>>> import time
>>> print (time.strftime("%Y-%m-%d %H:%M:%S", time.localtime()))
2018-011-07 11:18:05
```

（10）函数 time.strptime(str,fmt= '%a %b %d %H:%M:%S %Y')：根据 fmt 的格式把一个时间字符串解析为时间元组。例如下面的演示实例展示了 strftime() 函数的使用方法：

```
>>> import time
>>> struct_time = time.strptime("30 Nov 00", "%d %b %y")
>>> print ("返回元组：", struct_time)
返回元组：  time.struct_time(tm_year=2000, tm_mon=11, tm_mday=30, tm_hour=0, tm_
min=0, tm_sec=0, tm_wday=3, tm_yday=335, tm_isdst=-1)
```

（11）函数 time.time( )：返回当前时间的时间戳。例如下面的演示实例展示了 time() 函数的使用方法：

```
>>> import time
>>> print(time.time())
1459999336.1963577
```

（12）函数 time.tzset()：根据环境变量 TZ 重新初始化时间相关设置，不能在 Windows 系统下使用此函数。标准 TZ 环境变量的语法格式如下：

```
std offset [dst [offset [,start[/time], end[/time]]]]
```

参数说明见表 11-2。

表 11-2

参数名称	描　述
std 和 dst	表示三个或者多个时间的缩写字母，传递给 time.tzname
offset	距 UTC 的偏移，格式是：[+|-]hh[:mm[:ss]] {h=0-23, m/s=0-59}
start[/time], end[/time]	DST 开始生效时的日期，格式 m.w.d，分别代表日期的月份、周数和日期。w=1 指月份中的第一周，而 w=5 指月份的最后一周。'start' 和 'end' 可以是以下格式之一：Jn: 儒略日 n (1 <= n <= 365)。闰年日（2 月 29）不计算在内
n	儒略日 (0 <= n <= 365)，闰年日（2 月 29）计算在内
Mm.n.d	日期的月份、周数和日期，w=1 指月份中的第一周，而 w=5 指月份的最后一周
time	（可选）DST 开始生效时的时间（24 小时制），默认值为 02:00（指定时区的本地时间）

例如在下面的实例文件中，演示了使用函数 time.tzset() 实现时间操作的过程。

实例 11-25：使用函数 time.tzset() 格式化显示时间

源码路径：下载包 \daima\11\11-25

实例文件 shijian03.py 的具体实现代码如下：

```
import time
import os

os.environ['TZ'] = 'EST+05EDT,M4.1.0,M10.5.0'
time.tzset()
```

```
print(time.strftime('%X %x %Z'))

os.environ['TZ'] = 'AEST-10AEDT-11,M10.5.0,M3.5.0'

time.tzset()
print(time.strftime('%X %x %Z'))
```

执行后会输出：

```
23:25:45 04/06/18 EDT
13:25:45 04/07/18 AEST
```

在模块 Time 中，包含了以下两个非常重要的属性：

● 属性 time.timezone：是当地时区（未启动夏令时）距离格林威治的偏移秒数（>0，美洲 ;<=0 大部分欧洲、亚洲、非洲）。

● 属性 time.tzname：包含一对根据情况的不同而不同的字符串，分别是带夏令时的和不带夏令时的本地时区名称。

11.3.2　使用 Calendar 日历模块

在 Python 程序中，日历 Calendar 模块中的常用内置函数如下：

（1）函数 calendar.calendar(year,w=2,l=1,c=6)：返回一个多行字符串格式的 year 年年历，3 个月一行，间隔距离为 c。 每日宽度间隔为 w 字符。每行长度为 21* W+18+2* C。1 代表每星期行数。

（2）函数 calendar.firstweekday()：返回当前每周起始日期的设置。在默认情况下，首次载入 caendar 模块时返回 0，即表示星期一。

（3）函数 calendar.isleap(year)：是闰年则返回 True，否则为 false。

（4）函数 calendar.leapdays(y1,y2)：返回在 Y1 和 Y2 两年之间的闰年总数。

（5）函 数 calendar.month(year,month,w=2,l=1)： 返回一个多行字符串格式的 year 年 month 月日历，两行标题，一周一行。每日宽度间隔为 w 字符，每行的长度为 7* w+6。L 表示每星期的行数。

（6）函数 calendar.monthcalendar(year,month)：返回一个整数的单层嵌套列表，每个子列表装载代表一个星期的整数，year 年 month 月外的日期都设为 0。范围内的日子都由该月第几日表示，从 1 开始。

（7）函数 calendar.monthrange(year,month)：返回两个整数，第一个整数是该月的首日是星期几，第二个整数是该月的天数 (28 ～ 31)。

（8）函数 calendar.prcal(year,w=2,l=1,c=6)：相当于 print calendar.calendar(year,w,l,c)。

（9）calendar.prmonth(year,month,w=2,l=1)：相当于 print calendar.calendar（year，w，l，c）。

（10）函数 calendar.setfirstweekday(weekday)：设置每周的起始日期码，0（星期一）到 6（星期日）。

（11）函数 calendar.timegm(tupletime)：和函数 time.gmtime 相反，功能是接受一个时间元组形式，返回该时刻的时间辍。很多 Python 程序用一个元组装起来的 9 组数字处理时间，具体说明见表 11-3。

表 11-3

序　号	字　段	值（举例）
1	4 位数年	2018
2	月	1 到 12
3	日	1 到 31
4	小时	0 到 23
5	分钟	0 到 59
6	秒	0 到 61 (60 或 61 是闰秒)
7	一周的第几日	0 到 6 (0 是周一)
8	一年的第几日	1 到 366 (儒略历)
9	夏令时	-1, 0, 1, -1 是决定是否为夏令时的标志

这样我们可以定义一个元组，在元组中设置 9 个属性分别来表示表 11-3 中的 9 种数字。

（12）函数 calendar.weekday(year,month,day)：返回给定日期的日期码，0（星期一）到 6（星期日），月份为 1（1 月）到 12（12 月）。

例如在下面的实例文件中，演示了使用上述 calendar 模块函数实现日期操作的过程。

实例 11-26：使用 calendar 模块函数显示日历

源码路径：下载包 \daima\11\11-26

实例文件 rili.py 的具体实现代码如下：

```
import calendar

calendar.setfirstweekday(calendar.SUNDAY)

print(calendar.firstweekday())
c = calendar.calendar(2018)
# c = calendar.TextCalendar()
# c = calendar.HTMLCalendar()
print(c)
print(calendar.isleap(2018))
print(calendar.leapdays(2010, 2018))
m = calendar.month(2018, 7)
print(m)
print(calendar.monthcalendar(2018, 7))
print(calendar.monthrange(2018, 7))
print(calendar.timegm((2018, 7, 24, 11, 19, 0, 0, 0, 0)))    #定义有 9 组数字的元组
print(calendar.weekday(2018, 7, 23))
```

执行后会输出：

```
6
                                  2018

        January                 February                  March
Su Mo Tu We Th Fr Sa    Su Mo Tu We Th Fr Sa    Su Mo Tu We Th Fr Sa
    1  2  3  4  5  6                 1  2  3                    1  2  3
 7  8  9 10 11 12 13     4  5  6  7  8  9 10     4  5  6  7  8  9 10
14 15 16 17 18 19 20    11 12 13 14 15 16 17    11 12 13 14 15 16 17
21 22 23 24 25 26 27    18 19 20 21 22 23 24    18 19 20 21 22 23 24
28 29 30 31             25 26 27 28             25 26 27 28 29 30 31

         April                    May                      June
Su Mo Tu We Th Fr Sa    Su Mo Tu We Th Fr Sa    Su Mo Tu We Th Fr Sa
 1  2  3  4  5  6  7              1  2  3  4  5                    1  2
```

```
     8  9 10 11 12 13 14        6  7  8  9 10 11 12        3  4  5  6  7  8  9
    15 16 17 18 19 20 21       13 14 15 16 17 18 19       10 11 12 13 14 15 16
    22 23 24 25 26 27 28       20 21 22 23 24 25 26       17 18 19 20 21 22 23
    29 30                      27 28 29 30 31             24 25 26 27 28 29 30

           July                      August                   September
    Su Mo Tu We Th Fr Sa       Su Mo Tu We Th Fr Sa       Su Mo Tu We Th Fr Sa
     1  2  3  4  5  6  7                 1  2  3  4                          1
     8  9 10 11 12 13 14        5  6  7  8  9 10 11        2  3  4  5  6  7  8
    15 16 17 18 19 20 21       12 13 14 15 16 17 18        9 10 11 12 13 14 15
    22 23 24 25 26 27 28       19 20 21 22 23 24 25       16 17 18 19 20 21 22
    29 30 31                   26 27 28 29 30 31          23 24 25 26 27 28 29
                                                          30

          October                    November                  December
    Su Mo Tu We Th Fr Sa       Su Mo Tu We Th Fr Sa       Su Mo Tu We Th Fr Sa
     1  2  3  4  5  6                    1  2  3                           1
     7  8  9 10 11 12 13        4  5  6  7  8  9 10        2  3  4  5  6  7  8
    14 15 16 17 18 19 20       11 12 13 14 15 16 17        9 10 11 12 13 14 15
    21 22 23 24 25 26 27       18 19 20 21 22 23 24       16 17 18 19 20 21 22
    28 29 30 31                25 26 27 28 29 30          23 24 25 26 27 28 29
                                                          30 31

    False
    2
           July 2018
    Su Mo Tu We Th Fr Sa
     1  2  3  4  5  6  7
     8  9 10 11 12 13 14
    15 16 17 18 19 20 21
    22 23 24 25 26 27 28
    29 30 31

    [[1, 2, 3, 4, 5, 6, 7], [8, 9, 10, 11, 12, 13, 14], [15, 16, 17, 18, 19, 20,
    21], [22, 23, 24, 25, 26, 27, 28], [29, 30, 31, 0, 0, 0, 0]]
    (6, 31)
    1532431140
    0
```

11.3.3　使用 datetime 模块

在 Python 程序中，datetime 是一个使用面向对象编程设计的模块，可以在 Python 软件项目中使用日期和时间。相比于 time 模块，datetime 模块的接口更加直观、更加容易被调用。

在模块 datetime 中定义了两个常量：datetime.MINYEAR 和 datetime.MAXYEAR，分别表示 datetime 所能表示的最小、最大年份。其中，MINYEAR = 1，MAXYEAR = 9999。

在模块 datetime 中定义了表 11-4 中的类。

表 11-4

类 名 称	描　　述
datetime.date	表示日期的类，常用的属性有 year,、month 和 day
datetime.time	表示时间的类，常用的属性有 hour、minute、second 和 microsecond
datetime.datetime	表示日期时间
datetime.timedelta	表示时间间隔，即两个时间点之间的长度
datetime.tzinfo	与时区有关的相关信息

注意：上面列出的类型的对象都是不可变（immutable）的。

1. 类 date

类 date 表示一个日期，日期由年、月、日组成，其构造函数如下所示：

```
class datetime.date(year, month, day)
```

● year 的范围是 [MINYEAR, MAXYEAR]，即 [1, 9999]。

● month 的范围是 [1, 12]，月份是从 1 开始的，不是从 0 开始的。

● day 的最大值根据给定的 year, month 参数来决定，例如闰年 2 月份有 29 天。

在类 date 中定义了表 11-5 中的常用方法和属性。

表 11-5

方法和属性	描 述
date.max、date.min	date 对象所能表示的最大、最小日期
date.resolution	date 对象表示日期的最小单位，这里是天
date.today()	返回一个表示当前本地日期的 date 对象
date.fromtimestamp(timestamp)	根据给定的时间戳，返回一个 date 对象
datetime.fromordinal(ordinal)	将 Gregorian 日历时间转换为 date 对象（Gregorian 是一种日历表示方法，类似于我国的农历，欧美国家使用比较多）

例如在下面的实例文件中，演示了类 date 实现日期操作的过程。

实例 11-27：使用类 date 打印系统日期信息

源码路径：下载包 \daima\11\11-27

实例文件 datetime01.py 的具体实现代码如下：

```
from datetime import *
import time
print('date.max:' , date.max)
print('date.min:' , date.min)
print('date.today():' , date.today() )
print('date.fromtimestamp():' , date.fromtimestamp(time.time()) )
```

执行后会输出：

```
date.max: 9999-12-31
date.min: 0001-01-01
date.today(): 2017-11-21
date.fromtimestamp(): 2017-11-21
```

在类 date 中提供了表 11-6 中的常用实例方法和属性。

表 11-6

方法和属性	描 述
date.year、date.month、date.day	年、月、日
date.replace(year, month, day)	生成一个新的日期对象，用参数指定的年、月、日代替原有对象中的属性。（原有对象仍保持不变）
date.timetuple()	返回日期对应的 time.struct_time 对象
date.toordinal()	返回日期对应的 Gregorian Calendar 日期
date.weekday()	返回 weekday，如果是星期一，返回 0；如果是星期 2，返回 1，依此类推
data.isoweekday()	返回 weekday，如果是星期一，返回 1；如果是星期 2，返回 2，依此类推
date.isocalendar()	返回格式如 (year，month，day) 的元组
date.isoformat()	返回格式如 'YYYY-MM-DD' 的字符串
date.strftime(fmt)	自定义格式化字符串

例如在下面的实例文件中，演示了使用类 date 的实例方法和属性实现日期操作的过程。

实例 11-28：使用类 date 打印不同格式的日期

源码路径：下载包 \daima\11\11-28

实例文件 datetime02.py 的具体实现代码如下：

```
from datetime import *
import time
now = date(2018,4,6 )
tomorrow = now.replace(day = 7 )
print('now:' , now,  ', tomorrow:' , tomorrow)
print( 'timetuple():' , now.timetuple())
print('weekday():' , now.weekday())
print('isoweekday():' , now.isoweekday())
print('isocalendar():' , now.isocalendar())
print('isoformat():' , now.isoformat())
```

执行后会输出：

```
now: 2018-011-06 , tomorrow: 2018-011-07
timetuple(): time.struct_time(tm_year=2018, tm_mon=4, tm_mday=6, tm_hour=0, tm_
min=0, tm_sec=0, tm_wday=4, tm_yday=96, tm_isdst=-1)
weekday(): 4
isoweekday(): 5
isocalendar(): (2018, 14, 5)
isoformat(): 2018-011-06
```

在 Python 程序中，类 date 还可以对某些日期操作进行重载，它允许我们对日期进行如下的操作：

```
date2 = date1 + timedelta  # 日期加上一个间隔,返回一个新的日期对象(timedelta将在下面介绍,
表示时间间隔)
date2 = date1 - timedelta   # 日期隔去间隔, 返回一个新的日期对象
timedelta = date1 - date2   # 两个日期相减, 返回一个时间间隔对象
date1 < date2  # 两个日期进行比较
```

注意：当对日期进行操作时，需要防止日期超出它所能表示的范围。

2. 类 Time

在 Python 程序中，类 time 表示时间，由时、分、秒以及微秒组成。类 time 的构造函数如下：

```
class datetime.time(hour[ , minute[ , second[ , microsecond[ , tzinfo] ] ] ] )
```

参数说明见表 11-7。

表 11-7

参数名称	描 述
参数 tzinfo	表示时区信息
参数 hour	取值范围为 [0, 24)
参数 minute	取值范围为 [0, 60)
参数 second	取值范围为 [0, 60)
参数 microsecond	取值范围为 [0, 1000000)

类 time 中的常用属性如下：

- time.min、time.max：time 类所能表示的最小、最大时间。其中，time.min = time(0, 0, 0, 0)，time.max = time(23, 59, 59, 999999)。
- time.resolution：时间的最小单位，这里是 1μs（微秒）。

类 time 中常用的实例方法和属性见表 11-8。

表 11-8

方法和属性	描　述
time.hour、time.minute、time.second、time.microsecond	时、分、秒、微秒
time.tzinfo	时区信息
time.replace([hour[, minute[, second[, microsecond[, tzinfo]]]]])	创建一个新的时间对象，用参数指定的时、分、秒、微秒代替原有对象中的属性（原有对象仍保持不变）
time.isoformat()	返回型如"HH:MM:SS"格式的字符串表示
time.strftime(fmt)	返回自定义格式化字符串

例如在下面的实例文件中，演示了使用类 time 实现日期操作的过程。

实例 11-29：使用类 time 打印时间信息

源码路径：下载包 \daima\11\11-29

实例文件 datetime04.py 的具体实现代码如下：

```
from  datetime  import  *
tm = time(23 , 46 , 10 )
print('tm:' , tm )
print( 'hour: %d, minute: %d, second: %d, microsecond: %d'% (tm.hour, tm.minute,
tm.second, tm.microsecond))
tm1 = tm.replace(hour = 20 )
print('tm1:' , tm1)
print('isoformat():' , tm.isoformat())
```

执行后会输出：

```
tm: 23:46:10
hour: 23, minute: 46, second: 10, microsecond: 0
tm1: 20:46:10
isoformat(): 23:46:10
```

3. 类 datetime

在 Python 程序中，类 datetime 是 date 与 time 的结合体，包含 date 与 time 的所有功能信息。类 datetime 的构造函数如下：

```
datetime.datetime (year, month, day[ , hour[ , minute[ , second[ , microsecond[ ,
tzinfo] ] ] ] ] )
```

类 datetime 各个参数的含义与 date 和 time 构造函数中的一样，读者需要注意参数值的取值范围。

类 datetime 中定义的常用类属性和方法见表 11-9。

表 11-9

方法和属性	描　述
datetime.min、datetime.max	datetime 所能表示的最小值与最大值
datetime.resolution	datetime 的最小单位
datetime.today()	返回一个表示当前本地时间的 datetime 对象
datetime.now([tz])	返回一个表示当前本地时间的 datetime 对象，如果提供了参数 tz，则获取 tz 参数所指时区的本地时间
datetime.utcnow()	返回一个当前 utc 时间的 datetime 对象
datetime.fromtimestamp(timestamp[, tz])	根据时间戳创建一个 datetime 对象，参数 tz 指定时区信息
datetime.utcfromtimestamp(timestamp)	根据时间戳创建一个 datetime 对象

方法和属性	描 述
datetime.combine(date, time)	根据 date 和 time，创建一个 datetime 对象
datetime.strptime(date_string, format)	将格式字符串转换为 datetime 对象

例如在下面的实例文件中，演示了使用类 datetime 实现日期操作的过程。

实例 11-30：使用类 datetime 打印系统时间信息

源码路径：下载包 \daima\11\11-30

实例文件 datetime05.py 的具体实现代码如下：

```
from datetime import *
import time
print('datetime.max:' , datetime.max )
print('datetime.min:' , datetime.min )
print('datetime.resolution:' , datetime.resolution )
print( 'today():' , datetime.today())

print('now():' , datetime.now())
print('utcnow():' , datetime.utcnow())
print('fromtimestamp(tmstmp):' , datetime.fromtimestamp(time.time()) )
print('utcfromtimestamp(tmstmp):' , datetime.utcfromtimestamp(time.time()))
```

执行后会输出：

```
datetime.max: 9999-12-31 23:59:59.999999
datetime.min: 0001-01-01 00:00:00
datetime.resolution: 0:00:00.000001
today(): 2017-11-21 23:44:22.366920
now(): 2017-11-21 23:44:22.366919
utcnow(): 2017-11-21 15:44:22.366919
fromtimestamp(tmstmp): 2017-11-21 23:44:22.366920
utcfromtimestamp(tmstmp): 2017-11-21 15:44:22.366920
```

因为在类 datetime 中提供的实例方法与属性和 date 和 time 中的类似，所以在此不再讲解这些相似的方法与属性。

## 第 12 章

异常处理

（🎬视频讲解：32 分钟）

异常是指在运行程序的过程中发生的错误或者不正常的情况。在开发 Python 软件项目的过程中，发生异常是难以避免的事情。异常对程序员来说是一件很麻烦的事情，需要程序员来进行检测和处理。但 Python 语言非常人性化，它可以自动检测异常，并对异常进行捕获，并且通过程序可以对异常进行处理。在本章将详细讲解 Python 处理异常的知识，为读者步入本书后面知识的学习打下基础。

12.1 语法错误

在编写 Python 程序的过程中，可能会发生各种各样的错误。其中最为常见的错误便是语法错误，也就是违背了 Python 语言规定的语法格式。在本节的内容中，将详细讲解程序员容易犯的 Python 语法错误的知识，为读者步入本书后面知识的学习打下基础。

即使再高明的程序员，也会因为种种可控制或者不可控制的原因在代码中不可避免地会产生异常，所以 Python 官方特意为开发人员提供了专用的类来处理异常。在 Python 程序中，最为常见的语法错误如下：

（1）代码拼写错误

在编写 Python 程序的过程中，可能将关键字、变量名或函数名书写错误。当关键字书写错误时会提示 SyntaxError（语法错误），当书写变量名、函数名错误时会在运行时给出 NameError 的错误提示。例如下面的实例代码中，演示了一个常见的代码拼写错误。

实例 12-1：代码拼写错误的执行输出

源码路径：下载包 \daima\12\12-1

实例文件 pin.py 的具体实现代码如下：

```
for i in range(3):        #遍历操作
    prtnt(i)              #print 被错误地写成了 prtnt
```

在上述代码中，Python 中的打印输出函数名 print 被错误地写成了 prtnt。执行后会显示 Name Error 错误提示，并同时指出错误所在的具体行数等。执行后会输出：

```
daima\12\12-1\pin.py", line 2, in <module>
    prtnt(i)
NameError: name 'prtnt' is not defined
```

（2）程序不符合 Python 语法规范

在编写 Python 程序的过程中，经常会发生程序不符合 Python 语法规范的情形。例如少写了括号或冒号，以及写错了表达式等。请看下面的输入过程：

```
>>> while True print('Hello world')
  File "<stdin>", line 1, in ?
while True print('Hello world')
                 ^
SyntaxError: invalid syntax
```

在上述例子中，函数 print() 部分被检查到有错误，出错的原因是在 print 前面缺少了一个冒号 ":"。在执行界面指出了出错的行数，并且在最先找到的错误位置标记了一个小箭头。

（3）缩进错误

Python 语言的语法比较特殊，其中最大特色是将缩进作为程序的语法。Python 并没有像其他语言一样采用大括号或者 "begin...end" 分隔代码块，而是采用代码缩进和冒号来区分代码之间的层次。虽然缩进的空白数量是可变的，但是所有代码块语句必须包含相同的缩进空白数量，这个规则必须严格执行。例如下面是一段合法缩进的演示代码：

```
if True:
print("Hello girl!")          # 缩进一个 Tab 的占位
else:                          # 与 if 对齐
print("Hello boy!")           # 缩进一个 Tab 的占位
```

Python 语言对代码缩进的要求非常严格，如果不采用合理的代码缩进，将会抛出 SyntaxError 异常。如图 12-1 所示是一段错误的缩进代码。

```
>>> if True:
        print("Hello girl!")
else:
        print("Hello boy!")
  print("end")
```

```
SyntaxError: unindent does not match any outer indentation level
```

图 12-1

上述错误表明当前使用的缩进方式不一致，有的是 Tab 键缩进的，有的是用空格键缩进的，只需改为一致即可。

12.2 常见异常处理方式

如果在程序中引发了未进行处理的异常，程序就会因为异常而终止运行。只有在程序中捕获这些异常并进行相关处理，才能不会中断程序的正常运行。在本节的内容中，将详细讲解 Python 语言中异常处理的基本知识和常见方式。

12.2.1 异常的特殊之处

在编写程序代码的过程中，即使 Python 程序的语法是正确的，在运行时也有可能会发生错误。在程序运行期检测到的错误被称为异常，大多数异常都不会被程序处理，都是以错误提示的形式展现出来。例如下面的代码输入展示了 Python 提示异常信息的过程：

```
>>> 10 * (1/0)
Traceback (most recent call last):
  File "<stdin>", line 1, in ?
ZeroDivisionError: division by zero
```

```
>>> 4 + spam*3
Traceback (most recent call last):
  File "<stdin>", line 1, in ?
NameError: name 'spam' is not defined
>>> '2' + 2
Traceback (most recent call last):
  File "<stdin>", line 1, in ?
TypeError: Can't convert 'int' object to str implicitly
```

在上述代码的执行过程中，ZeroDivisionError、NameError 和 TypeError 都是 Python 输出提示的异常信息。在 Python 程序中，异常以不同的类型出现，这些类型都作为信息的一部分打印出来。在上述输入过程中的类型有 ZeroDivisionError、NameError 和 TypeError。在错误信息的前面部分显示了异常发生的上下文，并以调用栈的形式显示具体信息。

12.2.2 使用"try...except"处理异常

在 Python 程序中，可以使用"try...except"语句处理异常。在处理时需要检测 try 语句块中的错误，从而让 except 语句捕获异常信息并处理。如果不想在异常发生时结束程序，只需在 try 里面捕获它即可。使用"try...except"语句处理异常的基本语法格式如下：

```
try:
<语句>                                        # 可能产生异常的代码
except <名字>:                                # 要处理的异常
<语句>                                        # 异常处理语句
```

上述"try...except"语句的工作原理是当开始一个 try 语句后，Python 就在当前程序的上下文中做一个标记，这样当异常出现时就可以返回这里。先执行 try 子句，接下来会发生什么依赖于执行时是否出现异常。具体说明如下：

（1）如果执行 try 后的语句发生异常，Python 就跳回到 try 并执行第一个匹配该异常的 except 子句。异常处理完毕后，控制流通过整个 try 语句（除非在处理异常时又引发新的异常）。

（2）如果在 try 后的语句里发生异常，却没有匹配的 except 子句，异常将被递交到上层的 try，或者到程序的最上层（这样将结束程序，并打印默认的出错信息）。

再看下面的演示代码：

```
while True:
try:
        x = int(input("Please enter a number: "))
break
exceptValueError:
print("Oops!  That was no valid number.  Try again")
```

在上述代码中，try 语句将按照如下的方式运行：

（1）首先，执行 try 子句（在关键字 try 和关键字 except 之间的语句）。

（2）如果没有异常发生，将会忽略 except 子句，try 子句执行后结束。

（3）如果在执行 try 子句的过程中发生异常，那么 try 子句余下的部分将被忽略。如果异常的类型和 except 之后的名称相符，那么对应的 except 子句将被执行。最后执行 try 语句之后的代码。

（4）如果一个异常没有与任何的 except 匹配，那么这个异常将会传递给上层的 try 中。

例如下面的实例代码中，演示了使用"try...except"语句处理异常的过程。

实例 12-2：处理变量错误

源码路径：下载包 \daima\12\12-2

实例文件 yi.py 的具体实现代码如下：

```
s = '娱乐圈大事件！'          # 设置变量 s 的初始值
try:
 print (s[100])               # 错误代码

except IndexError:            # 处理异常
 print ('error...')           # 定义的异常提示信息
print ('continue')
```

在上述代码中，第三行代码是错误的。当程序执行到第二句时会发现 try 语句，进入 try 语句块执行时会发生异常（第三行），程序接下来会回到 try 语句层，寻找后面是否有 except 语句。当找到 except 语句后，会调用这个自定义的异常处理器。except 将异常处理完毕后，程序会继续往下执行。在这种情况下，最后两个 print 语句都会执行。执行后会输出：

```
error...
continue
```

在 Python 程序中，一个 try 语句可能包含多个 except 子句，分别用来处理不同的特定的异常，最多只有一个分支会被执行。这时候应该如何处理一个 try 语句和多个 except 子句的关系呢？处理程序将只针对对应的 try 子句中的异常进行处理，而不是其他 try 的处理程序中的异常。并且在一个 except 子句中可以同时处理多个异常，这些异常将被放在一个括号里成为一个元组。

例如下面的实例代码中，演示了一个 try 语句包含多个 except 子句的过程。

实例 12-3：一个 try 语句包含多个 except 子句的异常处理

源码路径：下载包 \daima\12\12-3

实例文件 duo.py 的具体实现代码如下：

```
import sys                                # 导入 sys 模块
try:
    f = open('456.txt')                   # 打开指定的文件
    s = f.readline()                      # 读取文件的内容
i = int(s.strip())                        # 将读取到的数据转换为整数
except OSError as err:                    # 开始处理异常
print("OS error: {0}".format(err))
except ValueError:                        # ValueError 异常
print(" 不能打开狗仔队提供的机密照片 .")
except:                                   # 未知异常
print("Unexpected error:", sys.exc_info()[0])
raise
```

因为上述代码将会出现 ValueError 错误，所以执行后会输出：

```
不能打开狗仔队提供的机密照片
```

12.2.3　使用"try...except...else"处理异常

在 Python 程序中，可以使用"try...except...else"语句处理异常。使用"try...except...else"语句的语法格式如下：

```
try:
<语句>                                           # 可能发生异常的代码
except <名字1>:                                  # 要处理的异常1
<语句>                                           # 异常处理语句
except <名字2>:                                  # 要处理的异常2
<语句>                                           # 异常处理语句
...
else:
<语句>                                           # 如果没有异常发生，则执行这行语句
```

上述格式和"try...except"语句相比，如果在执行 try 子句时没有发生异常，Python 将执行 else 语句后的语句（如果有 else 的话），然后控制流通过整个 try 语句。例如下面的实例代码中，演示了使用"try...except...else"处理异常的过程。

实例 12-4：处理索引异常

源码路径：下载包 \daima\12\12-4

实例文件 else.py 的具体实现代码如下：

```
def test(index,flag=False):                      # 定义测试函数
stulst = ["AAA","BBB","CCC"]                      # 定义列表
    if flag:                                     # 当 flag 是 True 时开始捕获异常
try:
astu = stulst[index]                             # 列表索引位置
        except IndexError:                       #IndexError 错误
print("IndexError")
        return "测试完成！"

    else:                                        # 当 flag 是 False 时不捕获异常
astu =stulst[index]                              # 列表索引位置
        return "放弃！"
print("小报记者正在秘密传递数据")
print("正确参数测试...")
print(test(1,True))                              # 不是越界参数，异常捕获
print(test(1))                                   # 不是越界参数，不异常捕获
print("错误参数测试...")
print(test(4,True))                              # 是越界参数，异常捕获
print(test(4))                                   # 是越界参数，不异常捕获
```

在上述实例代码中，定义了一个可以测试捕获异常的函数 test()。当 flag 为 True 时，函数 test() 运行后捕获异常；反之，函数 test() 运行时不捕获异常。当传入的参数 index 正确时（不越界），测试结果都是正常运行的。当传入 index 错误（越界）时，如果不捕获异常，则程序中断运行。执行后会输出：

```
小报记者正在秘密传递数据
正确参数测试...
测试完成！
放弃！
错误参数测试...
IndexError
测试完成！
Traceback (most recent call last):
  File " daima\12\12-4\else.py", line 18, in <module>
    print(test(4))
  File " daima\12\12-4\else.py", line 10, in test
    astu =stulst[index]
IndexError: list index out of range
```

12.2.4 使用"try...except...finally"语句

在 Python 程序中，可以使用"try...except...finally"语句处理异常。使用"try...except...finally"语句的语法格式如下：

```
try:
< 语句 >                                # 可能发生异常的代码
except < 名字 1 >:                        # 要处理的异常 1
< 语句 >                                # 异常处理语句
except < 名字 2 >:                        # 要处理的异常 2
< 语句 >                                # 异常处理语句
finally                                # 异常处理语句
< 语句 >
```

在上述格式中，可以省略"except"部分，这时候无论异常发生与否，finally 中的语句都要执行。例如在下面的演示代码中，省略了"except"部分，使用了"finally"。

```
s = 'Hello girl!'
try:
print(s[100])
finally:
print('error...')
print('continue')
```

在上述代码中，finally 语句表示无论异常发生与否，finally 中的语句都要执行。但是由于没有 except 处理器，所以 finally 执行完毕后程序便中断。在这种情况下，第 2 个 print 会执行，第 1 个不会执行。如果 try 语句中没有异常，则 3 个 print 都会执行。

例如下面的实例代码中，演示了使用"try...except...finally"处理异常的过程。

实例 12-5：使用 finally 确保使用文件后能关闭这个文件

源码路径：下载包 \daima\12\12-5

实例文件 fi.py 的具体实现代码如下：

```
def test1(index):                      # 定义测试函数 test1()
stulst = ["AAA","BBB","CCC"]           # 定义并初始化列表 stulst
af = open("my.txt",'wt+')              # 打开指定的文件
try:
af.write(stulst[index])                # 写入操作
    except:                            # 抛出异常
pass
    finally:                           # 加入 finally 功能
af.close()                             # 不管是否越界，都会关闭这个文件
        print(" 文件已经关闭 !")        # 提示文件已经关闭
print(' 没有 IndexError...')
test1(1)                               # 没有发生越界异常，关闭这个文件
print('IndexError...')
test1(4)                               # 发生越界异常，关闭这个文件
```

在上述实例代码中，定义了一个异常测试函数 test1()，在异常捕获代码中加入了 finally 代码块，代码块的功能是关闭文件，并输出一行提示信息。无论传入的 index 参数值是否导致发生运行时异常（越界），总是可以正常关闭已经打开的文本文件（my.txt）。执行后会输出：

```
没有 IndexError...
文件已经关闭 !
IndexError...
文件已经关闭 !
```

12.3 抛出异常

在本章前面的内容中，演示的异常都是在程序运行过程中出现的异常。其实程序员在编写 Python 程序时，还可以使用 raise 语句来抛出指定的异常，并向异常传递数据。并且还可以自定义新的异常类型，例如特意对用户输入文本的长度进行要求，并借助于 raise 引发异常，这样可以实现某些软件程序的特殊要求。在本节的内容中，将详细讲解在 Python 程序中抛出异常的知识。

12.3.1 使用 raise 抛出异常

在 Python 程序中，可以使用 raise 语句抛出一个指定的异常。使用 raise 语句的语法格式如下：

```
raise [Exception [, args [, traceback]]]
```

在上述格式中，参数 "Exception" 是异常的类型，例如 NameError。参数 "args" 是可选的。如果没有提供异常参数，则其值是 "None"。最后一个参数 "traceback" 是可选的（在实践中很少使用），如果存在，则表示跟踪异常对象。

在 Python 程序中，通常有如下三种使用 raise 抛出异常的方式。

```
raise 异常名
raise 异常名，附加数据
raise 类名
```

例如下面的实例代码中，演示了使用代码抛出异常的过程。

实例 12-6：抛出错误异常

源码路径：下载包 \daima\12\12-6

实例文件 pao.py 的具体实现代码如下：

```
deftestRaise():                                # 定义函数 testRaise()
    for i in range(5):                         # 实现 for 循环遍历
        if i==2:                               # 当循环变量 i 为 2 时抛出 NameError 异常
raiseNameError
        print('《美人鱼 2》上映第 ',i,' 天')       # 打印显示 i 的值
print('end...')

testRaise()                                    # 调用执行函数 testRaise()
```

在上述实例代码中定义了函数 testRaise()，在函数中实现一个 for 循环，设置当循环变量 i 为 2 时抛出 NameError 异常。因为没在程序中处理该异常，所以会导致程序运行中断，后面的所有输出都不会执行。执行后会输出：

```
《美人鱼 2》上映第 0 天
《美人鱼 2》上映第 1 天
Traceback (most recent call last):
  File " daima\12\12-6\pao.py", line 8, in <module>
    testRaise()
  File " daima\12\12-6\pao.py", line 4, in testRaise
    raise NameError
NameError
```

12.3.2　使用 assert 语句抛出异常

在 Python 程序中语句被称为断言表达式。断言 assert 主要是检查一个条件，如果为真就不做任何事，如果为假则会抛出 AssertionError 异常，并且包含错误信息。使用 assert 的语法格式如下：

```
assert< 条件测试 >，< 异常附加数据 >                          # 其中异常附加数据是可选的
```

其实 assert 语句是简化的 raise 语句，它引发异常的前提是其后面的条件测试为假。例如在下面的演示代码中，会先判断 assert 后面紧跟的语句是 True 还是 False，如果是 True，则继续执行后面的 print，如果是 False 则中断程序，调用默认的异常处理器，同时输出 assert 语句逗号后面的提示信息。在下面的代码中，因为 "assert" 后面跟的是 "False"，所以程序中断，提示 error，后面的 print 部分不执行。

```
assertFalse,'error...'
print ('continue')
```

例如在下面的实例代码中，演示了使用 assert 语句抛出异常的过程。

实例 12-7：抛出循环错误异常

源码路径：下载包 \daima\12\12-7

实例文件 duan.py 的具体实现代码如下：

```
deftestAssert():                          # 定义函数 testAssert()
    for i in range(3):                    # 实现 for 循环遍历
        try:
            assert i<2                    # 当循环变量 i 的值为 2 时
        except AssertionError:            # 抛出 AssertionError 异常
            print(' 抛出一个异常！')       # 执行后面的语句
        print(i)                          # 执行后面的语句

    print('end...')                       # 执行后面的语句
testAssert()
```

在上述实例代码中定义了函数 testAssert()，在函数中设置了一个 for 循环，当循环变量 i 的值为 2 时，assert 后面的条件测试会变为 False。此时虽然会抛出 AssertionError 异常，但是这个异常引发会被捕获处理，程序不会中断，后面的所有输出语句都会得到执行。执行后会输出：

```
0
1
抛出一个异常！
2
end...
```

12.3.3　自定义异常

在 Python 程序中，开发者可以具有很大的灵活性，甚至可以自己定义异常。在定义异常类时需要继承类 Exception，这个类是 Python 中常规错误的基类。定义异常类的方法和定义其他类没有区别，最简单的自定义异常类甚至可以只继承类 Exception 即可，类体为 pass（空语句），例如：

```
class MyError (Exception):        # 继承 Exception 类
pass
```

如果想在自定义的异常类中带有一定的提示信息，也可以重载 __init__() 和 __str__() 这两个方法。

例如在下面的实例代码中，演示了在 Python 程序中自定义一个异常类的过程。

实例 12-8：自己编写一个异常类

源码路径：下载包 \daima\12\12-8

实例文件 zi.py 的具体实现代码如下：

```
# 自定义继承于类 Exception 的异常类 RangeError
class RangeError(Exception):

    def __init__(self,value):              # 重载方法 __init__()
        self.value = value

    def __str__(self):                     # 重载方法 __str__()
        return self.value

raise RangeError('Range 错误！')           # 抛出自定义异常
```

在上述实例代码中，首先自定义了一个继承于类 Exception 的异常类 RangeError，并重载了方法 __init__() 和方法 __str__()，然后使用 raise 抛出这个自定义的异常。执行后会输出：

```
"C:\Program Files\Anaconda3\python.exe" D:/tiedao/Python/daima/12/12-8/zi.py
Traceback (most recent call last):
  File "D:/tiedao/Python/daima/12/12-8/zi.py", line 9, in <module>
    raise RangeError('Range 错误！')
__main__.RangeError: Range 错误！
```

12.4 内置异常类

为了提高程序员们的工作效率，在 Python 语言中内置定义了几个重要的异常类。也就是说，在开发过程中常见的异常都已经预定义好了，我们直接拿来用即可。在交互式环境中，可以使用 dir（__builtins__）命令显示出所有的预定义异常。

在 Python 程序中，常用的内置预定义异常类见表 12-1。

表 12-1

异常名	描　述
AttributeError	调用不存在的方法引发的异常
EOFError	遇到文件末尾引发的异常
ImportError	导入模块出错引发的异常
IndexError	列表越界引发的异常
IOError	I/O 操作引发的异常，如打开文件出错等
KeyError	使用字典中不存在的键引发的异常
NameError	使用不存在的变量名引发的异常
TabError	语句块缩进不正确引发的异常
ValueError	搜索列表中不存在的值引发的异常
ZeroDivisionError	除数为零引发的异常
FileNotFoundError	找不到文件所发生的异常

12.4.1　处理 ZeroDivisionError 异常

在 Python 程序中，ZeroDivisionError 异常是指除数为零引发的异常。例如下面的实例代码中，演示了处理 ZeroDivisionError 异常的过程。

实例 12-9：解决 ZeroDivisionError 类型的异常

源码路径：下载包 \daima\12\12-9

实例文件 chu.py 的具体实现代码如下：

```
print("女神 X 爽小姐姐的智力测试，请小姐姐先输入两个数字：")
print("按下 'q' 退出程序！")

while True:
    first_number = input("\n输入第 1 个数字：")
    if first_number == 'q':
        break
    second_number = input("输入第 2 个数字：")
    try:
        answer = int(first_number) / int(second_number)
    except ZeroDivisionError:
        print("除数不能为 0！")
    else:
        print(answer)
```

当在 Python 程序中引发 ZeroDivisionError 异常时，Python 将停止运行程序，并指出引发了哪种异常，开发者可以根据这些信息对程序进行修改。例如在本实例代码中，当认为可能会发生错误时，特意编写了一个"try...except"语句来处理可能引发的异常。如果 try 代码块中的代码能够正确运行，那么 Python 将跳过 except 代码块。如果 try 代码块中的代码有错误，Python 将查找这样的 except 代码块，并运行里面的代码，也就是其中指定的错误与引发的错误相同。在上述实例代码中，如果 try 代码块中的代码引发了 ZeroDivisionError 异常，Python 会运行其中的代码，输出"除数不能为 0！"的提示。

当程序发生错误时，如果程序还有工作没有完成，需要开发者妥善地处理错误。例如在本实例中，为了提高程序的健壮性，特意提供了用户输入数字功能。但是如果输入的是无效数字呢？此时需要程序能够妥善地处理无效输入，这样可以避免程序崩溃的情形发生。例如在本实例进行除法运算时，首先提示用户输入一个数字，并将其存储到变量 first_number 中；如果用户输入的不是表示退出的 q，就再提示用户输入一个数字，并将其存储到变量 second_number 中。接下来计算这两个数字的商"answer"。此时就需要妥善地处理无效输入，否则的话，当执行除数为 0 的除法运算时，程序将崩溃。所以在实例中将可能引发错误的代码放在"try...except"语句块中，这样可以提高这个程序抵御错误的能力。因为错误是执行除法运算的代码行导致的，所以需要将这部分放到"try...except"语句块中。这样 Python 将会尝试执行 try 代码块中的除法运算，在这个代码块只包含可能导致错误的代码。依赖于 try 代码块成功执行的代码都放在 else 代码块中。如果除法运算成功，就会使用 else 代码块来打印结果。在 except 代码块中，告诉 Python 当出现 ZeroDivisionError 异常时怎么办。如果 try 代码块因除 0 发生错误而失败，上述实例就打印出一条友好的提示消息"除数不能为 0！"，提示用户错误的原因是什么。并且程序将继续运行下去，用户看不到 traceback 的跟踪信息。

在运行上述实例代码中，如果输入的第 2 个数字是 0，将会引发 ZeroDivisionError 异常。执行后会输出：

```
女神 X 爽小姐姐的智力测试，请小姐姐先输入两个数字：
按下 'q' 退出程序！

输入第 1 个数字：  2
输入第 2 个数字：  0
除数不能为 0！

输入第 1 个数字：  3
输入第 2 个数字：  1
```

12.4.2 FileNotFoundError 异常

在 Python 程序中，FileNotFoundError 异常是因为找不到要操作的文件而引发的异常。当在编程过程中使用文件时，一种常见的错误情形是找不到文件，例如你要查找的文件可能在其他地方，文件名可能不正确或者这个文件根本就不存在。这时可以使用 "try...except" 语句以直观的方式来处理 FileNotFoundError 异常。例如下面的实例代码中，尝试读取一个不存在的文件，演示了处理 FileNotFoundError 异常的过程。

实例 12-10：解决 FileNotFoundError 类型的异常

源码路径：下载包 \daima\12\12-10

实例文件 wencuo.py 的具体实现代码如下：

```python
filename = '456.txt'

try:
    with open(filename) as f_obj:
        contents = f_obj.read()
except FileNotFoundError as e:
    msg = "对不起，文件" + filename + "根本不存在！"
    print(msg)
else:
    # Count the approximate number of words in the file.
    words = contents.split()
    num_words = len(words)
    print("文件" + filename + "包含" + str(num_words) + "个 word！")
```

在运行上述代码时，如果尝试读取一个不存在的文件 "456.txt" 时，Python 会输出 FileNotFoundError 异常，这是 Python 找不到要打开的文件时创建的异常。在上述实例代码中，因为这个错误是由文件打开函数 open() 导致的，所以要想处理这个错误，必须将 try 语句放在包含 open() 的代码行之前。

在上述实例代码中，因为 try 代码块将会引发 FileNotFoundError 异常，所以 Python 找出与该错误匹配的 except 代码块，并运行其中的代码。如果要打开的文件 "456.txt" 确实不存在，通常这个程序会什么都不做，因此错误处理代码的意义不大。如果要打开的文件确实存在呢？为了程序的健壮性，上述代码提供了如果文件存在时会统计文件 "456.txt" 单词个数的功能。在上述代码中，方法 split() 以空格为分隔符将字符串分拆成多个部分，并将这些部分都存储到一个列表中。为了计算文件 "456.txt" 包含多少个单词，可以对整个文件调用 split() 函数，然后再计算得到的列表包含多少个元素，从而确定整个文件 "456.txt" 大致包含多少个单词。

在运行上述实例代码中，如果文件 "456.txt" 不存在则会引发 FileNotFoundError 异常。如果文件 "456.txt" 存在，则统计文件中的单词个数。执行效果如图 12-2 所示。

```
>>> 对不起，文件456.txt根本不存在！        >>> 文件456.txt包含3个word！
>>> |                                    >>>
```

文件"456.txt"不存在时　　文件"456.txt"存在时

图 12-2

12.4.3　使用 except 捕获异常

在 Python 程序中，except 语句可以通过表 12-2 中的五种方式捕获异常。

表 12-2

方式名称	描　　述
except	捕获所有异常
except< 异常名 >	捕获指定异常
except（异常名 1，异常名 2）	捕获异常名 1 或者异常名 2
except< 异常名 >as< 数据 >	捕获指定异常及其附加的数据
except（异常名 1，异常名 2）as< 数据 >	捕获异常名 1 或者异常名 2 及异常的附加数据

在下面的实例代码中，演示了使用 except 捕获所有异常的过程。

实例 12-11：捕获程序中的所有异常

源码路径：下载包 \daima\12\12-11

实例文件 all.py 的具体实现代码如下：

```
def test2(index,i):                              # 定义一个除法运算函数 test2()
stulst = ["AAA","BBB","CCC","DDD"]
    try:                                         # 异常处理
        print(len(stulst[index])/i)
    except:                                      # 捕获了所有的异常

        print("Error, 出错了！")
print('X 涵哥问：都正确吗？')
print('X 爽姐回答道：我亲自试一下！')
test2(3,2)                                       # 正确
print(' 一个 Error')
test2(3,0)                                       # 错误
print(' 两个 Error')
test2(4,0)                                       # 错误
```

在上述实例代码中定义了一个除法运算函数 test2()，在 try 语句中捕获了所有的异常。其中在第三次调用测试中，虽然同时发生了越界异常和除 0 异常，但是程序不会中断，因为 try 语句中的 except 捕获了所有的异常。执行后会输出：

```
X 涵哥问：都正确吗？
X 爽姐回答道：我亲自试一下！
1.5
一个 Error
Error, 出错了！
两个 Error
Error, 出错了！
```

12.4.4　逻辑错误的程序测试

当编写完 Python 程序，并排除了语法错误之后，有时会发现虽然程序可以正常运行，但是程序的运行结果和预期的不一致。这说明程序中可能会有 bug 存在，表明程序有逻辑错

误。这时需要对程序进行测试，测试工作包括可用性测试、功能性测试、单元测试及整合测试等，其中最常用的是单元测试。Python 的标准内置库中，通过 doctest 和 unittest 这两个模块可以实现测试工作。

1．单元测试函数 testmod()

例如在下面的实例中，演示了使用内置模块 doctest 中的函数 testmod() 实现单元测试的过程。

实例 12-12：使用函数 testmod() 实现单元测试

源码路径：下载包 \daima\12\12-12

实例文件 dan.py 的具体实现代码如下：

```
def grade(sum):
    """
>>> grade(90)                                         #测试例子 1
    '优秀'
>>> grade(89)                                         #测试例子 2
    '良'
>>> grade(65)                                         #测试例子 3

    '合格'
>>> grade(10)                                         #测试例子 4
    '不合格'
    """
    if sum > 90:                                      #设置大于 90 是优秀
        return '优秀'
    if sum > 80:                                      #设置大于 80 是良
        return '良'
    if sum > 60:                                      #设置大于 60 是合格
        return '合格'
    if sum < 60:                                      #设置小于 60 是不合格
        return '不合格'
if __name__ == '__main__':
importdoctest
doctest.testmod()
```

在上述实例代码中，定义了一个根据考试分数返回考试评价的函数 grade()，并在其中的 Doc String（docstring）中加入了测试例子。在上述程序中一共写入 4 个测试例子，其中因为设置的大于“90”才是“优秀”，所以“grade(90)”为“优秀”就是错误的。执行后会输出：

```
**********************************************************************
File "daima\12\12-12\dan.py", line 3, in __main__.grade
Failed example:
    grade(90)
Expected:
    '优秀'
Got:
    '良'
**********************************************************************
1 items had failures:
   1 of   4 in __main__.grade
***Test Failed*** 1 failures.
```

注意：也可以使用命令行的方式进行调试。

2．使用单元测试函数 testfile()

在使用函数 testmod() 进行单元测试时，需要将测试举例写在 Python 程序文件中的 Doc String 中。但是有些时候，开发者不想将测试举例写在程序文件中，此时就可以考虑使用函数 testfile() 进行测试。例如在下面的实例中，演示了使用内置模块 doctest 中的 testfile() 函数
进行单元测试的过程。

实例 12-13：使用函数 testfile() 进行单元测试（测试案例不写在程序文件中）

源码路径：下载包 \daima\12\12-13

实例文件 wenpy 的具体实现代码如下：

```
def grade(sum):
    if sum > 90:                    # 设置大于 90 是优秀
        return '优秀'
    if sum > 80:                    # 设置大于 80 是良
        return '良'
    if sum > 60:                    # 设置大于 60 是合格
        return '合格'
    if sum < 60:                    # 设置小于 60 是不合格
        return '不合格'
```

然后在文本文件 test.txt 中保存测试举例，具体实现代码如下：

```
>>>from wen. import grade
>>>grade(90)
'优秀'
>>>grade(85)
'良'
>>>grade(65)
'合格'
>>>grade(10)
'不合格'
```

通过上述代码，表示在本次测试过程中一共运行了四个测试例子，然后在交互模式下进
行测试，读者可以使用如下程序命令进行测试。

```
importdoctest
doctest.testfile('test.txt')
```

执行效果如图 12-3 所示，其中提示我们有一个测试失败，并且指出了是哪一个测试
失败。

```
>>>
**********************************************************************
File "C:\Users\apple0\Desktop\dan.py", line 3, in __main__.grade
Failed example:
    grade(90)
Expected:
    '优秀'
Got:
    '良'
**********************************************************************
1 items had failures:
    1 of   4 in __main__.grade
***Test Failed*** 1 failures.
>>>
```

图 12-3

第13章

正则表达式

（视频讲解：38 分钟）

正则表达式又被称为规则表达式，英语名称是 **Regular Expression**，在程序代码中经常被简写为 **Regex、Regexp 或 RE**。正则表达式描述了一种字符串匹配的模式，可以用来检查一个串是否含有某种子串，将匹配的子串做替换，或者从某个串中取出符合某个条件的子串等。在本章的内容中，将详细讲解在 **Python** 程序中使用正则表达式的知识。

13.1 基本语法表达

正则表达式（Regular Expression）是一种文本模式，包括普通字符（例如，a 到 z 之间的字母）和特殊字符（称为元字符）。正则表达式使用单个字符串来描述、匹配一系列某个句法规则的字符串。正则表达式是烦琐的，但它是强大的，学会之后的应用除了提高效率外，会给你带来绝对的成就感。在当今市面中，绝大多数开发语言都支持利用正则表达式进行字符串操作，例如 C++、Java、C#、PHP、Python 等。在本节的内容中，将详细讲解正则表达式的基本语法知识。

注意：正则表达式是由普通字符（例如字符 a 到 z）以及特殊字符（称为"元字符"）组成的文字模式。模式描述在搜索文本时要匹配的一个或多个字符串。正则表达式作为一个模板，将某个字符模式与所搜索的字符串进行匹配。

13.1.1 普通字符

正则表达式是包含文本和特殊字符的字符串，该字符串描述了一个可以识别各种字符串的模式。对于通用文本来说，用于正则表达式的字母表示所有大小写字母及数字的集合。普通字符包括没有显式指定为元字符的所有可打印和不可打印的字符，这包括所有大写和小写字母、所有数字、所有标点符号和一些其他符号。例如下面所介绍的正则表达式都是最基本的、最普通的普通字符，它们仅仅用一个简单的字符串构造成一个匹配字符串的模式：该字符串由正则表达式定义。表 13-1 为几个正则表达式和它们所匹配的字符串。

表 13-1

正则表达式模式	匹配的字符串
foo	foo
Python	Python
abc123	abc123

在表 13-1 中，第一个正则表达式模式是"foo"，该模式没有使用任何特殊符号去匹配其他符号，而只是匹配所描述的内容。所以，能够匹配这个模式的只有包含"foo"的字符串。同理，对于字符串"Python"和"abc123"也一样。正则表达式的强大之处在于引入特殊字符来定义字符集、匹配子组和重复模式。正是由于这些特殊符号，使得正则表达式可以匹配字符串集合，而不仅仅只是某单个字符串。由此可见，普通字符表达式属于最简单的正则表达式形式。

13.1.2 非打印字符

非打印字符也可以是正则表达式的组成部分，在表 13-2 中列出了表示非打印字符的转义序列。

表 13-2

字符	描述
\cx	匹配由 x 指明的控制字符。例如，\cM 匹配一个 Control-M 或回车符。x 的值必须为 A-Z 或 a-z 之一。否则，将 c 视为一个原义的 'c' 字符
\f	匹配一个换页符。等价于 \x0c 和 \cL
\n	匹配一个换行符。等价于 \x0a 和 \cJ
\r	匹配一个回车符。等价于 \x0d 和 \cM
\s	匹配任何空白字符，包括空格、制表符、换页符等。等价于 [\f\n\r\t\v]
\S	匹配任何非空白字符。等价于 [^ \f\n\r\t\v]
\t	匹配一个制表符。等价于 \x09 和 \cI
\v	匹配一个垂直制表符。等价于 \x0b 和 \cK

13.1.3 特殊字符

特殊字符是指一些具有特殊含义的字符，如"*.txt"中的星号，简单一点说，就是表示任何字符串的意思。如果要查找文件名中有"*"的文件，则需要对"*"进行转义，即在其前加一个"\"，即"*.txt"。许多元字符要求在试图匹配它们时特别对待，如果要匹配这些特殊字符，必须首先使字符进行转义，即将"\"放在它们前面。表 13-3 列出了正则表达式中的特殊字符。

表 13-3

特别字符	描述
$	匹配输入字符串的结尾位置，如果设置了 RegExp 对象的 Multiline 属性，则 $ 也匹配"\n"或"\r"。要匹配 $ 字符本身，请使用 \$
()	标记一个子表达式的开始和结束位置。子表达式可以获取供以后使用。要匹配这些字符，请使用 \(和 \)
*	匹配前面的子表达式零次或多次。要匹配 * 字符，请使用 *
+	匹配前面的子表达式一次或多次。要匹配 + 字符，请使用 \+
.	匹配除换行符 \n 之外的任何单字符。要匹配 .，请使用 \.
[	标记一个中括号表达式的开始。要匹配 [，请使用 \[
?	匹配前面的子表达式零次或一次，或指明一个非贪婪限定符。要匹配 ? 字符，请使用 \?
\	将下一个字符标记为或特殊字符或原义字符或向后引用或八进制转义符。例如，'n' 匹配字符 'n'。'\n' 匹配换行符。序列 '\\' 匹配 "\"，而 '\(' 则匹配 "("
^	匹配输入字符串的开始位置，除非在方括号表达式中使用，此时它表示不接受该字符集合。要匹配 ^ 字符本身，请使用 \^
{	标记限定符表达式的开始。要匹配 {，请使用 \{

特别字符	描　　述
		指明两项之间的一个选择。要匹配 |，请使用 |
literal	匹配文本字符串的字面值 literal

1. 使用择一匹配符号匹配多个正则表达式模式

竖线"|"表示择一匹配的管道符号，也就是键盘上的竖线，表示一个"从多个模式中选择其一"的操作，用于分隔不同的正则表达式。例如在表 13-4 中，左边是一些运用择一匹配的模式，右边是左边相应的模式所能够匹配的字符。

表 13-4

正则表达式模式	匹配的字符串
at ｜ home	at、home
r2d2 ｜ c3po	r2d2、c3po
bat ｜ bet ｜ bit	bat、bet、bit

有了这个符号，就能够增强正则表达式的灵活性，使得正则表达式能够匹配多个字符串而不仅仅只是一个字符串。择一匹配有时候也称作并（union）或者逻辑或（logical OR）。

2. 匹配任意单个字符

点符号"."可以匹配除了换行符"\n"以外的任何字符（Python 正则表达式有一个编译标记 [S 或者 DOTALL]，该标记能够推翻这个限制，使点号能够匹配换行符）。无论字母、数字、空格（并不包括"\n"换行符）、可打印字符、不可打印字符，还是一个符号，使用点号都能够匹配它们。例如表 13-5 中的演示信息。

表 13-5

正则表达式模式	匹配的字符串
f.o	匹配在字母"f"和"o"之间的任意一个字符；例如 fao、f9o、f#o 等
..	任意两个字符
.end	匹配在字符串 end 之前的任意一个字符

注意：要想显式匹配一个句点符号本身，必须使用反斜线转义句点符号的功能，例如"\."。

3. 从字符串起始或者结尾或者单词边界匹配

还有一些符号和相关的特殊字符用于在字符串的起始和结尾部分指定用于搜索的模式。如果要匹配字符串的开始位置，就必须使用脱字符"^"或者特殊字符"\A"（反斜线和大写字母 A）。后者主要应用于那些没有脱字符的键盘（例如，某些国际键盘）。同样，美元符号"$"或"\Z"将用于匹配字符串的末尾位置。

注意：本书在讲解和字符串中模式相关的正则表达式时，会用术语"匹配"（matching）进行剖析。在 Python 语言的术语中，主要有两种方法完成模式匹配。

（1）搜索（searching）：即在字符串任意部分中搜索匹配的模式。

（2）匹配（matching）：是指判断一个字符串能否从起始处全部或者部分地匹配某个模式。搜索通过 search() 函数或方法来实现，而匹配通过调用 match() 函数或方法实现。总之，当涉及模式时，全部使用术语"匹配"。

我们按照 Python 如何完成模式匹配的方式来区分"搜索"和"匹配"。

使用这些符号的模式与其他大多数模式是不同的，因为这些模式指定了位置或方位。例如表 13-6 中是一些表示"边界绑定"的正则表达式搜索模式的演示。

表 13-6

正则表达式模式	匹配的字符串
^From	任何以 From 作为起始的字符串
/bin/tcsh$	任何以 /bin/tcsh 作为结尾的字符串
^Subject: hi$	任何由单独的字符串 Subject: hi 构成的字符串

如果想要逐字匹配这些字符中的任何一个或者全部，就必须使用反斜线进行转义。例如想要匹配任何以美元符号结尾的字符串，一个可行的正则表达式方案就是使用模式".*\$$"。

特殊字符 \b 和 \B 可以用来匹配字符边界。而两者的区别在于 \b 将用于匹配一个单词的边界，这意味着这个模式必须位于单词的起始部分，就不管该单词前面（单词位于字符串中间）是否有其他任何字符，都只默认为这个单词位于行首。同样，\B 将匹配出现在一个单词中间的模式（即不是单词边界）。表 13-7 中是一些演示实例。

表 13-7

正则表达式模式	匹配的字符串
the	任何包含 the 的字符串
\bthe	任何以 the 开始的字符串
\bthe\b	仅仅匹配单词 the
\Bthe	任何包含但并不以 the 作为起始的字符串

4．创建字符集

尽管句点可以用于匹配任意符号，但是在某些时候，可能想要匹配某些特定字符。正因如此，发明了中括号。该正则表达式能够匹配一对中括号中包含的任何字符。例如表 13-8 中的演示实例。

表 13-8

正则表达式模式	匹配的字符串
b[aeiu]t	bat、bet、bit、but
[cr][23][dp][o2]	一个包含四个字符的字符串，第一个字符是"c"或"r"，然后是"2"或"3"，后面是"d"或"p"，最后要么是"o"，要么是"2"。例如，c2do、r3p2、r2d2、c3po 等

在"[cr][23][dp][o2]"正则表达式中，如果仅允许"r2d2"或者"c3po"作为有效字符串，就需要更严格限定的正则表达式。因为中括号仅仅表示逻辑或的功能，所以使用中括号并不能实现这一限定要求。唯一的方案就是使用择一匹配，例如"r2d2|c3po"。然而，对于单个字符的正则表达式来说，使用择一匹配和字符集是等效的。例如，我们以正则表达式"ab"作为开始，该正则表达式只匹配包含字母"a"且后面跟着字母"b"的字符串，如果想要匹配一个字母的字符串，例如要么匹配"a"，要么匹配"b"，就可以使用正则表达式 [ab]，因为此时字母"a"和字母"b"是相互独立的字符串。我们也可以选择正则表达式"a|b"。然而，如果想要匹配满足模式"ab"后面跟着"cd"的字符串，我们就不能使用中括号，因为字符集的方法只适用于单字符的情况。这种情况下，唯一的方法就是使用"ab|cd"，这与刚才提到的 r2d2/c3po 问题是相同的。

5．使用闭包操作符实现存在性和频数匹配

下面开始介绍最常用的正则表达式符号，即特殊符号 *、+ 和？，所有这些都可以用于匹配一个、多个或者没有出现的字符串模式。具体说明如下：

（1）星号或者星号操作符（*）将匹配其左边的正则表达式出现零次或者多次的情况（在计算机编程语言和编译原理中，该操作称为 Kleene 闭包）。

（2）加号（+）操作符将匹配一次或者多次出现的正则表达式（也叫作正闭包操作符）。

（3）问号（？）操作符将匹配零次或者一次出现的正则表达式。

（4）大括号操作符（{}），里面或者是单个值或者是一对由逗号分隔的值。这将最终精确地匹配前面的正则表达式 N 次（如果是 {N}）或者一定范围的次数；例如，{M, N} 将匹配 $M \sim N$ 次出现。这些符号能够由反斜线符号转义；* 匹配星号，等等。

注意：在前面的表中曾使用问号（重载），这意味着要么匹配 0 次，要么匹配 1 次，或者其他含义：如果问号紧跟在任何使用闭合操作符的匹配后面，它将直接要求正则表达式引擎匹配尽可能少的次数。尽可能少的次数是指当模式匹配使用分组操作符时，正则表达式引擎将试图"吸收"匹配该模式尽可能多的字符。这通常被叫作贪婪匹配。问号要求正则表达式引擎去"偷懒"，如果可能，就在当前的正则表达式中尽可能少地匹配字符，留下尽可能多的字符给后面的模式（如果存在）。

使用闭包操作符实现存在性和频数匹配演示的具体说明见表 13-9。

表 13-9

正则表达式模式	匹配的字符串
[dn]ot?	字母"d"或者"n"，后面跟着一个"o"，然后最多是一个"t"，例如，do、no、dot、not
0?[1-9]	任何数值数字，它可能前置一个"0"，例如，匹配一系列数（表示从 1 ～ 9 月的数值），不管是一个还是两个数字
[0-9]{15,16}	匹配 15 或者 16 个数字（例如信用卡号码）
</?[^>]+>	匹配全部有效的（和无效的）HTML 标签
[KQRBNP][a-h][1-8]-[a-h][1-8]	在"长代数"标记法中，表示国际象棋合法的棋盘移动（仅移动，不包括吃子和将军）。即"K""Q""R""B""N"或"P"等字母后面加上"a1"～"h8"之间的棋盘坐标。前面的坐标表示从哪里开始走棋，后面的坐标代表走到哪个位置（棋格）上

6．表示字符集的特殊字符

有一些特殊字符能够表示字符集，与使用"0~9"这个范围表示十进制数相比，可以简单地使用 \d 表示匹配任何十进制数字。另一个特殊字符（\w）能够用于表示全部字母数字的字符集，相当于 [A-Za-z0-9_] 的缩写形式，\s 可以用来表示空格字符。这些特殊字符的大写版本表示不匹配；例如，\D 表示任何非十进制数（与 [^0-9] 相同），等等。使用这些缩写，可以表示表 13-10 中的一些更复杂的实例。

表 13-10

正则表达式模式	匹配的字符串
\w+-\d+	一个由字母数字组成的字符串和一串由一个连字符分隔的数字
[A-Za-z]\w*	第一个字符是字母；其余字符（如果存在）可以是字母或者数字（几乎等价于 Python 中的有效标识符）
\d{3}-\d{3}-\d{4}	美国电话号码的格式，前面是区号前缀，例如 800-5513-1212
\w+@\w+.com	以 XXX@YYY.com 格式表示简单的电子邮件地址

13.1.4　使用小括号指定分组

在 Python 程序中，有时可能会对之前匹配成功的数据更感兴趣。我们不仅想要知道整个字符串是否匹配我们的标准，而且想要知道能否提取任何已经成功匹配的特定字符串或者子字符串。答案是可以，要实现这个目标，只要用一对小括号括住任何正则表达式。当使用正则表达式时，一对小括号可以实现以下任意一个（或者两个）功能：

（1）对正则表达式进行分组；

（2）匹配子组。

为何要对正则表达式进行分组呢？举一个例子：当有两个不同的正则表达式而且想用它们来比较同一个字符串时。对正则表达式进行分组可以在整个正则表达式中使用重复操作符（而不是一个单独的字符或者字符集）。当然使用小括号进行分组的一个坏处是匹配模式的子字符串可以保存起来供后续使用。这些子组能够被同一次的匹配或者搜索重复调用，或者提取出来用于后续处理。

为什么匹配子组这么重要呢？主要原因是在很多时候除了进行匹配操作以外，还需要提取所匹配的模式。例如，如果决定匹配模式是 \w+-\d+，但是想要分别保存第一部分的字母和第二部分的数字，该如何实现？我们可能想要这样做的原因是，对于任何成功的匹配，我们可能想要看到这些匹配正则表达式模式的字符串究竟是什么。如果为两个子模式都加上小括号，例如：（\w+）-（\d+），然后就能够分别访问每一个匹配子组。

我们更倾向于使用子组，这是因为择一个匹配通过编写代码来判断是否匹配，然后执行另一个单独的程序（该程序也需要另行创建）来解析整个匹配仅仅用于提取两个部分。例如表 13-11 展示了使用小括号实现指定分组的使用说明。

表 13-11

正则表达式模式	匹配的字符串
\d+(\.\d*)?	表示简单浮点数的字符串；也就是说，任何十进制数字，后面可以接一个小数点和零个或者多个十进制数字，例如"0.004""2""713."等
(Mr?s?.)?[A-Z][a-z]*[A-Za-z-]+	名字和姓氏，以及对名字的限制（如果有，首字母必须大写，后续字母小写），全名前可以有可选的"Mr.""Mrs.""Ms."或者"M."作为称谓，以及灵活可选的姓氏，可以有多个单词、横线以及大写字母

13.1.5　限定符

限定符用来指定正则表达式的一个给定组件必须要出现多少次才能满足匹配，有 * 或 + 或 ? 或 {n} 或 {n,} 或 {n,m} 共 6 种。正则表达式中的限定符信息见表 13-12。

表 13-12

字符	描　　述
*	匹配前面的子表达式零次或多次。例如，zo* 能匹配"z"以及"zoo"。* 等价于 {0,}
+	匹配前面的子表达式一次或多次。例如，'zo+' 能匹配"zo"以及"zoo"，但不能匹配"z"。+ 等价于 {1,}
?	匹配前面的子表达式零次或一次。例如，"do(es)?"可以匹配"do"或"does"中的"do"。? 等价于 {0,1}
{n}	n 是一个非负整数。匹配确定的 n 次。例如，'o{2}' 不能匹配"Bob"中的 'o'，但是能匹配"food"中的两个 o

续上表

字符	描　　　述
{n,}	n 是一个非负整数。至少匹配 n 次。例如，'o{2,}' 不能匹配 "Bob" 中的 'o'，但能匹配 "fooooood" 中的所有 o。'o{1,}' 等价于 'o+'。'o{0,}' 则等价于 'o*'
{n,m}	m 和 n 均为非负整数，其中 n <= m。最少匹配 n 次且最多匹配 m 次。例如，"o{1,3}" 将匹配 "fooooood" 中的前 3 个 o。'o{0,1}' 等价于 'o?'。请注意在逗号和两个数之间不能有空格

我举一个简单点的例子：这本 Python 书的页数有很多，所以全书由很多章（一级目录）组成，每一章下面又分为了节（二级目录），每一节下面又分为了小节（三级目录）。因为本书内容较多，有一些章节编号超过九节，我们需要一种方式来处理两位或三位章节编号。这时候可以通过限定符实现这种操作。下面的正则表达式匹配编号为任何位数的章节标题。

```
/Chapter [1-9][0-9]*/
```

请注意，限定符出现在范围表达式之后，所以它应用于整个范围表达式。在本例中，只指定从 0~9 的数字（包括 0 和 9）。

这里并没有使用 "+" 限定符，这是为什么呢？因为在第二个位置或后面的位置不一定需要有一个数字。也没有使用 "？" 字符，因为它将章节编号限制到只有两位数。我们需要至少匹配 Chapter 和空格字符后面的一个数字。如果我们知道章节编号被限制为只有 99 章，则可以使用下面的表达式来至少指定一位但至多两位数字。

```
/Chapter [0-9]{1,2}/
```

上面的表达式的缺点是，大于 99 的章节编号仍只匹配开头两位数字。另一个缺点是 Chapter 0 也将匹配。下面是只匹配两位数字的更好的表达式：

```
/Chapter [1-9][0-9]?/
```

或：

```
/Chapter [1-9][0-9]{0,1}/
```

其实 "*"、"+" 和 "?" 限定符都是贪婪的，所以它们会尽可能多地匹配文字，在它们的后面加上一个 "?" 就可以实现非贪婪或最小匹配。例如我们可能搜索 HTML 文档，目的是查找括在 H1 标记内的章节标题。假设这个要搜索的文本是通过如下形式存在的：

```
<H1>Chapter 1 - Introduction to Regular Expressions</H1>
```

下面的表达式可以匹配从开始小于符号 "<" 到关闭 H1 标记的大于符号 ">" 之间的所有内容。

```
/<.*>/
```

如果只需要匹配开始 H1 标记，下面的 "非贪心" 表达式只会匹配 <H1>。

```
/<.*?>/
```

通过在 "*""+" 和 "?" 限定符之后放置 "?"，该表达式从 "贪心" 表达式转换为 "非贪心" 表达式或者最小匹配。

13.1.6　定位符

通过使用定位符，可以将正则表达式固定到行首或行尾。另外还可以帮助我们创建这样的正则表达式，这些正则表达式出现在一个单词内、在一个单词的开头或者一个单词的结尾。定位符用来描述字符串或单词的边界，^ 和 $ 分别指字符串的开始与结束，\b 描述单词的前或后边界，\B 表示非单词边界。常用的正则表达式的定位符见表 13-13。

表 13-13

字　符	描　　述
^	匹配输入字符串开始的位置。如果设置了 RegExp 对象的 Multiline 属性，^ 还会与 \n 或 \r 之后的位置匹配
$	匹配输入字符串结尾的位置。如果设置了 RegExp 对象的 Multiline 属性，$ 还会与 \n 或 \r 之前的位置匹配
\b	匹配一个字边界，即字与空格间的位置
\B	非字边界匹配

如果要在搜索章节标题时使用定位点，下面的正则表达式匹配一个章节标题，该标题只包含两个尾随数字，并且出现在行首：

```
/^Chapter [1-9][0-9]{0,1}/
```

真正的章节标题不仅出现在行的开始处，而且它还是该行中仅有的文本。它既出现在行首又出现在同一行的结尾。下面的表达式能确保指定的匹配只匹配章节而不匹配交叉引用。通过创建只匹配一行文本的开始和结尾的正则表达式，即可做到这一点。

```
/^Chapter [1-9][0-9]{0,1}$/
```

匹配字边界稍有不同，但向正则表达式添加了很重要的能力。字边界是单词和空格之间的位置。非字边界是任何其他位置。下面的表达式匹配单词 Chapter 的开头三个字符，因为这三个字符出现在字边界后面：

```
/\bCha/
```

\b 字符的位置是非常重要的。如果它位于要匹配的字符串的开始，它在单词的开始处查找匹配项。如果它位于字符串的结尾，它在单词的结尾处查找匹配项。例如，下面的表达式匹配单词 Chapter 中的字符串 ter，因为它出现在字边界的前面：

```
/ter\b/
```

下面的表达式匹配 Chapter 中的字符串 apt，但是不匹配 aptitude 中的字符串 apt：

```
/\Bapt/
```

字符串 apt 出现在单词 Chapter 中的非字边界处，但出现在单词 aptitude 中的字边界处。对于 \B 非字边界运算符，位置并不重要，因为匹配不关心究竟是单词开头还是结尾。

13.1.7　限定范围和否定

除了单字符以外，字符集还支持匹配指定的字符范围。方括号中两个符号中间用连字符"-"连接，用于指定一个字符的范围。例如，A-Z、a-z 或者 0-9 分别用于表示大写字母、小写字母和数值数字。这是一个按照字母顺序的范围，所以不能将它们仅仅限定用于字母和十进制数字上。另外，如果脱字符"^"紧跟在左方括号后面，这个符号就表示不匹配给定字符集中的任何一个字符。具体演示实例见表 13-14。

表 13-14

正则表达式模式	匹配的字符串
z.[0-9]	字母"z"后面跟着任何一个字符，然后跟着一个数字
[r-u][env-y][us]	字母"r""s""t"或者"u"后面跟着"e""n""v""w""x"或者"y"，然后跟着"u"或者"s"

正则表达式模式	匹配的字符串
[^aeiou]	一个非元音字符
[^\t\n]	不匹配制表符或者 \n
["-a]	在一个 ASCII 系统中，所有字符都位于 """ 和 "a" 之间，即 34~97 之间

13.1.8　运算符优先级

正则表达式从左到右进行计算，并遵循优先级顺序，这与算术表达式非常类似。相同优先级的从左到右进行运算，不同优先级的运算先高后低。表 13-15 从最高到最低说明了各种正则表达式运算符的优先级顺序。

表 13-15

运算符	描　　述
\	转义符
(), (?:), (?=), []	小括号和方括号
*, +, ?, {n}, {n,}, {n,m}	限定符
^, $, \ 任何元字符、任何字符	定位点和序列（即位置和顺序）
|	替换，或操作字符具有高于替换运算符的优先级，使得"m|food"匹配"m"或"food"。若要匹配 "mood" 或 "food"，请使用括号创建子表达式，从而产生 "(m|f)ood"

13.1.9　扩展表示法

扩展表示法以问号开始（?…），通常用于在判断匹配之前提供标记，实现一个前视（或者后视）匹配或者条件检查。尽管小括号使用这些符号，但是只有（?P<name>）表述一个分组匹配，所有其他的都没有创建一个分组。然而，你仍然需要知道它们是什么？因为它们可能最适合用于你所需要完成的任务。表 13-16 展示了扩展表示法的基本用法。

表 13-16

正则表达式模式	匹配的字符串
(?:\w+.)*	以句点作为结尾的字符串，例如 "google." "twitter." "facebook."，但是这些匹配不会保存下来供后续的使用和数据检索
(?#comment)	此处并不做匹配，只是作为注释
(?=.com)	如果一个字符串后面跟着 ".com" 才做匹配操作，并不使用任何目标字符串
(?!.net)	如果一个字符串后面不是跟着 ".net" 才做匹配操作
(?<=800-)	如果字符串之前为 "800-" 才做匹配，假定为电话号码，同样，并不使用任何输入字符串
(?<!192\.168\.)	如果一个字符串之前不是 "192.168." 才做匹配操作，假定用于过滤掉一组 C 类 IP 地址
(?(1)y | x)	如果一个匹配组 1（\1）存在，就与 y 匹配；否则，就与 x 匹配

13.2　使用 re 模块

在 Python 语言中，使用 re 模块提供的内置标准库函数来处理正则表达式。在这个模块中，既可以直接匹配正则表达式的基本函数，也可以通过编译正则表达式对象，并使用其方法来使用正则表达式。在本节的内容中，将详细讲解使用 re 模块的基本知识。

13.2.1　re 模块库函数介绍

在表 13-17 中，列出了 Python 语言内置模块 re 中常用的内置库函数和方法，它们中的大多数函数也与已经编译的正则表达式对象（regex object）和正则匹配对象（regex match object）的方法同名并且具有相同的功能。

表 13-17

函数 / 方法	描　　述
compile(pattern，flags = 0)	使用任何可选的标记来编译正则表达式的模式，然后返回一个正则表达式对象
match(pattern，string，flags=0)	尝试使用带有可选的标记的正则表达式的模式来匹配字符串。如果匹配成功，就返回匹配对象；如果失败，就返回 None
search(pattern，string，flags=0)	使用可选标记搜索字符串中第一次出现的正则表达式模式。如果匹配成功，则返回匹配对象；如果失败，则返回 None
findall(pattern，string [, flags])	查找字符串中所有（非重复）出现的正则表达式模式，并返回一个匹配列表
finditer(pattern，string [, flags])	与 findall() 函数相同，但返回的不是一个列表，而是一个迭代器。对于每一次匹配，迭代器都返回一个匹配对象
split(pattern，string，maxsplit=0)	根据正则表达式的模式分隔符，split() 函数将字符串分割为列表，然后返回成功匹配的列表，分割最多操作 maxsplit 次（默认分割所有匹配成功的位置）
sub(pattern，repl，string，count=0)	使用 repl 替换所有正则表达式的模式在字符串中出现的位置，除非定义 count，否则就将替换所有出现的位置（另见 subn() 函数，该函数返回替换操作的数目）
purge()	清除隐式编译的正则表达式模式
group(num=0)	返回整个匹配对象，或者编号为 num 的特定子组
groups(default=None)	返回一个包含所有匹配子组的元组（如果没有成功匹配，则返回一个空元组）
groupdict(default=None)	返回一个包含所有匹配的命名子组的字典，所有的子组名称作为字典的键（如果没有成功匹配，则返回一个空字典）

在表 13-18 中列出了 Python 语言内置模块 re 中常用属性的信息。

表 13-18

属　　性	说　　明
re.I、re.IGNORECASE	不区分大小写的匹配
re.L、re.LOCALE	根据所使用的本地语言环境通过 \w、\W、\b、\B、\s、\S 实现匹配
re.M、re.MULTILINE	^ 和 $ 分别匹配目标字符串中行的起始和结尾，而不是严格匹配整个字符串本身的起始和结尾
re.S、re.DOTALL	"."（点号）通常匹配除了 \n（换行符）之外的所有单个字符；该标记表示 "."（点号）能够匹配全部字符
re.X、re.VERBOSE	通过反斜线转义后，所有空格加上 #（以及在该行中所有后续文字）的内容都被忽略

13.2.2　使用 compile() 函数编译正则表达式

在 Python 程序中，函数 compile() 的功能是编译正则表达式。使用函数 compile() 的语法如下：

```
compile(source, filename, mode[, flags[, dont_inherit]])
```

通过使用上述格式，能够将 source 编译为代码或者 AST 对象。代码对象能够通过 exec 语句来执行或者 eval() 进行求值。各个参数的具体说明如下：

- 参数 source：字符串或者 AST（Abstract Syntax Trees）对象。
- 参数 filename：代码文件名称，如果不是从文件读取代码则传递一些可辨认的值。

- 参数 mode：指定编译代码的种类，可以指定为 exec、eval 和 single。
- 参数 flags 和 dont_inherit：可选参数，极少使用。

例如在下面的实例中，演示了使用函数 compile() 将正则表达式的字符串形式编译为 Pattern 实例的过程。

实例 13-1：将正则表达式的字符串形式编译为 Pattern 实例

源码路径：下载包 \daima\13\13-1

实例文件 compilechuli.py 的具体实现代码如下：

```
import re
pattern = re.compile('[a-zA-Z]')
result = pattern.findall('as3SiOPdj#@23awe')
print(result)
```

在上述代码中，先使用函数 re.compile() 将正则表达式的字符串形式编译为 Pattern 实例，然后使用 Pattern 实例处理文本并获得匹配结果（一个 Match 实例），最后使用 Match 实例获得信息，进行其他的操作。执行后输出：

```
['a', 's', 'S', 'i', 'O', 'P', 'd', 'j', 'a', 'w', 'e']
```

13.2.3　使用函数 match() 匹配正则表达式

在 Python 程序中，函数 match() 的功能是在字符串中匹配正则表达式，如果匹配成功则返回 MatchObject 对象实例。使用函数 match() 的语法格式如下：

```
re.match(pattern, string, flags=0)
```

- 参数 pattern：匹配的正则表达式。
- 参数 string：要匹配的字符串。
- 参数 flags：标志位，用于控制正则表达式的匹配方式，例如是否区分大小写、多行匹配等。参数 flags 的选项值信息见表 13-19。

表 13-19

参　　数	含 义 意 义
re.I	忽略大小写
re.L	根据本地设置而更改 \w、\W、\b、\B、\s，以及 \S 的匹配内容
re.M	多行匹配模式
re.S	使 "." 元字符也匹配换行符
re.U	匹配 Unicode 字符
re.X	忽略 patteyn 中的空格，并且可以使用 "#" 注释

匹配成功后，函数 re.match() 会返回一个匹配的对象；否则返回 None。我们可以使用函数 group(num) 或函数 groups() 来获取匹配表达式，具体见表 13-20。

表 13-20

匹配对象方法	描　　述
group(num=0)	匹配的整个表达式的字符串，group() 可以一次输入多个组号，在这种情况下它将返回一个包含那些组所对应值的元组
groups()	返回一个包含所有小组字符串的元组，从 1 到所含的小组号

例如下面演示了使用 match()（以及 group()）的过程：

```
>>> m = re.match('foo', 'foo')          # 模式匹配字符串
>>> if m is not None:                    # 如果匹配成功，就输出匹配内容
... m.group()
...
'foo'
```

模式"foo"完全匹配字符串"foo"，也能够确认 m 是交互式解释器中匹配对象的实例。

```
>>> m # 确认返回的匹配对象
<re.MatchObject instance at 80ebf48>
```

例如下面是一个失败的匹配示例，会返回 None。

```
>>> m = re.match('foo', 'bar')          # 模式并不能匹配字符串
>>> if m is not None: m.group()         # （单行版本的 if 语句）
...
>>>
```

因为上面的匹配失败，所以 m 被赋值为 None，而且以此方法构建的 if 语句没有指明任何操作。对于剩余的示例，如果可以，为了简洁起见，将省去 if 语句块。但是在实际操作中，最好不要省去以避免 AttributeError 异常（None 是返回的错误值，该值并没有 group() 属性[方法]）。

只要模式从字符串的起始部分开始匹配，即使字符串比模式长，匹配也仍然能够成功。例如，模式"foo"将在字符串"food on the table"中找到一个匹配，因为它是从字符串的起始部分进行匹配的。

```
>>> m = re.match('foo', 'food on the table') # 匹配成功
>>>m.group()
'foo'
```

此时可以看到，尽管字符串比模式要长，但从字符串的起始部分开始匹配就会成功。子串"foo"是从那个比较长的字符串中抽取出来的匹配部分。甚至可以充分利用 Python 原生的面向对象特性，忽略保存中间过程产生的结果。

```
>>>re.match('foo', 'food on the table').group()
'foo'
```

注意：在上述演示实例中，如果匹配失败，将会抛出 AttributeError 异常。

例如在下面的实例中，演示了使用函数 match() 进行匹配的过程。

实例 13-2：匹配无人驾驶网站的网址

源码路径：下载包 \daima\13\13-2

实例文件 sou.py 的具体实现代码如下：

```
import re                                              # 导入模块 re
print(re.match('www', 'www.wurenjiashi.net').span())   # 在起始位置匹配
print(re.match('net', 'www.wurenjiashi.net'))          # 不在起始位置匹配
```

执行后会输出：

```
(0, 3)
None
```

在正则表达式应用中，经常会看到关于电子邮件地址格式的正则表达式"\w+@\w+.com"，通常想要匹配这个正则表达式所允许的更多邮件地址。为了在域名前添加主机名称支持，例如 www.xxx.com，仅仅允许 xxx.com 作为整个域名，必须修改现有的正则表达式。为了表示主机名是可选的，需要创建一个模式来匹配主机名（后面跟着一个句点），使用问号"？"操作符来表示该模式出现零次或一次，然后按照如下实例文件 duoge.py 所示的方式，

插入可选的正则表达式到之前的正则表达式中：\w+@(\w+.)?\w+.com。

实例 13-3：验证邮箱地址

源码路径： 下载包 \daima\13\13-3

实例文件 duoge.py 的具体实现代码如下：

```
import re
patt = '\w+@(\w+\.)?\w+\.com'
print(' 下面是谷歌 AI 的运算过程 ')
print(re.match(patt, 'guan@xxx.com').group())
print(re.match(patt, 'guan@www.xxx.com').group())

① patt = '\w+@(\w+\.)*\w+\.com'
print(re.match(patt, 'guan@www.xxx.yyy.zzz.com').group())
print(' 小样，看不懂了吧？抓紧看书就懂了！')
```

从上述实例代码可以看出，表达式 "\w+@(\w+.)?\w+.com" 允许在 ".com" 前面有一个或者两个名称。①允许任意数量的中间子域名存在，读者需要注意这里的细节变化，此处将前面的 "?" 修改为 ".：\w+@(\w+.)\w+.com"。这样仅使用字母数字字符的方式，并不能匹配组成电子邮件地址的全部可能字符。上面的正则表达式不能匹配诸如 xxx-yyy.com 的域名，或者使用非单词 "\W" 字符组成的域名。执行后会输出：

```
下面是谷歌 AI 的运算过程
guan@xxx.com
guan@www.xxx.com
guan@www.xxx.yyy.zzz.com
小样，看不懂了吧？抓紧看书就懂了！
```

13.2.4 使用函数 search() 扫描字符串并返回成功的匹配

在 Python 程序中，函数 search() 的功能是扫描整个字符串并返回第一个成功的匹配。事实上，要搜索的模式出现在一个字符串中间部分的概率，远大于出现在字符串起始部分的概率。这也就是将函数 search() 派上用场的时候。函数 search() 的工作方式与函数 match() 完全一致，不同之处在于函数 search() 会用它的字符串参数，在任意位置对给定正则表达式模式搜索第一次出现的匹配情况。如果搜索到成功的匹配，就会返回一个匹配对象；否则，返回 None。

接下来将举例说明 match() 和 search() 之间的差别。以匹配一个更长的字符串为例，下面使用字符串 "foo" 去匹配 "seafood"：

```
>>> m = re.match('foo', 'seafood')       # 匹配失败
>>>if m is not None: m.group()
...
>>>
```

由此可以看到，此处匹配失败。match() 试图从字符串的起始部分开始匹配模式。也就是说，模式中的 "f" 将匹配到字符串的首字母 "s" 上，这样的匹配肯定是失败的。然而，字符串 "foo" 确实出现在 "seafood" 之中（某个位置），所以，我们该如何让 Python 得出肯定的结果呢？答案是使用 search() 函数，而不是尝试匹配。search() 函数不但会搜索模式在字符串中第一次出现的位置，而且严格地对字符串从左到右搜索。

```
>>> m = re.search('foo', 'seafood')   # 使用 search() 代替
>>>if m is not None: m.group()
...
```

```
'foo'                        # 搜索成功，但是匹配失败
>>>
```

使用函数 search() 的语法格式如下：

```
re.search(pattern, string, flags=0)
```

- 参数 pattern：匹配的正则表达式。
- 参数 string：要匹配的字符串。
- 参数 flags：标志位，用于控制正则表达式的匹配方式，例如是否区分大小写、多行匹配等。

匹配成功后，re.match 方法会返回一个匹配的对象，否则返回 None。我们可以使用函数 group(num) 或函数 groups() 匹配对象函数来获取匹配表达式。

例如在下面的实例文件中，演示了使用函数 search() 进行匹配的过程。

实例 13-4：使用函数 search() 扫描无人驾驶网址并返回结果

源码路径：下载包 \daima\13\13-4

实例文件 ser.py 的具体实现代码如下：

```
import re                                          # 导入模块 re
print(re.search('www', 'www. 无人驾驶 .net').span())    # 在起始位置匹配
print(re.search('net', 'www. 无人驾驶 .net').span())    # 不在起始位置匹配
```

执行后会输出：

```
(0, 3)
(9, 12)
```

在 Python 程序中，函数 search() 的工作方式与 match() 完全一致，不同之处在于 search() 会用它的字符串参数，在任意位置对给定正则表达式模式搜索第一次出现的匹配情况。如果搜索到成功的匹配就会返回一个匹配对象，否则会返回 None。

13.2.5　使用函数 findall() 查找并返回符合的字符串

在 Python 程序中，函数 findall() 的功能是在字符串中查找所有符合正则表达式的字符串，并返回这些字符串的列表。如果在正则表达式中使用了组，则返回一个元组。函数 re.match() 函数和函数 re.search() 的作用基本一样，不同的是，函数 re.match() 只从字符串中第一个字符开始匹配。而函数 re.search() 则搜索整个字符串。

使用函数 findall() 的语法格式如下：

```
re.findall(pattern, string, flags=0)
```

请看下面的实例，功能是使用函数 findall() 匹配字符串。

实例 13-5：匹配操作字符串中的内容

源码路径：下载包 \daima\13\13-5

实例文件 fi.py 的具体实现代码如下：

```
import re                                          # 导入模块 re
# 定义一个要操作的字符串变量 s
s = "adfad asdfasdf asdfas asdfawef asd adsfas "
# 将正则表达式的字符串形式编译为 Pattern 实例
reObj1 = re.compile('((\w+)\s+\w+)')
print(reObj1.findall(s))                           # 第 1 次调用函数 findall()
# 将正则表达式的字符串形式编译为 Pattern 实例
```

```
reObj2 = re.compile('(\w+)\s+\w+')
print(reObj2.findall(s))                                          # 第 2 次调用函数 findall()
#将正则表达式的字符串形式编译为 Pattern 实例
reObj3 = re.compile('\w+\s+\w+')
print(reObj3.findall(s))                                          # 第 3 次调用函数 findall()
```

因为函数 findall() 返回的总是正则表达式在字符串中所有匹配结果的列表，所以此处主要讨论列表中"结果"的展现方式，即 findall 中返回列表中每个元素包含的信息。在上述代码中调用了三次函数 findall()，具体说明如下：

（1）第 1 次调用：当给出的正则表达式中带有多个括号时，列表的元素为多个字符串组成的 tuple，tuple 中字符串个数与括号对数相同，字符串内容与每个括号内的正则表达式相对应，并且排放顺序是按括号出现的顺序。

（2）第 2 次调用：当给出的正则表达式中带有一个括号时，列表的元素为字符串，此字符串的内容与括号中的正则表达式相对应（不是整个正则表达式的匹配内容）。

（3）第 3 次调用：当给出的正则表达式中不带括号时，列表的元素为字符串，此字符串为整个正则表达式匹配的内容。

执行后会输出：

```
[('adfad asdfasdf', 'adfad'), ('asdfas asdfawef', 'asdfas'), ('asd adsfas',
'asd')]
['adfad', 'asdfas', 'asd']
['adfad asdfasdf', 'asdfas asdfawef', 'asd adsfas']
```

13.2.6　使用搜索替换函数 sub() 和 subn()

在 Python 程序中，有两个函数 / 方法用于实现搜索和替换功能，这两个函数是 sub() 和 subn()。两者几乎一样，都是将某个字符串中所有匹配正则表达式的部分进行某种形式的替换。用来替换的部分通常是一个字符串，但它也可能是一个函数，该函数返回一个用来替换的字符串。函数 subn() 和函数 sub() 的用法类似，但是函数 subn() 还可以返回一个表示替换的总数，替换后的字符串和表示替换总数的数字一起作为一个拥有两个元素的元组返回。

在 Python 程序中，使用函数 sub() 和函数 subn() 的语法格式如下：

```
re.sub( pattern, repl, string[, count])
re.subn( pattern, repl, string[, count])
```

上述各个参数的具体说明如下：
- pattern：正则表达式模式。
- repl：要替换成的内容。
- string：进行内容替换的字符串。
- count：可选参数，最大替换次数。

例如在下面的实例中，演示了使用函数 sub() 实现替换功能的过程。

实例 13-6：用函数 sub() 替换字符串中的字母

源码路径： 下载包 \daima\13\13-6

实例文件 subbb.py 的具体实现代码如下：

```
import re                                       # 导入模块 re
print(re.sub('[abc]', 'o', 'Mark'))            # 找出字母 a、b 或者 c
print(re.sub('[abc]', 'o', 'rock'))            # 将 "rock" 变成 "rook"
print(re.sub('[abc]', 'o', 'caps'))            # 将 caps 变成 oops
```

在上述实例代码中，首先在"Mark"中找出字母 a、b 或者 c，并以字母"o"替换，Mark 就变成 Mork 了。然后将"rock"变成"rook"。重点看最后一行代码，有的读者可能认为可以将 caps 变成 oaps，但事实并非如此。函数 re.sub() 能够替换所有的匹配项，并且不只是第一个匹配项。因此正则表达式将会把 caps 变成 oops，因为 c 和 a 都被转换为 o。执行后会输出：

```
Mork
rook
oops
```

13.2.7　使用分割函数 split()

在 Python 程序中，模块 re 和正则表达式中的对象函数 split() 对于相对应字符串的工作方式是类似的，但是与分割一个固定字符串相比，它们基于正则表达式的模式分隔字符串，为字符串分隔功能添加一些额外功能。如果不想为每次模式的出现都分割字符串，就可以通过为参数 max 设定一个值（非零）的方式来指定最大分割数。如果给定的分隔符不是使用特殊符号来匹配多重模式的正则表达式，那么函数 re.split() 与函数 str.split() 的工作方式相同，例如下面的演示过程基于单引号进行分割。

```
>>> re.split(':', 'str1:str2:str3')
['str1', 'str2', 'str3']
```

请看下面的实例，功能是使用函数 split() 分割一个字符串。

实例 13-7：使用函数 split() 分割指定字符串

源码路径：下载包 \daima\13\13-7

实例文件 fi1.py 的具体实现代码如下：

```
import re
DATA = (
'MMMMM View, CA 88888',
'SSSSS, CA',
'LLL AAAAA, 99999',
'CCCCCC 99999',

'PPPP AAAA CA',
)
for datum in DATA:
  print(re.split(', |(?= (?:\d{5}|[A-Z]{2})) ', datum))
```

上面的正则表达式拥有一个简单的组件，使用 split 语句基于逗号分割字符串。更重要的部分是最后的正则表达式，可以通过该正则表达式预览扩展符号。在普通的英文字符串中，如果空格紧跟在五个数字（ZIP 编码）或者两个大写字母（美国联邦州缩写）之后，就用 split() 函数分隔该空格。执行后会输出：

```
['MMMMM View', 'CA', '88888']
['SSSSS', 'CA']
['LLL', 'AAAAA', '99999']
['CCCCCC', '99999']
['PPPP', 'AAAA', 'CA']
```

13.2.8　使用扩展符号

在 Python 程序中，正则表达式支持大量的扩展符号。例如通过使用 (?iLmsux) 系列选项，可以直接在正则表达式里面指定一个或者多个标记，而不是通过 compile() 函数或者其他 re 模块函数。例如在下面的实例文件中，演示了使用扩展符号处理字符串的过程。

实例 13-8：使用扩展符号对字符串进行扩展处理

源码路径：下载包 \daima\13\13-8

实例文件 kuozhan1.py 的具体实现代码如下：

```
import re
print(re.findall(r'(?i)yes', 'yes? Yes. YES!!'))
print(re.findall(r'(?i)th\w+', 'The Guanxijing way is thh this.'))
print(re.findall(r'(?im)(^th[\w ]+)', """This line is the first,another line,that
line, it's the best"""))
① print(re.findall(r'th.+', '''
... The first line
... the second line
... the third line
② ... '''))

③ print(re.findall(r'(?s)th.+', '''
... The first line
... the second line
... the third line
... ''')
④ )

⑤ print(re.findall(r'http://(?:\w+\.)*(\w+\.com)', 'http://google.com http://
www.google.com http://code.google.com'))

print(re.sub(r'\((?P<areacode>\d{3})\) (?P<prefix>\d{3})-(?:\d{4})','(\
g<areacode>) \g<prefix>-xxxx', '(800) 0531-88888888'))
```

在①前面的两行代码中是不区分大小写的。①②使用"多行"的方式能够在目标字符串中实现跨行搜索，而不必将整个字符串视为单个实体。注意，此时忽略了实例"the"，因为它们并不出现在各自的行首。

③④使用 re.S/DOTALL 标记设置点号"."能够用来表示符号"\n"，反之其通常用于表示除了"\n"之外的全部字符。

⑤使用问号"?"符号对部分正则表达式进行分组并不会保存该分组用于后续的检索或者应用。当不想保存以后永远不会使用的多余匹配时，问号"?"符号就会非常有用。

执行后会输出：

```
['yes', 'Yes', 'YES']
['The', 'thh', 'this']
['This line is the first']
['the second line', 'the third line']
['the second line\n... the third line\n... ']
['google.com', 'google.com', 'google.com']
(800) 0531-88888888
```

13.3 使用 Pattern 对象

在 Python 程序中，Pattern 对象是一个编译好的正则表达式，通过 Pattern 提供的一系列方法可以对文本进行匹配查找。Pattern 不能直接实例化，必须使用函数 re.compile() 进行构造。在本节的内容中，将详细讲解在 Python 程序中使用 Pattern 对象的知识。

Pattern 对象中，提供了如下四个可读属性来获取表达式的相关信息。

（1）pattern：编译时用的表达式字符串。

（2）flags：编译时用的匹配模式，数字形式。

（3）groups：表达式中分组的数量。

（4）groupindex：以表达式中有别名的组的别名为键、以该组对应的编号为值的字典，没有别名的组不包含在内。

例如在下面的实例中，演示了使用 Pattern 对象函数 compile() 进行处理的过程。

实例 13-9：使用函数 compile() 处理字符串

源码路径：下载包 \daima\13\13-9

实例文件 pp.py 的具体实现代码如下：

```
import re                                               # 导入模块
# 下面使用函数 re.compile() 进行构造
p = re.compile(r'(\w+) (\w+)(?P<sign>.*)', re.DOTALL)
print ("p.pattern:", p.pattern)                         # 表达式字符串
print ("p.flags:", p.flags)                             # 编译匹配模式
print ("p.groups:", p.groups)                           # 分组的数量
print ("p.groupindex:", p.groupindex)                   # 别名和编号字典
```

执行后会输出：

```
p.pattern: (\w+) (\w+)(?P<sign>.*)
p.flags: 48
p.groups: 3
p.groupindex: {'sign': 3}
```

第 14 章

开发网络程序

（📹视频讲解：70 分钟）

　　互联网改变了人们的生活方式，生活在当今社会中的人们已经越来越离不开网络。**Python** 语言在网络通信方面的优点特别突出，要远远领先于其他语言。在本章的内容中，将详细讲解使用 **Python** 语言开发网络项目的基本知识，为读者步入本书后面知识的学习打下基础。

14.1　网络开发基础

　　在开发 Python 网络程序之前，必须首先了解计算机网络通信的基本框架和工作原理。在两台或多台计算机之间进行网络通信时，其通信的双方还必须遵循相同的通信原则和数据格式。接下来将首先向读者介绍 OSI 七层网络模型、TCP/IP 协议。

14.1.1　OSI 七层网络模型

　　OSI 网络模型是一个开放式系统互联的参考模型。通过这个参考模型，用户可以非常直观地了解网络通信的基本过程和原理。OSI 参考模型如图 14-1 所示。

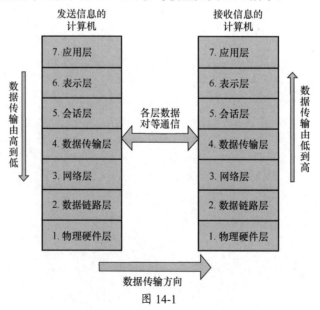

图 14-1

从图 14-1 所示的 OSI 网络模型可以看到，网络数据从发送方到达接收方的过程中，数据的流向以及经过的通信层和相应的通信协议。事实上在网络通信的发送端，其通信数据每到一个通信层，都会被该层协议在数据中添加一个包头数据。而在接收方恰好相反，数据通过每一层时都会被该层协议剥去相应的包头数据。用户也可以这样理解，即网络模型中的各层都是对等通信。在 OSI 七层网络模型中，各个网络层都具有各自的功能，见表 14-1。

表 14-1

协 议 层 名	功 能 概 述
物理硬件层	表示计算机网络中的物理设备。常见的有计算机网卡等
数据链路层	将传输数据进行压缩与解压缩
网络层	将传输数据进行网络传输
数据传输层	进行信息的网络传输
会话层	建立物理网络的连接
表示层	将传输数据以某种格式进行表示
应用层	应用程序接口

14.1.2　TCP/IP 协议

TCP/IP 协议实际上是一个协议簇，其包含很多协议。例如，FTP（文件传输协议）、SMTP（邮件传输协议）等应用层协议。TCP/IP 协议的网络模型只有四层，包括数据链路层、网络层、数据传输层和应用层，如图 14-2 所示。

图 14-2

在 TCP/IP 网络编程模型中，各层的具体功能见表 14-2。

表 14-2

协 议 层 名	功 能 概 述
数据链路层	网卡等网络硬件设备以及驱动程序
网络层	IP 协议等互联协议
数据传输层	为应用程序提供通信方法，通常为 TCP、UDP 协议
应用层	负责处理应用程序的实际应用层协议

在数据传输层中，包括 TCP 和 UDP 协议。其中，TCP 协议是基于面向连接的可靠的通信协议。其具有重发机制，即当数据被破坏或者丢失时，发送方将重发该数据。而 UDP 协议是基于用户数据报协议，属于不可靠连接通信的协议。例如当使用 UDP 协议发送一条消息时，并不知道该消息是否已经到达接收方，或者在传输过程中数据已经丢失。但是在即时通信中，UDP 协议在一些对时间要求较高的网络数据传输方面有着重要的作用。

14.2　Socket 套接字编程

Socket 又被称为"套接字"，应用程序通常通过"套接字"向网络发出请求或者应答网络请求，使主机间或者一台计算机上的进程间可以通信。Python 语言提供了两种访问网络服务的功能，其中低级别的网络服务通过 Socket 实现，它提供了标准的 BSD Sockets API，可以访问底层操作系统 Socket 接口的全部方法。而高级别的网络服务通过模块 SocketServer 实现，它提供了服务器中心类，可以简化网络服务器的开发。

14.2.1　库 Socket 内置函数和属性

在 Python 程序中，库 Socket 针对服务器端和客户端进行打开、读写和关闭操作。和其他 Python 的内置模块一样，在库 Socket 中提供了很多内置函数。在库 Socket 中，用于创建 socket 对象的内置函数如下：

（1）函数 socket.socket()

在 Python 语言标准库中，通过使用 socket 模块提供的 socket 对象，在计算机网络中建立可以相互通信的服务器与客户端。在服务器端需要建立一个 socket 对象，并等待客户端的连接。客户端使用 socket 对象与服务器端进行连接，一旦连接成功，客户端和服务器端就可以进行通信了。

在 Python 语言的 socket 对象中，函数 socket() 能够创建套接字对象。此函数是 socket 网络编程的基础对象，具体语法格式如下：

```
socket.socket(family=AF_INET, type=SOCK_STREAM, proto=0, fileno=None)
```

- 参数"socket_family"是 AF_UNIX 或 AF_INET。
- 参数"type"是 SOCK_STREAM 或 SOCK_DGRAM。
- 参数"proto"通常省略，默认为 0。
- 如果指定 fileno，则忽略其他参数，从而导致具有指定文件描述符的套接字返回。fileno 将返回相同的套接字，而不是重复，这有助于使用 socket.close() 函数关闭分离的套接字。

在 Python 程序中，为了创建 TCP/IP 套接字，可以用下面的代码调用 socket.socket()：

```
tcpSock = socket.socket(socket.AF_INET, socket.SOCK_STREAM)
```

同样原理，在创建 UDP/IP 套接字时需要执行如下的代码：

```
udpSock = socket.socket(socket.AF_INET, socket.SOCK_DGRAM)
```

因为有很多 socket 模块属性，所以此时可以使用"from module import"这种导入方式，但是这只是其中的一个例外。如果使用"from socket import"导入方式，那么就把 socket 属性引入到命名空间中。虽然这看起来有些麻烦，但是通过这种方式将能够大大缩短代码的编写量，例如下面所示的代码：

```
tcpSock = socket(AF_INET, SOCK_STREAM)
```

一旦有了一个套接字对象，那么使用套接字对象的方法可以进行进一步的交互工作。

（2）函数 socket.socketpair([family[, type[, proto]]])

函数 socket.socketpair() 的功能是使用所给的地址族、套接字类型和协议号创建一对已连接的 socket 对象地址列表，类型 type 和协议号 proto 的含义与前面的 socket() 函数相同。

（3）函数 socket.create_connection(address[, timeout[, source_address]])

功能是连接到互联网上侦听的 TCP 服务地址 2 元组（主机，端口）并返回套接字对象。这使得编写与 IPv4 和 IPv6 兼容的客户端变得容易。传递可选参数 timeout 将在尝试连接之前设置套接字实例的超时。如果未提供超时，则使用 getdefaulttimeout() 返回的全局默认超时设置。如果提供了参数 source_address，则这个参数必须是一个 2 元组（主机，端口）。如果主机或端口分别为''或 0，将使用操作系统默认行为。

（4）函数 socket.fromfd(fd, family, type, proto=0)

功能是复制文件描述器 fd（由文件对象的 fileno() 方法返回的整数），并从结果中构建一个套接字对象。参数 family、type 和 proto 的具体含义与前面的 socket() 函数相同。文件描述器应该指向一个套接字，但是这样当文件描述器无效时不会被检查出来，在对象上的后续操作可能失败。函数 socket.fromfd() 很少被用到，但是可用于获取或设置作为标准输入或输出传递给程序的套接字选项（例如由 Unix inet 守护程序启动的服务器）。

例如在下面的实例中，演示了创建一个简单 socket 服务器端和客户端的过程。

实例 14-1：创建 socket 服务器端和客户端

源码路径：下载包 \daima\14\14-1

实例文件 jiandanfuwu.py 演示了创建一个简单 socket 服务器端的过程。

```
import socket
sk = socket.socket()
sk.bind(("127.0.0.1",8080))
sk.listen(5)
conn,address = sk.accept()
sk.sendall(bytes("Hello world",encoding="utf-8"))
```

实例文件 jiandankehu.py 演示了创建一个简单 socket 客户端的过程。

```
import socket

obj = socket.socket()
obj.connect(("127.0.0.1",8080))

ret = str(obj.recv(1024),encoding="utf-8")
print(ret)
```

14.2.2　对象 Socket 的内置函数和属性

在库 Socket 中，对象 socket 提供了表 14-3 中的内置函数。

表 14-3

函　　数	功　　能
服务器端套接字函数	
bind()	绑定地址（host,port）到套接字，在 AF_INET 下，以元组（host,port）的形式表示地址
listen()	开始 TCP 监听。backlog 指定在拒绝连接之前，操作系统可以挂起的最大连接数量。该值至少为 1，大部分应用程序设为 5 就可以了
accept()	被动接受 TCP 客户端连接，（阻塞式）等待连接的到来

函　　数	功　　能
客户端套接字函数	
connect()	主动初始化 TCP 服务器连接，一般 address 的格式为元组（hostname,port），如果连接出错，返回 socket.error 错误
connect_ex()	connect() 函数的扩展版本，出错时返回出错码，而不是抛出异常
公共用途的套接字函数	
recv()	接收 TCP 数据，数据以字符串形式返回，bufsize 指定要接收的最大数据量。flags 提供有关消息的其他信息，通常可以忽略
send()	发送 TCP 数据，将 string 中的数据发送到连接的套接字。返回值是要发送的字节数量，该数量可能小于 string 的字节大小
sendall()	完整发送 TCP 数据。将 string 中的数据发送到连接的套接字，但在返回之前会尝试发送所有数据。成功返回 None，失败则抛出异常
recvform()	接收 UDP 数据，与 recv() 类似，但返回值是（data,address）。其中 data 是包含接收数据的字符串，address 是发送数据的套接字地址
sendto()	发送 UDP 数据，将数据发送到套接字，address 是形式为（ipaddr，port）的元组，指定远程地址。返回值是发送的字节数
close()	关闭套接字
getpeername()	返回连接套接字的远程地址。返回值通常是元组（ipaddr,port）
getsockname()	返回套接字自己的地址。通常是一个元组（ipaddr,port）
setsockopt(level,optname,value)	设置给定套接字选项的值
getsockopt(level,optname[,buflen])	返回套接字选项的值
settimeout(timeout)	设置套接字操作的超时期，timeout 是一个浮点数，单位是秒。值为 None 表示没有超时期。一般超时期应该在刚创建套接字时设置，因为它们可能用于连接的操作（如 connect()）
gettimeout()	返回当前超时期的值，单位是秒，如果没有设置超时期，则返回 None
fileno()	返回套接字的文件描述符
setblocking(flag)	如果 flag 为 0，则将套接字设为非阻塞模式，否则将套接字设为阻塞模式（默认值）。非阻塞模式下，如果调用 recv() 没有发现任何数据，或 send() 调用无法立即发送数据，那么将引起 socket.error 异常
makefile()	创建一个与该套接字相关联的文件

除了上述内置函数之外，在 socket 模块中还提供了很多和网络应用开发相关的属性和异常。例如在表 14-4 中列出了一些比较常用的属性和异常。

表 14-4

属性名称	描　　述
AF_UNIX、AF_INET、AF_INET6、AF_NETLINK、AF_TIPC	Python 中支持的套接字地址家族
SOCK_STREAM、SOCK_DGRAM	套接字类型（TCP= 流，UDP= 数据报）
socket.AF_UNIX	只能够用于单一的 UNIX 系统进程间通信
socket.AF_INET	服务器之间网络通信
socket.AF_INET6	IPv6
socket.SOCK_STREAM	流式 socket，为 TCP 服务的
socket.SOCK_DGRAM	数据报式 socket，为 UDP 服务的
socket.SOCK_RAW	原始套接字，普通的套接字无法处理 ICMP、IGMP 等网络报文，而 SOCK_RAW 可以；SOCK_RAW 也可以处理特殊的 IPv4 报文；此外，利用原始套接字，可以通过 IP_HDRINCL 套接字选项由用户构造 IP 头

属性名称	描　　述
socket.SOCK_SEQPACKET	可靠的连续数据包服务
has_ipv6	指示是否支持 IPv6 的布尔标记
error	套接字相关错误
herror	主机和地址相关错误
gaierror	地址相关错误
timeout	超时时间

14.2.3　使用 socket 建立 TCP"客户端 / 服务器"连接

在 Python 程序中创建 TCP 服务器时，下面是一段创建通用 TCP 服务器的一般演示代码。读者朋友们需要记住的是，这仅仅是设计服务器的一种方式。一旦熟悉了服务器设计，大家可以按照自己的要求修改下面的代码来操作服务器：

```
ss = socket()                    # 创建服务器套接字
ss.bind()                        # 套接字与地址绑定
ss.listen()                      # 监听连接
inf_loop:                        # 服务器无限循环
    cs = ss.accept()             # 接受客户端连接
comm_loop:                       # 通信循环
        cs.recv()/cs.send()      # 对话（接收 / 发送）
    cs.close()                   # 关闭客户端套接字
ss.close()                       # 关闭服务器套接字（可选）
```

在 Python 程序中，所有套接字都是通过 socket.socket() 函数创建的。因为服务器需要占用一个端口并等待客户端的请求，所以它们必须绑定到一个本地地址。因为 TCP 是一种面向连接的通信系统，所以在 TCP 服务器开始操作之前，必须安装一些基础设施。特别地，TCP 服务器必须监听（传入）的连接。一旦这个安装过程完成后，服务器就可以开始它的无限循环。在调用 accept() 函数之后，就开启了一个简单的（单线程）服务器，它会等待客户端的连接。在默认情况下，accept() 函数是阻塞的，这说明执行操作会被暂停，直到一个连接到达为止。一旦服务器接受了一个连接，就会利用 accept() 方法返回一个独立的客户端套接字，用来与即将到来的消息进行交换。

例如在下面的实例代码中，演示了 socket 建立 TCP"客户端 / 服务器"连接的过程，这是一个可靠的、相互通信的"客户端 / 服务器"。

实例 14-2：一个简易 TCP 聊天程序

源码路径：下载包 \daima\14\14-2

（1）实例文件 ser.py 的功能是以 TCP 连接方式建立一个服务器端程序，能够将收到的信息直接发回到客户端。文件 ser.py 的具体实现代码如下：

```
import socket                                        # 导入 socket 模块
HOST = ''                                            # 定义变量 HOST 的初始值
PORT = 10000                                         # 定义变量 PORT 的初始值
# 创建 socket 对象 s，参数分别表示地址和协议类型
s = socket.socket(socket.AF_INET, socket.SOCK_STREAM)
s.bind((HOST, PORT))                                 # 将套接字与地址绑定
s.listen(1)                                          # 监听连接
conn, addr = s.accept()                              # 接受客户端连接
print('跑男 A 在服务器端 ', addr)                      # 打印显示客户端地址
while True:                                           # 连接成功后
```

```
    data = conn.recv(1024)                          # 实行对话操作（接收 / 发送）
    print(" 获取跑男 B 的信息: ",data.decode('utf-8'))   # 打印显示获取的信息
    if not data:                                     # 如果没有数据
        break                                        # 终止循环
    conn.sendall(data)                               # 发送数据信息
conn.close()                                         # 关闭连接
```

在上述实例代码中，建立 TCP 连接之后使用 while 语句多次与客户端进行数据交换，直到收到数据为空时会终止服务器的运行。因为这只是一个服务器端程序，所以运行之后程序不会立即返回交互信息，还等待和客户端建立连接，等和客户端建立连接后才能看到具体的交互效果。

（2）实例文件 cli.py 的功能是建立客户端程，在此需要创建一个 socket 实例，然后调用这个 socket 实例的 connect() 函数来连接服务器端。函数 connect() 的语法格式如下：

```
connect (address)
```

参数 "address" 通常也是一个元组（由一个主机名 /IP 地址，端口构成），如果要连接本地计算机的话，主机名可直接使用 "localhost"，函数 connect() 能够将 socket 连接到远程地址为 "address" 的计算机。

实例文件 cli.py 的具体实现代码如下：

```
import socket                                        # 导入 socket 模块
HOST = 'localhost'                                   # 定义变量 HOST 的初始值
PORT = 10000                                         # 定义变量 PORT 的初始值
# 创建 socket 对象 s，参数分别表示地址和协议类型
s = socket.socket(socket.AF_INET, socket.SOCK_STREAM)
s.connect((HOST, PORT))                              # 建立和服务器端的连接
data = "你好 A！"                                     # 设置数据变量
while s.data:
    s.sendall(data.encode('utf-8'))                 # 发送数据 "你好"
    data = s.recv(512)                               # 实行对话操作（接收 / 发送）
    print(" 获取跑男 A 的信息: \n",data.decode('utf-8'))  # 打印显示接收到的服务器信息
    data = input(' 请输入信息: \n')                   # 信息输入
s.close()                                            # 关闭连接
```

上述代码使用 socket 以 TCP 连接方式建立了一个简单的客户端程序，基本功能是从键盘录入的信息发送给服务器，并从服务器接收信息。因为服务器端是建立在本地 "localhost" 的 10000 端口上，所以上述代码作为其客户端程序，连接的就是本地 "localhost" 的 10000 端口。当连接成功之后，向服务器端发送了一个默认的信息 "你好 A！" 之后，便要从键盘录入信息向服务器端发送，直到录入空信息（敲回车）时退出 while 循环，关闭 socket 连接。先运行 ser.py 服务器端程序，然后运行 cli.py 客户端程序，除了发送一个默认的信息外，从键盘中录入的信息都会发送给服务器，服务器收到后显示并再次转发回客户端进行显示。执行效果如图 14-3 所示。

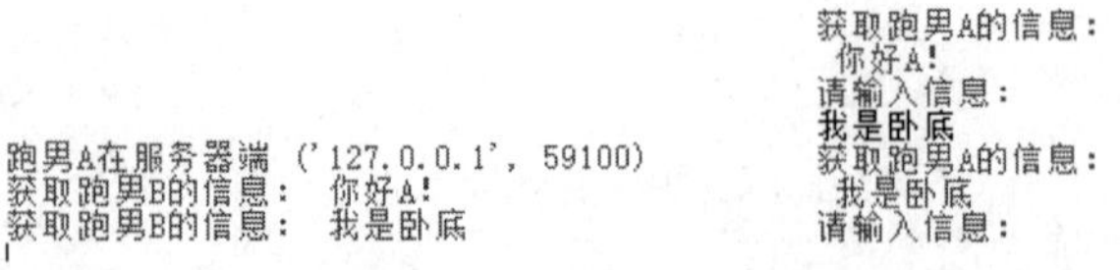

图 14-3

14.2.4 使用 socket 建立 UDP"客户端 / 服务器"连接

在 Python 程序中，当使用 socket 应用传输层的 UDP 协议建立服务器与客户端程序时，整个实现过程要比使用 TCP 协议简单一点。基于 UDP 协议的服务器与客户端在进行数据传送时，不是先建立连接，而是直接进行数据传送。在 socket 对象中，使用方法 recvfrom() 接收数据，具体语法格式如下：

```
recvfrom(bufsize[, flags])    #bufsize 用于指定缓冲区大小
```

方法 recvfrom() 主要用来从 socket 接收数据，可以连接 UDP 协议。在 socket 对象中，使用方法 sendto() 发送数据，具体语法格式如下：

```
sendto (bytes, address)
```

参数"bytes"表示要发送的数据，参数"address"表示发送信息的目标地址，由目标 IP 地址和端口构成的元组。主要用来通过 UDP 协议将数据发送到指定的服务器端。

在 Python 程序中，UDP 服务器应该不需要 TCP 服务器那么多的设置，因为它们不是面向连接的。UDP 服务器除了等待传入的连接之外，几乎不需要做其他工作。例如下面是一段通用的 UDP 服务器端代码：

```
ss = socket()                          # 创建服务器套接字
ss.bind()                              # 绑定服务器套接字
infloop:                               # 服务器无限循环
    cs = ss.recvfrom()/ss.sendto()     # 实现对话操作（接收 / 发送）
ss.close()                             # 关闭服务器套接字
```

从上述演示代码中可以看到，除了普通的创建套接字并将其绑定到本地地址（主机名 / 端口号对）外，并没有额外的工作。无限循环包含接收客户端消息、打上时间戳并返回消息，然后回到等待另一条消息的状态。再一次 close() 调用是可选的，并且由于无限循环的缘故，它并不会被调用，但它提醒我们，它应该是优雅或智能退出方案的一部分。

注意：UDP 和 TCP 服务器之间的另一个显著差异是，因为数据报套接字是无连接的，所以就没有为了成功通信而使一个客户端连接到一个独立的套接字"转换"的操作。这些服务器仅仅接收消息并有可能回复数据。

例如在下面的实例代码中，演示了 socket 建立 UDP"客户端 / 服务器"连接的过程，UDP 是一个不可靠的、相互通信的"客户端 / 服务器"。

实例 14-3：一个简易 UDP 聊天程序

源码路径：下载包 \daima\14\14-3

实例文件 serudp.py 的功能是使用 UDP 连接方式建立一个服务器端程序，将收到的信息直接发回到客户端。文件 serudp.py 的具体实现代码如下：

```
import socket                          # 导入 socket 模块
HOST = ''                              # 定义变量 HOST 的初始值
PORT = 10000                           # 定义变量 PORT 的初始值
# 创建 socket 对象 s，参数分别表示地址和协议类型
s = socket.socket(socket.AF_INET, socket.SOCK_DGRAM)
s.bind((HOST, PORT))                   # 将套接字与地址绑定

data = True                            # 设置变量 data 的初始值
while data:                            # 如果有数据
    data,address = s.recvfrom(1024)    # 实现对话操作（接收 / 发送）
    if data==b'zaijian':               # 当接收的数据是 zaijian 时
        break                          # 停止循环
```

```
        print('跑男 C接收信息: ',data.decode('utf-8'))          # 显示接收到的信息
        s.sendto(data,address)                                 # 发送信息
s.close()                                                      # 关闭连接
```

在上述实例代码中，建立 UDP 连接之后使用 while 语句多次与客户端进行数据交换。设置上述服务器程序建立在本机的 10000 端口，当收到"zaijian"信息时退出 while 循环，然后关闭服务器。

实例文件 cliudp.py 的具体实现代码如下：

```
import socket                                                  # 导入 socket 模块
HOST = 'localhost'                                             # 定义变量 HOST 的初始值
PORT = 10000                                                   # 定义变量 PORT 的初始值
# 创建 socket 对象 s，参数分别表示地址和协议类型
s = socket.socket(socket.AF_INET, socket.SOCK_DGRAM)
data = "你好 C！"                                              # 定义变量 data 的初始值
while data:                                                    # 如果有 data 数据
    s.sendto(data.encode('utf-8'),(HOST,PORT))                # 发送数据信息
    if data=='zaijian':                                        # 如果 data 的值是 'zaijian '
        break                                                  # 停止循环
    data,addr = s.recvfrom(512)                                # 读取数据信息
    print("从服务器接收信息: \n",data.decode('utf-8'))         # 显示从服务器端接收的信息
    data = input('跑男 D 输入信息: \n')                        # 信息输入
s.close()                                                      # 关闭连接
```

上述代码使用 socket 以 UDP 连接方式建立了一个简单的客户端程序，当在客户端创建 socket 后，会直接向服务器端（本机的 10000 端口）发送数据，而没有进行连接。当用户键入"zaijian"时退出 while 循环，关闭本程序。运行效果与 TCP 服务器与客户端实例基本相同。执行效果如图 14-4 所示。

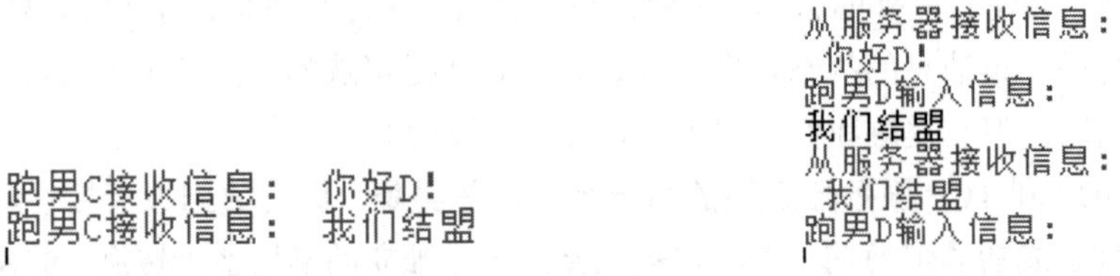

```
                                                    从服务器接收信息:
                                                      你好D!
                                                    跑男D输入信息:
                                                    我们结盟
                                                    从服务器接收信息:
跑男C接收信息:    你好D!                                我们结盟
跑男C接收信息:    我们结盟                             跑男D输入信息:

        服务器端                                         客户端
```

图 14-4

14.3 socketserver 编程

在 Python 语言中，提供了高级别的网络服务模块 socketserver，在里面提供了服务器中心类，可以简化网络服务器的开发步骤。在本节的内容中，将详细讲解使用 socketserver 对象开发网络程序的知识。

14.3.1 socketserver 模块基础

socketserver 是 Python 标准库中的一个高级模块，在 Python 3 以前的版本中被命名为 SocketServer，推出 socketserver 的目的是简化程序代码。在 Python 程序中，虽然使用前面介绍的 socket 模块可以创建服务器，但是开发者要对网络连接等进行管理和编程。为了更加方便地创建网络服务器，在 Python 标准库中提供了一个创建网络服务器的模块 socketserver。

socketserver 框架将处理请求划分为两个部分，分别对应服务器类和请求处理类。服务器类处理通信问题，请求处理类处理数据交换或传送。这样，更加容易进行网络编程和程序的扩展。同时，该模块还支持快速的多线程或多进程的服务器编程。

注意：建议读者有经常学习官方文档的习惯，通过查看 Python 官方文档可知，在 socketserver 模块中使用的服务器类主要有 TCPServer、UDPServer、ThreadingTCPServer、ThreadingUDPServer、ForkingTCPServer、ForkingUDPServer 等。其中有 TCP 字符的就是使用 TCP 协议的服务器类，有 UDP 字符的就是使用 UDP 协议的服务器类，有 Threading 字符的是多线程服务器类，有 Forking 字符的是多进程服务器类。要创建不同类型的服务器程序，只需继承其中之一或直接实例化，然后调用服务器类方法 serve_forever() 即可。

在模块 socketserver 中，包含如下几个基本构成类：

（1）类 socketserver.TCPServer(server_address, RequestHandlerClass, bind_and_activate=True)

类 TCPServer 是一个基础的网络同步 TCP 服务器类，能够使用 TCP 协议在客户端和服务器之间提供连续的数据流。如果 bind_and_activate 为 true，构造函数将自动尝试调用 server_bind() 和 server_activate()，其他参数会被传递到 BaseServer 基类。

（2）类 socketserver.UDPServer(server_address, RequestHandlerClass, bind_and_activate=True)

类 UDPServer 是一个基础的网络同步 UDP 服务器类，实现在传输过程中可能不按顺序到达或丢失时的数据包处理，参数含义与 TCPServer 相同。

（3）类 socketserver.UnixStreamServer(server_address, RequestHandlerClass, bind_and_activate =True) 和类 socketserver.UnixDatagramServer(server_address, RequestHandlerClass, bind_and_activate=True)

基于文件的基础同步 TCP/UDP 服务器，与前面 TCP 和 UDP 类似，但是使用的是 UNIX 域套接字，只能在 UNIX 平台上使用。参数含义与 TCPServer 相同。

（4）类 BaseServer

包含核心服务器功能和 mix-in 类的钩子；仅用于推导，这样不会创建这个类的实例；可以用 TCPServer 或 UDPServer 创建类的实例。

在模块 socketserver 中，上述基本构成类的继承关系如图 14-5 所示。

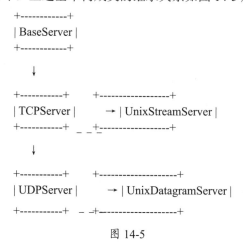

图 14-5

注意：类 UnixDatagramServer 源自 UDPServer，而不是来自 UnixStreamServer - IP 和 UNIX 流服务器之间的唯一区别是地址系列只是在两个 UNIX 服务器类中重复。

除了上述基本的构成类外，在模块 socketserver 中还包含了其他的功能类，具体说明见表 14-5。

表 14-5

类	功　　能
ForkingMixIn/ThreadingMixIn	核心派出或线程功能；只用作 mix-in 类与一个服务器类配合实现一些异步性；不能直接实例化这个类
ForkingTCPServer/ForkingUDPServer	ForkingMixIn 和 TCPServer/UDPServer 的组合
ThreadingTCPServer/ThreadingUDPServer	ThreadingMixIn 和 TCPServer/UDPServer 的组合
BaseRequestHandler	包含处理服务请求的核心功能；仅仅用于推导，这样无法创建这个类的实例；可以使用 StreamRequestHandler 或 DatagramRequestHandler 创建类的实例
StreamRequestHandler/ DatagramRequestHandler	实现 TCP/UDP 服务的处理器

其中有 TCP 字符使用的是 TCP 协议的服务器类，UDP 字符使用 UDP 协议的服务器类，Threading 字符使用的是多线程服务器类，Forking 字符使用的是多进程服务器类。要想创建不同类型的服务器程序，只需继承其中之一或直接实例化，然后调用服务器类方法 serve_forever() 即可。这些服务器的构造方法参数主要有下面两种：

● server_address：由 IP 地址和端口构成的元组。
● RequestHandlerClass：处理器类，供服务器类调用处理数据。

在 socketserver 模块中最为常用的处理器类主要有 StreamRequestHandler（基于 TCP 协议的）和 DatagramRequestHandler（基于 UDP 协议的）。只要继承其中之一，就可以自定义一个处理器类。通过覆盖以下三个方法可以实现自定义功能：

（1）setup()：为请求准备请求处理器（请求处理的初始化工作）。
（2）handle ()：实现具体的请求处理工作（解析请求、处理数据、发出响应）。
（3）finish()：清理请求处理器相关数据。

14.3.2　使用 socketserver 创建 TCP "客户端 / 服务器" 程序

在下面的实例文件中，演示了 socketserver 建立 TCP "客户端 / 服务器" 连接的过程，本实例使用 socketserver 创建了一个可靠的、相互通信的 "客户端 / 服务器"。

实例 14-4：使用 socketserver 开发一个聊天程序
源码路径：下载包 \daima\14\14-4

实例文件 ser.py 的功能是使用 socketserver 模块创建基于 TCP 协议的服务器端程序，能够将收到的信息直接发回到客户端。文件 socketserverser.py 的具体实现代码如下：

```
# 定义类 StreamRequestHandler 的子类 MyTcpHandler
class MyTcpHandler(socketserver.StreamRequestHandler):
    def handle(self):                                      # 定义函数 handle()
while True:
        data = self.request.recv(1024)                     # 返回接收到的数据
if not data:
            Server.shutdown()                              # 关闭连接
            break                                          # 停止循环
```

```
                    print('跑男 E 接收信息: ',data.decode('utf-8'))        # 显示接收信息
                    self.request.send(data)                              # 发送信息
         return
         # 定义类 TCPServer 的对象实例
         Server = socketserver.TCPServer((HOST,PORT),MyTcpHandler)
         Server.serve_forever()                                          # 循环并等待其停止
```

在上述实例代码中，自定义了一个继承自 StreamRequestHandler 的处理器类，并覆盖了方法 handler() 以实现数据处理。然后直接实例化了类 TCPServer，调用方法 serve_forever() 启动服务器。

客户端实例文件 socketservercli.py 的代码和前面实例 14-1 中的文件 socketservercli.py 类似，本实例的最终执行效果如图 14-6 所示。

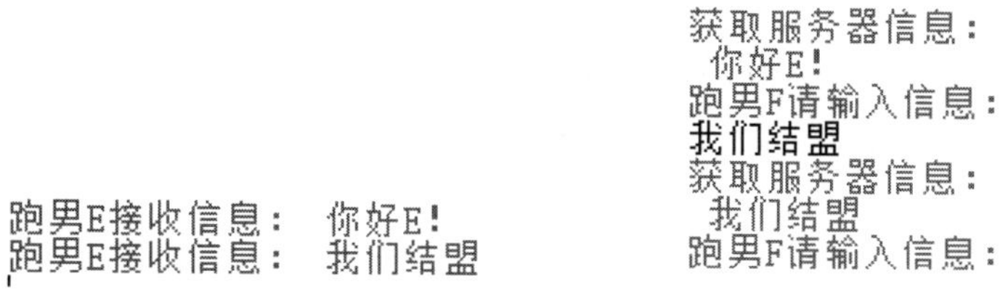

```
                                             获取服务器信息:
                                               你好E!
                                             跑男F请输入信息:
                                             我们结盟
                                             获取服务器信息:
                                               我们结盟
            跑男E接收信息:  你好E!                跑男F请输入信息:
            跑男E接收信息:  我们结盟

                服务器端                              客户端
```

图 14-6

14.3.3　使用 ThreadingTCPServer 创建"客户端 / 服务器"通信程序

在 ThreadingTCPServer 实现的 Soket 服务器内部，会为每一个 client 创建一个"线程"，该线程用来和客户端进行交互。在 Python 程序中，使用 ThreadingTCPServer 的步骤如下：

（1）创建一个继承自 SocketServer.BaseRequestHandler 的类；

（2）必须在类中定义一个名为 handle 的方法；

（3）启动 ThreadingTCPServer。

例如在下面的实例代码中，演示了使用 ThreadingTCPServer 创建"客户端 / 服务器"通信程序的过程。

实例 14-5：使用 ThreadingTCPServer 创建一个聊天程序

源码路径：下载包 \daima\14\14-5

（1）实例文件 ser.py 的功能是使用 socketserver 模块创建服务器端程序，能够将收到的信息直接发回到客户端。文件 ser.py 的具体实现代码如下：

```
import socketserver

class Myserver(socketserver.BaseRequestHandler):

    def handle(self):

        conn = self.request
        conn.sendall(bytes("你好，我是机器人",encoding="utf-8"))
        while True:
            ret_bytes = conn.recv(1024)
            ret_str = str(ret_bytes,encoding="utf-8")
            if ret_str == "q":

                break
```

```
                    conn.sendall(bytes(ret_str+"你好我好大家好",encoding="utf-8"))

    if __name__ == "__main__":
        server = socketserver.ThreadingTCPServer(("127.0.0.1",8000),Myserver)
        server.serve_forever()
```

（2）实例文件 cli.py 的功能是使用 socketserver 模块创建客户端程序，能够接收服务器端发送的信息。文件 cli.py 的具体实现代码如下：

```
import socket
obj = socket.socket()
obj.connect(("127.0.0.1",8000))
ret_bytes = obj.recv(1024)
ret_str = str(ret_bytes,encoding="utf-8")
print(ret_str)

while True:
    inp = input("你好请问您有什么问题？ \n >>>")
    if inp == "q":
        obj.sendall(bytes(inp,encoding="utf-8"))
        break
    else:
        obj.sendall(bytes(inp, encoding="utf-8"))
        ret_bytes = obj.recv(1024)
        ret_str = str(ret_bytes,encoding="utf-8")
        print(ret_str)
```

14.4　使用 select 模块实现多路 I/O 复用

I/O 多路复用，是指通过一种机制可以监视多个描述符 (socket)，一旦某个描述符就绪（一般是读就绪或者写就绪），能够通知程序进行相应的读 / 写操作。在本节的内容中，将详细讲解使用 select 模块实现多路 I/O 复用的知识。

14.4.1　select 模块介绍

在 Python 语言中，select 模块专注于实现 I/O 多路复用功能，提供了 select()、poll() 和 epoll() 三个功能方法。其中后两个方法在 Linux 系统中可用，Windows 仅支持 select() 方法，另外也提供了 kqueue() 方法供 freeBSD 系统使用。

模块 select 在 Socket 编程中占据比较重要的地位。对于大多数初学 Socket 的读者来说，不太喜欢用 select 模块写程序，只是习惯地编写诸如 connect、accept、recv 或 recvfrom 之类的阻塞程序（所谓阻塞方式 block，顾名思义，就是进程或是线程执行到这些函数时必须等待某个事件的发生，如果事件没有发生，进程或线程就被阻塞，函数不能立即返回）。

在 Python 程序中，完全可以使用 select 实现非阻塞方式工作的程序，它能够监视我们需要监视的文件描述符的变化情况——读 / 写或是异常。所谓非阻塞方式 non-block，就是进程或线程执行此函数时不必非要等待事件的发生，一旦执行肯定返回，以返回值的不同来反映函数的执行情况，如果事件发生则与阻塞方式相同，若事件没有发生，则返回一个代码来告知事件未发生，而进程或线程继续执行，所以效率较高。

在 select 模块中，核心功能方法是 select()，其语法格式如下：

```
select.select(rlist, wlist, xlist[, timeout])
```

其中前三个参数是"等待对象"的序列，使用名为 fileno() 的无参数方法表示文件描述器或对象的整数返回这样一个整数。

- rlist：等待准备读取。
- wlist：等待准备写入。
- xlist：等待"异常条件"。
- timeout：将超时指定为浮点数，以秒为单位。当省略 timeout 参数时，该功能阻塞，直到至少一个文件描述器准备就绪。超时值零指定轮询并从不阻止。

select() 方法用来监视文件描述符（当文件描述符条件不满足时，select 会阻塞），当某个文件描述符状态改变后，会返回返回值：三个列表，这是前三个参数的子集。具体说明如下：

（1）当参数 rlist 序列中的 fd 满足"可读"条件时，则获取发生变化的 fd 并添加到 fd_r_list 中；

（2）当参数 wlist 序列中含有 fd 时，则将该序列中所有的 fd 添加到 fd_w_list 中；

（3）当参数 xlist 序列中的 fd 发生错误时，则将该发生错误的 fd 添加到 fd_e_list 中；

（4）当超时时间 timeout 为空，则 select 会一直阻塞，直到监听的句柄发生变化。

在下面的实例代码中，演示了使用 select 同时监听多个端口的过程。

实例 14-6：使用 select 同时监听多个端口

源码路径：下载包 \daima\14\14-6

（1）首先看文件 duoser.py，实现了服务器端的功能，具体实现代码如下：

```python
import socket
import select

sk1 = socket.socket()
sk1.bind(("127.0.0.1",8000))
sk1.listen()

sk2 = socket.socket()
sk2.bind(("127.0.0.1",8002))
sk2.listen()

sk3 = socket.socket()
sk3.bind(("127.0.0.1",8003))

sk3.listen()

li = [sk1,sk2,sk3]

while True:
    r_list,w_list,e_list = select.select(li,[],[],1) # r_list可变化的
    for line in r_list:
        conn,address = line.accept()
        conn.sendall(bytes("Hello World !",encoding="utf-8"))
```

- select 内部会自动监听 sk1、sk2 和 sk3 三个对象，监听三个句柄是否发生变化，把发生变化的元素放入 r_list 中。
- 如果有人连接 sk1，则 r_list = [sk1]；如果有人连接 sk1 和 sk2，则 r_list = [sk1,sk2]。
- select 中第 1 个参数表示 inputs 中发生变化的句柄放入 r_list。

- select 中第 2 个参数表示 [] 中的值原封不动的传递给 w_list。
- select 中第 3 个参数表示 inputs 中发生错误的句柄放入 e_list。
- 参数 1 表示 1 秒监听一次。
- 当有用户连接时，r_list 里面的内容 [<socket.socket fd=220, family=AddressFamily.AF_INET, type=SocketKind.SOCK_STREAM, proto=0, laddr=（'0.0.0.0'，8001)>]。

（2）再看文件 duocli.py，实现了客户端的功能，实现代码非常简单，例如通过如下两段相似的代码建立和两个端口的通信：

```
import socket

obj = socket.socket()
obj.connect(('127.0.0.1', 8001))

content = str(obj.recv(1024), encoding='utf-8')
print(content)

obj.close()

# 客户端 c2.py
import socket

obj = socket.socket()
obj.connect(('127.0.0.1', 8002))

content = str(obj.recv(1024), encoding='utf-8')
print(content)

obj.close()
```

14.4.2　I/O 多路复用并实现读 / 写分离

在下面的实例代码中，演示了使用 Socket 模拟多线程并实现读 / 写分离的过程。

实例 14-7：使用 select 模拟多线程并实现读 / 写分离

源码路径：下载包 \daima\14\14-7

（1）首先看文件 fenliser.py，实现了服务器端的功能，具体实现代码如下：

```
# 使用 socket 模拟多线程，使多用户可以同时连接
import socket
import select

sk1 = socket.socket()
sk1.bind(('0.0.0.0', 8000))
sk1.listen()

inputs = [sk1, ]
outputs = []
message_dict = {}

while True:
    r_list, w_list, e_list = select.select(inputs, outputs, inputs, 1)
    print('正在监听的 socket 对象 %d' % len(inputs))
    print(r_list)
    for sk1_or_conn in r_list:
        # 每一个连接对象
        if sk1_or_conn == sk1:
            # 表示有新用户来连接
```

```
                    conn, address = sk1_or_conn.accept()
                    inputs.append(conn)
                    message_dict[conn] = []
            else:
                # 有老用户发消息了
                try:
                    data_bytes = sk1_or_conn.recv(1024)
                except Exception as ex:
                    # 如果用户终止连接
                    inputs.remove(sk1_or_conn)
                else:
                    data_str = str(data_bytes, encoding='utf-8')
                    message_dict[sk1_or_conn].append(data_str)
                    outputs.append(sk1_or_conn)

        #w_list 中仅仅保存了谁给我发过消息
        for conn in w_list:
            recv_str = message_dict[conn][0]
            del message_dict[conn][0]
            conn.sendall(bytes(recv_str+'好', encoding='utf-8'))
            outputs.remove(conn)

        for sk in e_list:

            inputs.remove(sk)
```

（2）再看文件 fenlicli.py，实现了客户端的功能，具体实现代码如下：

```
import socket

obj = socket.socket()
obj.connect(('127.0.0.1', 8000))

while True:
    inp = input('>>>')
    obj.sendall(bytes(inp, encoding='utf-8'))
    ret = str(obj.recv(1024),encoding='utf-8')
    print(ret)

obj.close()
```

14.5　使用 urllib 包

在计算机网络模型中，Socket 套接字编程属于底层网络协议开发的内容。虽然说编写网络程序需要从底层开始构建，但是自行处理相关协议是一件比较麻烦的事情。其实对于大多数程序员来说，最常见的网络编程开发是针对应用协议进行的。在 Python 程序中，使用内置的包 urllib 和 http 可以完成 HTTP 协议层程序的开发工作。在本节的内容中，将详细讲解使用包 urllib 开发 Python 应用程序的知识。

14.5.1　urllib 包介绍

在 Python 程序中，urllib 包主要用于处理 URL（uniform resource Locator，网址）操作，使用 urllib 操作 URL 可以像使用和打开本地文件一样的操作，非常简单而又易上手。在包 urllib 中主要包括表 14-6 中的模块。

表 14-6

模块名称	描　　述
urllib.request	用于打开 URL 网址
urllib.error	用于定义常见的 urllib.request 会引发的异常
urllib.parse	用于解析 URL
urllib.robotparser	用于解析 robots.txt 文件

14.5.2　使用 urllib.request 模块

在 Python 程序中，urllib.request 模块定义了通过身份验证、重定向、cookies 等方法打开 URL 的方法和类。模块 urllib.request 中的常用方法如下：

（1）方法 urlopen()

在 urllib.request 模块中，方法 urlopen() 的功能是打开一个 URL 地址，语法格式如下：

```
urllib.request.urlopen(url, data=None, [timeout, ]*, cafile=None, capath=None,
cadefault=False, context=None)
```

- url：表示要进行操作的 URL 地址。
- data：用于向 URL 传递的数据，是一个可选参数。
- timeout：这是一个可选参数，功能是指定一个超时时间。如果超过该时间，任何操作都会被阻止。这个参数仅仅对 http、https 和 ftp 连接有效。
- context：此参数必须是一个描述各种 SSL 选项的 ssl.SSLContext 实例。

方法 urlopen() 将返回一个 HTTPResponse 实例（类文件对象），可以像操作文件一样使用 read()、readline() 和 close() 等方法对 URL 进行操作。

方法 urlopen() 能够打开 url 所指向的 URL。如果没有给定协议或者下载方案（Scheme），或者传入了"file"方案，urlopen() 会打开一个本地文件。

（2）方法 urllib.request.install_opener(opener)

功能是安装 opener 作为 urlopen() 使用的全局 URL opener，这意味着以后调用 urlopen() 时都会使用安装的 opener 对象。opener 通常是 build_opener() 创建的 opener 对象。

（3）方法 urllib.request.build_opener([handler, ...])

返回 OpenerDirector 实例，按所给定的顺序链接处理程序。handler 可以是 BaseHandler 的实例或 BaseHandler 的子类（在这种情况下，必须可以调用没有任何参数的构造函数）。以下类的实例将在 handler 前面，除非 handler 包含它们的实例或它们的子类：

ProxyHandler（如果检测到代理设置），UnknownHandler，HTTPHandler，HTTPDefault ErrorHandler，HTTPRedirectHandler，FTPHandler，FileHandler，HTTPErrorProcessor。

（4）方法 urllib.request.pathname2url(path)

功能是将路径名转换成路径，从本地语法形式的路径中使用一个 URL 的路径组成部分。这不会产生一个完整的 URL。它将返回引用 quote() 函数的值。

（5）方法 urllib.request.url2pathname(path)

功能是将路径组件转换为本地路径的语法，此方法不接受一个完整的 URL。这个函数使用 unquote() 解码的通路。

（6）方法 urllib.request.getproxies()

功能是返回一个日程表 Dictionary 去代理服务器的 URL 映射。它首先针对所有操作系统，以不区分大小写的方式扫描环境中名为 <scheme>_proxy 的变量，并且在找不到它时，从 Mac OSX System Configuration for Mac 中查找代理信息 OS X 和 Windows 系统注册表。如果小写和大写环境变量存在（且不同意），则首选小写。

在下面的实例中，演示了使用 urlopen() 方法在百度搜索关键词中得到第一页链接的过程。

实例 14-8：在百度搜索关键词中得到第一页链接

源码路径：下载包 \daima\14\14-8

实例文件 url.py 的具体实现代码如下：

```python
from urllib.request import urlopen        # 导入 Python 的内置模块
from urllib.parse import urlencode        # 导入 Python 的内置模块
import re                                 # 导入 Python 的内置模块
##wd = input('输入一个要搜索的关键字：')
wd= 'www.toppr.net'                       # 初始化变量 wd
wd = urlencode({'wd':wd})                 # 对 URL 进行编码

url = 'http://www.baidu.com/s?' + wd      # 初始化 url 变量
page = urlopen(url).read()                # 打开变量 url 的网页并读取内容
# 定义变量 content，对网页进行编码处理，并实现特殊字符处理
content = (page.decode('utf-8')).replace("\n","").replace("\t","")
title = re.findall(r'<h3 class="t".*?h3>', content)
# 正则表达式处理
title = [item[item.find('href =')+6:item.find('target=')] for item in title]
                                          # 正则表达式处理
title = [item.replace(' ','').replace('"','') for item in title]
          # 正则表达式处理
for item in title:                        # 遍历 title
    print(item)                           # 打印显示遍历值
```

在上述实例代码中，使用方法 urlencode() 对搜索的关键字"www.toppr.net"进行 URL 编码，在拼接到百度的网址后，使用 urlopen() 方法发出访问请求并取得结果，最后通过将结果进行解码和正则搜索与字符串处理后输出。如果将程序中的注释去除而把其后一句注释掉，就可以在运行时自主输入搜索的关键词。执行效果如图 14-7 所示。

http://www.baidu.com/link?url=hm6N8CdYPCSxsCsreajusLxba8mRVPAgc1D_WBhkYb7
http://www.baidu.com/link?url=Nlf7T18nlQ0pke8pH8CIzg0V_wjqTKRtQ2NXLs-wUzvLHM0UknbUflsJT3DLE2G0m6JW5GlRoBx-GbF6epS7sa
http://www.baidu.com/link?url=cb2cgLHZSTFBp6tFwWGwTuVq6xE3FcjM_d-cIH5qRNrkkXaBTLwKKj9n9Rhlvvi8
http://www.baidu.com/link?url=0AHbz_vI3wIC_ocpmRc3jzcjJeu3gDeImuxCGfKulzKGtaZ50-KR-HfGchsHSyGY
http://www.baidu.com/link?url=h591VC_3X6t7hm6eptcTS0dxFe5c4Z7XznyLzpqkJlZ6a0lWptFh4IS37h6LhzIC

图 14-7

注意：urllib.response 模块是 urllib 使用的响应类，定义了和 urllib.request 模块类似接口、方法和类，包括 read() 和 readline()。为了节省本书篇幅，本书不再进行讲解。

14.5.3　使用 urllib.parse 模块

在 Python 程序中，urllib.parse 模块提供了一些用于处理 URL 字符串的功能。这些功能主要是通过如下所示的方法实现的。

（1）方法 urlpasrse.urlparse()

方法 urlparse() 的功能是将 URL 字符串拆分成前面描述的一些主要组件，其语法结构

如下所示。

```
urlparse (urlstr, defProtSch=None, allowFrag=None)
```

方法 urlparse() 将 urlstr 解析成一个 6 元组（prot_sch, net_loc, path, params, query, frag）。如果在 urlstr 中没有提供默认的网络协议或下载方案，defProtSch 会指定一个默认的网络协议。allowFrag 用于标识一个 URL 是否允许使用片段。例如下边是一个给定 URL 经 urlparse() 后的输出。

```
>>> urlparse.urlparse('http://www.python.org/doc/FAQ.html')
('http', 'www.python.org', '/doc/FAQ.html', '', '', '')
```

（2）方法 urlparse.urlunparse()

方法 urlunparse() 的功能与方法 urlpase() 完全相反，能够将经 urlparse() 处理的 URL 生成 urltup 这个 6 元组 (prot_sch, net_loc, path, params, query, frag)，拼接成 URL 并返回。可以用如下所示的方式表示其等价性：

```
urlunparse(urlparse(urlstr)) ≡ urlstr
```

下面是使用 urlunpase() 的语法。

```
urlunparse(urltup)
```

（3）方法 urlparse.urljoin()

在需要处理多个相关的 URL 时需要使用 urljoin() 方法的功能，例如在一个 Web 页中可能会产生一系列页面的 URL。方法 urljoin() 的语法格式如下：

```
urljoin (baseurl, newurl, allowFrag=None)
```

方法 urljoin() 能够取得根域名，并将其根路径（net_loc 及其前面的完整路径，但是不包括末端的文件）与 newurl 连接起来。例如下面的演示过程：

```
>>> urlparse.urljoin('http://www.python.org/doc/FAQ.html',
... 'current/lib/lib.htm')
'http://www.python.org/doc/current/lib/lib.html'
```

假设有一个身份验证（登录名和密码）的 Web 站点，通过验证的最简单方法是在 URL 中使用登录信息进行访问，例如 http://username:passwd@www.python.org。但是这种方法的问题是它不具有可编程性。通过使用 urllib 可以很好地解决这个问题，假设合法的登录信息是：

```
LOGIN = 'admin'
PASSWD = "admin"
URL = 'http://localhost'
REALM = 'Secure AAA'
```

此时便可以通过下面的实例文件 pa.py，使用 urllib 实现 HTTP 身份验证的过程。

实例 14-9：实现 HTTP 身份验证

源码路径：下载包 \daima\14\14-9

实例文件 pa.py 的具体实现代码如下：

```
import urllib.request, urllib.error, urllib.parse

① LOGIN = 'hehe'
PASSWD = "hehe"
URL = 'http://localhost'
② REALM = '天霸'
```

```
③ def handler_version(url):
      hdlr = urllib.request.HTTPBasicAuthHandler()

      hdlr.add_password(REALM,
          urllib.parse.urlparse(url)[1], LOGIN, PASSWD)
      opener = urllib.request.build_opener(hdlr)
      urllib.request.install_opener(opener)
④     return url

⑤ def request_version(url):
      import base64
      req = urllib.request.Request(url)
      b64str = base64.b64encode(
          bytes('%s:%s' % (LOGIN, PASSWD), 'utf-8'))[:-1]
      req.add_header("Authorization", "Basic %s" % b64str)
⑥     return req

⑦ for funcType in ('handler', 'request'):
      print('*** Using %s:' % funcType.upper())
      url = eval('%s_version' % funcType)(URL)
      f = urllib.request.urlopen(url)
      print(str(f.readline(), 'utf-8'))
⑧ f.close()
```

①②实现普通的初始化功能，设置合法的登录验证信息。

③④定义函数 handler_version()，添加验证信息后建立一个 URL 开启器，安装该开启器以便所有已打开的 URL 都能用到这些验证信息。

⑤⑥定义函数 request_version() 创建一个 Request 对象，并在 HTTP 请求中添加简单的基 64 编码的验证头信息。在 for 循环里调用 urlopen() 时，该请求用来替换其中的 URL 字符串。

⑦⑧分别打开了给定的 URL，通过验证后会显示服务器返回的 HTML 页面的第一行（转储了其他行）。如果验证信息无效，就会返回一个 HTTP 错误（并且不会有 HTML）。

14.6　使用 http 包

在 Python 程序中，包 http 实现了对 HTTP 协议的封装，在本节的内容中，将详细讲解在 Python 程序中使用 http 包的知识，为读者步入本书后面知识的学习打下基础。

在 Python 语言的 HTTP 包中，主要包含表 14-7 中的模块。

表 14-7

模块名称	描　　述
http.client	底层的 HTTP 协议客户端，可以为 urllib.request 模块所用
http.server	提供了基于 socketserver 模块的基本 HTTP 服务器类
http.cookies	cookies 的管理工具
http.cookiejar	提供了 cookies 的持久化支持

在 http.client 模块中，主要包括如下两个用于客户端的类：

（1）HTTPConnection：基于 HTTP 协议的访问客户端。

（2）HTTPResponse：基于 HTTP 协议的服务端回应。

14.6.1　使用 http.client 模块

在 http.client 模块中，定义了实现 http 和 https 协议客户端的类。通常来说，不能直接使用 http.client 模块，需要模块 urllib.request 调用该模块来处理使用 HTTP 和 HTTPS 的 URL。

1. 类

在模块 http.client 中包含了如下的类：

（1）类 HTTPConnection

类 HTTPConnection 的语法格式如下：

```
http.client.HTTPConnection(host, port=None, [timeout, ]source_address=None)
```

一个 HTTPConnection 实例表示与 HTTP 服务器端的一次事务处理，通过传递参数 host 地址和 port 端口号进行实例化。如果没有 port 端口号传递参数，也可以通过传递参数，传递格式是：host:port。如果这两个参数都没有的话，则默认端口号为 80。如果提供了可选参数 timeout，则将在给出的秒数后执行阻塞操作表示超时。可选参数 source_address 可以是一个元组，形式同 (host, port)，作为 HTTP 链接的源地址使用。

（2）HTTPSConnection

类 HTTPSConnection 的语法格式如下：

```
http.client.HTTPSConnection(host, port=None, key_file=None, cert_file=None,
[timeout, ]source_address=None, *, context=None, check_hostname=None)
```

类 HTTPSConnection 是 HTTPConnection 的子类，使用 SSL，用于实现与服务器端的安全通信。默认端口是 443。如果需要指定上下文 context，必须使用 ssl.SSLContext 实例化，用于描述不同的 SSL 选项。

（3）类 HTTPResponse

类 HTTPResponse 的语法格式如下：

```
class http.client.HTTPResponse(sock, debuglevel=0, method=None, url=None)
```

类 HTTPResponse 是在连接成功后返回的实例，不需要用户直接进行实例化操作。

（4）异常类，见表 14-8。

表 14-8

类 名 称	描 述
exception http.client.HTTPException	是本模块内其他异常的基类，本身是 Exception 类的子类
exception http.client.NotConnected	是 HTTPException 类的子类
exception http.client.InvalidURL	是 HTTPException 类的子类，如果端口号传参为空或不是数字型的，都会引起该异常
exception http.client.UnknownProtocol	是 HTTPException 类的子类
exception http.client.UnknownTransferEncoding	是 HTTPException 类的子类
exception http.client.UnimplementedFileMode	是 HTTPException 类的子类
exception http.client.IncompleteRead	是 HTTPException 类的子类
exception http.client.ImproperConnectionState	是 HTTPException 类的子类
exception http.client.CannotSendRequest	是 ImproperConnectionState 类的子类
exception http.client.CannotSendHeader	是 ImproperConnectionState 类的子类
exception http.client.ResponseNotReady	是 ImproperConnectionState 类的子类

类　名　称	描　　述
exception http.client.BadStatusLine	是 HTTPException 类的子类，如果服务器端响应的 HTTP 状态码是我们所不知道的就会引起该异常
exception http.client.LineTooLong	是 HTTPException 类的子类，如果从服务器端收到超长行的 HTTP 协议内容就会引起该异常
exception http.client.RemoteDisconnected	是 类 ConnectionResetError 和 类 BadStatusLine 的 子 类。由 方 法 HTTPConnection.getresponse() 引起，当试图读取连接的响应结果时，读取不到数据，意味着远端已关闭了连接

2. HTTPConnection 中的方法

（1）HTTPConnection.request(method, url, body=None, headers={})：功能是使用指定的 method 方法和 url 链接向服务器发送请求。

- body：如果指定了 body 部分，那么 body 部分将在 header 部分发送完之后发送过去。body 部分可以是一个字符串、字节对象、文件对象或者是字节对象的迭代器。不同的 body 类型对应不同的要求。
- header：是 HTTP 头部的映射，是一个字典类型。如果在 header 中不包含 Content-Length 项，那么会根据 body 的不同自动添加上去。

（2）HTTPConnection.getresponse()：功能是在请求发送后才能调用得到服务器返回的内容，返回的是一个 HTTPResponse 实例。

（3）HTTPConnection.set_debuglevel(level)：设置调试级别，默认调试级别是 0，表示没有调试输出。任何大于 0 的值都将导致所有当前定义的调试输出被打印到 stdout，debuglevel 会传递到创建的任何新 HTTPResponse 对象中。

（4）HTTPConnection.set_tunnel(host, port=None, headers=None)：设置 HTTP Connect 隧道的主机和端口，允许通过代理服务器运行连接。

（5）HTTPConnection.connect()：连接指定的服务器。在默认情况下，如果客户端没有连接，则会在 request 请求时自动调用该方法。

（6）HTTPConnection.close()：关闭与服务器的连接。

（7）HTTPConnection.putrequest(request, selector, skip_host=False, skip_accept_encoding=False)：当和服务器的连接成功后，应当首先调用这个方法。发送到服务器的内容包括：request 字符串、selector 字符串和 HTTP 协议版本。

（8）HTTPConnection.putheader(header, argument[, ...])：发送 HTTP 头部到服务器，发送到服务器的内容包括：header 头部、冒号、空格和参数列表中的第一个。

（9）HTTPConnection.endheaders(message_body=None)：发送一个空白行到服务器，标志头部的结束。其中可选参数 message_body 用于传递与请求相关联的消息体。如果消息头是字符串，消息体将与消息头在相同的分组中发送，否则它将在单独的分组中发送。

3. HTTPResponse 中的方法

在 Python 程序中，HTTPResponse 实例包含了从服务器返回的 HTTP 回应，提供了访问请求头部和 body 部分的方法。HTTPResponse 是一个可迭代的对象，而且可以使用 with 语句来声明。在类 HTTPResponse 中包含的方法如下：

（1）HTTPResponse.read([amt])：读取和返回 response 的 body 部分。

（2）HTTPResponse.readinto(b)：读取指定的字节长度 len(b)，并返回到缓冲字节 b，返回值是读取的字节数。

（3）HTTPResponse.getheader(name,default=None)：返回指定名称 name 的 HTTP 头部值，如果没有相应匹配的 name 值，则返回默认的 None。如果有多个相匹配的 name 值，则返回所有的值，用逗号进行分隔。

（4）HTTPResponse.getheaders()：以元组的形式返回所有的头部信息（header,value）。

（5）HTTPResponse.fileno()：返回底层套接字的 fileno。

（6）HTTPResponse.msg：包含响应标头的 http.client.HTTPMessage 实例，http.client.HTTPMessage 是 email.message.Message 的子类。

（7）HTTPResponse.version：服务器使用的 HTTP 协议版本。其中 10 用于 HTTP / 1.0，11 用于 HTTP / 1.1。

（8）HTTPResponse.status：服务器返回的状态代码。

（9）HTTPResponse.reason：服务器返回的原因短语。

（10）HTTPResponse.debuglevel：调试等级，如果 debuglevel 大于零，则会在读取和解析响应时将消息打印到 stdout。

（11）HTTPResponse.closed：如果数据流已经关闭，则值为 True。

14.6.2　使用 HTTPConnection 对象访问指定网站

在下面的实例中，演示了使用 http.client.HTTPConnection 对象访问指定网站的过程。

实例 14-10：跑男 A 访问百度

源码路径：下载包 \daima\14\14-10

实例文件 fang.py 的具体实现代码如下：

```
from http.client import HTTPConnection        # 导入内置模块
# 基于 HTTP 协议的访问客户端
mc = HTTPConnection('www.baidu.com:80')
mc.request('GET','/')                         # 设置 GET 请求方法
res = mc.getresponse()                        # 获取访问的网页

print(' 你们好，我是跑男 A')
print(res.status,res.reason)                  # 打印输出响应的状态
print(res.read().decode('utf-8'))            # 显示获取的内容
```

在上述实例代码中只是实现了一个基本的访问实例，首先实例化 http.client.HTTPConnection 对指定请求的方法为 GET，然后使用 getresponse() 方法获取访问的网页，并打印输出响应的状态。执行会输出：

```
"C:\Program Files\Anaconda3\python.exe" D:/tiedao/Python/daima/14/14-10/fang.py
你们好，我是跑男 A
200 OK
<!DOCTYPE html><!--STATUS OK-->
<html>
<head>
    <meta http-equiv="content-type" content="text/html;charset=utf-8">
    <meta http-equiv="X-UA-Compatible" content="IE=Edge">
    <link rel="dns-prefetch" href="//s1.bdstatic.com"/>
    <link rel="dns-prefetch" href="//t1.baidu.com"/>
```

```
    <link rel="dns-prefetch" href="//t2.baidu.com"/>
    <link rel="dns-prefetch" href="//t3.baidu.com"/>
    <link rel="dns-prefetch" href="//t10.baidu.com"/>
    <link rel="dns-prefetch" href="//t11.baidu.com"/>
    <link rel="dns-prefetch" href="//t12.baidu.com"/>
    <link rel="dns-prefetch" href="//b1.bdstatic.com"/>
    <title> 百度一下，你就知道 </title>
    <link href="http://s1.bdstatic.com/r/www/cache/static/home/css/index.css"
rel="stylesheet" type="text/css" />
    <!--[if lte IE 8]><style index="index" >#content{height:480px\9}#m{top:260
px\9}</style><![endif]-->
    <!--[if IE 8]><style index="index" >#u1 a.mnav,#u1 a.mnav:visited{font-
family:simsun}</style><![endif]-->

### 后面省略好多执行效果
```

14.7　收发电子邮件

自从互联网诞生那一刻起，人们之间日常交互的方式便又多了一种新的渠道。从此以后，交流变得更加迅速快捷，更具有实时性。一时之间，很多网络通信产品出现在大家面前，例如 QQ、MSN 和邮件系统，其中电子邮件更是深受人们的追捧。使用 Python 语言可以开发出功能强大的邮件系统，在本节的内容中，将详细讲解使用 Python 语言开发邮件程序的过程。

14.7.1　开发 POP3 邮件程序

在计算机应用中，使用 POP3 协议可以登录 E-mail 服务器收取邮件。在 Python 程序中，内置模块 poplib 提供了对 POP3 邮件协议的支持。现在市面中大多数邮箱软件都提供了 POP3 收取邮件的方式，例如 Outlook 等 E-mail 客户端就是如此。开发者可以使用 Python 语言中的 poplib 模块开发出一个支持 POP3 邮件协议的客户端脚本程序。

1. 类

在 poplib 模块中，通过如下的两个类实现 POP3 功能：

（1）类 poplib.POP3(host, port=POP3_PORT[, timeout])：实现了实际的 POP3 协议，当实例初始化时创建连接。

● 参数 port：如果省略 port 端口参数，则使用标准 POP3 端口（110）。

● 参数 timeout：可选参数 timeout 用于设置连接超时的时间，以秒为单位。如果未指定，将使用全局默认超时值。

（2）类 poplib.POP3_SSL(host, port=POP3_SSL_PORT, keyfile=None, certfile=None, timeout=None, context=None)：是 POP3 的子类，通过 SSL 加密的套接字连接到服务器。

● 参数 port：如果没有指定端口参数 port，则使用标准的 POP3 over SSL 端口。

● 参数 timeout：超时的工作方式与上面的 POP3 构造函数中的相同。

● 参数 context：上下文对象，是可选的 ssl.SSLContext 对象，允许将 SSL 配置选项，证书和私钥捆绑到单个（可能长期）结构中。

● 参数 keyfile 和 certfile：是上下文的传统替代方式，可以分别指向 SSL 的 PEM 格式的私钥和证书链文件连接。

在 Python 程序中，可以使用类 POP3 创建一个 POP3 对象实例。其语法原型如下：

```
POP3 (host, port)
```

● 参数 host：POP3 邮件服务器。

● 参数 port：服务器端口，一个可选参数，默认值为 110。

2. 方法

在 poplib 模块中，常用的内置方法如下：

（1）方法 user()。

当创建一个 POP3 对象实例后，可以使用其中的方法 user() 向 POP3 服务器发送用户名。其语法原型如下：

```
user (username)
```

参数 username 表示登录服务器的用户名。

（2）方法 pass_()。

可以使用 POP3 对象中的方法 pass_()（注意，在 pass 后面有一个下画线字符）向 POP3 服务器发送密码。其语法原型如下：

```
pass_ (password)
```

参数 password 是指登录服务器的密码。

（3）方法 getwelcome()。

当成功登录邮件服务器后，可以使用 POP3 对象中的方法 getwelcome() 获取服务器的欢迎信息。其语法原型如下：

```
getwelcome ()
```

（4）方法 set_debuglevel()。

可以使用 POP3 对象中的方法 set_debuglevel() 设置调试级别。其语法原型如下：

```
set_debuglevel (level)
```

参数 level 表示调试级别，用于显示与邮件服务器交互的相关信息。

（5）方法 stat()。

使用 POP3 对象中的方法 stat() 可以获取邮箱的状态，例如邮件数、邮箱大小等。其语法原型如下：

```
stat()
```

（6）方法 list()。

使用 POP3 对象中的方法 list() 可以获得邮件内容列表，其语法原型如下：

```
list (which)
```

参数 which 是一个可选参数，如果指定，则仅列出指定的邮件内容。

（7）方法 retr()。

使用 POP3 对象中的方法 retr() 可以获取指定的邮件。其语法原型如下：

```
retr (which)
```

参数 which 用于指定要获取的邮件。

（8）方法 dele()。

使用 POP3 对象中的方法 dele() 可以删除指定的邮件。其语法原型如下：

```
dele (which)
```

参数 which 用于指定要删除的邮件。

（9）方法 top()。

使用 POP3 对象中的方法 top() 可以收取某个邮件的部分内容。其语法原型如下：

```
top (which,howmuch)
```

● 参数 which：指定获取的邮件。

● 参数 howmuch：指定获取的行数。

除了上面介绍的常用内置方法外，还可以使用 POP3 对象中的方法 rset() 清除收件箱中邮件的删除标记；使用 POP3 对象中的方法 noop() 保持同邮件服务器的连接；使用 POP3 对象中的方法 quit() 断开同邮件服务器的连接。

要想使用 Python 获取某个 email 邮箱中邮件主题和发件人的信息，首先应该知道自己所使用的 email 的 POP3 服务器地址和端口。一般来说，邮箱服务器的地址格式如下：

```
pop.主机名.域名
```

而端口的默认值是 110，例如 126 邮箱的 POP3 服务器地址为 pop.1214.com，端口为默认值 110。

例如在下面的实例代码中，演示了使用 poplib 库获取指定邮件中的最新两封邮件的主题和发件人的方法。

实例 14-11：获取指定邮件中的最新两封邮件的主题和发件人信息

源码路径：下载包 \daima\14\14-11

实例文件 pop.py 的具体实现代码如下：

```python
from poplib import POP3                              # 导入内置邮件处理模块
import re,email,email.header                         # 导入内置文件处理模块
from p_email import mypass                           # 导入内置模块
def jie(msg_src,names):                              # 定义解码邮件内容函数 jie()
msg = email.message_from_bytes(msg_src)
    result = {}                                      # 变量初始化
    for name in names:                               # 遍历 name
        content = msg.get(name)                      # 获取 name
        info = email.header.decode_header(content)   # 定义变量 info
if info[0][1]:
            if info[0][1].find('unknown-') == -1:    # 如果是已知编码
result[name] = info[0][0].decode(info[0][1])

        else:                                        # 如果是未知编码
            try:                                     # 异常处理
result[name] = info[0][0].decode('gbk')
except:
result[name] = info[0][0].decode('utf-8')
else:
            result[name] = info[0][0]                # 获取解码结果
    return result                                    # 返回解码结果
if __name__ == "__main__":
    pp = POP3("pop.sina.com")                        # 实例化邮件服务器类
    pp.user('guanxijing820111@sina.com')             # 传入邮箱地址
    pp.pass_(mypass)                                 # 密码设置
    total,totalnum = pp.stat()                       # 获取邮箱的状态
    print(total,totalnum)                            # 打印显示统计信息
    for i in range(total-2,total):                   # 遍历获取最近的两封邮件
        hinfo,msgs,octet = pp.top(i+1,0)             # 返回 bytes 类型的内容
        b=b''
```

```
        for msg in msgs:                                    # 遍历 msg
            b += msg+b'\n'
        items = jie(b,['subject','from'])                   # 调用函数 jie() 返
                                                              回邮件主题
        print(items['subject'],'\nFrom:',items['from'])     # 调用函数 jie() 返
                                                              回发件人的信息
        print()                                             # 打印空行
    pp.close()                                              # 关闭连接
```

在上述实例代码中，函数 jie() 的功能是使用 email 包来解码邮件头，用 POP3 对象的方法连接 POP3 服务器并获取邮箱中的邮件总数。在程序中获取最近的两封邮件的邮件头，然后传递给函数 jie() 进行分析，并返回邮件的主题和发件人的信息。执行效果如图 14-8 所示。

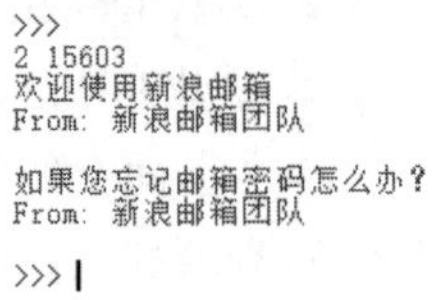

```
>>>
2 15603
欢迎使用新浪邮箱
From: 新浪邮箱团队

如果您忘记邮箱密码怎么办？
From: 新浪邮箱团队
>>> |
```

图 14-8

14.7.2 开发 SMTP 邮件程序

SMTP 即简单邮件传输协议，是一组用于由源地址到目的地址传送邮件的规则，由它来控制信件的中转方式。在 Python 语言中，通过模块 smtplib 对 SMTP 协议进行封装，通过这个模块可以登录 SMTP 服务器发送邮件。有两种使用 SMTP 协议发送邮件的方式。

第一种：直接投递邮件，比如要发送邮件到邮箱 aaa@163.com，那么就直接连接 163.com 的邮件服务器，把邮件发送给 aaa@163.com。

第二种：验证通过后的发送邮件，如你要发送邮件到邮箱 aaaa@163.com，不是直接发送到 163.com，而是通过自己在 sina.com 中的另一个邮箱来发送。这样就要先连接 sina.com 中的 SMTP 服务器，然后进行验证，之后把要发到 163.com 的邮件投到 sina.com 上，sina.com 会帮我们把邮件发送到 163.com。

在 smtplib 模块中，使用类 SMTP 可以创建一个 SMTP 对象实例，具体语法格式如下：

```
import smtplib
smtpObj = smtplib.SMTP(host , port , local_hostname)
```

上述各个参数的具体说明如下：

host：表示 SMTP 服务器主机，可以指定主机的 IP 地址或者域名，例如 w3cschool.cc，这是一个可选参数。

● port：如果你提供了 host 参数，需要指定 SMTP 服务使用的端口号。在一般情况下，SMTP 端口号为 25。

● local_hostname：如果 SMTP 在本机上，只需要指定服务器地址为 localhost 即可。

为了防止邮件被反垃圾邮件丢弃，这里采用前文中提到的第二种方法，即登录认证后再发送，例如下面的实例演示了这一用法。

实例 14-12：使用 SMTP 协议发送邮件

源码路径：下载包 \daima\14\14-12

实例文件 sm.py 的具体实现代码如下：

```
import smtplib,email                                     # 导入内置模块
from p_email import mypass                                # 导入内置模块
# 使用 email 模块构建一封邮件
chst = email.charset.Charset(input_charset='utf-8')
header = ("From: %s\nTo: %s\nSubject: %s\n\n"             # 邮件主题
        % ("guanxijing820111@sina.com",                  # 邮箱地址
```

```
            "好人",                                      #收件人
            chst.header_encode("Python smtplib 测试！")))  #邮件头

body = "你好！"                                          #邮件内容
email_con = header.encode('utf-8') + body.encode('utf-8')
                                                        #构建邮件完整内容，中文编码处理
smtp = smtplib.SMTP("smtp.sina.com")                    #邮件服务器
smtp.login("zzzz@sina.com",mypass)                      #用户名和密码登录邮箱
#开始发送邮件
smtp.sendmail("guanxijing820111@sina.com","zzzzz@qq.com",email_con)
smtp.quit()                                             #退出系统
```

在上述实例代码中，使用新浪的 SMTP 服务器邮箱 guanxijing820111@sina.com 发送邮件，收件人的邮箱地址是 371972484@qq.com。首先使用 email.charset.Charset() 对象对邮件头进行编码，然后创建 SMTP 对象，并通过验证的方式给 371972484@qq.com 发送一封测试邮件。因为在邮件的主体内容中含有中文字符，所以使用 encode() 函数进行编码。执行后的效果如图 14-9 所示。

图 14-9

14.7.3　使用库 email 开发邮件程序

在 Python 程序中，内置标准库 email 的功能是管理电子邮件。具体来说，不是实现向 SMTP、NNTP 或其他服务器发送任何电子邮件的功能，那是诸如 smtplib 和 nntplib 之类的库的功能。库 email 的主要功能是分割来自内部对象模型电子邮件表示的电子邮件消息的解析和生成。通过使用 email，可以向消息中添加子对象，从消息中删除子对象，完全重新排列内容。

例如在下面的实例中，演示了使用库 email 和 smtplib 发送带附件功能邮件的过程。

实例 14-13：发送带附件功能邮件

源码路径：下载包 \daima\14\14-13

实例文件 youjian.py 的具体实现代码如下：

```
import smtplib
from email.mime.multipart import MIMEMultipart
from email.mime.text import MIMEText
from email.mime.image import MIMEImage

sender = '***'
receiver = '***'
subject = 'python email test'
smtpserver = 'smtp.163.com'
username = '***'
password = '***'

msgRoot = MIMEMultipart('related')
msgRoot['Subject'] = 'test message'
```

```
# 构造附件

att = MIMEText(open('h:\\python\\1.jpg', 'rb').read(), 'base64', 'utf-8')
att["Content-Type"] = 'application/octet-stream'
att["Content-Disposition"] = 'attachment; filename="1.jpg"'
msgRoot.attach(att)

smtp = smtplib.SMTP()
smtp.connect('smtp.163.com')
smtp.login(username, password)
smtp.sendmail(sender, receiver, msgRoot.as_string())
smtp.quit()
```

14.8　开发 FTP 文件传输程序

在计算机网络领域中，远程文件传输又是一个重要的分支。在计算机七层协议当中，TCP、FTP、Telnet、UDP 可以实现远程文件处理。Python 作为一门功能强大的开发语言，可以实现对远程文件的处理。

14.8.1　Python 和 FTP

当使用 Python 语言编写 FTP 客户端程序时，需要将相应的库 ftplib 导入到项目程序中，然后实例化一个 ftplib.FTP 类对象，所有的 FTP 操作（如登录、传输文件和注销等）都要使用这个对象完成。使用类 FTP 可以创建一个 FTP 连接对象，具体语法格式如下：

```
FTP(host, user, passwd, acct)
```

- host：要连接的 FTP 服务器，可选参数。
- user：登录 FTP 服务器所使用的用户名，可选参数。
- passwd：登录 FTP 服务器所使用的密码，可选参数。
- acct：可选参数，默认为空。

在内置模块 ftplib 的 FTP 类中，主要包含如下常用的方法：

（1）方法 set_debuglevel()。

当创建一个 FTP 连接对象以后，可以使用方法 set_debuglevel() 设置调试级别。其原型如下：

```
set_debuglevel (level)
```

参数 level 是指调试级别，默认的调试级别为 0。

（2）方法 connect()。

如果在创建 FTP 连接对象时没有使用参数 host，则可以使用 FTP 对象中的方法 connect()，其原型如下：

```
connect(host,port,timeout,source-adolross)
```

- host：要连接的 FTP 服务器。
- port：FTP 服务器的端口，可选参数。

（3）方法 login()。

如果在创建 FTP 对象时没有使用用户名和密码，则可以通过 FTP 对象中的方法 login()

使用用户名和密码登录到 FTP 服务器。其原型如下：

```
login (user, passwd, acct)
```

- user：登录 FTP 服务器所使用的用户名。
- passwd：登录 FTP 服务器所使用的密码。
- acct：可选参数，默认为空。

14.8.2　创建一个 FTP 文件传输客户端

在下面的实例中，演示了使用库 ftplib 创建一个简单的 FTP 文件传输客户端的过程。

实例 14-14：开发一个简单的 FTP 文件传输系统

源码路径：下载包 \daima\14\14-14

实例文件 fb.py 的具体实现代码如下：

```
from ftplib import FTP                                    # 导入 FTP
bufsize = 1024                                            # 设置缓冲区的大小
def Get(filename):                                        # 定义函数 Get() 下载文件
    command = 'RETR ' + filename                          # 变量 command 初始化
    # 下载 FTP 文件
ftp.retrbinary(command, open(filename,'wb').write, bufsize)
    print(' 下载成功 ')                                    # 下载成功提示
def Put(filename):                                        # 定义函数 Put() 上传文件


    command = 'STOR ' + filename                          # 变量 command 初始化
    filehandler = open(filename,'rb')                     # 打开指定文件
    ftp.storbinary(command,filehandler,bufsize)           # 实现文件上传操作
    filehandler.close()                                   # 关闭连接
    print(' 上传成功 ')                                    # 打印显示提示
def PWD():                                                # 定义获取当前目录函数 PWD()
    print(ftp.pwd())                                      # 返回当前所在位置
def Size(filename):                                       # 定义获取文件大小函数 Size()
    print(ftp.size(filename))                             # 显示文件大小
def Help():                                               # 定义系统帮助函数 Help()
    print('''                                             # 开始打印显示帮助提示

    ================================
          Simple Python FTP
    ================================
    cd              进入文件夹
    delete          删除文件
    dir             获取当前文件列表
    get             下载文件
    help            帮助
    mkdir           创建文件夹
    put             上传文件
    pwd             获取当前目录
    rename          重命名文件
    rmdir           删除文件夹
    size            获取文件大小
    ''')
server = input(' 请输入 FTP 服务器地址 :')                  # 信息输入
ftp = FTP(server)                                         # 获取服务器地址
username = input(' 请输入用户名 :')                         # 输入用户名
password = input(' 请输入密码 :')                           # 输入密码
ftp.login(username,password)                              # 使用用户名和密码登录 FTP 服务器
print(ftp.getwelcome())                                   # 打印显示欢迎信息
# 定义一个字典 actions，在里面保存操作命令
actions = {'dir':ftp.dir, 'pwd': PWD, 'cd':ftp.cwd, 'get':Get,
          'put':Put, 'help':Help, 'rmdir': ftp.rmd,
          'mkdir': ftp.mkd, 'delete':ftp.delete,
```

```
            'size':Size, 'rename':ftp.rename}
while True:                                      # 执行循环操作
    print('pyftp>')                             # 打印显示提示符
    cmds = input()                              # 获取用户的输入
    cmd = str.split(cmds)                       # 使用空格分割用户输入的内容
    try:                                        # 异常处理
        if len(cmd) == 1:                       # 验证输入命令中是否有参数
            if str.lower(cmd[0]) == 'quit':     # 如果输入命令是 quit 则退出循环
break
else:
                actions[str.lower(cmd[0])]()    # 调用与输出命令对应的操作函数
        elif len(cmd) == 2:                     # 处理只有一个参数的命令
            actions[str.lower(cmd[0])](cmd[1])  # 调用与输入命令对应的操作函数
        elif len(cmd) == 3:                     # 处理有两个参数的命令
            actions[str.lower(cmd[0])](cmd[1],cmd[2])
                                                # 调用与输入命令对应的操作函数
        else:                                   # 如果是其他情况
            print(' 输入错误 ')                 # 打印显示错误提示
    except:
        print(' 命令出错 ')
ftp.quit()                                      # 退出系统
```

运行上述实例代码后，会要求输入 FTP 服务器的地址、用户名和密码。如果输入上述信息正确，则完成 FTP 服务器登录，并显示一个 "pyftp>" 提示符，等待用户输入命令。如果输入 "dir" 和 "pwd" 这两个命令，会调用执行对应的命令操作函数。在测试运行本实例代码时，需要有一个 FTP 服务器及登录该服务器的用户名和密码。如果读者没有互联网中的 FTP 服务器，可以尝试在本地计算机中通过 IIS 配置一个 FTP 服务器，然后进行测试。执行后的效果如图 14-10 所示。

```
请输入FTP服务器地址:118.184.21.197
请输入用户名:to
请输入密码:24cp
220 Microsoft FTP Service
pyftp>
dir
11-07-16  11:39AM    <DIR>          backup_c21323
11-07-16  11:38AM          476469   backup_c21323.rar
05-26-16  09:29AM    <DIR>          data
11-07-16  10:24AM         21819039  study.rar
11-07-16  12:56PM          3853663  study.sql
05-29-16  08:09AM    <DIR>          W3SVC81
05-26-16  09:33AM         26458130  web.rar
05-26-16  09:29AM    <DIR>          wwwlog
11-07-16  11:14AM    <DIR>          wwwroot
pyftp>
```

图 14-10

第 15 章

多线程开发

（📹视频讲解：54 分钟）

当一个程序在同一时间只能做一件事情时就是单线程程序，这样的程序的功能会显得过于简单，肯定无法满足现实的需求。在本书前面讲解的程序大多数都是单线程程序，那么究竟什么是多线程呢？能够同时处理多个任务的程序就是多线程程序，多线程程序的功能更加强大，能够满足现实生活中需求多变的情况。**Python** 作为一门面向对象的语言，支持多线程开发功能。在本章中将详细讲解 **Python** 多线程开发的基本知识，为读者步入本书后面知识的学习打下基础。

15.1 线程和进程介绍

在计算机应用中，线程是程序运行的基本执行单元，当操作系统（不包括单线程的操作系统，如微软公司早期的 DOS）在执行一个程序时，会在系统中建立一个进程，而在这个进程中，必须至少建立一个线程（这个线程被称为主线程）作为这个程序运行的入口点。因此，在操作系统中运行的任何程序都至少有一个主线程。

读者可能在学习其他编程语言时学习过线程和进程的知识，进程和线程是现代操作系统中两个必不可少的运行模型。在操作系统中可以有多个进程，这些进程包括系统进程（由操作系统内部建立的进程）和用户进程（由用户程序建立的进程）；在一个进程中可以有一个或多个线程。进程和进程之间不会共享内存，也就是说，系统中的进程是在各自独立的内存空间中运行的。而一个进程中的线程可以共享系统分派给这个进程的内存空间。

线程不仅可以共享进程的内存，而且还拥有一个属于自己的内存空间，这段内存空间也叫作线程栈，是在建立线程时由系统分配的，主要用来保存线程内部所使用的数据，如线程执行函数中所定义的变量。在操作系统将进程分成多个线程后，这些线程可以在操作系统的管理下并发执行，从而极大地提高了程序的运行效率。虽然线程的执行从宏观上看是多个线程同时执行，但是实际上这只是操作系统的障眼法。由于一块 CPU 同时只能执行一条指令，因此，在拥有一块 CPU 的计算机上不可能同时执行两个任务。而操作系统为了能提高程序的运行效率，在一个线程空闲时会撤下这个线程，并且会让其他的线程来执行，这种方式叫作线程调度。

很多读者有一个问题：为什么从表面上看是多个线程同时执行呢？看不出来有时间上的先后。我们之所以从表面上看是多个线程同时执行，是因为不同线程之间切换的时间非常短，而且在一般情况下切换非常频繁。假设现在有线程 A 和线程 B 正在运行，可能是 A 执行了

1ms 后，切换到 B 后，B 又执行了 1ms，然后又切换到了 A，A 又执行 1ms。由于 1ms 的时间对于普通人来说是很难感知的，因此，从表面看上去就像 A 和 B 同时执行一样，但实际上 A 和 B 是交替执行的。

15.2　使用 threading 模块

在 Python 程序中，可以通过 "_thread" 和 "threading（推荐使用）" 这两个模块来处理线程。在 Python3 程序中，thread 模块已被废弃，Python 官方建议使用 threading 模块代替。所以，在 Python3 中不能再使用 thread 模块，但是为了兼容 Python3 以前的程序，在 Python3 中将 thread 模块重命名为 "_thread"。

在 Python 3 程序中，可以通过两个标准库（_thread 和 threading）提供对线程的支持。其中 "_thread" 提供了低级别的、原始的线程以及一个简单的锁，它相比于 threading 模块的功能还是比较有限的。在本节的内容中，将详细讲解使用 threading 模块的核心知识。

15.2.1　threading 模块的核心方法

在 threading 模块中，除了包含 "_thread" 模块中的所有方法外，还提供了其他核心方法，见表 15-1。

表 15-1

核心方法	描　　述
threading.currentThread()	返回当前的 Thread 对象，这是一个线程变量。如果调用者控制的线程不是通过 threading 模块创建的，则返回一个只有有限功能的虚假线程对象
threading.enumerate()	返回一个包含正在运行的线程的 list。正在运行指线程启动后、结束前，不包括启动前和终止后的线程
threading.activeCount()	返回正在运行的线程数量，与 len(threading.enumerate()) 有相同的结果
threading.main_thread()	返回主 Thread 对象。在正常情况下，主线程是从 Python 解释器中启动的线程
threading.settrace(func)	为所有从 threading 模块启动的线程设置一个跟踪方法。在每个线程的 run() 方法调用之前，func 将传递给 sys.settrace()
threading.setprofile(func)	为所有从 threading 模块启动的线程设置一个 profile() 方法。这个 profile() 方法将在每个线程的 run() 方法被调用之前传递给 sys.setprofile()

在 threading 模块中，还提供了常量 threading.TIMEOUT_MAX，这个 timeout 参数表示阻塞方法 (Lock.acquire()、RLock.acquire() 和 Condition.wait(), 等) 所允许等待的最长时限，设置超过此值的超时将会引发 OverflowError 错误。

15.2.2　使用 Thread 对象

除了前面介绍的核心方法外，在模块 threading 中还提供了类 Thread 来处理线程。Thread 是 threading 模块中最重要的类之一，可以使用它来创建线程。有两种方式来创建线程：一种是通过继承 Thread 类，重写它的 run() 方法；另一种是创建一个 threading.Thread 对象，在它的初始化函数（__init__）中将可调用对象作为参数传入。类 Thread 的语法格式如下：

```
class threading.Thread(group=None, target=None, name=None, args=(), kwargs={}, *,
daemon=None)
```

上述参数的具体说明见表 15-2。

表 15-2

参数名称	描　　述
group	应该为 None，用于在实现 ThreadGroup 类时的未来扩展
target	是将被 run() 方法调用的可调用对象。默认为 None，表示不调用任何东西
name	是线程的名字。在默认情况下，以 "Thread-N" 的形式构造一个唯一的名字，N 是一个小的十进制整数
args	是给调用目标的参数元组，默认为 ()
kwargs	是给调用目标的关键字参数的一个字典，默认为 "{}"
daemon	如果其值不是 None，则守护程序显式设置线程是否为 daemonic。如果值为 None（默认值），则属性 daemonic 从当前线程继承

在 Python 程序中，如果子类覆盖 Thread 构造函数，则必须保证在对线程做任何事之前调用基类的构造函数 (Thread.__init__())。

例如在下面的实例中，演示了直接在线程中运行函数的过程。

实例 15-1：在线程中运行一个函数

源码路径： 下载包 \daima\15\15-1

实例文件 zhi.py 的具体实现代码如下：

```
import threading                              # 导入库 threading
def zhiyun(x,y):                              # 定义函数 zhiyun()
    for i in range(x,y):                      # 遍历操作
        print(str(i*i)+';')                   # 打印输出一个数的平方
ta = threading.Thread(target=zhiyun,args=(1,6))
tb = threading.Thread(target=zhiyun,args=(16,21))
print('黄蓉说：靖哥哥，你学会数字的平方计算了吗？')
print('郭靖说：蓉妹妹，我都学会了：')
ta.start()                                    # 启动第 1 个线程活动
tb.start()                                    # 启动第 2 个线程活动
```

在上述实例代码中，首先定义函数 zhiyun()，然后以线程方式来运行这个函数，并且在每次运行时传递不同的参数。运行后两个子线程会并行执行，可以分别计算出一个数的平方并输出，这两个子线程是交替运行的。执行会输出：

```
黄蓉说：靖哥哥，你学会数字的平方计算了吗？
郭靖说：蓉妹妹，我都学会了：
1;256;

>>>

4;289;

9;324;

16;361;

25;400;
```

15.2.3　使用 Lock 和 RLock 对象

如果多个线程共同对某个数据进行修改，则可能出现不可预料的结果。为了保证数据的

正确性，需要对多个线程进行同步操作。在 Python 程序中，使用对象 Lock 和 RLock 可以实现简单的线程同步功能，这两个对象都有 acquire() 方法和 release() 方法，对于那些需要每次只允许一个线程操作的数据，可以将其操作放到 acquire() 和 release() 方法之间。多线程的优势在于可以同时运行多个任务（至少感觉起来是这样），但是当线程需要共享数据时，可能存在数据不同步的问题。

读者考虑一个问题，有没有这样一种情况：一个列表里所有元素都是 0，线程"set"从后向前把所有元素改成 1，而线程"print"负责从前往后读取列表并打印。那么，可能当线程"set"开始改的时候，线程"print"便来打印列表了，输出就变成了一半 0 一半 1，这就造成了数据的不同步。

当然有！为了避免这种情况，引入了锁的概念。锁有两种状态，分别是锁定和未锁定。每当一个线程比如"set"要访问共享数据时，必须先获得锁定；如果已经有别的线程比如"print"获得锁定了，那么就让线程"set"暂停，也就是同步阻塞；等到线程"print"访问完毕，释放锁以后，再让线程"set"继续。经过上述过程的处理，打印列表时要么全部输出 0，要么全部输出 1，不会再出现一半 0 一半 1 的尴尬场面。由此可见，使用 threading 模块中的对象 Lock 和 RLock（可重入锁），可以实现简单的线程同步功能。对于同一时刻只允许一个线程操作的数据对象，可以把操作过程放在 Lock 和 RLock 的 acquire 方法和 release 方法之间。RLock 可以在同一调用链中多次请求而不会锁死，Lock 则会锁死。

例如在下面的实例中，演示了使用 RLock 实现线程同步的过程。

实例 15-2：使用 RLock 实现线程同步

源码路径：下载包 \daima\15\15-2

实例文件 tong.py 的具体实现代码如下：

```
import threading                          # 导入模块 threading
import time                               # 导入模块 time
class mt(threading.Thread):               # 定义继承于线程类的子类 mt
    def run(self):                        # 定义重载函数 run
        global x                          # 定义全局变量 x
        lock.acquire()                    # 在操作变量 x 之前锁定资源
        for i in range(5):                # 遍历操作
            x += 10                       # 设置变量 x 值加 10
        time.sleep(1)                     # 休眠 1 秒钟
        print(x)                          # 打印输出 x 的值
        lock.release()                    # 释放锁资源
x = 0                                     # 设置 x 值为 0

lock = threading.RLock()                  # 实例化可重入锁类
def main():
    thrs = []                             # 初始化一个空列表
for item in range(8):
        thrs.append(mt())                 # 实例化线程类
for item in thrs:
        item.start()                      # 启动线程
if __name__ == "__main__":
main()
```

在上述实例代码中，自定义了一个带锁访问全局变量 x 的线程类 mt，在主函数 main() 中初始化了 8 个线程来修改变量 x，在同一时刻只能由一个线程对 x 进行操作。执行后会输出：

50

```
100
150
200
250
300
350
400
```

在 Python 程序中，要想让可变对象安全地用在多线程环境中，可以利用库 threading 中的 Lock 对象来解决。例如在下面的实例中，演示了使用 Lock 对临界区加锁的过程。

实例 15-3：使用 Lock 对临界区加锁

源码路径：下载包 \daima\15\15-3

实例文件 tong1.py 的具体实现代码如下：

```python
import threading
class SharedCounter:
    '''
    A counter object that can be shared by multiple threads.
    '''

    def __init__(self, initial_value=0):
        self._value = initial_value
        self._value_lock = threading.Lock()

    def incr(self, delta=1):
        '''
    Increment the counter with locking
    '''
        with self._value_lock:
            self._value += delta


    def decr(self, delta=1):
        '''
        Decrement the counter with locking
        '''
        with self._value_lock:
            self._value -= delta


def test(c):
    for n in range(1000000):
        c.incr()
    for n in range(1000000):
        c.decr()


if __name__ == '__main__':
    c = SharedCounter()
    t1 = threading.Thread(target=test, args=(c,))
    t2 = threading.Thread(target=test, args=(c,))
    t3 = threading.Thread(target=test, args=(c,))
    t1.start()
    t2.start()
    t3.start()
    print('Running test')
    t1.join()
    t2.join()
    t3.join()
```

```
assert c._value == 0
print('Looks good!')
```

在上述代码中，当使用 with 语句时，Lock 对象可确保产生互斥的行为。也就是说，在同一时间只允许一个线程执行 with 语句块中的代码。with 语句会在执行缩进的代码块时获取到锁，当控制流离开缩进的语句块时释放这个锁。从本质上来说，线程的调度是非确定性的。正因为如此，在多线程程序中，如果不用好锁，就会使得数据被随机地破坏掉，以及产生我们称之为竞态条件的奇怪行为。要避免这些问题，只要共享的可变状态需要被多个线程访问，那么就得使用锁。

15.2.4 使用 Condition 对象

在 Python 程序中，使用 Condition 对象可以在某些事件触发或者达到特定的条件后才处理数据。Python 提供的 Condition 对象的目的是实现对复杂线程同步问题的支持。Condition 通常与一个锁关联，当需要在多个 Contidion 中共享一个锁时，可以传递一个 Lock/RLock 实例给构造方法，否则它将自己生成一个 RLock 实例。除了 Lock 带有的锁定池外，Condition 还包含一个等待池，池中的线程处于状态图中的等待阻塞状态，直到另一个线程调用 notify()/notifyAll() 通知；得到通知后线程进入锁定池等待锁定。

例如在下面的实例中，演示了使用 Condition 实现一个捉迷藏游戏的过程。假设这个游戏由两个人来玩，黄蓉藏（用 Hider 表示），老顽童找（用 Seeker 表示）。游戏的规则如下：

（1）游戏开始之后，Seeker 先把自己眼睛蒙上，蒙上眼睛后，就通知 Hider；

（2）Hider 接收通知后开始找地方将自己藏起来，藏好之后，再通知 Seeker 可以找了；

（3）Seeker 接收到通知之后，就开始找 Hider。

实例 15-4：捉迷藏游戏

源码路径： 下载包 \daima\15\15-4

实例文件 zhuomicang.py 的具体实现代码如下：

```
# ---- Condition
# ---- 捉迷藏的游戏
import threading, time


class Hider(threading.Thread):
    def __init__(self, cond, name):
        super(Hider, self).__init__()
        self.cond = cond
        self.name = name

    def run(self):

        time.sleep(1)  # 确保先运行 Seeker 中的方法

        self.cond.acquire()  # b
        print(self.name + ': 我已经把眼睛蒙上了')

        self.cond.notify()
        self.cond.wait()  # c
        # f
```

```
        print(self.name + ': 我找到你了 ~_~')

        self.cond.notify()
        self.cond.release()
        # g
        print(self.name + ': 我赢了') # h


class Seeker(threading.Thread):
    def __init__(self, cond, name):
        super(Seeker, self).__init__()
        self.cond = cond
        self.name = name

    def run(self):
        self.cond.acquire()
        self.cond.wait()   # a: 释放对锁的占用, 同时线程挂起在这里, 直到被 notify 并重新占
                                                                    有锁
        print(self.name + ': 我已经藏好了, 你快来找我吧')
        self.cond.notify()
        self.cond.wait()   # e
        #  h
        self.cond.release()
        print(self.name + ': 被你找到了, 哎 ~~~')


cond = threading.Condition()
seeker = Seeker(cond, 'seeker')
hider = Hider(cond, 'hider')
seeker.start()
hider.start()
```

在上述代码中, Hider 和 Seeker 都是独立的个体, 在程序中用两个独立的线程来表示。在游戏过程中, 两者之间的行为有一定的时序关系, 我们通过 Condition 来控制这种时序关系。本实例执行后会输出:

```
hider:      我已经把眼睛蒙上了
seeker:     我已经藏好了, 你快来找我吧
hider:      我找到你了  ~_~
hider:      我赢了
seeker:     被你找到了, 哎 ~~~
```

由此可见, 如果想让线程一遍又一遍地重复通知某个事件, 最好使用 Condition 对象来实现。

15.2.5 使用 Semaphore 和 BoundedSemaphore 对象

在 Python 程序中, 可以使用 Semaphore 和 BoundedSemaphore 来控制多线程信号系统中的计数器。在接下来的内容中, 将详细讲解 Semaphore 和 BoundedSemaphore 的知识。

1. Semaphore

在 Python 程序中, 类 threading.Semaphore 是一个信号机, 控制着对公共资源或者临界区的访问。信号机维护着一个计数器, 指定可同时访问资源或者进入临界区的线程数。每次有一个线程获得信号机时, 计数器为 -1。若计数器为 0, 其他线程就停止访问信号机, 直到另一个线程释放信号机。

在对象 Semaphore 中, 主要包含了如下的内置方法:

（1）acquire(blocking=True,timeout=None)：用于获取 Semaphore 对象。

● 当使用默认参数调用本方法时，如果内部计数器的值大于零，将之减一，并返回；如果等于零，则阻塞，并等待其他线程调用 release() 方法以使计数器为正。这个过程有严格的互锁机制控制，以保证如果有多条线程正在等待解锁，release() 调用只会唤醒其中一条线程。唤醒哪一条是随机的。本方法返回 True，或无限阻塞。

● 如果 blocking=False，则不阻塞，但若获取失败的话，返回 False。

● 当设定了 timeout 参数时，最多阻塞 timeout 秒，如果超时，返回 False。

（2）release()：用于释放 Semaphore，给内部计数器加 1，可以唤醒处于等待状态的线程。在使用计数器对象 Semaphore 时，调用 acquire() 会使这个计数器减 1，调用 release() 会使这个计数器加 1。计数器的值永远不会小于 0，当计数器到 0 时，再调用 acquire() 就会阻塞，直到其他线程来调用 release() 为止。

例如在下面的实例中，演示了使用 Semaphore 对象运行 4 个线程的过程。

实例 15-5：使用 Semaphore 对象运行 4 个线程

源码路径：下载包 \daima\15\15-5

实例文件 sige.py 的具体实现代码如下所示：

```python
# coding: utf-8
import threading
import time


def fun(semaphore, num):
    # 获得信号量，信号量减一
    semaphore.acquire()
    print("降龙十八掌：发出第 %d 掌 ." % num)
    time.sleep(3)
    # 释放信号量，信号量加一
    semaphore.release()


if __name__=='__main__':
    # 初始化信号量，数量为 2
    semaphore = threading.Semaphore(2)

    # 运行 4 个线程
    for num in range(4):
        t = threading.Thread(target=fun, args=(semaphore, num))
        t.start()
```

执行后会发现：线程 0 和 1 是一起打印出消息的，而线程 2 和 3 是在 3s 后打印的，可以得出每次只有 2 个线程获得信号量。执行后会输出：

```
降龙十八掌：发出第 0 掌 . 降龙十八掌：发出第 1 掌 .

Thread 0 is running.Thread 1 is running.

降龙十八掌：发出第 2 掌 . 降龙十八掌：发出第 3 掌 .

Thread 2 is running.Thread 3 is running.
```

2. BoundedSemaphore

在 Python 程序中，类 threading.BoundedSemaphore 用于实现 BoundedSemaphore 对象。BoundedSemaphore 会检查内部计数器的值，并保证它不会大于初始值，如果超过，就会引发一个 ValueError 错误。在大多数情况下，BoundedSemaphore 用于守护限制访问（但不限于 1）的资源，如果 semaphore 被 release() 过多次，这意味着存在 bug。

对象 BoundedSemaphore 会返回一个新的有界信号量对象，一个有界信号量会确保它当前的值不超过它的初始值。如果超过，则引发 ValueError。在大部分情况下，信号量用于守护有限容量的资源。如果信号量被释放太多次，它是一种有 bug 的迹象。如果没有给出，value 默认为 1。

例如在下面的实例中，演示了使用 BoundedSemaphore 对象运行四个线程的过程。

实例 15-6：使用 BoundedSemaphore 对象运行 4 个线程

源码路径：下载包 \daima\15\15-6

实例文件 si.py 的具体实现代码如下：

```python
# coding: utf-8
import threading
import time


def fun(semaphore, num):
    # 获得信号量，信号量减一

    semaphore.acquire()
    print("Thread %d is running." % num)
    time.sleep(3)
    # 释放信号量，信号量加一
    semaphore.release()
    # 再次释放信号量，信号量加一，这是超过限定的信号量数目，这时会报错 ValueError: Semaphore released too many times
    semaphore.release()


if __name__ == '__main__':
    # 初始化信号量，数量为 2，最多有 2 个线程获得信号量，信号量不能通过释放而大于 2
    semaphore = threading.BoundedSemaphore(2)

    # 运行 4 个线程
    for num in range(4):
        t = threading.Thread(target=fun, args=(semaphore, num))
        t.start()
```

因为在上述代码中超过了限定的信号量数目，所以运行后会报错 ValueError: Semaphore released too many times。执行后会输出：

```
Thread 0 is running.
Thread 1 is running.
Thread 2 is running.
Exception in thread Thread-1:
Thread 3 is running.
Traceback (most recent call last):
  File "C:\Program Files\Anaconda3\lib\threading.py", line 916, in _bootstrap_inner
    self.run()
  File "C:\Program Files\Anaconda3\lib\threading.py", line 864, in run
    self._target(*self._args, **self._kwargs)
  File "H:/daima/15/15-6/si.py", line 12, in fun
    semaphore.release()
  File "C:\Program Files\Anaconda3\lib\threading.py", line 482, in release
    raise ValueError("Semaphore released too many times")
ValueError: Semaphore released too many times
```

```
Exception in thread Thread-3:
Traceback (most recent call last):
  File "C:\Program Files\Anaconda3\lib\threading.py", line 916, in _bootstrap_inner
    self.run()
  File "C:\Program Files\Anaconda3\lib\threading.py", line 864, in run
    self._target(*self._args, **self._kwargs)
  File "H:/daima/15/15-6/si.py", line 12, in fun
    semaphore.release()
  File "C:\Program Files\Anaconda3\lib\threading.py", line 482, in release
    raise ValueError("Semaphore released too many times")
ValueError: Semaphore released too many times
```

15.2.6　使用 Event 对象

在 Python 中，事件对象是线程间最简单的通信机制之一，线程可以激活在一个事件对象上等待的其他线程。Event 对象的实现类是 threading.Event，这是一个实现事件对象的类。一个 event 管理一个标志，该标志可以通过 set() 方法设置为真或通过 clear() 方法重新设置为假。wait() 方法阻塞，直到标志为真。该标志最初为假。在类 threading.Event 中包含的内置方法如下：

- wait([timeout]) 堵塞线程，直到 Event 对象内部标识位被设为 True 或超时为止（如果提供了参数 timeout）。
- set()：将标识位设为 Ture。
- clear()：将标识标志设置为 False。
- isSet()：判断标识位是否为 Ture。

例如在下面的实例文件中，演示了使用 Event 对象实现线程同步的过程。

实例 15-7：使用 Event 对象实现线程同步

源码路径：下载包 \daima\15\15-7

实例文件 tongbu.py 的具体实现代码如下：

```
# encoding: UTF-8
import threading
import time

event = threading.Event()

def func():
    # 等待事件，进入等待阻塞状态
    print('%s wait for event...' % threading.currentThread().getName())
    event.wait()

    # 收到事件后进入运行状态
    print('%s recv event.' % threading.currentThread().getName())

t1 = threading.Thread(target=func)
t2 = threading.Thread(target=func)
t1.start()
t2.start()

time.sleep(2)

# 发送事件通知
print('MainThread set event.')
event.set()
```

执行后会输出：

```
Thread-1 wait for event...
Thread-2 wait for event...
MainThread set event.
Thread-1 recv event.
Thread-2 recv event.
```

15.2.7　使用 Timer 对象

在 Python 程序中，Timer（定时器）是 Thread 的派生类，用于在指定时间后调用一个方法。类 threading.Timer 表示一个动作应该在一个特定的时间之后运行，也就是一个计时器。因为 Timer 是 Thread 的子类，所以也可以使用方法创建自定义线程。Timer 通过调用它们的 start() 方法作为线程启动，可以通过调用 cancel() 方法（在它的动作开始之前）停止。Timer 在执行它的动作之前等待的时间间隔，可能与用户指定的时间间隔不完全相同。

在类 threading.Timer 中包含如下的方法：

- Timer(interval, function, args=None, kwargs=None)：这是构造方法，功能是创建一个 timer，在 interval 秒过去之后，它将以参数 args 和关键字参数 kwargs 运行 function。如果 args 为 None（默认值），则将使用空列表。如果 kwargs 为 None（默认值），则将使用空的字典。
- cancel()：停止 timer，并取消 timer 动作的执行。这只在 timer 仍然处于等待阶段时才工作。

例如在下面的实例中，演示了使用 Timer 设置线程延迟 5 秒后执行的过程。

实例 15-8：设置线程在延迟 5 秒后执行

源码路径：下载包 \daima\15\15-8

实例文件 shijian.py 的具体实现代码如下：

```
# encoding: UTF-8
import threading
def func():
    print('郭靖在 5 秒后出掌！')
timer = threading.Timer(5, func)
timer.start()
```

执行后在 5 秒后会输出：

郭靖在 5 秒后出掌！

15.2.8　使用 local 对象

在 Python 程序中，local 是一个小写字母开头的类，用于管理 thread-local（线程局部的）数据。对于同一个 local，线程无法访问其他线程设置的属性；线程设置的属性不会被其他线程设置的同名属性替换。在现实应用中，可以将 local 看成是一个"线程 - 属性字典"的字典，local 封装了从自身使用线程作为 key 检索对应的属性字典、再使用属性名作为 key 检索属性值的细节。

例如在下面的实例文件中，演示了使用 local 对象管理线程局部数据的过程。

实例 15-9：管理线程局部数据

源码路径：下载包 \daima\15\15-9

实例文件 bendi.py 的具体实现代码如下：

```
import threading

local = threading.local()
local.tname = '东邪'


def func():

    local.tname = '西毒'
    print(local.tname)

t1 = threading.Thread(target=func)
t1.start()
t1.join()

print(local.tname)
```

执行后会输出：

```
西毒
东邪
```

15.3 使用进程库 multiprocessing

在 Python 语言中，库 multiprocessing 是一个多进程管理包。和 threading 模块类似，multiprocessing 提供了生成进程功能的 API，提供了包括本地和远程并发，通过使用子进程而不是线程有效地转移全局解释器锁。通过使用 multiprocessing 模块，允许程序员充分利用给定机器上的多个处理器。它在 Unix 和 Windows 上都可以运行。

15.3.1 threading 和 multiprocessing 的关系

在 Python 程序中，multiprocessing 是 Python 语言中的多进程管理包。与 threading.Thread 类似，它可以利用 multiprocessing.Process 对象来创建一个进程，该进程可以运行在 Python 程序内部编写的函数。该 Process 对象与 Thread 对象的用法相同，也有 start()、run() 和 join() 等方法。并且在 multiprocessing 中也有 Lock/Event/Semaphore/Condition 类 (这些对象可以像多线程那样，通过参数传递给各个进程)，用于同步进程，其用法与 threading 包中的同名类一致。

由此可以总结出，multiprocessing 中的很大一部分 API 与 threading 相同，只不过是换到了多进程的场景中而已。

15.3.2 使用 Process

在 Python 的 multiprocessing 模块中，通过创建 Process 对象，然后调用其 start() 方法来生成进程。在类 Process 中包含如下的内置成员：

（1）multiprocessing.Process(group=None, target=None, name=None, args=(), kwargs={}, *, daemon=None)：进程对象表示在单独进程中运行的活动。参数说明见表 15-3。类 Process 具有类 threading.Thread 中的所有同名方法的功能。在 Python 中，应始终使用关键字参数调用这个构造函数。

表 15-3

参数名称	描　　述
group	应始终为 None, 仅仅与 threading.Thread 兼容
target	是由 run() 方法调用的可调用对象，默认值为 None，表示不调用任何内容
name	是进程名称
args	是目标调用的参数元组
kwargs	是目标调用的关键字参数的字典，如果提供此参数值，则将关键进程 daemon 标记设置为 True 或 False
daemon	如果将 daemon 标记设置为 None（默认值），则此标志将从创建过程继承

如果一个子类覆盖了构造方法，则必须确保在对进程做任何其他事情之前调用基类构造方法（Process.__init__()）。

（2）daemon：进程的守护标志，是一个布尔值，必须在调用 start() 之前设置。

（3）pid：返回进程 ID，在生成进程之前是 None。

（4）exitcode：子进程的退出代码。如果进程尚未终止则是 None，负值 -N 则表示子进程被信号 N 终止。

（5）authkey：进程的认证密钥（字节字符串）。当初始化 multiprocessing 时，使用 os.urandom() 为主进程分配一个随机字符串；当创建 Process 对象时，将继承其父进程的认证密钥，但可以通过将 authkey 设置为另一个字节字符串来更改。

（6）sentinel：系统对象的数字句柄，在进程结束时将变为"就绪"。当使用 multiprocessing. connection.wait() 一次等待多个事件建议使用此值，否则调用 join() 将更简单。在 Windows 系统中，这时可与 WaitForSingleObject 和 WaitForMultipleObjects API 调用系列一起使用的操作系统句柄。在 UNIX 系统中，这是一个文件描述符，可以使用来自 select 模块的原语。

（7）terminate()：终止进程。在 UNIX 系统中，是使用 SIGTERM 信号完成的；在 Windows 系统中使用 TerminateProcess()。注意，退出处理程序和 finally 子句等不会被执行。

例如下面的实例演示了使用 Process 对象生成进程的过程。

实例 15-10：使用 Process 对象生成进程

源码路径：下载包 \daima\15\15-10

实例文件 mojin.py 的具体实现代码如下：

```
import os
import threading
import multiprocessing

# worker function
def worker(sign, lock):
    lock.acquire()
    print(sign, os.getpid())
    lock.release()

# Main
print('Main:',os.getpid())

# Multi-thread
record = []
lock  = threading.Lock()
for i in range(5):
```

```
    thread = threading.Thread(target=worker,args=('thread',lock))
    thread.start()
    record.append(thread)

for thread in record:
    thread.join()

# Multi-process
record = []
lock = multiprocessing.Lock()
for i in range(5):
    process = multiprocessing.Process(target=worker,args=('process',lock))
    process.start()
    record.append(process)

for process in record:
    process.join()
```

通过上述代码可以看出，Thread 对象和 Process 对象在使用上的相似性与结果上的不同。各个线程和进程都做一件事：打印 PID。但问题是所有的任务在打印的时候都会向同一个标准输出（stdout）。这样输出的字符会混合在一起，无法阅读。使用 Lock 同步，在一个任务输出完成之后，再允许另一个任务输出，可以避免多个任务同时向终端输出。所有 Thread 的 PID 都与主程序相同，而每个 Process 都有一个不同的 PID。执行后会输出：

```
Main: 4392
thread 4392
thread 4392
thread 4392
thread 4392
thread 4392
Main: 19708
thread 19708
thread 19708
thread 19708
…省略部分执行效果
```

15.3.3 使用 Pipes 和 Queues 对象

在 Linux 系统的多线程机制中，管道 PIPE 和消息队列 message queue 的效率十分优秀。在 Python 语言的 multiprocessing 包中，专门提供了 Pipe 和 Queue 这两个类来分别支持这两种 IPC 机制。通过使用 Pipe 和 Queue 对象，可以在 Python 程序中传送常见的对象。在 Python 程序中，Pipe 可以是单向（half-duplex），也可以是双向（duplex）。我们通过 mutiprocessing.Pipe（duplex=False）创建单向管道（默认为双向）。一个进程从 PIPE 一端输入对象，然后被 PIPE 另一端的进程接收，单向管道只允许管道一端的进程输入，而双向管道则允许从两端输入。

例如在下面的实例文件中，演示了使用 Pipe 对象创建双向管道的过程。

实例 15-11：使用 Pipe 对象创建双向管道

源码路径：下载包 \daima\15\15-11

实例文件 shuangg.py 的具体实现代码如下：

```
import multiprocessing as mul

def proc1(pipe):
    pipe.send('hello')
```

```
    print('proc1 rec:',pipe.recv())

def proc2(pipe):
    print('proc2 rec:',pipe.recv())
    pipe.send('hello, too')

# Build a pipe
pipe = mul.Pipe()


# Pass an end of the pipe to process 1
p1   = mul.Process(target=proc1, args=(pipe[0],))
# Pass the other end of the pipe to process 2
p2   = mul.Process(target=proc2, args=(pipe[1],))
p1.start()
p2.start()
p1.join()
p2.join()
```

在上述代码中的 Pipe 是双向的，在 Pipe 对象建立的时候，返回一个含有两个元素的表，每个元素代表 Pipe 的一端（Connection 对象）。我们对 Pipe 的某一端调用 send() 方法来传送对象，在另一端使用 recv() 来接收。

15.3.4　使用 Connection 对象

在 Python 程序中，Connection 对象允许发送和接收可拾取对象或字符串，它们可以被认为是面向消息的连接套接字。例如在下面的实例文件中，演示了使用 Connection 对象处理数据的过程。

实例 15-12：使用 Connection 对象处理数据

源码路径：下载包 \daima\15\15-12

实例文件 conn.py 的具体实现代码如下：

```
from multiprocessing import Pipe
a, b = Pipe()
a.send([1, '乔峰是真英雄', None])
print(b.recv())

b.send_bytes(b'thank you')
print(a.recv_bytes())

import array
arr1 = array.array('i', range(5))
arr2 = array.array('i', [0] * 10)
a.send_bytes(arr1)
count = b.recv_bytes_into(arr2)
assert count == len(arr1) * arr1.itemsize
print(arr2)
```

执行后会输出：

```
[1, '乔峰是真英雄', None]

b'thank you'
array('i', [0, 1, 2, 3, 4, 0, 0, 0, 0, 0])
```

15.3.5　使用共享对象 Shared

在 Python 程序中，可以使用由子进程继承的共享内存创建共享对象，这样会返回从共享内存分配的 ctypes 对象。共享对象 Shared 主要包含如下的两个核心方法：

（1）multiprocessing.Value(typecode_or_type, *args, lock=True)

参数说明见表 15-4。

表 15-4

参数名称	描　　述
返回值	在默认情况下，返回值实际上是对象的同步包装器。对象本身可以通过 Value 的值属性访问
参数 typecode_or_type	确定返回对象的类型，是 ctypes 类型或 array 模块使用的类型的一个字符类型代码
参数 * args	被传递给类型的构造函数
参数 lock	如果 lock 为 True（默认值），则创建一个新的递归锁对象，以同步对该值的访问。如果 lock 是 Lock 或 RLock 对象，那么它将用于同步对该值的访问。如果 lock 是 False，那么对返回对象的访问将不会被锁自动保护，因此它不一定是"进程安全的"

（2）multiprocessing.Array(typecode_or_type, size_or_initializer, *, lock=True)

参数说明见表 15-5。

表 15-5

参数名称	描　　述
返回值	返回从共享内存分配的 ctypes 数组。在默认情况下，返回值实际上是数组的同步包装器
typecode_or_type	确定返回数组的元素类型，是 ctypes 类型或 array 模块使用的类型的一个字符类型代码
size_or_initializer	如果 size_or_initializer 是一个整数，则它确定数组的长度，并且数组将初始置零；否则 size_or_initializer 是用于初始化数组的序列，其长度决定了数组的长度
Lock	如果 lock 为 True（默认值），则创建一个新的锁对象，以同步对该值的访问。如果 lock 是 Lock 或 RLock 对象，那么它将用于同步对该值的访问。如果 lock 是 False，那么对返回的对象的访问将不会被锁自动保护，因此它不一定是"进程安全的"。请注意，lock 是一个仅关键字的参数

例如在下面的实例中，演示了使用 Shared 对象将共享内存创建共享 ctypes 对象的过程。

实例 15-13：创建共享 ctypes 对象

源码路径：下载包 \daima\15\15-13

实例文件 gongxiang.py 的具体实现代码如下：

```python
from multiprocessing import Process, Lock
from multiprocessing.sharedctypes import Value, Array
from ctypes import Structure, c_double

class Point(Structure):
    _fields_ = [('x', c_double), ('y', c_double)]

def modify(n, x, s, A):
    n.value **= 2
    x.value **= 2

    s.value = s.value.upper()
    for a in A:
        a.x **= 2
        a.y **= 2
if __name__ == '__main__':
    lock = Lock()

    n = Value('i', 7)
    x = Value(c_double, 1.0/3.0, lock=False)
    s = Array('c', b'hello world', lock=lock)
```

```
A = Array(Point, [(1.875,-6.25), (-5.75,2.0), (2.375,9.5)], lock=lock)

p = Process(target=modify, args=(n, x, s, A))
p.start()
p.join()

print(n.value)
print(x.value)
print(s.value)
print([(a.x, a.y) for a in A])
```

执行后会输出：

```
49
0.1111111111111111
b'HELLO WORLD'
[(3.515625, 39.0625), (33.0625, 4.0), (5.640625, 90.25)]
```

15.3.6　使用 Manager 对象

在 Python 程序中，会发现 Manager 对象类似于服务器与客户之间的通信（Server-Client），与我们在 Internet 上的活动很类似。我们用一个进程作为服务器，建立 Manager 来真正存放资源。其他的进程可以通过参数传递或者根据地址来访问 Manager，建立连接后，操作服务器上的资源。在防火墙允许的情况下，我们完全可以将 Manager 运用于多计算机，从而模仿一个真实的网络情境。

例如在下面的实例中，演示了使用 Manager 对象操作 list 列表的过程。

实例 15-14：使用 Manager 对象操作 list 列表

源码路径：下载包 \daima\15\15-14

实例文件 lie.py 的具体实现代码如下：

```
import multiprocessing
import time

def worker(d, key, value):
    d[key] = value

if __name__ == '__main__':
    mgr = multiprocessing.Manager()
    d = mgr.dict()
    jobs = [ multiprocessing.Process(target=worker, args=(d, i, i*2))
            for i in range(10)
            ]
    for j in jobs:
        j.start()
    for j in jobs:
        j.join()
    print ('Results:' )
    for key, value in enumerate(dict(d)):
        print("%s=%s" % (key, value))
```

执行后会输出：

```
Results:
0=0
1=1
2=2
3=3
4=4
5=5
```

```
6=6
7=7
8=8
9=9
```

15.4 使用线程优先级队列模块 queue

在 Python 语言的 Queue 模块中，提供了同步的、线程安全的队列类，包括 FIFO（先入先出）队列 queue，LIFO（后入先出）队列 LifoQueue，优先级队列 PriorityQueue。在本节的内容中，将详细讲解使用线程优先级队列模块 queue 的方法。

15.4.1 模块 queue 中的常用方法

模块 queue 是 Python 标准库中的线程安全的队列（FIFO）实现，提供了一个适用于多线程编程的先进先出的数据结构（即队列），用来在生产者和消费者线程之间的信息传递。这些队列都实现了锁原语，能够在多线程中直接使用，可以使用队列来实现线程间的同步。在模块 queue 中，提供了如下常用的方法：

（1）Queue.qsize()：返回队列的大小。

（2）Queue.empty()：如果队列为空，返回 True，反之返回 False。

（3）Queue.full()：如果队列满了，返回 True，反之返回 False。

（4）Queue.get_nowait()：相当于 Queue.get（False）。

（5）Queue.put(item)：写入队列，timeout 表示等待时间。完整写法如下：

```
put(item[, block[, timeout]])
```

方法 Queue.put(item) 的功能是将 item 放入队列中，具体说明如下：

● 如果可选的参数 block 为 True 且 timeout 为空对象，这是默认情况，表示阻塞调用、无超时）。

● 如果 timeout 是一个正整数，阻塞调用进程最多 timeout 秒，如果一直无空间可用，则抛出 Full 异常（带超时的阻塞调用）。

● 如果 block 为 False，且有空闲空间可用，就将数据放入队列；否则，立即抛出 Full 异常，其非阻塞版本为 put_nowait，等同于 put(item, False)。

● Queue.put_nowait(item)：相当于 Queue.put(item, False)。

● Queue.task_done()：在完成一项工作之后，函数 Queue.task_done() 向任务已经完成的队列发送一个信号。意味着之前入队的一个任务已经完成。由队列的消费者线程调用。每一个 get() 调用得到一个任务，接下来的 task_done() 调用告诉队列该任务已经处理完毕。如果当前一个 join() 正在阻塞，它将在队列中的所有任务都处理完时恢复执行（即每一个由 put() 调用入队的任务都有一个对应的 task_done() 调用）。

（6）Queue.get([block[, timeout]])：获取队列，timeout 表示等待时间。能够从队列中移除并返回一个数据，block 跟 timeout 参数同 put() 方法的完全相同。其非阻塞方法为 get_nowait()，相当于 get(False)。

（7）Queue.join()：实际上意味着等待队列为空，再执行其他的操作。会阻塞调用线程，直到队列中的所有任务被处理掉。只要有数据被加入队列，未完成的任务数就会增加。当消费者线程调用 task_done()（意味着有消费者取得任务并完成任务），未完成的任务数就会减少。当未完成的任务数降到 0，join() 解除阻塞。

注意：在 Python 程序中经常会有多个线程，这时候需要在这些线程之间实现安全的通信或者交换数据功能。将数据从一个线程发往另一个线程最安全的做法是，使用 queue 模块中的 Queue（队列）。在具体实现时，需要首先创建一个 Queue 实例，它会被所有的线程共享。然后线程可以使用 put() 或 get() 方法在队列中添加或移除元素。

例如在下面的实例中，演示了使用 queue 模块实现线程间数据通信的过程。

实例 15-15：在线程之间实现数据通信

源码路径：下载包 \daima\15\15-15

实例文件 q1.py 的具体实现代码如下：

```
from queue import Queue
from threading import Thread
import time

_sentinel = object()

# A thread that produces data
def producer(out_q):
    n = 10
    while n > 0:
        # Produce some data
        out_q.put(n)
        time.sleep(2)

        n -= 1

    # Put the sentinel on the queue to indicate completion
    out_q.put(_sentinel)

# A thread that consumes data
def consumer(in_q):
    while True:
        # Get some data
        data = in_q.get()

        # Check for termination
        if data is _sentinel:
            in_q.put(_sentinel)
            break

        # Process the data
        print('Got:', data)
    print('盗帅楚留香（消费者）关闭了机关')

if __name__ == '__main__':
    q = Queue()
    t1 = Thread(target=consumer, args=(q,))
    t2 = Thread(target=producer, args=(q,))
    t1.start()
    t2.start()
    t1.join()
    t2.join()
```

在上述代码中，因为 Queue 实例已经拥有了所需要的锁，所以可以安全地在任意多的线程之间实现数据共享。要想在使用队列时想对生产者（producer）和消费者（consumer）的关闭过程进行同步协调需要用到一些技巧，这时最简单的解决方法是使用一个特殊的终止值，例如在上述代码中①将终止值放入队列中时就可以使消费者退出。当消费者接收到这个特殊的终止值后，会立刻将其重新放回到队列中。这么做使得在同一个队列上监听的其他消费者线程也能接收到终止值，所以可以一个一个地将它们都关闭掉。执行后会输出：

```
Got: 10
Got: 9
Got: 8
Got: 7
Got: 6
Got: 5
Got: 4
Got: 3
Got: 2
Got: 1
盗帅楚留香（消费者）关闭了机关
```

15.4.2　基本 FIFO 队列

FIFO 队列即 First In First Out 的缩写，表示先进先出队列。具体格式如下：

```
classqueue.Queue(maxsize=0)
```

在 Python 语言的模块 queue 中，提供了一个基本的 FIFO 容器，使用方法非常简单。其中 maxsize 是一个整数，指明了队列中能存放数据个数的上限。一旦达到上限，新的插入会导致阻塞，直到队列中的数据被消费掉。如果 maxsize 小于或等于 0，队列大小没有限制。

例如在下面的实例文件中，演示了实现先进先出队列的过程。

实例 15-16：实现先进先出队列

源码路径：下载包 \daima\15\15-16

实例文件 dui1.py 的具体实现代码如下：

```
import queue                              # 导入队列模块 queue
q = queue.Queue()                         # 创建一个队列对象实例
print ('盗帅说数到 4 就开始跳')
for i in range(5):                        # 遍历操作
    q.put(i)                              # 调用队列对象的 put() 方法在队尾插入一个项目
while not q.empty():                      # 如果队列不为空
    print (q.get())                       # 打印显示队列信息
print ('我倒，盗帅有降落伞！')
```

执行后会输出：

```
盗帅说数到 4 就开始跳
0
1
2
3
4
我倒，盗帅有降落伞！
```

15.4.3　LIFO 队列

LIFO 是 Last In First Out 的缩写，表示后进先出队列。具体格式如下：

```
classqueue.LifoQueue(maxsize=0)
```

LIFO 队列的实现方法与前面的 FIFO 队列类似，使用方法也很简单，maxsize 的用法也相似。

例如在下面的实例中，演示了实现后进先出队列的过程。

实例 15-17：实现后进先出队列

源码路径：下载包 \daima\15\15-17

实例文件 dui2.py 的具体实现代码如下：

```
import queue                          # 导入队列模块 queue
q = queue.LifoQueue()                 # 创建先进后出类对象实例
for i in range(5):                    # 遍历操作
    q.put(i)                          # 调用队列对象的 put() 方法在队尾插入一个项目
while not q.empty():                  # 如果队列不为空
print (q.get())                       # 打印显示队列信息
```

通过上述实例代码可知，仅仅是将类 queue. Queue 替换为类 queue.LifoQueue 即可实现后进先出队列，执行后会输出：

```
4
3
2
1
0
```

15.4.4　优先级队列

在模块 queue 中，实现优先级队列的语法格式如下：

```
classqueue.PriorityQueue(maxsize=0)
```

其中参数 maxsize 用法同前面的后进先出队列和先进先出队列。

例如在下面的实例中，演示了使用模块 queue 实现优先级队列的过程。

实例 15-18：使用模块 queue 实现优先级队列

源码路径：下载包 \daima\15\15-18

实例文件 dui3.py 的具体实现代码如下：

```
import queue                          # 导入模块 queue
import random                         # 导入模块 random
q = queue.PriorityQueue()            # 级别越低越先出队列
class Node:                           # 定义类 Node
    def __init__(self, x):           # 构造函数
        self.x = x                   # 属性初始化

    def __lt__(self, other):         # 内置函数
return other.x > self.x
    def __str__(self):               # 内置函数
return "{}".format(self.x)
a = [Node(int(random.uniform(0, 10))) for i in range(10)]  # 生成 10 个随机数字
for i in a:                          # 遍历列表
    print(i, end=' ')                # 打印遍历数字
    q.put(i)                         # 调用队列对象的 put() 方法在队尾插入一个项目
print("=============")
while q.qsize():                     # 返回队列的大小
    print(q.get(), end=' ')                      # 按序打印列表中数字
```

通过上述实例代码可知，在自定义节点时需要实现 __lt__() 函数，这样优先级队列才能知道如何对节点进行排序。执行后会输出：

```
1 9 7 9 7 4 2 1 7 1 =============
1 1 1 2 4 7 7 7 9 9
```

15.5　使用模块 subprocess 创建进程

虽然 Python 语言支持创建多线程应用程序，但是 Python 解释器使用了内部的全局解释器锁定（GIL），在任意指定的时刻只允许执行单个线程，并且限制了 Python 程序只能在一个处理器上运行。而现代 CPU 已经以多核为主，但 Python 的多线程程序无法使用。通过使用 Python 语言的多进程模块，可以将工作分派给不受锁定限制的单独子进程。

15.5.1　全新的 run() 方法

在 Python 语言中，对多进程支持的是 multiprocessing 模块和 subprocess 模块。使用模块 multiprocessing 可以创建并使用多进程，具体用法和模块 threading 的使用方法类似。创建进程使用 multiprocessing.Process 对象来完成，和 threading.Thread 一样，可以使用它以进程方式运行函数，也可以通过继承它来并重载 run() 方法创建进程。模块 multiprocessing 同样具有模块 threading 中用于同步的 Lock、RLock 及用于通信的 Event。

使用 subprocess 模块的推荐方法是，对于它可以处理的所有场景都可以使用 run() 方法，方法 run() 是在 Python 3.5 中添加的，其语法格式如下：

```
subprocess.run(args, *, stdin=None, input=None, stdout=None, stderr=None,
shell=False, timeout=None, check=False)
```

方法 run() 的功能是运行 args 描述的命令，等待命令完成后返回一个 CompletedProcess 实例。在默认情况下，run() 不会捕获标准输出或标准错误。如果必须要这样做，需要为 stdout 或 stderr 参数传递 PIPE。

15.5.2　旧版本中的高级 API

Python 3 语言官方建议使用模块 subprocess 创建进程，subprocess 模块被用来替换一些老的模块和函数，例如 os.system、os.spawn*、os.popen*、popen2.* 和 commands.*。在模块 subprocess 中，提供了如下的常用内置方法：

（1）subprocess.call。

其语法格式如下：

```
subprocess.call(args, *, stdin=None, stdout=None, stderr=None, shell=False)
```

功能：运行由 args 指定的命令，直到命令结束后，返回返回码的属性值。当使用"shell=True"时是一种安全保护机制。在使用这个方法时，不要使用"stdout=PIPE"或"stderr=PIPE"参数，不然会导致子进程输出的死锁。如果要使用管道，可以在 communicate() 方法中使用 Popen。

（2）subprocess.check_call。

其语法格式如下：

```
subprocess.check_call(args, *, stdin=None, stdout=None, stderr=None,
shell=False)
```

功能：运行由 args 指定的命令，直到命令执行完成。如果返回码为 0，则返回；否则，抛出 CalledProcessError 异常。在 CalledProcessError 对象中包含有返回码的属性值。当使用 "shell=True" 时是一种安全保护机制。在使用这个方法时，不要使用 "stdout=PIPE" 或 "stderr=PIPE" 参数，不然会导致子进程输出的死锁。如果要使用管道，可以在 communicate() 方法中使用 Popen。

（3）subprocess.check_output。

其语法格式如下：

```
subprocess.check_output(args, *, stdin=None, stderr=None, shell=False,
universal_newlines=False)
```

功能：运行 args 定义的命令，并返回一个字符串表示的输出值。如果返回码为非 0，则抛出 CalledProcessError 异常。当使用 "shell=True" 时是一种安全保护机制。在使用这个方法时，不要使用 "stdout=PIPE" 或 "stderr=PIPE" 参数，不然会导致子进程输出的死锁。如果要使用管道，可以在 communicate() 方法中使用 Popen。

- subprocess.PIPE：当使用 Popen 时，用于 stdin、stdout 和 stderr 参数的特殊值，表示打开连接标准流的管道。
- subprocess.STDOUT：当使用 Popen 时，用于 stderr 参数的特殊值，表示将标准错误重定向到标准输出的同一个句柄。
- 异常 subprocess.CalledProcessError：当由 check_call() 或 check_output() 运行的进程返回非零状态值时抛出的异常。
- returncode：子进程的退出状态。
- cmd：子进程执行的命令。
- output：当 check_output() 抛出异常时，表示子进程的输出值；否则，没有这个值。

注意：执行不受信任来源的 shell 命令会是一个严重的安全问题。基于这一点，"shell=True" 是不建议使用的。

请看下面的实例，功能是使用模块 subprocess 创建子进程。

实例 15-19：使用模块 subprocess 创建子进程

源码路径：下载包 \daima\15\15-19

实例文件 zi1.py 的具体实现代码如下：

```
import subprocess                                         # 导入模块 subprocess
# 下面一行是将要执行的另外的线程
print('call() test:',subprocess.call(['python','protest.py']))
print('')
# 调用 check_call() 函数执行另外的线程
print('check_call() test:',subprocess.check_call(['python','protest.py']))
print('')
# 调用 getstatusoutput() 函数执行另外的线程
print('getstatusoutput() test:',subprocess.getstatusoutput(['python','protest.
py']))
print('')

# 调用 getoutput() 函数执行另外的线程
print('getoutput() test:',subprocess.getoutput(['python','protest.py']))
print('')
# 调用 check_output() 函数执行另外的线程，输出二进制结果
```

```
print('check_output() test:',subprocess.check_output(['python','protest.
py']))
```

在上述实例代码中，分别调用了模块 subprocess 中的内置方法，并演示了对应的输出过程。子进程运行的是 Python 文件 protest.py，读者可以设置这个文件的代码，此处只是设置输出"Hello World!"信息而已。执行后的效果如图 15-1 所示。

```
>>>
call() test: 0

check_call() test: 0

getstatusoutput() test: (0, 'Hello World!')

getoutput() test: Hello World!

check_output() test: b'Hello World!\r\n'
>>>
```

图 15-1

第16章

Tkinter 图形化界面开发

（📺视频讲解：53 分钟）

Tkinter 是 Python 语言内置的标准 GUI 库，Python 使用 Tkinter 可以快速创建 GUI 应用程序。由于 Tkinter 是内置到 Python 的安装包中，所以只要安装好 Python 之后就能 import（导入）Tkinter 库。而且开发工具 IDLE 也是基于 Tkinter 编写而成，对于简单的图形界面 Tkinter 能够应付自如。在本章的内容中，将详细讲解基于 Tkinter 框架开发图形化界面程序的核心知识。

16.1 Tkinter 开发基础

tkinter 是 Python 语言的一个模块，可以像其他模块一样在 Python 交互式 shell 中（或者 ".py" 程序中）被导入，tkinter 模块被导入后即可使用 tkinter 模块中的函数、方法等。开发者可以使用 tkinter 库中的文本框、按钮、标签等组件 (widget) 实现 GUI 开发功能。整个实现过程十分简单，例如要实现某个界面元素，只需要调用对应的 tkinter 组件即可。

16.1.1 第一个 tkinter 程序

当在 Python 程序中使用 tkinter 创建图形界面时，要首先使用 "import" 语句导入 tkinter 模块。

```
import tkinter
```

如果在 Python 的交互式环境中输入上述语句后没有错误发生，则说明当前 Python 已经安装了 tkinter 模块。这样以后在编写程序时只要使用 import 语句导入 tkinter 模块，即可使用 tkinter 模块中的函数、对象等进行 GUI 编程。

在 Python 程序中使用 tkinter 模块时，需要先使用 tkinter.Tk 生成一个主窗口对象，然后才能使用 tkinter 模块中其他的函数和方法等元素。当生成主窗口以后才可以向里面添加组件，或者直接调用其 mainloop 方法进行消息循环。例如在下面的实例中，演示了使用 tkinter 创建第一个 GUI 程序的过程。

实例 16-1：创建第一个 GUI 程序

源码路径：下载包 \daima\16\16-1

实例文件 first.py 的具体实现代码如下：

```
import tkinter              # 导入 tkinter 模块
top = tkinter.Tk()          # 生成一个主窗口对象
# 进入消息循环
```

```
top.mainloop()
```

在上述实例代码中，首先导入了 tkinter 库，然后 tkinter.Tk 生成一个主窗口对象，并进入消息循环。生成的窗口具有一般应用程序窗口的基本功能，可以最小化、最大化、关闭，还具有标题栏，甚至使用鼠标可以调整其大小。执行效果如图 16-1 所示。

图 16-1

通过上述实例代码创建了一个简单的 GUI 窗口，在完成窗口内部组件的创建工作后，也要进入到消息循环中，这样可以处理窗口及其内部组件的事件。

16.1.2　向窗体中添加组件

前面实例 16-1 创建的窗口只是一个容器，在这个容器中还可以添加其他元素。在 Python 程序中，当使用 tkinter 创建 GUI 窗口后，接下来可以向窗体中添加组件元素。其实组件与窗口一样，也是通过 tkinter 模块中相应的组件函数生成的。在生成组件以后，就可以使用 pack、grid 或 place 等方法将其添加到窗口中。例如在下面的实例中，演示了使用 tkinter 向窗体中添加组件的过程。

实例 16-2：向窗体中添加文本和按钮

源码路径：下载包 \daima\16\16-2

实例文件 zu.py 的具体实现代码如下：

```
import tkinter                                      # 导入 tkinter 模块
root = tkinter.Tk()                                 # 生成一个主窗口对象
# 实例化标签 (Label) 组件
label= tkinter.Label(root, text=" 欢迎在淘宝购买商品！")
label.pack()                                        # 将标签 (Label) 添加到窗口
button1 = tkinter.Button(root, text=" 按钮 1")      # 创建按钮 1
button1.pack(side=tkinter.LEFT)                     # 将按钮 1 添加到窗口

button2 = tkinter.Button(root, text=" 按钮 2")      # 创建按钮 2
button2.pack(side=tkinter.RIGHT)                    # 将按钮 2 添加到窗口
root.mainloop()                                     # 进入消息循环
```

在上述实例代码中，分别实例化了库 tkinter 中的 1 个标签（Label）组件和两个按钮组件（Button），然后调用 pack() 方法将这三个添加到主窗口中。执行效果如图 16-2 所示。

图 16-2

16.2　tkinter 组件开发

为了实现现实项目的需求，在创建一个窗口以后，需要根据程序的功能向窗口中添加对应的组件，然后定义与实际相关的处理函数，这样才算是一个完整的 GUI 程序。在本节的内容中，将详细讲解使用 tkinter 组件开发 Python 程序的知识。

16.2.1　tkinter 组件概览

在模块 tkinter 中提供了各种各样的常用组件，例如按钮、标签和文本框，这些组件通常也被称为控件或者部件。其中最为主要的组件见表 16-1。

表 16-1

组件名称	描　　述
Button	按钮控件，在程序中显示按钮
Canvas	画布控件，显示图形元素如线条或文本
Checkbutton	多选框控件，用于在程序中提供多项选择框
Entry	输入控件，用于显示简单的文本内容
Frame	框架控件，在屏幕上显示一个矩形区域，多用来作为容器
Label	标签控件，可以显示文本和位图
Listbox	列表框控件，显示一个字符串列表给用户
Menubutton	菜单按钮控件，用于显示菜单项
Menu	菜单控件，显示菜单栏、下拉菜单和弹出菜单
Message	消息控件，用来显示多行文本，与 Label 比较类似
Radiobutton	单选按钮控件，显示一个单选的按钮状态
Scale	范围控件，显示一个数值刻度，为输出限定范围的数字区间
Scrollbar	滚动条控件，当内容超过可视化区域时使用，如列表框
Text	文本控件，用于显示多行文本
Toplevel	容器控件，用来提供一个单独的对话框，和 Frame 比较类似
Spinbox	输入控件，与 Entry 类似，但是可以指定输入范围值
PanedWindow	是一个窗口布局管理控件，可以包含一个或者多个子控件
LabelFrame	是一个简单的容器控件。常用于复杂的窗口布局
messagebox	用于显示应用程序的消息框

在模块 tkinter 的组件中提供了对应的属性和方法，其中标准属性是所有控件所拥有的共同属性，例如大小、字体和颜色。模块 tkinter 中的标准属性见表 16-2。

表 16-2

属　　性	描　　　述
Dimension	控件大小
Color	控件颜色
Font	控件字体
Anchor	锚点
Relief	控件样式
Bitmap	位图
Cursor	光标

在模块 tkinter 中，控件有特定的几何状态管理方法，管理整个控件区域组织，其中 tkinter 控件公开的几何管理类有包、网格和位置。具体见表 16-3。

表 16-3

几何方法	描　　述
pack()	包装
grid()	网格
place()	位置

注意：在本章前面的实例 16-2 中，曾经使用组件的 pack() 方法将组件添加到窗口中，而没有设置组件的位置，例子中的组件位置都是由 tkinter 模块自动确定的。如果是一个包含多个组件的窗口，可以实现窗体界面的布局。为了让组件布局更加合理，可以通过向方法 pack() 传递参数来设置组件在窗口中的具体位置。除了组件的 pack() 方法以外，还可以通过使用方法 grid() 和方法 place() 来设置组件的位置。

例如在下面的实例中，演示了使用 Frame 布局窗体界面的过程。

实例 16-3：使用 Frame 布局窗体界面

源码路径：下载包 \daima\16\16-3

实例文件 Frame.py 的具体实现代码如下：

```
from tkinter import *
root = Tk()
root.title("hello world")
root.geometry('300x200')

Label(root, text=' 阿里旗下四大品牌 ', font=('Arial', 20)).pack()

frm = Frame(root)
#left

frm_L = Frame(frm)
Label(frm_L, text=' 淘宝 ', font=('Arial', 15)).pack(side=TOP)
Label(frm_L, text=' 天猫 ', font=('Arial', 15)).pack(side=TOP)
frm_L.pack(side=LEFT)

#right
frm_R = Frame(frm)
Label(frm_R, text=' 支付宝 ', font=('Arial', 15)).pack(side=TOP)
Label(frm_R, text=' 天猫超市 ', font=('Arial', 15)).pack(side=TOP)
frm_R.pack(side=RIGHT)

frm.pack()
```

```
root.mainloop()
```

执行后的效果如图 16-3 所示。

图 16-3

16.2.2　使用按钮控件

在库 tkinter 中有很多 GUI 控件，主要包括在图形化界面中常用的按钮、标签、文本框、菜单、单选框、复选框等，在本节将首先介绍使用按钮控件的方法。在使用按钮控件 tkinter. Button 时，通过向其传递属性参数的方式可以控制按钮的属性，例如可以设置按钮上文本的颜色、按钮的颜色、按钮的大小以及按钮的状态等。在库 tkinter 的按钮控件，常用的属性控制参数见表 16-4。

表 16-4

参　数　名	功　　能
anchor	指定按钮上文本的位置
background (bg)	指定按钮的背景色
bitmap	指定按钮上显示的位图
borderwidth (bd)	指定按钮边框的宽度
command	指定按钮消息的回调函数
cursor	指定鼠标移动到按钮上的指针样式
font	指定按钮上文本的字体
foreground (fg)	指定按钮的前景色
height	指定按钮的高度
image	指定按钮上显示的图片
state	指定按钮的状态
text	指定按钮上显示的文本
width	指定按钮的宽度

请看下面的实例，功能是使用 tkinter 向窗体中添加按钮控件的过程。

实例 16-4：生成一个购物窗口并向其中添加 4 个按钮

源码路径：下载包 \daima\16\16-4

实例文件 an.py 的具体实现代码如下：

```
import tkinter                              # 导入 tkinter 模块
root = tkinter.Tk()                         # 生成一个主窗口对象
button1 = tkinter.Button(root,              # 创建按钮 1
            anchor = tkinter.E,             # 设置文本的对齐方式
            text = '购物车',                 # 设置按钮上显示的文本
```

```
                    width = 30,              # 设置按钮的宽度
                    height = 7)              # 设置按钮的高度
button1.pack()                               # 将按钮添加到窗口
button2 = tkinter.Button(root,              # 创建按钮2
                    text = '收藏',          # 设置按钮上显示的文本
                    bg = 'blue')             # 设置按钮的背景色
button2.pack()                               # 将按钮添加到窗口
button3 = tkinter.Button(root,              # 创建按钮3
                    text = '直接购买',       # 设置按钮上显示的文本
                    width = 12,              # 设置按钮的宽度

                    height = 1)              # 设置按钮的高度
button3.pack()                               # 将按钮添加到窗口
button4 = tkinter.Button(root,              # 创建按钮4
                    text = '关注',          # 设置按钮上显示的文本
                    width = 40,              # 设置按钮的宽度
                    height = 7,              # 设置按钮的高度
                    state = tkinter.DISABLED)# 设置按钮为禁用的
button4.pack()                               # 将按钮添加到窗口
root.mainloop()                              # 进入消息循环
```

在上述实例代码中，使用不同的属性参数实例化了四个按钮，并分别将这四个按钮添加到主窗口中。执行后会在主程序窗口中显示出四种不同的按钮，执行效果如图 16-4 所示。

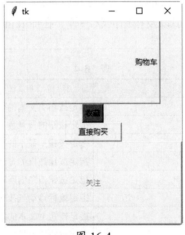

图 16-4

16.2.3 使用文本框控件

在库 tkinter 的控件中，文本框控件主要用来实现信息接收和用户的信息输入工作。在 Python 程序中，使用 tkinter.Entry 和 tkinter.Text 可以创建单行文本框和多行文本框组件。通过向其传递属性参数可以设置文本框的背景色、大小、状态等。例如表 16-5 中是 tkinter.Entry 和 tkinter.Text 所共有的几个常用的属性控制参数。

表 16-5

参 数 名	功 能
background (bg)	指定文本框的背景色
borderwidth (bd)	指定文本框边框的宽度
font	指定文本框中文字的字体
foreground (fg)	指定文本框的前景色

续上表

参　数　名	功　　能
selectbackground	指定选定文本的背景色
selectforeground	指定选定文本的前景色
show	指定文本框中显示的字符，如果是星号，表示文本框为密码框
state	指定文本框的状态
width	指定文本框的宽度

例如在下面的实例中，演示了使用 tkinter 在窗体中使用文本框控件的过程。

实例 16-5：创建各种样式的文本框

源码路径：下载包 \daima\16\16-5

实例文件 wen.py 的具体实现代码如下：

```
import tkinter                              # 导入 tkinter 模块
root = tkinter.Tk()                         # 生成一个主窗口对象
entry1 = tkinter.Entry(root,                # 创建单行文本框1
              show = '*',)                  # 设置显示的文本是星号
entry1.pack()                               # 将文本框添加到窗口
entry2 = tkinter.Entry(root,                # 创建单行文本框2
              show = '#',                   # 设置显示的文本是井号
              width = 50)                   # 设置文本框的宽度
entry2.pack()                               # 将文本框添加到窗口
entry3 = tkinter.Entry(root,                # 创建单行文本框3

              bg = 'red',                   # 设置文本框的背景颜色
              fg = 'blue')                  # 设置文本框的前景色
entry3.pack()                               # 将文本框添加到窗口
entry4 = tkinter.Entry(root,                # 创建单行文本框4
              selectbackground = 'red',     # 设置选中文本的背景色
              selectforeground = 'gray')    # 设置选中文本的前景色
entry4.pack()                               # 将文本框添加到窗口
entry5 = tkinter.Entry(root,                # 创建单行文本框5
              state = tkinter.DISABLED)     # 设置文本框禁用
entry5.pack()                               # 将文本框添加到窗口
edit1 = tkinter.Text(root,                  # 创建多行文本框
              selectbackground = 'red',     # 设置选中文本的背景色
              selectforeground = 'gray')    # 设置选中文本的前景色
edit1.pack()                                # 将文本框添加到窗口
root.mainloop()                             # 进入消息循环
```

在上述实例代码中，使用不同的属性参数实例化了六种文本框，执行后的效果如图 16-5 所示。

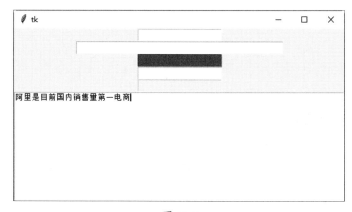

图 16-5

16.2.4　使用菜单控件

在库 tkinter 的控件中，使用菜单控件的方式与使用其他控件的方式有所不同。在创建菜单控件时，需要使用创建主窗口的方法 config() 将菜单添加到窗口中。例如在下面的实例文件中，演示了使用 tkinter 在窗体中使用菜单控件的过程。

实例 16-6：模拟实现记事本菜单

源码路径：下载包 \daima\16\16-6

实例文件 cai.py 的具体实现代码如下：

```python
import tkinter
root = tkinter.Tk()

menu = tkinter.Menu(root)
submenu = tkinter.Menu(menu, tearoff=0)
submenu.add_command(label=" 打开 ")
submenu.add_command(label=" 保存 ")
submenu.add_command(label=" 关闭 ")
menu.add_cascade(label=" 文件 ", menu=submenu)
submenu = tkinter.Menu(menu, tearoff=0)
submenu.add_command(label=" 复制 ")
submenu.add_command(label=" 粘贴 ")
submenu.add_separator()
submenu.add_command(label=" 剪切 ")
menu.add_cascade(label=" 编辑 ", menu=submenu)
submenu = tkinter.Menu(menu, tearoff=0)
submenu.add_command(label=" 关于 ")
menu.add_cascade(label=" 帮助 ", menu=submenu)
root.config(menu=menu)
root.mainloop()
```

在上述实例代码中，在主窗口中加入了三个主菜单，而在每个主菜单下面又创建了对应的子菜单。其中在主窗口中显示了三个主菜单（文件，编辑，帮助），而在“文件”主菜单下设置了三个子菜单（打开，保存，关闭）。在第二个菜单“编辑”中，通过代码“submenu.add_separator()”添加了一个分割线。执行后的效果如图 16-6 所示。

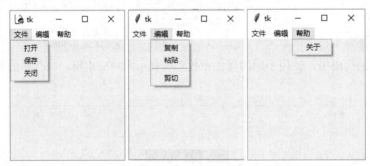

图 16-6

16.2.5　使用标签控件

在 Python 程序中，标签控件的功能是在窗口中显示文本或图片。在库 tkinter 的控件中，使用 tkinter.Label 可以创建标签控件。标签控件常用的属性参数见表 16-6。

表 16-6

参　数　名	功　　能
anchor	指定标签中文本的位置
background (bg)	指定标签的背景色
borderwidth (bd)	指定标签的边框宽度
bitmap	指定标签中的位图
font	指定标签中文本的字体
foreground (fg)	指定标签的前景色
height	指定标签的高度
image	指定标签中的图片
justify	指定标签中多行文本的对齐方式
text	指定标签中的文本，可以使用 "\n" 表示换行
width	指定标签的宽度

例如在下面的实例文件中，演示了使用 tkinter 在窗体中创建标签的过程。

实例 16-7：生成一个主窗口并在其中创建四个类型的标签

源码路径：下载包 \daima\16\16-7

实例文件 biao.py 的具体实现代码如下：

```python
import tkinter                              # 导入 tkinter 模块
root = tkinter.Tk()                         # 生成一个主窗口对象
label1 = tkinter.Label(root,                # 创建标签 1
                anchor = tkinter.E,         # 设置标签文本的位置
                bg = 'red',                 # 设置标签的背景色
                fg = 'blue',                # 设置标签的前景色
                text = '天猫',              # 设置标签中的显示文本
                width = 40,                 # 设置标签的宽度
                height = 5)                 # 设置标签的高度

label1.pack()                               # 将标签添加到主窗口
label2 = tkinter.Label(root,                # 创建标签 2
                text = '淘宝',              # 设置标签中的显示文本
                justify = tkinter.LEFT,     # 设置多行文本左对齐
                width = 40,                 # 设置标签的宽度
                height = 5)                 # 设置标签的高度
label2.pack()                               # 将标签添加到主窗口
label3 = tkinter.Label(root,                # 创建标签 3
                text = '京东',              # 设置标签中的显示文本
                justify = tkinter.RIGHT,    # 设置多行文本右对齐
                width = 40,                 # 设置标签的宽度
                height = 5)                 # 设置标签的高度
label3.pack()                               # 将标签添加到主窗口
label4 = tkinter.Label(root,                # 创建标签 4
                text = '苏宁易购',          # 设置标签中的显示文本
                justify = tkinter.CENTER,   # 设置多行文本居中对齐
                width = 40,                 # 设置标签的宽度
                height = 5)                 # 设置标签的高度
label4.pack()                               # 将标签添加到主窗口
root.mainloop()                             # 进入消息循环
```

在上述实例代码中，在主窗口中创建了四个类型的标签，执行后的效果如图 16-7 所示。

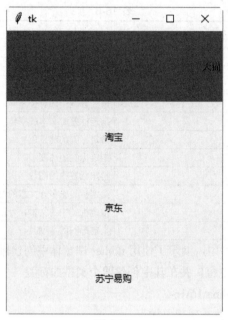

图 16-7

16.2.6 使用单选按钮和复选按钮控件

在 Python 程序中,在一组单选按钮(单选框)中只有一个选项可以被选中,而在复选按钮(复选框)中可以同时选择多个选项。在库 tkinter 的控件中,使用 tkinter.Radiobutton 和 tkinter.Checkbutton 可以分别创建单选框和复选框。通过向其传递属性参数的方式,可以单独设置单选框和复选框的背景色、大小、状态等。tkinter.Radiobutton 和 tkinter.Checkbutton 中常用的属性控制参数见表 16-7。

表 16-7

参　　数	功　　能
anchor	设置文本位置
background (bg)	设置背景色
borderwidth (bd)	设置边框的宽度
bitmap	设置组件中的位图
font	设置组件中文本的字体
foreground (fg)	设置组件的前景色
height	设置组件的高度
image	设置组件中的图片
Justify	设置组件中多行文本的对齐方式
text	设置组件中的文本,可以使用 "\n" 表示换行
value	设置组件被选中后关联变量的值
variable	设置组件所关联的变量
width	设置组件的宽度

在 Python 程序中，variable 是单选框和复选框控件中比较重要的属性参数，需要使用 tkinter.IntVar 或 tkinter.StringVar 生成通过 variable 指定的变量。其中 tkinter.IntVar 能够生成一个整型变量，而 tkinter.StringVar 可以生成一个字符串变量。当使用 tkinter.IntVar 或者 tkinter.StringVar 生成变量后，可以使用方法 set() 设置变量的初始值。如果这个初始值与组件的 value 所指定的值相同，则这个组件处于被选中状态。如果其他组件被选中，则变量值将被修改为这个组件 value 所指定的值。

例如在下面的实例中，演示了在 tkinter 窗体中创建单选框和复选框的过程。

实例 16-8：生成一个主窗口并创建单选框和复选框

源码路径：下载包 \daima\16\16-8

实例文件 danfu.py 的具体实现代码如下：

```python
import tkinter                              # 导入 tkinter 模块
root = tkinter.Tk()                         # 生成一个主窗口对象
r = tkinter.StringVar()                     # 生成字符串变量
r.set('1')                                  # 初始化变量值
radio = tkinter.Radiobutton(root,           # 创建单选按钮 1
                variable = r,               # 单选按钮关联的变量
                value = '1',                # 设置选中单选按钮时的变量值
                text = ﹤单选按钮 1')         # 设置单选按钮的显示文本
radio.pack()                                # 将单选按钮 1 添加到窗口
radio = tkinter.Radiobutton(root,           # 创建单选按钮 2
                variable = r,               # 单选按钮关联的变量
                value = '2',                # 设置选中单选按钮时的变量值
                text = ﹤单选按钮 2' )        # 设置单选按钮的显示文本
radio.pack()                                # 将单选按钮 2 添加到窗口
radio = tkinter.Radiobutton(root,           # 创建单选按钮 3
                variable = r,               # 单选按钮关联的变量
                value = '3',                # 设置选中单选按钮时的变量值
                text = ﹤单选按钮 3' )        # 设置单选按钮的显示文本
radio.pack()                                # 将单选按钮 3 添加到窗口
radio = tkinter.Radiobutton(root,           # 创建单选按钮 4
                variable = r,               # 单选按钮关联的变量

                value = '4',                # 设置选中单选按钮时的变量值
                text = ﹤单选按钮 4' )        # 设置单选按钮的显示文本
radio.pack()                                # 将单选按钮 4 添加到窗口
c = tkinter.IntVar()                        # 生成整型变量
c.set(1)                                    # 变量初始化
check = tkinter.Checkbutton(root,           # 创建复选按钮
                text = ﹤复选按钮 ',          # 设置复选按钮的显示文本
                variable = c,               # 复选按钮关联的变量
                onvalue = 1,                # 设置选中复选按钮时的变量值 1
                offvalue = 2)               # 设置未选中复选按钮时的变量值 2
check.pack()                                # 将复选按钮添加到窗口
root.mainloop()                             # 进入消息循环
print(r.get())                              # 调用函数 get() 输出 r
print(c.get())                              # 调用函数 get() 输出 c
```

在上述实例代码中，在主窗口中分别创建了一个包含 4 个选项的单选框和包含一个选项的复选框，其中使用函数 StringVar() 生成字符串变量，将生成的字符串用于单选框组件。并且使用函数 IntVar() 生成整型变量，并将生成的变量用于复选框。执行后的效果如图 16-8 所示。

图 16-8

16.3　开发 tkinter 事件处理程序

在使用库 tkinter 实现 GUI 界面开发的过程中，属性和方法是 tkinter 控件的两个重要元素。但是除此之外，还需要借助于事件来实现 tkinter 控件的动态功能效果。例如我们在窗口中创建一个文件菜单，单击"文件"菜单后应该是打开一个选择文件对话框，只有这样才是一个合格的软件。这个单击"文件"菜单打开一个选择文件对话框的过程就是通过单击事件完成的。在计算机控件应用中，事件就是执行某个功能的动作。在本节的内容中，将详细讲解库 tkinter 中常用事件的基本知识。

16.3.1　tkinter 事件基础

在计算机系统中有很多种事件，例如鼠标事件、键盘事件和窗口事件等。鼠标事件主要指鼠标按键的按下、释放，鼠标滚轮的滚动，鼠标指针移进、移出组件等所触发的事件。键盘事件主要指键的按下、释放等所触发的事件。窗口事件是指改变窗口大小、组件状态等变化所触发的事件。

在库 tkinter 中，事件是指在各个组件上发生的各种鼠标和键盘事件。对于按钮组件、菜单组件来说，可以在创建组件时通过参数 command 指定其事件的处理函数。除去组件所触发的事件外，在创建右键弹出菜单时还需处理右击事件。类似的事件还有鼠标事件、键盘事件和窗口事件。

在 Python 程序的 tkinter 库中，鼠标事件、键盘事件和窗口事件可以采用事件绑定的方法来处理消息。为了实现控件绑定功能，可以使用控件中的方法 bind() 实现，或者使用方法 bind_class() 实现类绑定，分别调用函数或者类来响应事件。方法 bind_all() 也可以绑定事件，方法 bind_all() 能够将所有的组件事件绑定到事件响应函数上。上述三个方法的具体语法格式如下：

```
bind(sequence, func, add)
bind_class( className, sequence, func, add)
bind_all (sequence, func, add)
```

各个参数的具体说明如下：
- func：所绑定的事件处理函数。
- add：可选参数，为空字符或者"+"。
- className：所绑定的类。
- sequence：表示所绑定的事件，必须是以尖括号"<>"包围的字符串。

在库 tkinter 中，常用的鼠标事件见表 16-8。

表 16-8

名　　称	描　　述
\<Button-1\>	表示鼠标左键按下，而 \<Button-2\> 表示中键，\<Button-3\> 表示右键
\<ButtonPress-l\>	表示鼠标左键按下，与 \<Button-l\> 相同
\<ButtonRelease-l\>	表示鼠标左键释放
\<Bl-Motion\>	表示按住鼠标左键移动
\<Double-Button-l\>	表示双击

名　　称	描　　述
<Enter>	表示鼠标指针进入某一组件区域
<Leave>	表示鼠标指针离开某一组件区域
<MouseWheel>	表示鼠标滑轮滚动动作

在上述鼠标事件中，数字"1"都可以替换成 2 或 3。其中数字"2"表示鼠标中键，数字"3"表示鼠标右键。例如 <B3-Motion> 表示按住鼠标右键移动，<Double-Button-2> 表示双击鼠标中键等。

在库 tkinter 中，常用的键盘事件见表 16-9。

表 16-9

名　　称	描　　述
<KeyPress-A>	表示按下 A 键，可用其他字母键代替
<Alt-KeyPress-A>	表示同时按下 Alt 和 A 键
<Control-KeyPress-A>	表示同时按下 Control 和 A 键
<Shift-KeyPress-A>	表示同时按下 Shift 和 A 键
<Double-KeyPress-A>	表示快速地按两下 A 键
<Lock-KeyPress-A>	表示打开 Caps Lock 后按下 A 键

在上述键盘事件中，还可以使用 Alt、Control 和 Shift 按键组合。例如 <Alt-Control-Shift- KeyPress-B> 表示同时按下 Alt、Control、Shift 和 B 键。其中，KeyPress 可以使用 KeyRelease 替换，表示当按键释放时触发事件。读者在此需要注意的是，输入的字母要区分大小写，如果使用 <KeyPress-A>，则只有按下 Shift 键或者打开 Caps Lock 时才可以触发事件。

在库 tkinter 中，常用的窗口事件见表 16-10。

表 16-10

名　　称	描　　述
Activate	当组件由不可用转为可用时触发
Configure	当组件大小改变时触发
Deactivate	当组件由可用转为不可用时触发
Destroy	当组件被销毁时触发
Expose	当组件从被遮挡状态中暴露出来时触发
FocusIn	当组件获得焦点时触发
FocusOut	当组件失去焦点时触发
Map	当组件由隐藏状态变为显示状态时触发
Property	当窗体的属性被删除或改变时触发
Unmap	当组件由显示状态变为隐藏状态时触发
Visibility	当组件变为可视状态时触发

当窗口中的事件被绑定到函数后，如果该事件被触发，将会调用所绑定的函数进行处理。事件被触发后，系统将向该函数传递一个 event 对象的参数。正因如此，应该将被绑定的响应事件函数定义成如下的格式：

```
def function (event):
    <语句 >
```

在上述格式中，event 对象具有的属性信息见表 16-11。

表 16-11

属　　性	功　　能
char	按键字符，仅对键盘事件有效
keycode	按键名，仅对键盘事件有效
keysym	按键编码，仅对键盘事件有效
num	鼠标按键，仅对鼠标事件有效
type	所触发的事件类型
widget	引起事件的组件
width, height	组件改变后的大小，仅对 Configure 有效
x,y	鼠标当前位置，相对于窗口
x_root, y_root	鼠标当前位置，相对于整个屏幕

请看下面的实例，功能是使用 tkinter 创建一个"英尺 / 米"转换器。

实例 16-9：创建一个"英尺 / 米"转换器

源码路径：下载包 \daima\16\16-9

实例文件 zhuan.py 的具体实现代码如下：

```
from tkinter import *
from tkinter import ttk


def calculate(*args):
    try:

        value = float(feet.get())
        meters.set((0.3048 * value * 10000.0 + 0.5) / 10000.0)
    except ValueError:
        pass


root = Tk()
root.title("英尺转换米")
mainframe = ttk.Frame(root, padding="3 3 12 12")
mainframe.grid(column=0, row=0, sticky=(N, W, E, S))
mainframe.columnconfigure(0, weight=1)
mainframe.rowconfigure(0, weight=1)
feet = StringVar()
meters = StringVar()
feet_entry = ttk.Entry(mainframe, width=7, textvariable=feet)
feet_entry.grid(column=2, row=1, sticky=(W, E))
ttk.Label(mainframe, textvariable=meters).grid(column=2, row=2, sticky=(W, E))
ttk.Button(mainframe, text="计算", command=calculate).grid(column=3, row=3, sticky=W)
ttk.Label(mainframe, text="英尺").grid(column=3, row=1, sticky=W)
ttk.Label(mainframe, text="相当于").grid(column=1, row=2, sticky=E)
ttk.Label(mainframe, text="米").grid(column=3, row=2, sticky=W)
for child in mainframe.winfo_children(): child.grid_configure(padx=5, pady=5)
feet_entry.focus()
root.bind('<Return>', calculate)
root.mainloop()
```

上述代码的实现流程如下所示：

（1）导入了 tkinter 所有的模块，这样可以直接使用 tkinter 的所有功能，这是 Tkinter 的标准做法。然而在后面导入了 ttk 后，这意味着我们接下来要用到的组件前面都得加前缀。举个例子，直接调用"Entry"会调用 tkinter 内部的模块，然而我们需要的是 ttk 里的"Entry"，所以要用"ttk.Enter"，如你所见，许多函数在两者之中都有，如果同时用到这两个模块，你需要根据整体代码选择用哪个模块，让 ttk 的调用更加清晰，本书中也会使用这种风格。

（2）创建主窗口，设置窗口的标题为"英尺转换米"，然后，我们创建了一个 frame 控件，用户界面上的所有东西都包含在里面，并且放在主窗口中。columnconfigure "/" rowconfigure 是告诉 Tk 如果主窗口的大小被调整，frame 空间的大小也随之调整。

（3）创建三个主要的控件，一个用来输入英尺的输入框，一个用来输出转换成米单位结果的标签，一个用于执行计算的计算按钮。这三个控件都是窗口的"孩子"，"带主题"控件的类的实例。同时我们为他们设置一些选项，比如输入的宽度，按钮显示的文本等。输入框和标签都带了一个神秘的参数"textvariable"。如果控件仅仅被创建了，是不会自动显示在屏幕上的，因为 Tk 并不知道这些控件和其他控件的位置关系。那是"grid"那个部分要做的事情。还记得我们程序的网格布局么？我们把每个控件放到对应行或者列中，"sticky"选项指明控件在网格单元中的排列，用的是指南针方向。所以"w"代表固定这个控件在左边的网格中。例如"we"代表固定这个空间左右之间。

（4）创建三个静态标签，然后放在适合的网格位置中。在最后三行代码中，第一行处理了 frame 中的所有控件，并且为每个空间四周添加了一些空隙，不会显得揉成一团。我们可以在之前调用 grid 的时候做这些事，但上面这样做也是个不错的选择。第二行告诉 Tk 让我们的输入框获取到焦点。这方法可以让光标一开始就在输入框的位置，用户就可以不用再去单击了。第三行告诉 Tk 如果用户在窗口中按下回车键，就执行计算，等同于用户按下了计算按钮。

```
def calculate(*args):
try:
    value = float(feet.get())
    meters.set((0.3048 * value * 10000.0 + 0.5)/10000.0)
except ValueError:
    pass
```

在上述代码中定义了计算过程，无论是按回车还是点计算按钮，都会从输入框中把英尺转换成米，然后输出到标签中。执行效果如图 16-9 所示。

图 16-9

16.3.2　动态绘图程序

在下面的实例文件中，演示了使用 tkinter 事件实现一个动态绘图程序的过程。

实例 16-10：简易绘图板

源码路径：下载包 \daima\16\16-10

实例文件 huitu.py 的具体实现代码如下所示。

（1）导入库 tkinter，然后在窗口中定义绘制不同图形的按钮，并且定义了单击按钮时将要调用的操作函数。具体实现代码如下：

```
import tkinter                                    # 导入 tkinter 模块
class MyButton:                                   # 定义一个按钮类 MyButton
    def __init__(self,root,canvas,label,type):    # 构造方法实现类的初始化
        self.root = root                          # 初始化属性 root
        self.canvas = canvas                      # 初始化属性 canvas
        self.label = label                        # 初始化属性 label
        if type == 0:                             #type 表示类型，如果 type 值为 0
            button = tkinter.Button(root,text = '直线', # 创建一个绘制直线按钮
                        command = self.DrawLine)  # 通过 command 设置单击时要
                                                  # 执行的操作
        elif type == 1:                           # 如果 type 值为 1
            button = tkinter.Button(root,text = '弧形', # 创建一个绘制弧形按钮
                        command = self.DrawArc)   # 通过 command 设置单击时要
                                                  # 执行的操作
        elif type == 2:                           # 如果 type 值为 2
            button = tkinter.Button(root,text = '矩形', # 创建一个绘制矩形按钮
                        command = self.DrawRec)   # 通过 command 设置单击时要
                                                  # 执行的操作
        else :                                    # 如果 type 是其他值
            button = tkinter.Button(root,text = '椭圆', # 创建一个绘制椭圆按钮
                        command = self.DrawOval)  # 通过 command 设置单击时要
                                                  # 执行的操作
        button.pack(side = 'left')                # 将按钮添加到主窗口
    def DrawLine(self):                           # 绘制直线函数
        self.label.text.set('直线')               # 显示的文本
        self.canvas.SetStatus(0)                  # 设置画布的状态
    def DrawArc(self):                            # 绘制弧形函数

        self.label.text.set('弧形')               # 显示的文本
        self.canvas.SetStatus(1)                  # 设置画布的状态
    def DrawRec(self):                            # 绘制矩形函数
        self.label.text.set('矩形')               # 显示的文本
        self.canvas.SetStatus(2)                  # 设置画布的状态
    def DrawOval(self):                           # 绘制椭圆函数
        self.label.text.set('椭圆')               # 显示的文本
        self.canvas.SetStatus(3)                  # 设置画布的状态
```

（2）定义类 MyCanvas，在里面根据用户单击的绘图按钮执行对应的事件，绑定了不同的操作事件。具体实现代码如下：

```
class MyCanvas:                                   # 定义绘图类 MyCanvas
    def __init__(self,root):                      # 构造函数
        self.status = 0                           # 属性初始化
        self.draw = 0                             # 属性初始化
        self.root = root                          # 属性初始化
        self.canvas = tkinter.Canvas(root,bg = 'white', # 设置画布的背景色为白色
                        width = 600,              # 设置画布的宽度
                        height = 480)             # 设置画布的高度
        self.canvas.pack()                        # 将画布添加到主窗口
        # 绑定鼠标释放事件,x=[1,2,3],分别表示鼠标的左、中、右键操作
        self.canvas.bind('<ButtonRelease-1>',self.Draw)
        self.canvas.bind('<Button-2>',self.Exit)  # 绑定鼠标中击事件
        self.canvas.bind('<Button-3>',self.Del)   # 绑定鼠标右击事件
```

```
                self.canvas.bind_all('<Delete>',self.Del)        # 绑定键盘中的 Delete 键
                self.canvas.bind_all('<KeyPress-d>',self.Del)          # 绑定键盘中的 D 键
                self.canvas.bind_all('<KeyPress-e>',self.Exit)         # 绑定键盘中的 E 键
        def Draw(self,event):                               # 定义绘图事件处理函数
            if self.draw == 0:                                  # 开始绘图
                self.x = event.x                                   # 设置属性 x
                self.y = event.y                                   # 设置属性 y
                self.draw = 1                                      # 设置属性 draw
            else:
                if self.status == 0:             # 根据 status 的值绘制不同的图形
                    self.canvas.create_line(self.x,self.y,   # 绘制直线
                            event.x,event.y)
                    self.draw = 0
                elif self.status == 1:
                    self.canvas.create_arc(self.x,self.y,            # 绘制弧形
                            event.x,event.y)
                    self.draw = 0
                elif self.status == 2:
                    self.canvas.create_rectangle(self.x,self.y,     # 绘制矩形
                            event.x,event.y)
                    self.draw = 0
                else:
                    self.canvas.create_oval(self.x,self.y,          # 绘制椭圆
                            event.x,event.y)
                    self.draw = 0
        def Del(self,event):                         # 按下鼠标右键或键盘 D 键时删除图形
            items = self.canvas.find_all()
            for item in items:
                self.canvas.delete(item)
        def Exit(self,event):                        # 按下鼠标中键或键盘 E 键时则退出系统
            self.root.quit()
        def SetStatus(self,status):                  # 使用 status 设置要绘制的图形
            self.status = status
```

（3）定义标签类 MyLabel，在绘制不同图形时显示对应的标签。具体实现代码如下：

```
class MyLabel:                                       # 定义标签类 MyLabel
    def __init__(self,root):                         # 构造初始化
        self.root = root
        self.canvas = canvas
        self.text = tkinter.StringVar()              # 生成标签引用变量
        self.text.set('Draw Line')                   # 设置标签文本
        self.label = tkinter.Label(root,textvariable = self.text,
                fg = 'red',width = 50)               # 创建指定的标签
        self.label.pack(side = 'left')               # 将标签添加到主窗口
```

（4）分别生成主窗口、绘图控件、标签和绘图按钮。具体实现代码如下：

```
root = tkinter.Tk()                                  # 生成主窗口
canvas = MyCanvas(root)                              # 绘图对象实例
label = MyLabel(root)                                # 生成标签
MyButton(root,canvas,label,0)                        # 生成绘图按钮
MyButton(root,canvas,label,1)                        # 生成绘图按钮
MyButton(root,canvas,label,2)                        # 生成绘图按钮
MyButton(root,canvas,label,3)                        # 生成绘图按钮
root.mainloop()                                      # 进入消息循环
```

执行后的效果如图 16-10 所示。

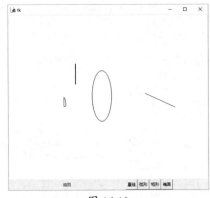

图 16-10

16.4 实现对话框功能

说到对话框，其实脑海里会呈现出很多，比如聊天对话框，发送信息的对话框，这个其实也要分领域的。普遍地都认为是一种次要窗口，包含按钮和各种选项，通过它们可以完成特定命令或任务。对话框与窗口有区别，它没有最大化按钮，没有最小化按钮，大多不能改变形状大小。对话框是人机交流的一种方式，用户可以对对话框进行设置，计算机就会执行相应的命令。在本节的内容中，将详细讲解使用库 tkinter 实现对话框图形化界面效果的知识。

16.4.1 创建消息框

在库 tkinter 中提供了标准的对话框模板，在 Python 程序中可以直接使用这些标准对话框与用户进行交互。在 tkinter 标准对话框中，包含了简单的消息框和用户输入对话框。其中，信息框以窗口的形式向用户输出信息，也可以获取用户所单击的按钮信息。而在输入对话框中，一般要求用户输入字符串、整型或者浮点型的值。

在 tkinter.messagebox 模块系统中，为 Python 提供了几个内置的消息框模板。使用 tkinter.messagebox 模块中的方法 askokcancel、askquestion、askyesno、showerror、showinfo 和 showwarning 可以创建消息框，在使用这些方法时需要向其传递 title 和 message 参数。

例如在下面的实例文件中，演示了使用 tkinter.messagebox 模块创建消息对话框的过程。

实例 16-11：实现文本对话框效果

源码路径：下载包 \daima\16\16-11

实例文件 duihua.py 的具体实现代码如下：

```python
import tkinter                              # 导入 tkinter 模块
import tkinter.messagebox                   # 导入 messagebox 模块
def cmd():                                  # 定义处理按钮消息函数 cmd()
    global n                                 # 定义全局变量 n
    global buttontext                        # 定义全局变量 buttontext
    n = n + 1                               # 设置 n 的值加 1
    if n == 1:                              # 如果 n 的值是 1
        tkinter.messagebox.askokcancel('Python tkinter',' 取消 ')
                                            # 调用 askokcancel 函数
```

```
            buttontext.set('亚马逊')      #修改按钮上的文字
        elif n == 2:               # 如果 n 的值是 2
            tkinter.messagebox.askquestion('Python tkinter','' 亚马逊 ')
                                            # 调用 askquestion 函数
            buttontext.set('亚马逊是著名的电商平台')    #修改按钮上的文字
        elif n == 3:               # 如果 n 的值是 3
            tkinter.messagebox.askyesno('Python tkinter','否 ')
                                            # 调用 askyesno 函数
            buttontext.set('showerror')    # 修改按钮上的文字
        elif n == 4:               # 如果 n 的值是 4
            tkinter.messagebox.showerror('Python tkinter','错误 ')
                                            # 调用 showerror 函数
            buttontext.set('showinfo')    # 修改按钮上的文字
        elif n == 5:               # 如果 n 的值是 5
            tkinter.messagebox.showinfo('Python tkinter','详情 ')
                                            # 调用 showinfo 函数
            buttontext.set('显示警告')     # 修改按钮上的文字
        else :                     # 如果 n 是其他的值
            n = 0                  # 将 n 赋值为 0，并重新进行循环
            tkinter.messagebox.showwarning('Python tkinter','警告 ')
                                            # 调用 showwarning 函数
            buttontext.set('AAAAl')        # 修改按钮上的文字
n = 0                              # 设置 n 的初始值
root = tkinter.Tk()                # 生成一个主窗口对象
buttontext = tkinter.StringVar()            #生成相关按钮的显示文字
buttontext.set('亚马逊是著名的电商平台')       # 设置 buttontext 显示的文字
button = tkinter.Button(root,      # 创建一个按钮
        textvariable = buttontext,
        command = cmd)
button.pack()                      # 将按钮添加到主窗口
root.mainloop()                    # 进入消息循环
```

在上述实例代码中创建了按钮消息处理函数，然后将其绑定到按钮上，单击按钮后会显示一个对话框效果，执行后会显示不同类型的对话框效果。执行后的效果如图 16-11 所示。

图 16-11

注意：除了在上述实例中使用的标准消息对话框以外，还可以使用方法 tkinter.messagebox. -show 创建其他类型的消息对话框。在方法 tkinter.messagebox._show 中有表 16-12 中的控制参数。

表 16-12

参数名称	描　述
default	设置消息框的按钮
icori	设置消息框的图标
message	设置消息框所显示的消息
parent	设置消息框的父组件
title	设置消息框的标题
type	设置消息框的类型

16.4.2 创建输入对话框

在 Python 程序中，可以使用 tkinter.simpledialog 模块创建标准的输入对话框，此模块可以创建如下三种不同类型的对话框。

（1）输入字符串对话框：通过方法 askstring() 实现。

（2）输入整数对话框：通过方法 askinteger() 实现。

（3）输入浮点型对话框：通过方法 askfloat() 实现。

上述三个方法有相同的可选参数，可选参数的具体说明如下：

● title：设置对话框标题。

● prompt：设置对话框中显示的文字。

● initialvalue：设置输入框的初始值。

使用 tkinter.simpledialog 模块中的上述函数创建输入对话框后，可以返回对话框中文本框的值。

例如在下面的实例中，演示了使用 tkinter.simpledialog 模块创建输入对话框的过程。

实例 16-12：创建可以输入内容的对话框

源码路径：下载包 \daima\16\16-12

实例文件 shuru.py 的具体实现代码如下：

```python
import tkinter                                    # 导入 tkinter 模块
import tkinter.simpledialog                       # 导入 simpledialog 模块
def InStr():                                      # 定义处理按钮事件函数 InStr()
    r = tkinter.simpledialog.askstring('Python',  # 输入字符串对话框
                '字符串',                           # 提示字符
                initialvalue='字符串')             # 设置初始化文本
    print(r)                                       # 打印显示返回值
def InInt():                                       # 定义按钮事件处理函数
    r = tkinter.simpledialog.askinteger('Python','输入整数')  # 输入整数对话框

    print(r)                                       # 打印显示返回值
def InFlo():                                       # 定义按钮事件处理函数
    r = tkinter.simpledialog.askfloat('Python','输入浮点数')   # 输入浮点数对话框
    print(r)                                       # 打印显示返回值
root = tkinter.Tk()                                # 生成一个主窗口对象
button1 = tkinter.Button(root,text = '输入字符串',  # 创建按钮
        command = InStr)                           # 设置按钮事件处理函数
button1.pack(side='left')                          # 将按钮添加到窗口
button2 = tkinter.Button(root,text = '输入整数',    # 创建按钮
        command = InInt)                           # 设置按钮事件处理函数
button2.pack(side='left')                          # 将按钮添加到窗口
button2 = tkinter.Button(root,text = '输入浮点数',
        command = InFlo)                           # 设置按钮事件处理函数
button2.pack(side='left')                          # 将按钮添加到窗口
root.mainloop()                                    # 进入消息循环
```

在上述实例代码中，定义了用于创建不同类型对话框的消息处理函数，然后分别将其绑定到相应的按钮上。单击三个按钮后将分别弹出三种不同类型的输入对话框。执行后的效果如图 16-12 所示。

字符串
11
1.111

图 16-12

16.4.3　创建文件打开 / 保存对话框

在 Python 程序中，可以使用 tkinter.filedialog 模块中的方法 askopenfilename() 创建标准的
打开文件对话框，使用方法 asksaveasfilename() 可以创建标准的保存文件对话框。这两个方
法具有如下几个相同的可选参数：

- filetypes：设置文件类型。
- initialdir：设置默认目录。
- initialfile：设置默认文件。
- title：设置对话框标题。

例如在下面的实例中，演示了使用库 tkinter 创建文件打开、保存对话框的过程。

实例 16-13：打开、保存指定的文件

源码路径：下载包 \daima\16\16-13

实例文件 da.py 的具体实现代码如下：

```
import tkinter                                      # 导入 tkinter 模块
import tkinter.filedialog                           # 导入 filedialog 模块
def FileOpen():                                      # 创建打开文件事件处理函数
    r = tkinter.filedialog.askopenfilename(title = 'Python',filetypes=[('Python',
'*.py *.pyw'),('All files', '*')])# 创建打开文件对话框
    print(r)                                         # 打印显示返回值
def FileSave():                                      # 创建保存文件事件处理函数
    r = tkinter.filedialog.asksaveasfilename(title = 'Python',   # 设置标题
            initialdir=r'E:\Python\code',            # 设置默认保存目录
            initialfile = 'test.py')                 # 设置初始化文件
    print(r)                                         # 打印显示返回值
root = tkinter.Tk()                                  # 生成一个主窗口对象
button1 = tkinter.Button(root,text = '打开文件',     # 创建按钮
        command = FileOpen)                          # 设置按钮事件的处理函数
button1.pack(side='left')                            # 将按钮添加到主窗口
button2 = tkinter.Button(root,text = '保存文件',     # 创建按钮
        command = FileSave)                          # 设置按钮事件的处理函数
button2.pack(side='left')                            # 将按钮添加到主窗口
root.mainloop()                                      # 进入消息循环
```

在上述实例代码中，首先定义了用于创建打开文件和保存文件对话框的消息处理函数，
然后将这两个函数绑定到相应的按钮上。执行程序后，单击"打开文件"按钮，将创建一
个打开文件对话框。单击"保存文件"按钮，将创建一个文件保存对话框。执行后的效果如
图 16-13 所示。

图 16-13

16.4.4 创建颜色选择对话框

在 Python 程序中，可以使用 tkinter.colorchooser 模块中的方法 askcolor() 创建标准的颜色对话框，方法 askcolor() 中的参数说明如下：

- initialcolor：设置初始化颜色。
- title：设置对话框标题。

在使用 tkinter.colorchooser 模块创建颜色对话框后，会返回颜色的 RGB 值和可以在 Python tkinter 中使用的颜色字符值。例如在下面的实例中，演示了使用 tkinter.colorchooser 模块创建颜色选择对话框的过程。

实例 16-14：颜色选择笔

源码路径：下载包 \daima\16\16-14

实例文件 color.py 的具体实现代码如下：

```
import tkinter                              # 导入 tkinter 模块
import tkinter.colorchooser                # 导入 colorchooser 模块
def ChooseColor():                         # 定义单击按钮后的事件处理函数
#选择颜色对话框
        r = tkinter.colorchooser.askcolor(title = 'Python')

        print(r)                           # 打印显示返回值
root = tkinter.Tk()                        # 生成一个主窗口对象
button = tkinter.Button(root,text = '选择颜色',  # 创建一个按钮
            command = ChooseColor)         # 设置按钮单击事件处理函数
button.pack()                              # 将按钮添加到窗口
root.mainloop()                            # 进入消息循环
```

在上述实例代码中，定义了用于创建颜色选择器的消息处理函数，单击"选择颜色"按钮后弹出颜色选择对话框界面。执行后的效果如图 16-14 所示。

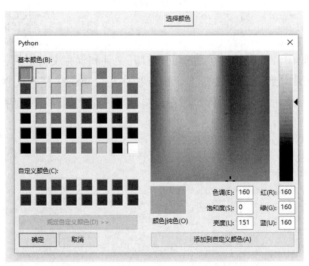

图 16-14

16.4.5 创建自定义对话框

在 Python 程序中，有时为了项目的特殊需求，需要自定义创建特定格式的对话框。可

以使用库 tkinter 中的 Toplevel 控件来创建自定义的对话框。开发者可以向 Toplevel 控件添加其他控件，并且可以定义事件响应函数或者类。在使用库 tkinter 创建对话框的时候，如果对话框中也需要进行事件处理，建议大家以类的形式来定义对话框，否则只能大量使用全局变量来处理参数，这样会导致程序维护和调试困难。对于代码较多的 GUI 程序，建议大家使用类的方式来组织整个程序。

例如在下面的实例中，演示了使用库 tkinter 创建自定义对话框的过程。

实例 16-15：创建两个指定样式的对话框

源码路径：下载包 \daima\16\16-15

实例文件 zidingyi.py 的具体实现代码如下：

```python
import tkinter                                          # 导入 tkinter 模块
import tkinter.messagebox                               # 导入 messagebox 模块
class MyDialog:                                         # 定义对话框类 MyDialog
    def __init__(self, root):                          # 构造函数初始化
        self.top = tkinter.Toplevel(root)              # 创建 Toplevel 控件
                                                        # 创建 Label 控件
        label = tkinter.Label(self.top, text=' 请输入信息 ')
        label.pack()                                    # 将 Label 控件添加到主窗口

        self.entry = tkinter.Entry(self.top)           # 文本框
        self.entry.pack()
        self.entry.focus()                             # 获得输入焦点
        button = tkinter.Button(self.top, text=' 好 ',
                    command=self.Ok)
        button.pack()                                   # 将按钮添加到主窗口
    def Ok(self):                                       # 定义单击按钮后的事件处理函数
        self.input = self.entry.get()                  # 获取文本框的内容
        self.top.destroy()                             # 销毁对话框
    def get(self):                                      # 定义单击按钮后的事件处理函数
        return self.input                              # 返回在文本框输入的内容
class MyButton():                                      # 定义类 MyButton
    def __init__(self, root, type):                    # 构造函数
        self.root = root                               # 父窗口初始化
        if type == 0:                                  # 根据 type 的值创建不同的按钮，如果 type 值为 0
            self.button = tkinter.Button(root,
                    text=' 创建 ',                      # 设置按钮的显示文本
                    command = self.Create)             # 设置按钮事件的处理函数
        else:                                          # 如果 type 值不为 0
            self.button = tkinter.Button(root,         # 创建退出按钮
                    text=' 退出 ',
                    command = self.Quit)               # 设置按钮事件的处理函数
        self.button.pack()
    def Create(self):                                  # 定义单击按钮后的事件处理函数
        d = MyDialog(self.root)                        # 创建一个对话框
        self.button.wait_window(d.top)                 # 等待对话框运行结束
        # 打印显示在对话框中输入的内容
        tkinter.messagebox.showinfo('Python',' 你输入的是: \n' + d.get())
    def Quit(self):                                    # 定义单击按钮后的事件处理函数
        self.root.quit()                               # 设置按钮事件的处理函数，用于退出关闭主窗口
root = tkinter.Tk()                                    # 生成一个主窗口对象
MyButton(root,0)                                       # 生成创建按钮
MyButton(root,1)                                       # 生成退出按钮
root.mainloop()                                        # 进入消息循环
```

在上述实例代码中，使用 Toplevel 控件自定义创建了一个简单的对话框。首先自定义了两个类 MyDialog 和 MyButton，类实例化后加入到主窗口中。运行后会显示"创建"和"退出"两个按钮，单击"创建"按钮后将创建一个信息输入对话框，在里面的文本框中可以输入一些文字，单击"好"按钮后会弹出对话框，在里面显示刚才输入的文本信息。单击"退出"按钮后则关闭窗口并退出程序。执行后的效果如图 16-15 所示。

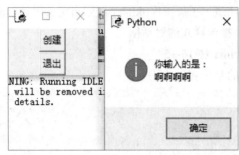

图 16-15

第17章

开发数据库程序

（📺视频讲解：53 分钟）

数据库技术是实现动态软件技术的必须手段，在软件项目中通过数据库可以存储海量的数据。因为软件显示的内容是从数据库中读取的，所以开发者可以通过修改数据库内容而实现动态交互功能。在 **Python** 软件开发应用中，数据库在实现过程中起到一个中间媒介的作用。在本章的内容中，将向读者介绍 **Python** 数据库开发方面的基本知识，为读者步入本书后面知识的学习打下基础。

17.1 操作 SQLite3 数据库

从 Python 3.x 版本开始，在标准库中已经内置了 sqlite3 模块。通过使用 sqlite3 模块，可以方便地使用并操作 SQLite3 数据库。当需要在程序中操作 SQLite3 数据库数据时，只需在程序中导入 sqlite3 模块即可。

17.1.1 sqlite3 模块介绍

通过使用 sqlite3 模块，可以满足开发者在 Python 程序中使用 SQLite 数据库的需求。在 sqlite3 模块中包含表 17-1 中的常量成员。

表 17-1

成员名称	描　　述
sqlite3.version	该 sqlite3 模块的字符串形式的版本号，这不是 SQLite 数据库的版本号
sqlite3.version_info	该 sqlite3 模块的整数元组形式的版本号，这不是 SQLite 数据库的版本号
sqlite3.sqlite_version	运行时 SQLite 库的版本号，是一个字符串形式
sqlite3.sqlite_version_info	运行时 SQLite 数据库的版本号，是一个整数元组形式
isolation_level	获取或设置当前隔离级别。None 表示自动提交模式，或者可以是"DEFERRED"、"IMMEDIATE"或"EXCLUSIVE"之一
in_transaction	如果为 True，则表示处于活动状态（有未提交的更改）

在 sqlite3 模块中包含如下的方法成员：

（1）sqlite3.connect(database [,timeout ,other optional arguments])：用于打开一个到 SQLite 数据库文件 database 的链接。可以使用":memory:"在 RAM 中打开一个到 database 的数据库连接，而不是在磁盘上打开。如果数据库成功打开，则返回一个连接对象。当一个数据库被多个连接访问，且其中一个修改了数据库时，此时 SQLite 数据库将被锁定，直到事务提交。参数 timeout 表示连接等待锁定的持续时间，直到发生异常断开连接。参数

timeout 的默认是 5.0（5 秒）。如果给定的数据库名称 filename 不存在，则该调用将创建一个数据库。如果不想在当前目录中创建数据库，那么可以指定带有路径的文件名，这样就能在任意地方创建数据库。

（2）connection.cursor([cursorClass])：用于创建一个 cursor，将在 Python 数据库编程中用到。该方法接受一个单一的可选的参数 cursorClass。如果提供了该参数，则它必须是一个扩展自 sqlite3.Cursor 的自定义的 cursor 类。

（3）cursor.execute(sql [, optional parameters])：用于执行一个 SQL 语句。该 SQL 语句可以被参数化（即使用占位符代替 SQL 文本）。sqlite3 模块支持两种类型的占位符：问号和命名占位符（命名样式）。例如：

```
cursor.execute("insert into people values (?, ?)", (who, age))
```

例如在下面的实例中，演示了使用方法 cursor.execute() 执行指定 SQL 语句的过程。

实例 17-1：执行指定 SQL 语句

源码路径：下载包 \daima\17\17-1

实例文件 e.py 的具体实现代码如下：

```
import sqlite3

con = sqlite3.connect(":memory:")
cur = con.cursor()
cur.execute("create table people (name_last, age)")

who = "Yeltsin"
age = 72

# This is the qmark style:
cur.execute("insert into people values (?, ?)", (who, age))

# And this is the named style:
cur.execute("select * from people where name_last=:who and age=:age", {"who":
who, "age": age})

print(cur.fetchone())
```

执行后会输出：

```
('Yeltsin', 72)
```

（4）connection.execute(sql [, optional parameters])：是上面执行的由光标（cursor）对象提供的方法的快捷方式，通过调用光标（cursor）方法创建了一个中间的光标对象，然后通过给定的参数调用光标的 execute 方法。

（5）cursor.executemany(sql, seq_of_parameters)：用于对 seq_of_parameters 中的所有参数或映射执行一个 SQL 命令。例如在下面的实例中，演示了使用方法 cursor.executemany() 执行指定 SQL 命令的过程。

实例 17-2：使用方法 cursor.executemany() 执行 SQL 命令

源码路径：下载包 \daima\17\17-2

实例文件 f.py 的具体实现代码如下：

```
import sqlite3

class IterChars:
```

```
    def __init__(self):
        self.count = ord('a')

    def __iter__(self):
        return self

    def __next__(self):
        if self.count > ord('z'):
            raise StopIteration
        self.count += 1

        return (chr(self.count - 1),) # this is a 1-tuple

con = sqlite3.connect(":memory:")
cur = con.cursor()
cur.execute("create table characters(c)")

theIter = IterChars()
cur.executemany("insert into characters(c) values (?)", theIter)

cur.execute("select c from characters")
print(cur.fetchall())
```

执行后会输出：

```
[('a',), ('b',), ('c',), ('d',), ('e',), ('f',), ('g',), ('h',), ('i',), ('j',),
('k',), ('l',), ('m',), ('n',), ('o',), ('p',), ('q',), ('r',), ('s',), ('t',),
('u',), ('v',), ('w',), ('x',), ('y',), ('z',)]
```

（6）connection.executemany(sql[, parameters])：是一个由调用光标（cursor）方法创建的中间的光标对象的快捷方式，然后通过给定的参数调用光标的 executemany 方法。

（7）cursor.executescript(sql_script)：一旦接收到脚本就会执行多个 SQL 语句。首先执行 COMMIT 语句，然后执行作为参数传入的 SQL 脚本。所有的 SQL 语句应该用分号";"分隔。例如在下面的实例文件中，演示了使用方法 cursor.executescript () 执行多个 SQL 语句的过程。

实例 17-3：同时执行多个 SQL 语句

源码路径：下载包 \daima\17\17-3

实例文件 g.py 的具体实现代码如下：

```
import sqlite3

con = sqlite3.connect(":memory:")
cur = con.cursor()
cur.executescript("""
    create table person(
        firstname,
        lastname,

        age
    );

    create table book(
        title,
        author,
        published
    );

    insert into book(title, author, published)
```

```
    values (
        'Dirk Gently''s Holistic Detective Agency',
        'Douglas Adams',
        1987
    );
""")
```

（8）connection.executescript(sql_script)：是一个由调用光标（cursor）方法创建的中间的光标对象的快捷方式，然后通过给定的参数调用光标的 executescript 方法。

（9）connection.total_changes()：返回自数据库连接打开以来被修改、插入或删除的数据库总行数。

（10）connection.commit()：用于提交当前的事务。如果未调用该方法，那么自上一次调用 commit() 以来所做的任何动作对其他数据库连接来说是不可见的。

（11）cursor.fetchmany([size=cursor.arraysize])：用于获取查询结果集中的下一行组，返回一个列表。当没有更多的可用的行时，则返回一个空的列表。该方法尝试获取由参数 size 指定的尽可能多的行。

（12）cursor.fetchall()：用于获取查询结果集中所有（剩余）的行，返回一个列表。当没有可用的行时，则返回一个空的列表。

（13）cursor.close()：现在关闭光标（而不是每次调用 __del__ 时），光标将从这一点向前不可用。如果使用光标进行任何操作，则会出现 ProgrammingError 异常。

（14）complete_statement(sql)：如果字符串 sql 包含一个或多个以分号结束的完整的 SQL 语句，则返回 True。不会验证 SQL 的语法正确性，只是检查没有未关闭的字符串常量以及语句是以分号结束。例如在下面的实例文件中，演示了使用方法 complete_statement(sql) 生成一个 sqlite shell 的过程。

实例 17-4：生成 SQLite shell 命令

源码路径：下载包 \daima\17\17-4

实例文件 a.py 的具体实现代码如下：

```python
import sqlite3

con = sqlite3.connect(":memory:")
con.isolation_level = None
cur = con.cursor()

buffer = ""

print("Enter your SQL commands to execute in sqlite3.")
print("Enter a blank line to exit.")

while True:
    line = input()
    if line == "":
        break
    buffer += line
    if sqlite3.complete_statement(buffer):
        try:
            buffer = buffer.strip()

            cur.execute(buffer)
```

```
            if buffer.lstrip().upper().startswith("SELECT"):
                print(cur.fetchall())
        except sqlite3.Error as e:
            print("An error occurred:", e.args[0])
        buffer = ""

con.close()
```

执行后会输出：

```
Enter your SQL commands to execute in sqlite3.
Enter a blank line to exit.
```

17.1.2　使用 sqlite3 模块操作 SQLite3 数据库

根据 DB-API 2.0 规范规定，Python 语言操作 SQLite3 数据库的基本流程如下：

（1）导入相关库或模块（sqlite3）。

（2）使用 connect() 连接数据库并获取数据库连接对象。

（3）使用 con.cursor() 获取游标对象。

（4）使用游标对象的方法（execute()、executemany()、fetchall() 等）来操作数据库，实现插入、修改和删除操作，并查询获取显示相关的记录。在 Python 程序中，连接函数 sqlite3.connect() 有如下两个常用参数。

● database：表示要访问的数据库名。

● timeout：表示访问数据的超时设定。

其中，参数 database 表示用字符串的形式指定数据库的名称，如果数据库文件位置不是当前目录，则必须要写出其相对或绝对路径。还可以用 ":memory:" 表示使用临时放入内存的数据库。当退出程序时，数据库中的数据也就不存在了。

（5）使用 close() 关闭游标对象和数据库连接。数据库操作完成之后，必须及时调用其 close() 方法关闭数据库连接，这样做的目的是减轻数据库服务器的压力。

例如在下面的实例中，演示了使用 sqlite3 模块操作 SQLite3 数据库的过程。

实例 17-5：在 SQLite3 数据库中创建表、添加 / 删除数据

源码路径：下载包 \daima\17\17-5

实例文件 sqlite.py 的具体实现代码如下：

```
import sqlite3                                    # 导入内置模块
import random                                     # 导入内置模块
# 初始化变量 src，设置用于随机生成字符串中的所有字符
src = 'abcdefghijklmnopqrstuvwxyz'
def get_str(x,y):                                 # 生成字符串函数 get_str()
    str_sum = random.randint(x,y)                 # 生成 x 和 y 之间的随机整数
    astr = ''                                     # 变量 astr 赋值
    for i in range(str_sum):                      # 遍历随机数
        astr += random.choice(src)                # 累计求和生成的随机数
    return astr                                   # 返回和
def output():                                     # 函数 output() 用于输出数据库表中的所有信息
    cur.execute('select * from biao')             # 查询表 biao 中的所有信息
    for sid,name,ps in cur:                       # 查询表中的 3 个字段 sid、name 和 ps
        print(sid,' ',name,' ',ps)                # 显示 3 个字段的查询结果

def output_all():                                 # 函数 output_all() 用于输出数据库表中的所有信息
    cur.execute('select * from biao')             # 查询表 biao 中的所有信息
```

```
        for item in cur.fetchall():              # 获取查询到的所有数据
            print(item)                          # 打印显示获取到的数据

    def get_data_list(n):                        # 函数 get_data_list() 用于生成查询列表
        res = []                                 # 列表初始化
        for i in range(n):                       # 遍历列表

            res.append((get_str(2,4),get_str(8,12)))   # 生成列表
        return res                               # 返回生成的列表
    if __name__ == '__main__':
        print("建立连接...")                      # 打印提示
        con = sqlite3.connect(':memory:')        # 开始建立和数据库的连接
        print("建立游标...")
        cur = con.cursor()                       # 获取游标
        print('创建一张表...')                    # 打印提示信息
        # 在数据库中创建表，设置了表中的各个字段
        cur.execute("create table biao(id integer primary key autoincrement not
null,name text,passwd text)")
        print('插入一条记录...')                  # 打印提示信息
    # 插入 1 条数据信息
     cur.execute("insert into biao (name,passwd)values(?,?)",(get_str(2,4),get_
str(8,12),))
        print('显示所有记录...')                  # 显示数据库中的数据信息
        output()                                 # 显示数据库中的数据信息
        print('批量插入多条记录...')             # 打印提示信息
        # 插入多条数据信息
        cur.executemany('insert into biao (name,passwd)values(?,?)',get_data_list(3))
        print("显示所有记录...")                  # 打印提示信息
        output_all()                             # 显示数据库中的数据信息
        print('更新一条记录...')                  # 打印提示信息
        # 修改表中的一条信息
        cur.execute('update biao set name=? where id=?',('aaa',1))
        print('显示所有记录...')                  # 打印提示信息
        output()                                 # 显示数据库中的数据信息
print('删除一条记录...')                          # 打印提示信息
        # 删除表中的一条数据信息
        cur.execute('delete from  biao where id=?',(3,))
        print('显示所有记录：')                   # 打印提示信息
        output()                                 # 显示数据库中的数据信息
```

在上述实例代码中，首先定义了两个能够生成随机字符串的函数，生成的随机字符串作为数据库中存储的数据。然后定义 output() 和 output-all() 方法，功能是分别通过遍历 cursor、调用 cursor 的方式来获取数据库表中的所有记录并输出。然后在主程序中，依次通过建立连接，获取连接的 cursor，通过 cursor 的 execute() 和 executemany() 等方法来执行 SQL 语句，以实现插入一条记录、插入多条记录、更新记录和删除记录的功能。最后依次关闭游标和数据库连接。执行后会输出：

```
建立连接...
建立游标...
创建一张表...
插入一条记录...
显示所有记录...
1 bld zbynubfxt
批量插入多条记录...
显示所有记录...
(1, 'bld', 'zbynubfxt')
(2, 'owd', 'lqpperrey')
(3, 'vc', 'fqrbarwsotra')
(4, 'yqk', 'oyzarvrv')
更新一条记录...
```

```
显示所有记录 ...
1    aaa    zbynubfxt
2    owd    lqpperrey
3    vc     fqrbarwsotra
4    yqk    oyzarvrv
删除一条记录 ...
显示所有记录：
1    aaa    zbynubfxt
2    owd    lqpperrey
4    yqk    oyzarvrv
```

17.1.3　SQLite 和 Python 的类型

SQLite 可以支持的类型有：NULL、INTEGER、REAL、TEXT 和 BLOB，所以表 17-2 中的 Python 类型可以直接发送给 SQLite。

表 17-2

Python 类型	SQLite 类型
None	NULL
int	INTEGER
float	REAL
str	TEXT
bytes	BLOB

在默认情况下，SQLite 将表 17-3 中的类型转换成 Python 类型。

表 17-3

SQLite 类型	Python 类型
NULL	None
INTEGER	int
REAL	float
TEXT	在默认情况下取决于 text_factory 和 str
BLOB	bytes

在 SQLite 处理 Python 数据的过程中，有可能需要处理其他更多种类型的数据，而这些数据类型 SQLite 并不支持，此时需要用到类型扩展技术来实现我们的功能。在 Python 语言的 sqlite3 模块中，其类型系统可以用两种方式来扩展数据类型：通过对象适配，可以在 SQLite 数据库中存储其他的 Python 类型，通过转换器让 sqlite3 模块将 SQLite 类型转成不同的 Python 类型。

1. 使用适配器来存储额外的 Python 类型的 SQLite 数据库

因为 SQLite 只支默认持有限的类，要使用其他 Python 类型与 SQLite 进行交互，就必须适应它们为 sqlite3 模块支持的 SQLite 类型之一：NoneType、int、float、str 或 bytes。通过使用如下所示的两种方法，可以使 sqlite3 模块适配一个 Python 类型到一个支持的类型。

（1）编写类进行适应

开发者可以编写一个自定义类，假设编写了如下的一个类：

```
class Point:
    def __init__(self, x, y):
        self.x, self.y = x, y
```

想要在某个 SQLite 列中存储类 Point，首先得选择一个支持的类型，这个类型可以用来表示 Point。假定使用 str，并用分号来分隔坐标。需要给类加一个 __conform__(self, protocl) 方法，该方法必须返回转换后的值。参数 protocol 为 PrepareProtocol 类型。

例如在下面的实例中，演示了将自定义类 Point 适配 SQLite3 数据库的过程。

实例 17-6：将自定义类 Point 适配 SQLite3 数据库

源码路径：下载包 \daima\17\17-6

实例文件 i.py 的具体实现代码如下：

```python
import sqlite3

class Point:
    def __init__(self, x, y):
        self.x, self.y = x, y

def adapt_point(point):
    return "%f;%f" % (point.x, point.y)

sqlite3.register_adapter(Point, adapt_point)

con = sqlite3.connect(":memory:")
cur = con.cursor()

p = Point(4.0, -3.2)
cur.execute("select ?", (p,))
print(cur.fetchone()[0])
```

执行后会输出：

```
4.000000;-3.200000
```

（2）注册可调用的适配器

例如有一种可能性是创建一个函数，用来将类型转换成字符串表现形式，然后使用函数 register_adapter() 来注册该函数。例如在下面的实例中，演示了使用函数 register_adapter() 注册适配器函数的过程。

实例 17-7：注册适配器函数

源码路径：下载包 \daima\17\17-7

实例文件 j.py 的具体实现代码如下：

```python
import sqlite3

class Point:
    def __init__(self, x, y):
        self.x, self.y = x, y

def adapt_point(point):
    return "%f;%f" % (point.x, point.y)

sqlite3.register_adapter(Point, adapt_point)

con = sqlite3.connect(":memory:")
cur = con.cursor()

p = Point(4.0, -3.2)
cur.execute("select ?", (p,))
print(cur.fetchone()[0])
```

执行后会输出：

```
4.000000;-3.200000
```

2. 将自定义 Python 类型转成 SQLite 类型

在 Python 程序中，可以编写适配器将自定义 Python 类型转成 SQLite 类型。再次以前面的 Point 类进行举例，假设在 SQLite 中以字符串的形式存储以分号分隔的 x、y 坐标。我们可以先定义如下所示的转换器函数 convert_point()，用于接收字符串参数，并从中构造一个 Point 对象。转换器函数总是使用 bytes 对象调用，无论将数据类型发送到 SQLite 的哪种数据类型。

```python
def convert_point(s):
    x, y = map(float, s.split(b";"))
    return Point(x, y)
```

接下来需要让 sqlite3 模块知道从数据库中实际选择的是一个点，这可以通过如下两种方法实现这个功能：

（1）隐式地通过声明的类型；

（2）显式地通过列名。

例如下面的实例文件中，演示了使用上述两种方法的实现过程。

实例 17-8：让 sqlite3 知道从数据库中实际选择的是一个点

源码路径：下载包 \daima\17\17-8

实例文件 l.py 的具体实现代码如下：

```python
import sqlite3

class Point:
    def __init__(self, x, y):
        self.x, self.y = x, y


    def __repr__(self):
        return "(%f;%f)" % (self.x, self.y)

def adapt_point(point):
    return ("%f;%f" % (point.x, point.y)).encode('ascii')

def convert_point(s):
    x, y = list(map(float, s.split(b";")))
    return Point(x, y)

# Register the adapter
sqlite3.register_adapter(Point, adapt_point)

# Register the converter
sqlite3.register_converter("point", convert_point)

p = Point(4.0, -3.2)

##########################
# 1) Using declared types
con = sqlite3.connect(":memory:", detect_types=sqlite3.PARSE_DECLTYPES)
cur = con.cursor()
cur.execute("create table test(p point)")

cur.execute("insert into test(p) values (?)", (p,))
```

```
cur.execute("select p from test")
print("with declared types:", cur.fetchone()[0])
cur.close()
con.close()


########################
# 1) Using column names
con = sqlite3.connect(":memory:", detect_types=sqlite3.PARSE_COLNAMES)
cur = con.cursor()
cur.execute("create table test(p)")

cur.execute("insert into test(p) values (?)", (p,))
cur.execute('select p as "p [point]" from test')
print("with column names:", cur.fetchone()[0])
cur.close()
con.close()
```

执行后会输出：

```
with declared types: (4.000000;-3.200000)
with column names: (4.000000;-3.200000)
```

17.1.4　事物控制

在默认情况下，模块 sqlite3 在 DML 数据修改语句之前隐式打开事务，DML 语句有 INSERT、UPDATE、DELETE 和 REPLACE），即除 SELECT 之外的任何语句。如果在事务中发出 CREATE TABLE ...VACUUM、PRAGMA 这样的命令，sqlite3 模块将在执行这些命令之前隐式提交事务。

通过 connect() 方法调用的 isolation_level 参数或者连接的 isolation_level 属性，可以控制 sqlite3 隐式的执行哪种 BEGIN 语句（或者完全不执行）。如果需要自动提交模式，则需要将 isolation_level 设置为 None。在其他情况下，保留其默认值，这将产生一个简单的"BEGIN"语句；或者将其设置成 SQLite 支持的隔离级别："DEFERRED""IMMEDIATE"或者"EXCLUSIVE"。

当将 isolation_level 设置为 None 时会开启自动 commit 功能，当设置为非 None 时会设置 BEGIN 的类型并开启智能 commit 功能。

例如在下面的实例中，演示了使用 isolation_level 开启智能 commit 的过程。

实例 17-9：开启智能 commit 功能

源码路径：下载包 \daima\17\17-9

实例文件 n.py 的具体实现代码如下：

```
import sqlite3

con = sqlite3.connect(":memory:",isolation_level=None)
cur = con.cursor()
cur.execute("create table people (num, age)")

num = 1
age = 2 * num

while num <= 1000000:
    cur.execute("insert into people values (?, ?)", (num, age))
    num += 1
    age = 2 * num
```

```
cur.execute("select count(*) from people")

print(cur.fetchone())
```

执行后会输出：

```
(1000000,)
real    0m10.693s
user    0m10.569s
sys     0m0.099s
```

17.2　操作 MySQL 数据库

在 Python 3.x 版本中，使用内置库 PyMySQL 来连接 MySQL 数据库服务器，Python 2 版本中使用库 mysqldb。PyMySQL 完全遵循 Python 数据库 API v2.0 规范，并包含了 pure-Python MySQL 客户端库。

17.2.1　搭建 PyMySQL 环境

在使用 PyMySQL 之前，必须先确保已经安装 PyMySQL。PyMySQL 的下载地址是 https://github.com/PyMySQL/PyMySQL。如果还没有安装，可以使用如下命令安装最新版的 PyMySQL：

```
pip install PyMySQL
```

安装成功后的界面效果如图 17-1 所示。

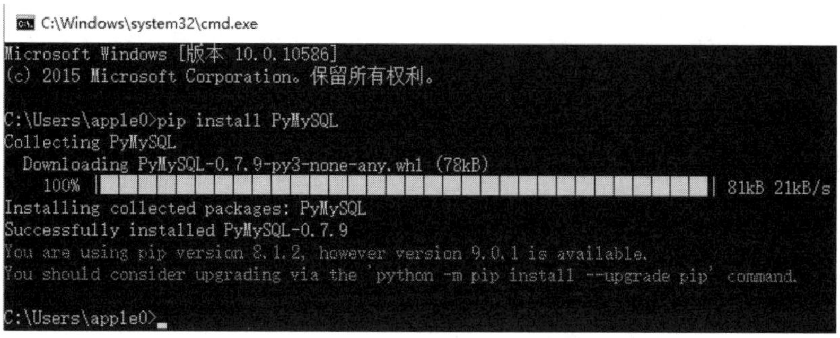

图 17-1

如果当前系统不支持 pip 命令，可以使用如下两种方式进行安装：

（1）使用 git 命令下载安装包进行安装：

```
$ git clone https://github.com/PyMySQL/PyMySQL
$ cd PyMySQL/
$ python3 setup.py install
```

（2）如果需要指定版本号，可以使用 curl 命令进行安装：

```
$ # X.X 为 PyMySQL 的版本号
$ curl -L https://github.com/PyMySQL/PyMySQL/tarball/pymysql-X.X | tar xz
$ cd PyMySQL*
$ python3 setup.py install
$ # 现在可以删除 PyMySQL* 目录
```

注意：你必须确保拥有 root 权限才可以安装上述模块。另外，在安装的过程中可能会

出现"ImportError: No module named setuptools"的错误提示，这个提示的意思是没有安装 setuptools，你可以访问 https://pypi.python.org/pypi/setuptools 找到各个系统的安装方法。例如在 Linux 系统中的安装实例如下：

```
$ wget https://bootstrap.pypa.io/ez_setup.py
$ python3 ez_setup.py
```

17.2.2 实现数据库连接

在连接数据库之前，请按照如下所示的步骤进行操作：

（1）安装 MySQL 数据库和 PyMySQL；

（2）在 MySQL 数据库中创建数据库 TESTDB；

（3）在 TESTDB 数据库中创建表 EMPLOYEE；

（4）在表 EMPLOYEE 中分别添加 5 个字段，分别是 FIRST_NAME、LAST_NAME、AGE、SEX 和 INCOME。在 MySQL 数据库，表 EMPLOYEE 的界面效果如图 17-2 所示。

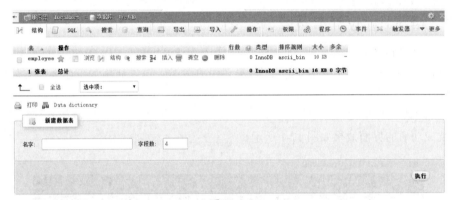

图 17-2

假设本地 MySQL 数据库的登录用户名为"root"，密码为"66688888"。例如在下面的实例文件中，演示了显示 PyMySQL 数据库版本号的过程。

实例 17-10：显示 PyMySQL 数据库版本号

源码路径：下载包\daima\17\17-10

实例文件 mysql.py 的具体实现代码如下：

```python
import pymysql
# 打开数据库连接
db = pymysql.connect("localhost","root","66688888","TESTDB" )
# 使用 cursor() 方法创建一个游标对象 cursor
cursor = db.cursor()
# 使用 execute() 方法执行 SQL 查询

cursor.execute("SELECT VERSION()")
# 使用 fetchone() 方法获取单条数据.
data = cursor.fetchone()
print ("Database version : %s " % data)
# 关闭数据库连接
db.close()
```

执行后会输出：

```
Database version : 5.7.17-log
```

17.2.3　创建数据库表

在 Python 程序中，可以使用方法 execute() 在数据库中创建一个新表。例如在下面的实例文件中，演示了在 PyMySQL 数据库中创建新表 employee 的过程。

实例 17-11：使用方法 execute() 创建一个新数据库表 employee

源码路径：下载包 \daima\17\17-11

实例文件 new.py 的具体实现代码如下：

```python
import pymysql
# 打开数据库连接
db = pymysql.connect("localhost","root","66688888","TESTDB" )
# 使用 cursor() 方法创建一个游标对象 cursor
cursor = db.cursor()
# 使用 execute() 方法执行 SQL, 如果表存在则删除
cursor.execute("DROP TABLE IF EXISTS EMPLOYEE")
# 使用预处理语句创建表
sql = """CREATE TABLE EMPLOYEE (

        FIRST_NAME  CHAR(20) NOT NULL,
        LAST_NAME  CHAR(20),
        AGE INT,
        SEX CHAR(1),
        INCOME FLOAT )"""
cursor.execute(sql)
# 关闭数据库连接
db.close()
```

执行上述代码后，将在 MySQL 数据库中创建一个名为"EMPLOYEE"的新表，执行后的效果如图 17-3 所示。

图 17-3

17.2.4　数据库插入操作

在 Python 程序中，可以使用 SQL 语句向数据库中插入新的数据信息。例如在下面的实例中，演示了使用 INSERT 语句向表 EMPLOYEE 中插入数据信息的过程。

实例 17-12：向数据库表中添加新的数据

源码路径：下载包 \daima\17\17-12

实例文件 cha.py 的具体实现代码如下：

```python
import pymysql
# 打开数据库连接
db = pymysql.connect("localhost","root","66688888","TESTDB" )
# 使用 cursor() 方法获取操作游标
```

```
cursor = db.cursor()
# SQL 插入语句
sql = """INSERT INTO EMPLOYEE(FIRST_NAME,
        LAST_NAME, AGE, SEX, INCOME)
        VALUES ('Mac', 'Mohan', 20, 'M', 2000)"""

try:
    #执行 sql 语句
    cursor.execute(sql)
    # 提交到数据库执行
    db.commit()
except:
    # 如果发生错误则回滚
    db.rollback()
# 关闭数据库连接
db.close()
```

执行上述代码后，打开 MySQL 数据库中的表"EMPLOYEE"，会发现在里面插入了一条新的数据信息。执行后的效果如图 17-4 所示。

图 17-4

17.2.5 数据库查询操作

在 Python 程序中，可以使用 fetchone() 方法获取 MySQL 数据库中的单条数据，使用 fetchall() 方法获取 MySQL 数据库中的多条数据。当使用 Python 语言查询 MySQL 数据库时，需要用到如下所示的方法和属性：

● fetchone()：该方法获取下一个查询结果集。结果集是一个对象。
● fetchall()：接收全部的返回结果行。
● rowcount：这是一个只读属性，并返回执行 execute() 方法后影响的行数。

例如在下面的实例文件中，演示了查询并显示表 EMPLOYEE 中 INCOME（工资）大于 1000 的所有数据。

实例 17-13：查询并显示工资大于 1000 的所有员工
源码路径：下载包 \daima\17\17-13
实例文件 fi.py 的具体实现代码如下：

```
import pymysql
# 打开数据库连接
db = pymysql.connect("localhost","root","66688888","TESTDB" )
# 使用 cursor() 方法获取操作游标

cursor = db.cursor()
# SQL 查询语句
```

```
sql = "SELECT * FROM EMPLOYEE \
       WHERE INCOME > '%d'" % (1000)
try:
   # 执行 SQL 语句
   cursor.execute(sql)
   # 获取所有记录列表
   results = cursor.fetchall()
   for row in results:
      fname = row[0]
      lname = row[1]
      age = row[2]
      sex = row[3]
      income = row[4]
       # 打印结果
      print ("fname=%s,lname=%s,age=%d,sex=%s,income=%d" % \
             (fname, lname, age, sex, income ))
except:
   print ("Error: unable to fetch data")
# 关闭数据库连接
db.close()
```

执行后会输出：

```
fname=Mac,lname=Mohan,age=20,sex=M,income=2000
```

17.2.6 数据库更新操作

在 Python 程序中，可以使用 UPDATE 语句更新数据库中的数据信息。例如在下面的实例文件中，将数据库表中“SEX”字段为“M”的“AGE”字段递增 1。

实例 17-14：将数据库表中某个字段的值递增加 1

源码路径：下载包 \daima\17\17-14

实例文件 xiu.py 的具体实现代码如下：

```
import pymysql
# 打开数据库连接
db = pymysql.connect("localhost","root","66688888","TESTDB" )
# 使用 cursor() 方法获取操作游标
cursor = db.cursor()
# SQL 更新语句
sql = "UPDATE EMPLOYEE SET AGE = AGE + 1 WHERE SEX = '%c'" % ('M')
try:
   # 执行 SQL 语句
   cursor.execute(sql)
   # 提交到数据库执行
   db.commit()
except:
   # 发生错误时回滚
   db.rollback()
# 关闭数据库连接
db.close()
```

执行后的效果如图 17-5 所示。

FIRST_NAME	LAST_NAME	AGE	SEX	INCOME
Mac	Mohan	20	M	2000

修改前

+ 选项

FIRST_NAME	LAST_NAME	AGE	SEX	INCOME
Mac	Mohan	21	M	2000

修改后

图 17-5

17.2.7 数据库删除操作

在 Python 程序中，可以使用 DELETE 语句删除数据库中的数据信息。例如在下面的实例文件中，删除了表 EMPLOYEE 中所有 AGE 大于 20 的数据。

实例 17-15：删除表中所有年龄大于 20 的数据

源码路径：下载包 \daima\17\17-15

实例文件 del.py 的具体实现代码如下：

```python
import pymysql
# 打开数据库连接
db = pymysql.connect("localhost","root","66688888","TESTDB" )
# 使用 cursor() 方法获取操作游标
cursor = db.cursor()
# SQL 删除语句
sql = "DELETE FROM EMPLOYEE WHERE AGE > '%d'" % (20)
try:

# 执行 SQL 语句
    cursor.execute(sql)
# 提交修改
    db.commit()
except:
# 发生错误时回滚
    db.rollback()

# 关闭连接
db.close()
```

执行后将删除表 EMPLOYEE 中所有 AGE 大于 20 的数据，执行后的效果如图 17-6 所示。

图 17-6

17.2.8 执行事务

在 Python 程序中，使用事务机制可以确保数据一致性。通常来说，事务应该具有四个属性：原子性、一致性、隔离性、持久性。

在 Python DB API 2.0 的事务机制中提供了两个处理方法，分别是 commit() 和 rollback()。例如在下面的实例中，通过执行事务的方式删除了表 EMPLOYEE 中所有 AGE 大于 19 的数据。

实例 17-16：删除表中所有年龄大于 19 的数据

源码路径：下载包 \daima\17\17-16

实例文件 shi.py 的具体实现代码如下：

```
import pymysql
# 打开数据库连接
db = pymysql.connect("localhost","root","66688888","TESTDB" )
# 使用 cursor() 方法获取操作游标
cursor = db.cursor()
# SQL 删除记录语句
sql = "DELETE FROM EMPLOYEE WHERE AGE > '%d'" % (19)
try:
    # 执行 SQL 语句

    cursor.execute(sql)
    # 向数据库提交
    db.commit()
except:
    # 发生错误时回滚
    db.rollback()
```

执行后将删除表 EMPLOYEE 中所有 AGE 大于 19 的数据。

17.3　使用 MariaDB 数据库

MariaDB 是一种开源数据库，是 MySQL 数据库的一个分支。因为某些历史原因，有不少用户担心 MySQL 数据库会停止开源，所以 MariaDB 逐步发展成为 MySQL 替代品的数据库工具之一。

17.3.1　搭建 MariaDB 数据库环境

作为一款经典的关系数据库产品，搭建 MariaDB 数据库环境的基本流程如下：

（1）登录 MariaDB 官网下载页面 https://downloads.mariadb.org/，如图 17-7 所示。

图 17-7

（2）单击"Download 10…"按钮来到具体下载界面，如图 17-8 所示。在此需要根据计算机系统的版本进行下载，例如笔者的计算机是 64 位的 Windows 10 系统，所以选择"mariadb-10.1.20-winx64.msi"进行下载。

File Name	Package Type	OS / CPU	Size	Meta		
mariadb-10.1.20.tar.gz	source tar.gz file	Source	61.3 MB	MD5	SHA1	Signature
				Instructions		
mariadb-10.1.20-winx64.msi	MSI Package	Windows x86_64	160.7 MB	MD5	SHA1	Signature
				Instructions		
mariadb-10.1.20-winx64.zip	ZIP file	Windows x86_64	333.7 MB	MD5	SHA1	Signature
				Instructions		
mariadb-10.1.20-win32.msi	MSI Package	Windows x86	156.9 MB	MD5	SHA1	Signature
				Instructions		
mariadb-10.1.20-win32.zip	ZIP file	Windows x86	330.2 MB	MD5	SHA1	Signature
				Instructions		
mariadb-10.1.20-linux-glibc_214-x86_64.tar.gz (requires GLIBC_2.14+)	gzipped tar file	Linux x86_64	476.6 MB	MD5	SHA1	Signature
				Instructions		

图 17-8

（3）下载完成后会得到一个安装文件"mariadb-10.1.20-winx64.msi"，双击这个文件后弹出欢迎安装对话框界面，如图 17-9 所示。

（4）单击 Next 按钮后弹出用户协议对话框界面，在此勾选"I accept…"复选框，如图 17-10 所示。

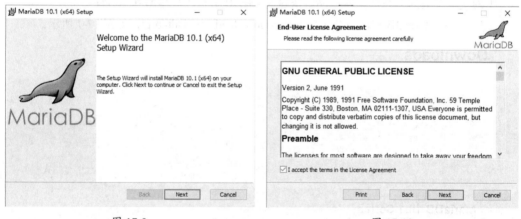

图 17-9　　　　　　　　　　　　　　　　图 17-10

（5）单击 Next 按钮后弹出典型设置对话框界面，在此设置程序文件的安装路径，如图 17-11 所示。

（6）单击 Next 按钮后弹出设置密码对话框界面，在此设置管理员用户"root"的密码，如图 17-12 所示。

（7）单击 Next 按钮后弹出默认实例属性对话框界面，在此设置服务器名字和 TCP 端口号，如图 17-13 所示。

（8）单击 Next 按钮来到准备安装对话框界面，如图 17-14 所示。

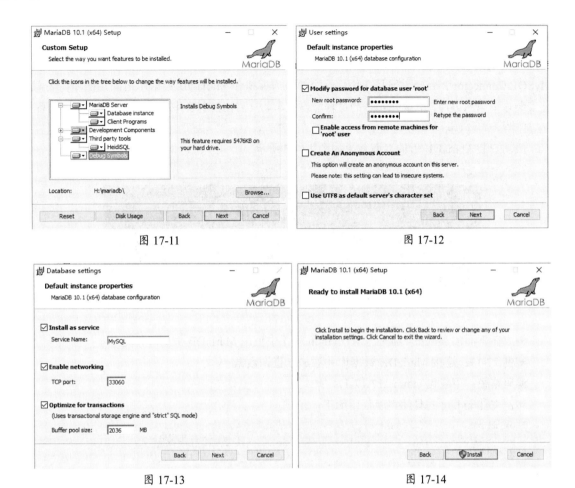

图 17-11

图 17-12

图 17-13

图 17-14

（9）单击 Install 按钮后弹出安装进度条界面，开始安装 MariaDB，如图 17-15 所示。

（10）安装进度完成后弹出完成安装对话框界面，单击 Finish 按钮后完成安装，如图 17-16 所示。

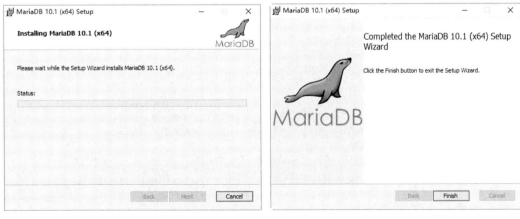

图 17-15

图 17-16

17.3.2 在 Python 程序中使用 MariaDB 数据库

当在 Python 程序中使用 MariaDB 数据库时，需要在程序中加载 Python 语言的第三方库 MySQL Connector Python。但是在使用这个第三方库操作 MariaDB 数据库之前，需要先下载并安装这个第三方库。下载并安装的过程非常简单，只需在控制台中执行如下命令即可实现：

```
pip install mysql-connector
```

成功安装 MariaDB 后的界面效果如图 17-17 所示。

图 17-17

例如在下面的实例中，演示了在 Python 程序中使用 MariaDB 数据库的过程。

实例 17-17：连接 MariaDB 数据库并添加、查询数据

源码路径：下载包 \daima\17\17-17

实例文件 md.py 的具体实现代码如下：

```python
from mysql import connector
import random                                     # 导入内置模块
…省略部分代码…
if __name__ == '__main__':
    print("建立连接...")                          # 打印显示提示信息

    # 建立数据库连接
    con = connector.connect(user='root',password=
                    '66688888',database='md')
    print("建立游标...")                          # 打印显示提示信息
    cur = con.cursor()                            # 建立游标
    print('创建一张表 mdd...')                     # 打印显示提示信息
    # 创建数据库表 mdd
    cur.execute('create table mdd(id int primary key auto_increment not null,name
                    text,passwd text)')
    # 在表 mdd 中插入一条数据
    print('插入一条记录...')                       # 打印显示提示信息
    cur.execute('insert into mdd (name,passwd)values(%s,%s)',(get_str(2,4),get_str
                    (8,12),))

    print('显示所有记录...')                       # 打印显示提示信息
    output()                                      # 显示数据库中的数据信息
    print('批量插入多条记录...')                   # 打印显示提示信息
    # 在表 mdd 中插入多条数据
    cur.executemany('insert into mdd (name,passwd)values(%s,%s)',get_data_list(3))
    print("显示所有记录...")                       # 打印显示提示信息
    output_all()                                  # 显示数据库中的数据信息
    print('更新一条记录...')                       # 打印显示提示信息
    # 修改表 mdd 中的一条数据
    cur.execute('update mdd set name=%s where id=%s',('aaa',1))
    print('显示所有记录...')                       # 打印显示提示信息
    output()                                      # 显示数据库中的数据信息
    print('删除一条记录...')                       # 打印显示提示信息
```

```
# 删除表 mdd 中的一条数据信息
cur.execute('delete from  mdd where id=%s',(3,))
print(' 显示所有记录：')                              # 打印显示提示信息
output()                                          # 显示数据库中的数据信息
```

在上述实例代码中，使用 mysql-connector-python 模块中的函数 connect() 建立了和 MariaDB 数据库的连接。连接函数 connect() 在 mysql.connector 中定义，此函数的语法原型如下：

```
connect(host, port,user, password, database, charset)
```

参数说明见表 17-4。

表 17-4

参数名称	描　　　　述
host	访问数据库的服务器主机（默认为本机）
port	访问数据库的服务端口（默认为 3306）
user	访问数据库的用户名
password	访问数据库用户名的密码
database	访问数据库名称
charset	字符编码（默认为 uft8）

执行后将显示创建数据表并实现数据插入、更新和删除操作的过程。执行后会输出：

```
建立连接 ...
建立游标 ...
创建一张表 mdd...
插入一条记录 ...
显示所有记录 ...
1 kpv lrdupdsuh
批量插入多条记录 ...
显示所有记录 ...
(1, 'kpv', 'lrdupdsuh')
(2, 'hsue', 'ilrleakcoh')
(3, 'hb', 'dzmcajvm')
(4, 'll', 'ngjhixta')
更新一条记录 ...
显示所有记录 ...
1    aaa    lrdupdsuh
2    hsue   ilrleakcoh
3    hb     dzmcajvm
4    ll     ngjhixta
删除一条记录 ...
显示所有记录：
1    aaa    lrdupdsuh
2    hsue   ilrleakcoh
4    ll     ngjhixta
```

注意：在操作 MariaDB 数据库时，与操作 SQLite3 的 SQL 语句不同的是，SQL 语句中的占位符不是"？"，而是"%s"。

17.4　使用适配器

为了连接并使用各种常见的数据库工具，Python 提供了一个或多个适配器来连接 Python 中的目标数据库系统。比如 Sybase、SAP、Oracle 和 SQL Server 这些数据库就都存在多个可用的适配器。开发者需要做的事情就是挑选出最合适的适配器，挑选标准可能包括：性能如何、文档或网站是否有用、是否有一个活跃的社区、驱动的质量和稳定性如何等。

注意：大多数适配器只提供给你连接数据库的基本需求，所以你还需要寻找一些额外的特性。读者需要记住，开发者需要负责编写更高级别的代码，比如线程管理和数据库连接池管理等。如果不希望有太多的交互操作，比如希望少写一些 SQL 语句，或者尽可能少地参与数据库管理的细节，那么可以考虑 ORM（对象关系映射）。

例如在下面的实例文件中，演示了在 Python 程序中访问 MySQL、Gadfly 和 SQLite 三种数据库的过程。

实例 17-18：访问 MySQL、Gadfly 和 SQLite 三种数据库

源码路径：下载包 \daima\17\17-18

实例文件 shipei.py 的具体实现代码如下：

```python
import os
from random import randrange as rand
COLSIZ = 10
FIELDS = ('login', 'userid', 'projid')
RDBMSs = {'s': 'sqlite', 'm': 'mysql', 'g': 'gadfly'}
DBNAME = 'aaa'
DBUSER = 'root'
DB_EXC = None
NAMELEN = 16
tformat = lambda s: str(s).title().ljust(COLSIZ)
cformat = lambda s: s.upper().ljust(COLSIZ)

def setup():
    return RDBMSs[input('''
Choose a database system:
(M)ySQL
(G)adfly
(S)QLite
Enter choice: ''').strip().lower()[0]]
def connect(db):
    global DB_EXC
    dbDir = '%s_%s' % (db, DBNAME)
    if db == 'sqlite':
        try:
            import sqlite3
        except ImportError:
            try:
                from pysqlite2 import dbapi2 as sqlite3
            except ImportError:
                return None
        DB_EXC = sqlite3
        if not os.path.isdir(dbDir):
            os.mkdir(dbDir)
        cxn = sqlite3.connect(os.path.join(dbDir, DBNAME))
    elif db == 'mysql':
        try:
            import MySQLdb
            import _mysql_exceptions as DB_EXC
        except ImportError:
            return None
        try:
            cxn = MySQLdb.connect(db=DBNAME)
        except DB_EXC.OperationalError:
            try:
                cxn = MySQLdb.connect(user=DBUSER)
                cxn.query('CREATE DATABASE %s' % DBNAME)
                cxn.commit()
                cxn.close()
```

```
                    cxn = MySQLdb.connect(db=DBNAME)
                except DB_EXC.OperationalError:
                    return None
        elif db == 'gadfly':
            try:
                from gadfly import gadfly
                DB_EXC = gadfly
            except ImportError:
                return None
            try:
                cxn = gadfly(DBNAME, dbDir)
            except IOError:
                cxn = gadfly()
                if not os.path.isdir(dbDir):
                    os.mkdir(dbDir)
                cxn.startup(DBNAME, dbDir)
        else:
            return None
        return cxn
def create(cur):
    try:
        cur.execute('''
            CREATE TABLE users (
                login   VARCHAR(%d),
                userid INTEGER,
                projid INTEGER)
        ''' % NAMELEN)
    except DB_EXC.OperationalError:
        drop(cur)
        create(cur)
drop = lambda cur: cur.execute('DROP TABLE users')
NAMES = (
    ('aaron', 8312), ('angela', 7603), ('dave', 7306),
    ('davina',7902), ('elliot', 7911), ('ernie', 7410),
    ('jess', 7912), ('jim', 7512), ('larry', 7311),
    ('leslie', 7808), ('melissa', 8602), ('pat', 7711),
    ('serena', 7003), ('stan', 7607), ('faye', 6812),
    ('amy', 7209), ('mona', 7404), ('jennifer', 7608),
)
def randName():
    pick = set(NAMES)
    while pick:
        yield pick.pop()
def insert(cur, db):
    if db == 'sqlite':
        cur.executemany("INSERT INTO users VALUES(?, ?, ?)",
        [(who, uid, rand(1,5)) for who, uid in randName()])
    elif db == 'gadfly':
        for who, uid in randName():
            cur.execute("INSERT INTO users VALUES(?, ?, ?)",
            (who, uid, rand(1,5)))
    elif db == 'mysql':
        cur.executemany("INSERT INTO users VALUES(%s, %s, %s)",
        [(who, uid, rand(1,5)) for who, uid in randName()])
getRC = lambda cur: cur.rowcount if hasattr(cur, 'rowcount') else -1
def update(cur):
    fr = rand(1,5)
    to = rand(1,5)
    cur.execute(
        "UPDATE users SET projid=%d WHERE projid=%d" % (to, fr))
    return fr, to, getRC(cur)
def delete(cur):
    rm = rand(1,5)
```

```
        cur.execute('DELETE FROM users WHERE projid=%d' % rm)
        return rm, getRC(cur)
    def dbDump(cur):
        cur.execute('SELECT * FROM users')
        print ('\n%s' % ''.join(map(cformat, FIELDS)))
        for data in cur.fetchall():
            print (''.join(map(tformat, data)))
    def main():
        db = setup()
        print ('*** Connect to %r database' % db)
        cxn = connect(db)
        if not cxn:
            print ('ERROR: %r not supported or unreachable, exiting' % db)
            return
        cur = cxn.cursor()
        print ('\n*** Create users table (drop old one if appl.)')
        create(cur)
        print ('\n*** Insert names into table')
        insert(cur, db)
        dbDump(cur)
        print ('\n*** Move users to a random group')
        fr, to, num = update(cur)
        print ('\t(%d users moved) from (%d) to (%d)' % (num, fr, to))
        dbDump(cur)
        print ('\n*** Randomly delete group')
        rm, num = delete(cur)
        print ('\t(group #%d; %d users removed)' % (rm, num))
        dbDump(cur)
        print ('\n*** Drop users table')
        drop(cur)
        print ('\n*** Close cxns')
        cur.close()
        cxn.commit()
        cxn.close()
    if __name__ == '__main__':
        main()
```

在上述实例代码中，为了能够尽可能多地演示适配器功能的多样性，特意添加了对三种不同数据库系统的支持：Gadfly、SQLite 以及 MySQL。各个代码片段的具体说明如下：

（1）函数 connect() 是数据库一致性访问的核心。在每部分的开始处（这里指每个数据库的 if 语句处），我们都会尝试加载对应的数据库模块。如果没有找到合适的模块，就会返回 None，表示无法支持该数据库系统。当建立数据库连接后，所有剩下的代码就都是与数据库和适配器不相关的了，这些代码在所有连接中都应该能够工作（只有在本脚本的 insert()中除外）。如果选择的是 SQLite，会尝试加载一个数据库适配器。首先会尝试加载标准库中的 sqlite3 模块（Python 2.5+）。如果加载失败，则会寻找第三方 pysqlite 包。pysqlite 适配器可以支持 2.4.x 或更老的版本。如果两个适配器中任何一个加载成功，接下来就需要检查目录是否存在，这是因为该数据库是基于文件的（也可以使用 :memory: 作为文件名，从而在内存中创建数据库）。当对 SQLite 调用 connect() 时，会使用已存在的目录，如果没有，则创建一个新目录。MySQL 数据库使用默认区域来存放数据库文件，因此不需要由用户指定文件位置。最流行的 MySQL 适配器是 MySQLdb 包，所以首先尝试导入该包。和 SQLite 一样，除了使用 MySQLdb 包外还有另外一种方案，这就是 mysql.connector 包，这也是一个不错的选择，因为它可以兼容 Python 2 和 Python 3。如果两者都没有找到，则说明不支持

MySQL，因此返回 None 值。

（2）最后一个支持的数据库是 Gadfly，使用了一个和 SQLite 相似的启动机制：启动时会首先设定数据库文件应当存放的目录。如果不存在，则需要采取一种迂回方式来建立新的数据库。

（3）函数 create() 在数据库中创建一个新表 users。如果发生错误，几乎总是因为这个表已经存在了。如果是这种情况，就删除该表并通过递归调用该函数重新创建。这段代码存在一定的风险，如果重新创建该表的过程仍然失败，将会陷入无限递归当中，直到应用耗尽内存。

（4）删除数据库表的操作是通过 drop() 函数实现的，该函数只有一行，是一个 lambda 函数。

（5）insert() 函数是代码中仅剩的一处依赖于数据库的地方。这是因为每个数据库都在某些方面存在细微的差别。比如，SQLite 和 MySQL 的适配器都是兼容 DB-API 的，所以它们的游标对象都存在 executemany() 函数，但是 Gadfly 就只能每次插入一行。另一个差别是 SQLite 和 Gadfly 都使用的是 qmark 参数风格，而 MySQL 使用的是 format 参数风格。因此，格式化字符串也存在一些差别。不过，如果你仔细看，会发现它们的参数创建实际上非常相似。这段代码的功能是：对于每个"用户名 - 用户 ID"对，都会被分配到一个项目组中（给予其项目 ID，即 projid）。项目 ID 是从 4 个不同的组中随机选出的。

（6）函数 update() 和函数 delete() 会随机选择项目组中的成员。如果是更新操作，则会将其从当前组移动到另一个随机选择的组中；如果是删除操作，则会删除该组中的全部成员。

（7）函数 dbDump() 会从数据库中拉取所有行，将其按照打印格式进行格式化，然后显示给用户。输出显示需要用到 cformat()（用于显示列标题）和 tformat()（用于格式化每个用户行）。首先，在通过 fetchall() 方法执行的 SELECT 语句之后，所有数据都提取出来了。所以当迭代每个用户时，将三列数据（login、userid、projid）通过 map() 传递给 tformat()，使数据转化为字符串（如果它们还不是），将其格式化为标题风格，且字符串按照 COLSIZ 的列宽度进行左对齐（右侧使用空格填充）。

（8）上述实例代码的核心是主函数 main()。它会执行上面描述的每个函数，并定义脚本如何执行（假设不存在由于找不到数据库适配器或无法获得连接而中途退出的情况）。这段代码的大部分都非常简单明了，它们会与输出语句相接近。代码的最后一段则是把游标和连接包装了起来。

本实例执行后的效果如图 17-18 所示。

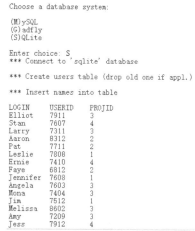

```
Choose a database system:

(M)ySQL
(G)adfly
(S)QLite

Enter choice: S
*** Connect to 'sqlite' database

*** Create users table (drop old one if appl.)

*** Insert names into table

LOGIN      USERID    PROJID
Elliot     7911      3
Stan       7607      4
Larry      7311      2
Aaron      8312      2
Pat        7711      2
Leslie     7808      1
Ernie      7410      4
Faye       6812      2
Jennifer   7608      1
Angela     7603      3
Mona       7404      3
Jim        7512      1
Melissa    8602      3
Amy        7209      3
Jess       7912      4
```

图 17-18

331

17.5 使用 ORM（对象关系映射）操作数据库

ORM 是对象关系映射（Object Relational Mapping，或 O/RM）的简称，用于实现面向对象编程语言中不同类型系统的数据之间的转换。从实现效果上来看，ORM 其实是创建了一个可以在编程语言里使用的"虚拟对象数据库"。从另外的角度来看，在面向对象编程语言中使用的是对象，而在对象中的数据需要保存到数据库中，或数据库中的数据用来构造对象。

在从数据库中提取数据并构造对象或将对象数据存入数据库的过程中，有很多代码是可以重复使用的，如果这些重复的功能完全自己实现那就是"重复造轮子"的低效率工作。在这种情况下就诞生了 ORM，它使得从数据库中提取数据来构造对象或将对象数据保存（持久化）到数据库中实现起来更简单。

17.5.1 Python 和 ORM

在现实应用中有很多不同的数据库工具，并且其中的大部分系统都包含 Python 接口，能够使开发者更好地利用它们的功能。但是这些不同数据库工具系统的唯一缺点是需要了解 SQL 语言。如果你是一个更愿意操纵 Python 对象而不是 SQL 查询的程序员，并且仍然希望使用关系数据库作为程序的数据后端，那么可能会更加倾向于使用 ORM。

在 ORM 系统中，数据库表被转化为 Python 类，其中的数据列作为属性，而数据库操作则会作为方法。读者应该会发现，让应用支持 ORM 与使用标准数据库适配器有些相似。由于 ORM 需要代替你执行很多工作，所以一些事情变得更加复杂，或者需要比直接使用适配器更多的代码行。不过，值得大家欣慰的是，这一点额外工作可以获得更高的开发效率。

在开发过程中，最著名的 Python ORM 是 SQLAlchemy（http://www.qlalchemy.org）和 SQLObject（http://sqlobject.org）。另外一些常用的 Python ORM 还包括：Storm、PyDO/PyDO2、PDO、Dejavu、Durus、QLime 和 ForgetSQL。基于 Web 的大型系统也会包含它们自己的 ORM 组件，如 WebWare MiddleKit 和 Django 的数据库 API。读者需要注意的是，并不是所有知名的 ORM 都适合于你的应用程序，读者需要根据自己的需要来选择。

17.5.2 使用 SQLAlchemy

在 Python 程序中，SQLAlchemy 是一种经典的 ORM。在使用之前需要先安装 SQLAlchemy，安装命令如下所示。

```
easy_install SQLAlchemy
```

安装成功后的效果如图 17-19 所示。

图 17-19

请看下面的实例，功能是使用 SQLAlchemy 操作两种数据库的过程。

实例 17-19：使用 SQLAlchemy 分别操作 MySQL 和 SQLite 数据库

源码路径：下载包 \daima\17\17-19

实例文件 SQLAlchemy.py 的具体实现代码如下：

```python
from distutils.log import warn as printf
from os.path import dirname
from random import randrange as rand
from sqlalchemy import Column, Integer, String, create_engine, exc, orm
from sqlalchemy.ext.declarative import declarative_base
from db import DBNAME, NAMELEN, randName, FIELDS, tformat, cformat, setup
DSNs = {
    'mysql': 'mysql://root@localhost/%s' % DBNAME,
    'sqlite': 'sqlite:///:memory:',
}
Base = declarative_base()
class Users(Base):
    __tablename__ = 'users'
    login  = Column(String(NAMELEN))
    userid = Column(Integer, primary_key=True)
    projid = Column(Integer)
    def __str__(self):
        return ''.join(map(tformat,
            (self.login, self.userid, self.projid)))
class SQLAlchemyTest(object):
    def __init__(self, dsn):
        try:

            eng = create_engine(dsn)
        except ImportError:
            raise RuntimeError()
        try:
            eng.connect()
        except exc.OperationalError:
            eng = create_engine(dirname(dsn))
            eng.execute('CREATE DATABASE %s' % DBNAME).close()
            eng = create_engine(dsn)
        Session = orm.sessionmaker(bind=eng)
        self.ses = Session()
        self.users = Users.__table__
        self.eng = self.users.metadata.bind = eng
    def insert(self):
        self.ses.add_all(
            Users(login=who, userid=userid, projid=rand(1,5)) \
```

```
                for who, userid in randName()
            )
            self.ses.commit()
    def update(self):
        fr = rand(1,5)
        to = rand(1,5)
        i = -1
        users = self.ses.query(
            Users).filter_by(projid=fr).all()
        for i, user in enumerate(users):
            user.projid = to
        self.ses.commit()
        return fr, to, i+1
    def delete(self):
        rm = rand(1,5)
        i = -1
        users = self.ses.query(
            Users).filter_by(projid=rm).all()
        for i, user in enumerate(users):
            self.ses.delete(user)
        self.ses.commit()
        return rm, i+1
    def dbDump(self):
        printf('\n%s' % ''.join(map(cformat, FIELDS)))
        users = self.ses.query(Users).all()
        for user in users:
            printf(user)
        self.ses.commit()
    def __getattr__(self, attr):      # use for drop/create
        return getattr(self.users, attr)
    def finish(self):
        self.ses.connection().close()
def main():
    printf('*** Connect to %r database' % DBNAME)
    db = setup()
    if db not in DSNs:
        printf('\nERROR: %r not supported, exit' % db)
        return
    try:
        orm = SQLAlchemyTest(DSNs[db])
    except RuntimeError:
        printf('\nERROR: %r not supported, exit' % db)
        return
    printf('\n*** Create users table (drop old one if appl.)')
    orm.drop(checkfirst=True)
    orm.create()
    printf('\n*** Insert names into table')
    orm.insert()
    orm.dbDump()
    printf('\n*** Move users to a random group')
    fr, to, num = orm.update()
    printf('\t(%d users moved) from (%d) to (%d)' % (num, fr, to))
    orm.dbDump()
    printf('\n*** Randomly delete group')
    rm, num = orm.delete()
    printf('\t(group #%d; %d users removed)' % (rm, num))
    orm.dbDump()
    printf('\n*** Drop users table')
    orm.drop()
    printf('\n*** Close cxns')
    orm.finish()
if __name__ == '__main__':
    main()
```

（1）在上述实例代码中，首先导入了 Python 标准库中的模块（distutils、os.path、random），然后是第三方或外部模块（sqlalchemy），最后是应用的本地模块（db），该模块会给我们提供主要的常量和工具函数。

（2）使用了 SQLAlchemy 的声明层，在使用前必须先导入 sqlalchemy.ext.declarative.declarative_ base，然后使用它创建一个 Base 类，最后让你的数据子类继承自这个 Base 类。类定义的下一个部分包含一个 __tablename__ 属性，它定义了映射的数据库表名。也可以显式地定义一个低级别的 sqlalchemy.Table 对象，在这种情况下需要将其写为 __table__。在大多数情况下使用对象进行数据行的访问，不过也会使用表级别的行为（创建和删除）保存表。接下来是"列"属性，可以通过查阅文档来获取所有支持的数据类型。最后，有一个 __str()__ 方法定义，用来返回易于阅读的数据行的字符串格式。因为该输出是定制化的（通过 tformat() 函数的协助），所以不推荐在开发过程中这样使用。

（3）通过自定义函数分别实现行的插入、更新和删除操作。插入使用了 session.add_all() 方法，这将使用迭代的方式产生一系列的插入操作。最后，还可以决定是像我们一样进行提交还是进行回滚。update() 和 delete() 方法都存在会话查询的功能，它们使用 query.filter_by() 方法进行查找。随机更新会选择一个成员，通过改变 ID 的方法，将其从一个项目组（fr）移动到另一个项目组（to）。计数器（i）会记录有多少用户会受到影响。删除操作则是根据 ID（rm）随机选择一个项目并假设已将其取消，因此项目中的所有员工都将被解雇。当要执行操作时，需要通过会话对象进行提交。

（4）函数 dbDump() 负责向屏幕上显示正确的输出。该方法从数据库中获取数据行，并按照 db.py 中相似的样式输出数据。

本实例执行后会输出：

```
Choose a database system:

(M)ySQL
(G)adfly
(S)SQLite

Enter choice: S

*** Create users table (drop old one if appl.)

*** Insert names into table

LOGIN      USERID     PROJID
Faye       6812       4
Serena     7003       1
Amy        7209       2
```

17.5.3 使用 mongoengine

在 Python 程序中，MongoDB 数据库的 ORM 框架是 mongoengine。在使用 mongoengine 框架之前需要先安装 mongoengine，具体安装命令如下：

```
easy_install mongoengine
```

安装成功后的界面效果如图 17-20 所示。

图 17-20

在运行上述命令之前，需要先使用如下命令来验证已经成功安装了 pymongo 框架。

```
easy_install pymongo
```

例如在下面的实例文件中，演示了使用 mongoengine 操作数据库数据的过程。

实例 17-20：使用 mongoengine 操作 MongoDB 数据库数据

源码路径：下载包 \daima\17\17-20

实例文件 orm.py 的具体实现代码如下：

```
import random                                         #导入内置模块
from mongoengine import *
connect('test')                                       #连接数据库对象 'test'
class Stu(Document):                                  #定义 ORM 框架类 Stu
    sid = SequenceField()                             #"序号"属性表示用户 id
    name = StringField()                              #"用户名"属性
    passwd = StringField()                            #"密码"属性
    def introduce(self):                              #定义函数 introduce() 显示自己的介绍信息
        print('序号:',self.sid,end=" ")               #打印显示 id
        print('姓名:',self.name,end=' ')              #打印显示姓名
        print('密码:',self.passwd)                    #打印显示密码
    def set_pw(self,pw):                              #定义函数 set_pw() 用于修改密码
        if pw:
            self.passwd = pw                          #修改密码
            self.save()                               #保存修改的密码
…省略部分代码…
if __name__ == '__main__':
    print('插入一个文档:')
    stu = Stu(name='langchao',passwd='123123')       #创建文档类对象实例 stu, 设置用户名和密码
    stu.save()                                        #持久化保存文档
    stu = Stu.objects(name='lilei').first()           #查询数据并对类进行初始化

    if stu:
        stu.introduce()                               #显示文档信息
    print('插入多个文档')                              #打印提示信息
    for i in range(3):                                #遍历操作
        Stu(name=get_str(2,4),passwd=get_str(6,8)).save()   #插入 3 个文档
    stus = Stu.objects()                              #文档类对象实例 stu
    for stu in stus:                                  #遍历所有的文档信息
        stu.introduce()                               #显示所有的遍历文档
    print('修改一个文档')                              #打印提示信息
    stu = Stu.objects(name='langchao').first()         #查询某个要操作的文档
    if stu:
        stu.name='daxie'                              #修改用户名属性
        stu.save()                                    #保存修改
        stu.set_pw('bbbbbbbb')                        #修改密码属性
```

```
    stu.introduce()                              # 显示修改后结果
print(' 删除一个文档 ')                            # 打印提示信息
stu = Stu.objects(name='daxie').first()          # 查询某个要操作的文档
stu.delete()                                     # 删除这个文档
stus = Stu.objects()
for stu in stus:                                 # 遍历所有的文档
    stu.introduce()                              # 显示删除后结果
```

在上述实例代码中，在导入 mongoengine 库和连接 MongoDB 数据库后，定义了一个继承于类 Document 的子类 Stu。在主程序中通过创建类的实例，并调用其方法 save() 将类持久化到数据库；通过类 Stu 中的方法 objects() 来查询数据库并映射为类 Stu 的实例，并调用其自定义方法 introduce() 来显示载入的信息。然后插入三个文档信息，并调用方法 save() 持久化存入数据库，通过调用类中的自定义方法 set_pw() 修改数据并存入数据库。最后通过调用类中的方法 delete() 从数据库中删除一个文档。

开始测试程序，在运行本实例程序时，必须在 CMD 控制台中启动 MongoDB 服务，并且确保上述控制台界面处于打开状态。下面是开启 MongoDB 服务的命令：

```
mongod --dbpath "h:\data"
```

在上述命令中，"h:\data" 是一个保存 MongoDB 数据库数据的目录。

本实例执行后的效果如图 17-21 所示。

图 17-21

337

## 第18章

使用 Pygame 开发游戏

（📹视频讲解：30 分钟）

        Pygame 是一个跨平台开发 Python 模块库，专门用于开发游戏项目。Pygame 包含的图像和声音建立在 SDL 基础上，允许实时电子游戏研发而无须被低级语言（如机器语言和汇编语言）束缚。基于这样一个设想，所有需要的游戏功能和理念（主要是图像方面）都完全简化为游戏逻辑本身，所有的资源结构都可以由高级语言提供，例如 Python 语言。在本章的内容中，将详细讲解在 Python 语言中使用 Pygame 开发游戏项目的核心知识和技巧。

18.1 安装 Pygame

    Pygame 是被设计用来写游戏的 Python 模块集合，是建立在库 SDL 之上开发的功能性包。在 Python 程序中，可以导入 Pygame 来开发具有全部特性的游戏和多媒体软件，Pygame 是极度轻便的并且可以运行在几乎所有的平台和操作系统上。

    读者可以登录 Pygame 官方网站来下载安装包，具体地址是 http://www.pygame.org/download.shtml，如图 18-1 所示。

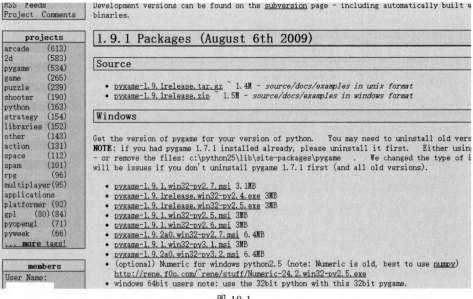

图 18-1

由图 18-1 可知，在 Windows 系统下，目前 Pygame 的最新版本只能支持 Python 3.2。而本书是基于 Python 3.7 编写的，此时可以登录国外大学网站来下载编译好的 Python 扩展库，在上面有适应于 Python 3.7 的 Pygame。具体下载地址是 https://www.lfd.uci.edu/~gohlke/pythonlibs/，如图 18-2 所示。

Pygame, a library for writing games based on the SDL library.
pygame-1.9.4-cp27-cp27m-win32.whl
pygame-1.9.4-cp27-cp27m-win_amd64.whl
pygame-1.9.4-cp35-cp35m-win32.whl
pygame-1.9.4-cp35-cp35m-win_amd64.whl
pygame-1.9.4-cp36-cp36m-win32.whl
pygame-1.9.4-cp36-cp36m-win_amd64.whl
pygame-1.9.4-cp37-cp37m-win32.whl
pygame-1.9.4-cp37-cp37m-win_amd64.whl
pygame-1.9.6-cp27-cp27m-win32.whl
pygame-1.9.6-cp27-cp27m-win_amd64.whl
pygame-1.9.6-cp35-cp35m-win32.whl
pygame-1.9.6-cp35-cp35m-win_amd64.whl
pygame-1.9.6-cp36-cp36m-win32.whl
pygame-1.9.6-cp36-cp36m-win_amd64.whl
pygame-1.9.6-cp37-cp37m-win32.whl
pygame-1.9.6-cp37-cp37m-win_amd64.whl

图 18-2

因为笔者的电脑的是 64 位 Windows 系统，所以单击"pygame-1.9.6-cp37-cp37m-win_amd64.whl"链接下载。下载完成后得到一个名为"pygame-1.9.6-cp37-cp37m-win_amd64.whl"的文件。进行本地安装时需要打开一个 CMD 命令窗口，然后定位切换到该下载文件所在的文件夹，并使用如下 pip 命令来运行安装：

```
python -m pip install --user pygame-1.9.6-cp37-cp37m-win_amd64.whl
```

注意：如果大家使用的是 Python 的低级版本，并且 Pygame 官网提供了某个 Python 版本的下载文件，就可以直接使用如下 pip 命令或 easy_install 命令进行安装：

```
pip install pygame
easy_install pygame
```

18.2　Pygame 开发基础

在成功安装 Pygame 框架后，接下来就可以使用 Python 语言开发 2D 游戏项目。在本节的内容中，将详细讲解在 Python 程序中使用 Pygame 开发游戏项目的过程。

18.2.1　Pygame 框架中的模块

在 Pygame 框架中有很多模块，其中常用的模块信息见表 18-1。

表 18-1

模块名	功 能
pygame.cdrom	访问光驱
pygame.cursors	加载光标
pygame.display	访问显示设备
pygame.draw	绘制形状、线和点
pygame.event	管理事件
pygame.font	使用字体
pygame.image	加载和存储图片
pygame.joystick	使用游戏手柄或者类似的东西
pygame.key	读取键盘按键
pygame.mixer	声音
pygame.mouse	鼠标
pygame.movie	播放视频
pygame.music	播放音频
pygame.overlay	访问高级视频叠加
pygame.rect	管理矩形区域
pygame.sndarray	操作声音数据
pygame.sprite	操作移动图像
pygame.surface	管理图像和屏幕
pygame.surfarray	管理点阵图像数据
pygame.time	管理时间和帧信息
pygame.transform	缩放和移动图像

例如在下面的实例文件，演示了开发第一个 Pygame 程序的过程。

实例 18-1：使用 Pygame 开发一个简易飞行游戏

源码路径：下载包 \daima\18\18-1

实例文件 123.py 的具体实现代码如下：

```python
background_image_filename = 'bg.jpg'              # 设置图像文件名称
mouse_image_filename = 'ship.bmp'
import pygame                                      # 导入 pygame 库
from pygame.locals import *                        # 导入常用的函数和常量
from sys import exit              # 从 sys 模块导入函数 exit() 用于退出程序
pygame.init()                                      # 初始化 pygame，为使用硬件做准备
screen = pygame.display.set_mode((640, 480), 0, 32) # 创建了一个窗口
pygame.display.set_caption("Hello, World!")        # 设置窗口标题
# 下面两行代码加载并转换图像
background = pygame.image.load(background_image_filename).convert()
mouse_cursor = pygame.image.load(mouse_image_filename).convert_alpha()
while True:                                         # 游戏主循环
    for event in pygame.event.get():
        if event.type == QUIT:                     # 接收到退出事件后退出程序
            exit()
    screen.blit(background, (0,0))                  # 将背景图画上去

    x, y = pygame.mouse.get_pos()                   # 获得鼠标位置
    # 下面两行代码计算光标的左上角位置
    x-= mouse_cursor.get_width() / 2
    y-= mouse_cursor.get_height() / 2
    screen.blit(mouse_cursor, (x, y))               # 绘制光标
    # 把光标画上去
    pygame.display.update()                         # 刷新画面
```

对上述实例代码的具体说明如下所示。

（1）set_mode 函数：会返回一个 Surface 对象，代表了在桌面上出现的那个窗口。在三个参数中，第 1 个参数为元组，代表分辨率（必需）；第 2 个是一个标志位，具体含义见表 18-2，如果不用什么特性，就指定 0；第 3 个为色深。

表 18-2

标志位	含　义
FULLSCREEN	创建一个全屏窗口
DOUBLEBUF	创建一个"双缓冲"窗口，建议在 HWSURFACE 或者 OPENGL 时使用
HWSURFACE	创建一个硬件加速的窗口，必须和 FULLSCREEN 同时使用
OPENGL	创建一个 OPENGL 渲染的窗口
RESIZABLE	创建一个可以改变大小的窗口
NOFRAME	创建一个没有边框的窗口

（2）convert 函数：功能是将图像数据都转化为 Surface 对象，每次加载完图像以后就应该做这件事。

（3）convert_alpha 函数：和 convert 函数相比，保留了 Alpha 通道信息（可以简单理解为透明的部分），这样移动的光标才可以是不规则的形状。

（4）游戏的主循环是一个无限循环，直到用户跳出。在这个主循环里做的事情就是不停地画背景和更新光标位置，虽然背景是不动的，但是还是需要每次都画它，否则鼠标覆盖过的位置就不能恢复正常了。

（5）blit 函数：第 1 个参数为一个 Surface 对象，第 2 个为左上角位置。画完以后一定记得用 update 更新一下，否则画面一片漆黑。

执行后的效果如图 18-3 所示。

图 18-3

18.2.2　事件操作

事件是一个操作动作，通常来说，Pygame 会接受用户的各种操作（比如按键盘，移动鼠标等）。这些操作会产生对应的事件，例如按键盘事件，移动鼠标事件。事件在软件开发中非常重要，Pygame 把一系列的事件存放一个队列里，并逐个进行处理。

1．事件检索

在本章前面的实例 18-1 中，使用函数 pygame.event.get() 处理了所有的事件，这好像打开大门让所有的人进来。如果使用 pygame.event.wait() 函数，Pygame 就会等到发生一个事件后才继续下去。而方法 pygame.event.poll() 一旦被调用，就会根据当前的情形返回一个真实的事件。在表 18-3 中列出了 Pygame 中常用的事件。

表 18-3

事　　件	产生途径	参　　数
QUIT	用户按下关闭按钮	none
ACTIVEEVENT	Pygame 被激活或者隐藏	gain, state
KEYDOWN	键盘被按下	unicode, key, mod
KEYUP	键盘被放开	key, mod
MOUSEMOTION	鼠标移动	pos, rel, buttons
MOUSEBUTTONDOWN	鼠标按下	pos, button
MOUSEBUTTONUP	鼠标放开	pos, button
JOYAXISMOTION	游戏手柄（Joystick or pad）移动	joy, axis, value
JOYBALLMOTION	游戏球（Joy ball）移动	joy, axis, value
JOYHATMOTION	游戏手柄（Joystick）移动	joy, axis, value
JOYBUTTONDOWN	游戏手柄按下	joy, button
JOYBUTTONUP	游戏手柄放开	joy, button
VIDEORESIZE	Pygame 窗口缩放	size, w, h
VIDEOEXPOSE	Pygame 窗口部分公开（expose）	none
USEREVENT	触发了一个用户事件	code

2．处理鼠标事件

在 Pygame 框架中，MOUSEMOTION 事件会在鼠标动作的时候发生，它有如下三个参数：

- buttons：一个含有三个数字的元组，三个值分别代表左键、中键和右键，1 就是按下了。
- pos：位置。
- rel：代表现在距离上次产生鼠标事件时的距离。

和 MOUSEMOTION 类似，常用的鼠标事件还有 MOUSEBUTTONDOWN 和 MOUSEBUTTONUP 两个。在很多时候，开发者只需要知道鼠标点下就可以不用上面那个比较强大（也比较复杂）的事件了。这两个事件的参数如下：

- button：这个值代表了哪个按键被操作。
- pos：位置。

3．处理键盘事件

在 Pygame 框架中，键盘和游戏手柄的事件比较类似，处理键盘的事件为 KEYDOWN 和 KEYUP。KEYDOWN 和 KEYUP 事件的参数描述如下：

- key：按下或者放开的键值，是一个数字，因为很少有人可以记住，所以在 Pygame 中可以使用 K_xxx 来表示，比如字母 a 就是 K_a，还有 K_SPACE 和 K_RETURN 等。
- mod：包含了组合键信息，如果 mod & KMOD_CTRL 是真的话，表示用户同时按下了 Ctrl 键。类似的还有 KMOD_SHIFT 和 KMOD_ALT。

● unicode：代表了按下键对应的 Unicode 值。

请看下面的实例，功能是在 Pygame 框架中处理键盘事件。

实例 18-2：在 Pygame 框架中处理键盘事件

源码路径：下载包 \daima\18\18-2

实例文件 shi.py 的具体实现代码如下：

```python
background_image_filename = 'bg.jpg'                    #设置图像文件名称
import pygame                                           #导入 pygame 库
from pygame.locals import *                             #导入常用的函数和常量
from sys import exit                                    #从 sys 模块导入函数 exit() 用于退出程序

pygame.init()                                           #初始化 pygame，为使用硬件做准备
screen = pygame.display.set_mode((640, 480), 0, 32)     #创建了一个窗口
#下面 1 行代码加载并转换图像
background = pygame.image.load(background_image_filename).convert()
x, y = 0, 0                                             #设置 x 和 y 的初始值作为初始位置
move_x, move_y = 0, 0                                   #设置水平和纵向两个方向的移动距离
while True:                                             #游戏主循环
    for event in pygame.event.get():
        if event.type == QUIT:                         #接收到退出事件后退出程序
            exit()
        if event.type == KEYDOWN:                      #如果键盘有按下
            if event.key == K_LEFT:                    #如果按下的是左方向键，把 x 坐标减 1
                move_x = -1
            elif event.key == K_RIGHT:                 #如果按下的是右方向键，把 x 坐标加 1
                move_x = 1
            elif event.key == K_UP:                    #如果按下的是上方向键，把 y 坐标减 1
                move_y = -1
            elif event.key == K_DOWN:                  #如果按下的是下方向键，把 y 坐标加 1
                move_y = 1
        elif event.type == KEYUP:                      #如果按键放开，不会移动
            move_x = 0
            move_y = 0
    #下面两行计算出新的坐标

    x+= move_x
    y+= move_y
    screen.fill((0,0,0))
    screen.blit(background, (x,y))
    #在新的位置上画图
    pygame.display.update()
```

执行后的效果如图 18-4 所示。此处读者需要注意编码的问题，一定要确保系统和程序文件编码的一致性，否则会出现中文乱码，本书后面的类似实例也是如此。

图 18-4

4．事件过滤

在现实应用中，并不是所有的事件都是需要处理的，就好像不是所有登门造访的人都是我们欢迎的一样，有时可能是来讨债的。比如，俄罗斯方块就可能无视你的鼠标操作，在游戏场景切换的时候按什么按键都是徒劳的。开发者应该有一个方法来过滤掉一些不感兴趣的事件（当然可以不处理这些没兴趣的事件，但最好的方法还是让它们根本不进入到我们的事件队列，就好像在门上贴着"债主免进"一样），这时需要使用 pygame.event.set_blocked（事件名）来完成。如果有好多事件需要过滤，可以传递一个专用列表来实现，比如 pygame.event.set_blocked ([KEYDOWN, KEYUP])，如果设置参数 None，那么所有的事件又被打开了。与之相对应的是，使用 pygame.event.set_allowed() 函数来设定允许的事件。

5．产生事件

通常玩家做什么，Pygame 框架只需要产生对应的事件即可。但是有的时候需要模拟出一些有用的事件，比如在录像回放时需要把用户的操作再重现一遍。为了产生事件，必须先造一个出来，然后再传递它：

```
my_event = pygame.event.Event(KEYDOWN, key=K_SPACE, mod=0, unicode=u' ')
# 也可以像下面这样写
my_event = pygame.event.Event(KEYDOWN, {"key":K_SPACE, "mod":0, "unicode":u' '})
pygame.event.post(my_event)
```

甚至可以产生一个完全自定义的全新事件：

```
CATONKEYBOARD = USEREVENT+1
my_event = pygame.event.Event(CATONKEYBOARD, message="Bad cat!")
pygame.event.post(my_event)
# 然后获得它
for event in pygame.event.get():
    if event.type == CATONKEYBOARD:
        print event.message
```

18.2.3　显示模式设置

游戏界面通常是一款游戏吸引玩家最直接的因素，虽说烂画面高游戏度的作品也有，但优秀的画面无疑是一张过硬的通行证，可以让你的作品争取到更多的机会。例如通过下面的代码，设置了游戏界面不是全屏模式显示。

```
screen = pygame.display.set_mode((640, 480), 0, 32)
```

当把第二个参数设置为 FULLSCREEN，会得到一个全屏窗口：

```
screen = pygame.display.set_mode((640, 480), FULLSCREEN, 32)
```

在全屏显示模式下，显卡可能就切换了一种模式，可以用如下代码获得当前机器支持的显示模式。

```
>>> import pygame
>>> pygame.init()
>>> pygame.display.list_modes()
```

例如在下面的实例中，演示了在全屏显示模式和非全屏模式之间进行转换的过程。

实例 18-3：让游戏在全屏和非全屏模式之间进行转换

源码路径：下载包 \daima\18\18-3

实例文件 qie.py 的具体实现代码如下：

```
Fullscreen = False                                    # 设置默认不是全屏
```

```
while True:                                          # 游戏主循环
    for event in pygame.event.get():
        if event.type == QUIT:                       # 接收到退出事件后退出程序
            exit()

    if event.type == KEYDOWN:
        if event.key == K_f:                         # 设置快捷键是 f
            Fullscreen = not Fullscreen
            if Fullscreen:                    # 按下 f 键后，在全屏和原始窗口之间进行切换
                screen = pygame.display.set_mode((640, 480), FULLSCREEN, 32)
                                                                # 全屏显示
            else:
                screen = pygame.display.set_mode((640, 480), 0, 32)
# 非全屏显示
    screen.blit(background, (0,0))
    pygame.display.update()                          # 刷新画面
```

执行后默认显示为非全屏模式窗口，按下 f 键后显示模式会在窗口和全屏之间进行切换。

18.2.4 字体处理

在 Pygame 模块中可以直接调用系统字体，或者可以直接使用 TTF 字体。为了使用字体，需要先创建一个 Font 对象。对于系统自带的字体来说，可以使用如下代码创建一个 Font 对象：

```
my_font = pygame.font.SysFont("arial", 16)
```

在上述代码中，第一个参数是字体名，第二个参数表示大小。一般来说，"Arial"字体在很多系统都是存在的，如果找不到的话，就会使用一个默认的字体，这个默认的字体和每个操作系统相关。也可以使用 pygame.font.get_fonts() 函数来获得当前系统所有可用字体。

另外，还可以通过如下代码使用 TTF：

```
my_font = pygame.font.Font("my_font.ttf", 16)
```

在上述代码中使用了一个叫作"my_font.ttf"的字体，通过上述方法可以把字体文件随游戏一起分发，避免用户机器上没有需要的字体。一旦创建了一个 font 对象，就可以通过如下代码使用 render 方法来写字，并且可以显示到屏幕中。

```
text_surface = my_font.render("Pygame is cool!", True, (0,0,0), (255, 255,
255))
```

在上述代码中，第一个参数是写的文字；第二个参数是个布尔值，是否开启抗锯齿，就是说 True 的话字体会比较平滑，不过相应的速度会有一点点影响；第三个参数是字体的颜色；第四个是背景色，如果你想没有背景色（也就是透明），那么可以不加第四个参数。

请看下面的实例，功能是在游戏窗口中显示指定样式文字的过程。

实例 18-4：在游戏窗口中显示指定样式的文字

源码路径：下载包 \daima\18\18-4

实例文件 zi.py 的具体实现代码如下：

```
pygame.init()                                   # 初始化 pygame，为使用硬件做准备
# 下行代码创建了一个窗口
screen = pygame.display.set_mode((640, 480), 0, 32)
font = pygame.font.SysFont(" 宋体 ", 40)         # 设置字体和大小
# 设置文本内容和颜色
text_surface = font.render(u" 你好 ", True, (0, 0, 255))
x = 0                                           # 设置显示文本的水平坐标
```

```
y = (480 - text_surface.get_height())/2          # 设置显示文本的垂直坐标
background = pygame.image.load("bg.jpg").convert()  # 加载并转换图像
while True:                                          # 游戏主循环
    for event in pygame.event.get():
        if event.type == QUIT:                       # 接收到退出事件后退出程序
            exit()
    screen.blit(background, (0, 0))                   # 将背景图画上去
    x -= 12                          # 设置文字滚动速率，如果文字滚动太快，可以尝试更改这个数字
    if x < -text_surface.get_width():
        x = 640 - text_surface.get_width()
    screen.blit(text_surface, (x, y))
    pygame.display.update()
```

执行后的效果如图 18-5 所示。

图 18-5

18.2.5 像素和颜色处理

在 Pygame 模块中，可以很方便地实现对颜色和像素的处理。例如在下面的实例中，演示了实现一个三原色颜色滑动条效果的过程。

实例 18-5：实现一个三原色颜色滑动条

源码路径：下载包 \daima\18\18-5

实例文件 xi.py 的具体实现代码如下：

```
def create_scales(height):
# 下面三行代码用于创建指定大小的图像对象实例，分别表示红绿蓝三块区域
    red_scale_surface = pygame.surface.Surface((640, height))
    green_scale_surface = pygame.surface.Surface((640, height))
    blue_scale_surface = pygame.surface.Surface((640, height))
    for x in range(640):                        # 遍历操作，保证能容纳 0-255 颜色
        c = int((x/640.)*255.)
        red = (c, 0, 0)                          # 红色颜色初始值
        green = (0, c, 0)                        # 绿色颜色初始值
        blue = (0, 0, c)                         # 蓝色颜色初始值
        line_rect = Rect(x, 0, 1, height)        # 绘制矩形区域表示滑动条
        pygame.draw.rect(red_scale_surface, red, line_rect)        # 绘制红色矩形区域
        pygame.draw.rect(green_scale_surface, green, line_rect)    # 绘制绿色矩形区域
```

```
            pygame.draw.rect(blue_scale_surface, blue, line_rect)    #绘制蓝色矩形区域
        return red_scale_surface, green_scale_surface, blue_scale_surface
red_scale, green_scale, blue_scale = create_scales(80)
color = [127, 127, 127]                                 #程序运行后的颜色初始值
while True:                                              #游戏主循环
    for event in pygame.event.get():
        if event.type == QUIT:                          #接收到退出事件后退出程序
            exit()
    screen.fill((0, 0, 0))                              #使用纯颜色填充 Surface 对象
    screen.blit(red_scale, (0, 00))                     #将红色绘制在图像上
    screen.blit(green_scale, (0, 80))                   #将绿色绘制在图像上
    screen.blit(blue_scale, (0, 160))                   #将蓝色绘制在图像上

    x, y = pygame.mouse.get_pos()                       #获得鼠标位置
    if pygame.mouse.get_pressed()[0]:                   #获得所有按下的键值，会得到一个元组
        for component in range(3):                      #遍历元组
            if y > component*80 and y < (component+1)*80:
                color[component] = int((x/639.)*255.)
        pygame.display.set_caption("PyGame Color Test - "+str(tuple(color))) #窗体
                                                         中标题的文字
    for component in range(3):
        pos = ( int((color[component]/255.)*639), component*80+40 )
        pygame.draw.circle(screen, (255, 255, 255), pos, 20)   #绘制滑动条中的圆形
    pygame.draw.rect(screen, tuple(color), (0, 240, 640, 240)) #获取绘制的矩形区域
    pygame.display.update()                             #刷新画面
```

执行后的效果如图 18-6 所示。

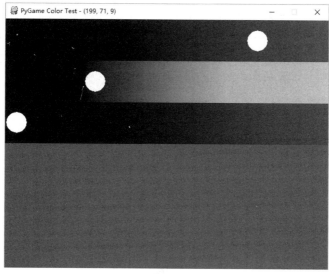

图 18-6

18.2.6　使用 Surface 绘制图像

在开发游戏程序的过程中，通常将绘制好的图像作为资源封装到游戏中。对 2D 游戏来说，图像可能就是一些背景和角色等，而 3D 游戏则往往是大量的贴图。在目前市面中有很多存储图像的方式（也就是有很多图片格式），比如 JPEG、PNG 等，其中 Pygame 框架支持的格式有：JPEG、PNG、GIF、BMP、PCX、TGA、TIF、LBM、PBM 和 XPM。

在 Pygame 框架中，通常使用 pygame.image.load() 函数加载图像，设置一个图像文件名

然后就可以设置一个 Surface 对象。尽管读入的图像格式各不相同，但是 Surface 对象隐藏了这些不同。开发者可以对一个 Surface 对象进行涂画、变形、复制等各种操作。

事实上，屏幕也只是一个 Surface 对象，例如函数 pygame.display.set_mode() 就返回了一个屏幕 Surface 对象。例如在下面的实例中，演示了随机在屏幕上绘制点的过程。

实例 18-6：在游戏界面随机绘制点

源码路径：下载包 \daima\18\18-6

实例文件 hui.py 的具体实现代码如下：

```python
from random import randint                              # 导入随机绘制模块
pygame.init()                                           # 初始化 pygame，为使用硬件做准备
  # 下面一行用于创建一个窗口
screen = pygame.display.set_mode((640, 480), 0, 32)
while True:                                             # 游戏主循环
    for event in pygame.event.get():
        if event.type == QUIT:                         # 接收到退出事件后退出程序
            exit()
    # 绘制随机点
    rand_col = (randint(0, 255), randint(0, 255), randint(0, 255))
    #screen.lock()
    for _ in range(100):                               # 遍历操作
        rand_pos = (randint(0, 639), randint(0, 479))
        screen.set_at(rand_pos, rand_col)              # 绘制一个点

    #screen.unlock()
    pygame.display.update()                            # 刷新画面
```

执行后的效果如图 18-7 所示。

图 18-7

18.2.7 使用 pygame.draw 绘图函数

在 Pygame 框架中，使用 pygame.draw 模块中的内置函数可以在屏幕中绘制各种图形。其中常用的内置函数见表 18-4。

表 18-4

函　　数	作　　用
rect	绘制矩形
polygon	绘制多边形（3 个及 3 个以上的边）

函　数	作　用
circle	绘制圆
ellipse	绘制椭圆
arc	绘制圆弧
line	绘制线
lines	绘制一系列的线
aaline	绘制一根平滑的线
aalines	绘制一系列平滑的线

请看下面的实例，功能是在游戏界面随机绘制各种多边形。

实例 18-7：随机绘制各种多边形

源码路径：下载包 \daima\18\18-7

实例文件 tu1.py 的具体实现代码如下：

```
points = []                                    # 定义变量 points 的初始值
while True:                                     # 游戏主循环
    for event in pygame.event.get():
        if event.type == QUIT:
            exit()                              # 接收到退出事件后退出程序
        if event.type == KEYDOWN:
            # 按任意键可以清屏并把点回复到原始状态

            points = []
            screen.fill((255,255,255))
        if event.type == MOUSEBUTTONDOWN:
            screen.fill((255,255,255))
            # 画随机矩形
            rc = (randint(0,255), randint(0,255), randint(0,255))
            rp = (randint(0,639), randint(0,479))
            rs = (639-randint(rp[0], 639), 479-randint(rp[1], 479))
            pygame.draw.rect(screen, rc, Rect(rp, rs))
            # 画随机圆形
            rc = (randint(0,255), randint(0,255), randint(0,255))
            rp = (randint(0,639), randint(0,479))
            rr = randint(1, 200)
            pygame.draw.circle(screen, rc, rp, rr)
            # 获得当前鼠标单击位置
            x, y = pygame.mouse.get_pos()
            points.append((x, y))
            # 根据单击位置画弧线
            angle = (x/639.)*pi*2.
            pygame.draw.arc(screen, (0,0,0), (0,0,639,479), 0, angle, 3)
            # 根据单击位置画椭圆
            pygame.draw.ellipse(screen, (0, 255, 0), (0, 0, x, y))
            # 从左上和右下画两根线连接到单击位置
            pygame.draw.line(screen, (0, 0, 255), (0, 0), (x, y))
            pygame.draw.line(screen, (255, 0, 0), (640, 480), (x, y))
            # 画单击轨迹图
            if len(points) > 1:
                pygame.draw.lines(screen, (155, 155, 0), False, points, 2)
            # 和轨迹图基本一样，只不过是闭合的，因为会覆盖，所以这里注释了
            #if len(points) >= 3:
            #    pygame.draw.polygon(screen, (0, 155, 155), points, 2)
            # 把每个点画明显一点
            for p in points:
                pygame.draw.circle(screen, (155, 155, 155), p, 3)
    pygame.display.update()
```

运行上述代码程序，在窗口中单击就会绘制图形，按下键盘中的任意键可以重新开始。执行后的效果如图 18-8 所示。

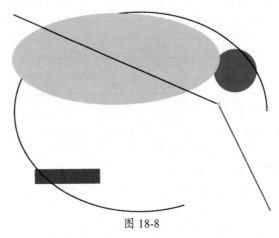

图 18-8

18.2.8 游戏开发实践

在接下来的内容中，将详细讲解实现使用 Pygame 开发一个简单贪吃蛇游戏的过程。

实例 18-8：简单的贪吃蛇游戏

源码路径：下载包 \daima\18\18-8

实例文件 main.py 的具体实现代码如下：

```python
import pygame
import sys
import random

# 全局定义
SCREEN_X = 600

SCREEN_Y = 600


# 蛇类
# 点以 25 为单位
class Snake(object):
    # 初始化各种需要的属性 [开始时默认向右/身体块 x5]
    def __init__(self):
        self.dirction = pygame.K_RIGHT
        self.body = []
        for x in range(5):
            self.addnode()

    # 无论何时 都在前端增加蛇块
    def addnode(self):
        left,top = (0,0)
        if self.body:
            left,top = (self.body[0].left,self.body[0].top)
        node = pygame.Rect(left,top,25,25)
        if self.dirction == pygame.K_LEFT:
            node.left -= 25
        elif self.dirction == pygame.K_RIGHT:
            node.left += 25
        elif self.dirction == pygame.K_UP:
```

```
                    node.top -= 25
            elif self.dirction == pygame.K_DOWN:
                    node.top += 25
            self.body.insert(0,node)

    # 删除最后一个块
    def delnode(self):
        self.body.pop()

    # 死亡判断
    def isdead(self):
        # 撞墙
        if self.body[0].x not in range(SCREEN_X):
            return True
        if self.body[0].y not in range(SCREEN_Y):
            return True
        # 撞自己
        if self.body[0] in self.body[1:]:
            return True
        return False

    # 移动！
    def move(self):
        self.addnode()
        self.delnode()

    # 改变方向 但是左右、上下不能被逆向改变
    def changedirection(self,curkey):
        LR = [pygame.K_LEFT,pygame.K_RIGHT]
        UD = [pygame.K_UP,pygame.K_DOWN]
        if curkey in LR+UD:
            if (curkey in LR) and (self.dirction in LR):
                return
            if (curkey in UD) and (self.dirction in UD):
                return
            self.dirction = curkey


# 食物类
# 方法：放置/移除
# 点以 25 为单位
class Food:
    def __init__(self):
        self.rect = pygame.Rect(-25,0,25,25)

    def remove(self):
        self.rect.x=-25

    def set(self):
        if self.rect.x == -25:
            allpos = []
            # 不靠墙太近 25 ~ SCREEN_X-25 之间
            for pos in range(25,SCREEN_X-25,25):
                allpos.append(pos)
            self.rect.left = random.choice(allpos)
            self.rect.top  = random.choice(allpos)
            print(self.rect)


def show_text(screen, pos, text, color, font_bold = False, font_size = 60,
font_italic = False):
    # 获取系统字体，并设置文字大小
    cur_font = pygame.font.SysFont("宋体", font_size)
```

```
            # 设置是否加粗属性
            cur_font.set_bold(font_bold)
            # 设置是否斜体属性
            cur_font.set_italic(font_italic)
            # 设置文字内容
            text_fmt = cur_font.render(text, 1, color)
            # 绘制文字
            screen.blit(text_fmt, pos)


    def main():
        pygame.init()
        screen_size = (SCREEN_X,SCREEN_Y)
        screen = pygame.display.set_mode(screen_size)
        pygame.display.set_caption('Snake')
        clock = pygame.time.Clock()
        scores = 0
        isdead = False

        # 蛇 / 食物
        snake = Snake()
        food = Food()

        while True:
            for event in pygame.event.get():
                if event.type == pygame.QUIT:
                    sys.exit()
                if event.type == pygame.KEYDOWN:
                    pressed_keys = pygame.key.get_pressed()
                    if pressed_keys.count(1) > 1:
                        continue
                    snake.changedirection(event.key)
                    # 死后按 space 重新
                    if event.key == pygame.K_SPACE and isdead:
                        return main()


            screen.fill((255,255,255))

            # 画蛇身 / 每一步 +1 分
            if not isdead:
                scores+=1
                snake.move()
            for rect in snake.body:
                pygame.draw.rect(screen,(20,220,39),rect,0)

            # 显示死亡文字
            isdead = snake.isdead()
            if isdead:
                show_text(screen,(100,200),'YOU DEAD!',(227,29,18),False,100)
                show_text(screen,(150,260),'press space to try again...',(0,0,22),
    False,30)

            # 食物处理 / 吃到 +50 分
            # 当食物 rect 与蛇头重合，吃掉 -> Snake 增加一个 Node
            if food.rect == snake.body[0]:
                scores+=50
                food.remove()
                snake.addnode()

            # 食物投递
            food.set()
            pygame.draw.rect(screen,(136,0,21),food.rect,0)
```

```
    # 显示分数文字
    show_text(screen,(50,500),'Scores: '+str(scores),(223,223,223))

    pygame.display.update()
    clock.tick(10)


if __name__ == '__main__':
    main()
```

执行后的效果如图 18-9 所示。

图 18-9

第 19 章

Python Web 开发

（📹视频讲解：46 分钟）

从软件的应用领域划分，传统上通常将软件分为桌面软件、Web 软件和移动软件三大类。在计算机软件开发应用中，Web 软件开发是最常见的一种典型应用，特别是随着动态网站的不断发展，Web 编程已经成为程序设计中的最重要的应用领域之一。在当今开发技术条件下，最主流的 Web 编程技术主要有 ASP.NET、PHP、JSP 等。作为一门功能强大的面向对象编程语言，Python 语言也可以像其他经典开发语言一样开发 Web 应用程序。在本章的内容中，将详细讲解使用 Python 语言开发 Web 应用程序的知识。

19.1 使用 Tornado 框架

Tornado 是 FriendFeed 使用的可扩展的非阻塞式 Web 服务器及其相关工具的开源版本。这个 Web 框架看起来有些像 web.py 或者 Google 的 webapp，不过为了能有效利用非阻塞式服务器环境，这个 Web 框架还包含了一些相关的有用的工具和优化措施。

19.1.1 Tornado 框架介绍

Tornado 是一种目前比较流行的、强大的、可扩展的 Python 的 Web 非阻塞式开源服务器框架，也是一个异步的网络库，能够帮助开发者快速简单地编写出高速运行的 Web 应用程序。

自从 2009 年第一个版本发布以来，Tornado 已经获得了很多社区的支持，并且在一系列不同的场合得到应用。除了 FriendFeed 和 Facebook 外，还有很多公司在生产上转向 Tornado，这其中包括 Quora、Turntable.fm、Bit.ly、Hipmunk 以及 MyYearbook 等。

在现实应用中，通常将 Tornado 库分为如下所示的四个部分：

（1）tornado.Web：创建 Web 应用程序的 Web 框架。

（2）HTTPServer 和 AsyncHTTPClient：HTTP 服务器与异步客户端。

（3）IOLoop 和 IOStream：异步网络功能库。

（4）tornado.gen：协程库。

19.1.2　Python 和 Tornado 框架

在使用 Tornado 框架之前，需要先搭建 Tornado 框架环境。我们可以通过 pip 或者 easy_install 命令进行安装。其中"pip"安装命令如下：

```
pip install tornado
```

也可以使用如下"easy_install"命令进行安装：

```
easy_install tornado
```

小鸟：我使用"easy_install"命令的安装界面如图 19-1 所示。

图 19-1

在 Tornado 框架中，是通过继承类 tornado.Web.RequestHandler 来编写 Web 服务器端程序的，并编写 get()、post() 业务方法，以实现对客户端指定 URL 的 GET 请求和 POST 请求的回应。然后启动框架中提供的服务器以等待客户端连接，处理相关数据并返回请求信息。例如在下面的实例中，演示了编写第一个 Tornado Web 程序的过程。

实例 19-1：编写 Tornado Web 程序：杰克琼斯是男生的最爱

源码路径：下载包 \daima\19\19-1

实例文件 app.py 的具体实现代码如下：

```
import tornado.ioloop                          # 导入 Tornado 框架中的相关模块
import tornado.web                             # 导入 Tornado 框架中的相关模块
# 定义子类 MainHandler

class MainHandler(tornado.web.RequestHandler):
    def get(self):                             # 定义请求业务函数 get()
        self.write(" 杰克琼斯是男生的最爱 ")       # 打印文本

def make_app():                                # 定义应用配置函数

    return tornado.web.Application([
        (r"/", MainHandler),                   # 定义 URL 映射列表
    ])

if __name__ == "__main__":
    app = make_app()                           # 调用配置函数
    app.listen(8888)                           # 设置监听服务器 8888 端口
    tornado.ioloop.IOLoop.current().start()           # 启动服务器
```

在上述实例代码中，首先导入了 Tornado 框架的相关模块，然后自定义 URL 的相应业务方法（GET、POST 等）；然后实例化 Tornado 模块中提供的 Application 类，并传 URL 映射列表及有关参数，最后启动服务器即可。在命令提示符下的对应子目录中执行：

```
python app.py
```

如果没有语法错误的话，服务器就已经启动并等待客户端连接了。在服务器运行以后，

在浏览器地址栏中输入 http://localhost:8888，就可以访问服务器，即可看到默认主页页面。在浏览器中的执行效果如图 19-2 所示。

杰克琼斯是男生的最爱

图 19-2

注意： 通过上述实例可以看出，使用 Tornado 框架编写服务器端程序的代码结构是非常清晰的。开发者的基本工作就是编写相关的业务处理类，并将它们和某一特定的 URL 映射起来，Tornado 框架服务器收到对应的请求后进行调用。一般来说，如果是比较简单的网站项目，可以把所有的代码放入同一个模块之中。但为了维护方便，可以按照功能将其划分到不同的模块中，其一般模块结构（目录结构）如下：

```
proj\
    manage.py              # 服务器启动入口
    settings.py            # 服务器配置文件
    url.py                 # 服务器 URL 配置文件
    handler\
            login.py       # 相关 URL 业务请求处理类
    db\                    # 数据库操作模块目录
    static\                # 静态文件存放目录
            js\            #JS 文件存放目录
            css\           #CSS 样式表文件目录
            img\           # 图片资源文件目录
    templates\             # 网页模板文件目录
```

19.1.3 获取请求参数

在 Python 程序中，客户端经常需要获取如下三类参数：

（1）URL 中的参数；

（2）GET 的参数；

（3）POST 中的参数。

下面我们详细讲解一下这三类参数的获取方式。

（1）获取 URL 中的参数。

在 Tornado 框架中，要想获取 URL 中包含的参数，需要在 URL 定义中定义获取参数，并在对应的业务方法中给出相应的参数名进行获取。在 Tornado 框架的 URL 定义字符串中，使用正则表达式来匹配 URL 及 URL 中的参数，比如：

```
(r"uid/([0-9]+)",UserHdl)
```

上述形式的 URL 字符串定义可以接受形如"uid/"后跟一位或多位数字的客户端 URL 请求。针对上面的 URL 定义，可以以如下方式定义 get() 方法：

```
def get (self,uid):
    pass
```

此时当发来匹配的 URL 请求时会截取跟正则表达式匹配的部分，传递给 get() 方法，这样可以把数据传递给 uid 变量，以在方法 get() 中得到使用。

例如在下面的实例代码中，演示了在 GET 方法中获取 URL 参数的过程。

实例 19-2：显示杰克琼斯官方旗舰店的欢迎信息

源码路径：下载包 \daima\19\19-2

实例文件 can.py 的具体实现代码如下：

```
import tornado.ioloop                          # 导入 Tornado 框架中的相关模块
import tornado.web                             # 导入 Tornado 框架中的相关模块
class zi(tornado.web.RequestHandler):          # 定义子类 zi
    def get(self,uid):                         # 获取 URL 参数
        self.write('顾客您好，杰克琼斯官方旗舰店欢迎您，你的UID号是：%s!'% uid)
                                               # 打印显示 UID，来源于下面的正则表达式

app = tornado.web.Application([                 # 使用正则表达式获取参数
    (r'/([0-9]+)',zi),
    ],debug=True)

if __name__ == '__main__':
    app.listen(8888)                           # 设置监听服务器 8888 端口
    tornado.ioloop.IOLoop.instance().start()   # 启动服务器
```

在上述实例代码中，使用正则表达式定义了 URL 字符串，使用 get() 方法获取了 URL 参数中的 uid。例如在浏览器中输入 "http://localhost:8888/123" 后的执行效果如图 19-3 所示。

顾客您好，杰克琼斯官方旗舰店欢迎您，你的UID号是：123!

图 19-3

（2）获取 GET 和 POST 中的参数。

在 Tornado 框架中，要想获取 GET 或 POST 中的请求参数，只需要调用从类 RequestHandler 中继承来的 get_argument() 方法即可。方法 get_argument() 的原型如下：

```
get_argument('name', default='',strip=False)
```

● name：请求中的参数名称。

● default：指定没有获取参数时给定一个默认值。

● strip：指定是否对获取的参数进行两头去空格处理。

请看下面的实例，首先设置了一个表单，将表单信息作为 POST 中的参数，在提交表单后能获取这个参数。

实例 19-3：显示美特斯邦威的广告词

源码路径：下载包 \daima\19\19-3

实例文件 po.py 的具体实现代码如下：

```
import tornado.ioloop                          # 导入 Tornado 框架中的相关模块
import tornado.web                             # 导入 Tornado 框架中的相关模块
html_txt = """                                 # 变量 html_txt 初始化赋值
<!DOCTYPE html>                                # 下面是一段普通的 HTML 的代码
<html>
    <body>
        <h2> 收到 GET 请求 </h2>
        <form method='post'>
        <input type='text' name='name' placeholder='请输入你的答案' />
        <input type='submit' value='发送 POST 请求' />
        </form>
    </body>
</html>
```

```
"""
class zi(tornado.web.RequestHandler):  #定义子类 zi

    def get(self):                                      #定义方法 get() 处理 get 请求
        self.write(html_txt)                            #处理为页面内容
    def post(self):                                     #定义方法 post() 处理 post 请求
        name = self.get_argument('name',default='匿名',strip=True)
                                                        #获取上面表单中的姓名 name
        self.write("美特斯邦威的广告词是：%s" % name)    #打印显示姓名
app = tornado.web.Application([                          #实例化 Application 对象
    (r'/get',zi),
    ],debug=True)

if __name__ == '__main__':
    app.listen(8888)                                    #设置监听服务器 8888 端口
    tornado.ioloop.IOLoop.instance().start()            #启动服务器
```

在上述实例代码中，当服务器收到 GET 请求时返回一个带有表单的页面内容；当用户填写自己的姓名，并单击"发送 POST 请求"按钮时，将用户输入的姓名以 POST 参数形式发送到服务器端。最后在服务器端调用方法 get_argument() 来获取输出请求。在浏览器中输入"http://localhost:8888/get"后的执行效果如图 19-4 所示。

在表单中输入"不走寻常路"，然后单击"发送 POST 请求"按钮后的执行效果，如图 19-5 所示。

图 19-4   图 19-5

19.1.4 使用 cookie

Cookie，有时也用其复数形式 Cookies，指某些网站为了辨别用户身份、进行 session 跟踪而存储在用户本地终端上的数据（通常经过加密）。在现实应用中，Cookies 最典型的应用是判定注册用户是否已经登录网站，用户可能会得到提示，是否在下一次进入此网站时保留用户信息以便简化登录手续，这些都是 Cookies 的功用。另一个重要应用场合是"购物车"之类处理。用户可能会在一段时间内在同一家网站的不同页面中选择不同的商品，这些信息都会写入 Cookies，以便在最后付款时提取信息。

在 Tornado 框架中，使用 cookie 和安全 cookie 的常用方法原型见表 19-1。

表 19-1

方法原型	描　　述
set_cookie('name' ,value)	设置 cookie
get_cookie('name')	获取 cookie 值
set_secure_cookie ('name' ,value)	设置安全 cookie 值
get_secure_cookie('name')	获取安全 cookie 值
clear_cookie('name')	清除名为 name 的 cookie 值
clear_all_cookies()	清除所有 cookies

例如在下面的实例中，演示了在不同页面设置与获取 cookie 值的过程。

实例 19-4：在不同页面设置与获取 cookie 值

源码路径：下载包 \daima\19\19-4

实例文件 co.py 的具体实现代码如下：

```
import tornado.ioloop                          # 导入 Tornado 框架中的相关模块
import tornado.web                             # 导入 Tornado 框架中的相关模块
import tornado.escape                          # 导入 Tornado 框架中的相关模块
# 定义处理类 aaaa，用于设置 cookie 的值
class aaaa(tornado.web.RequestHandler):
    def get(self):                             # 处理 get 请求
        #URL 编码处理
        self.set_cookie('odn_cookie',tornado.escape.url_escape("未加密 COOKIE 串"))
        # 设置普通 cookie
        self.set_secure_cookie('scr_cookie',"加密 SCURE_COOKIE 串")
        # 设置加密 cookie

        self.write("<a href='/shcook'> 查看设置的 COOKIE</a>")
# 定义处理类 shcookHdl，用于获取 cookie 的值
class shcookHdl(tornado.web.RequestHandler):
    def get(self):                             # 处理 get 请求
        # 获取普通 cookie
        odn_cookie = tornado.escape.url_unescape(self.get_cookie('odn_cookie'))
        # 进行 URL 解码
        scr_cookie = self.get_secure_cookie('scr_cookie').decode('utf-8')
        # 获取加密 cookie
        self.write(" 普通 COOKIE:%s,<br/> 安全 COOKIE:%s" % (odn_cookie,scr_cookie))

app = tornado.web.Application([
    (r'/sscook',aaaa),
    (r'/shcook',shcookHdl),
    ],cookie_secret='abcddddkdk##$$34323sdDsdfdsf#23')
if __name__ == '__main__':
    app.listen(8888)                           # 设置监听服务器 8888 端口
    tornado.ioloop.IOLoop.instance().start()   # 启动服务器
```

在上述实例代码中定义了两个类，分别用于设置 cookie 的值和获取 cookie 的值。当在浏览器中输入"http://localhost:8888/sscook"时开始设置 cookie，执行效果如图 19-6 所示。

当单击页面中的"查看设置的 COOKIE"链接时，会访问"shcook"，显示出刚刚设置的 cookie 值。执行效果如图 19-7 所示。

图 19-6   图 19-7

19.1.5 URL 转向

所谓 URL 转向，是通过服务器的特殊设置，将访问当前域名的用户引导到您指定的另一个 URL 页面。在 Tornado 框架可以实现 URL 转向的功能，这需要借助于如下两个方法实现 URL 转向功能：

（1）redirect(url)：在业务逻辑中转向 URL。

（2）RedirectHandler：实现某个 URL 的直接转向。

例如在下面的实例代码中，演示了实现两种 URL 转向功能的过程。

实例 19-5：实现两种 URL 转向功能

源码路径：下载包 \daima\19\19-5

实例文件 zh.py 的具体实现代码如下：

```
import tornado.ioloop                                    # 导入 Tornado 框架中的相关模块
import tornado.web                                       # 导入 Tornado 框架中的相关模块
# 定义类 DistA，作为转向的目标 URL 请求处理器
class DistA(tornado.web.RequestHandler):
    def get(self):                                       # 获取 get 请求
        self.write("被转向的目标页面！")                    # 显示输出一个字符串


# 定义转向处理器类 SrcA
class SrcA(tornado.web.RequestHandler):
    def get(self):                                       # 获取 get 请求
        self.redirect('/dist')                           # 业务逻辑转向，指向一个 URL


app = tornado.web.Application([
    (r'/dist',DistA),                                    # 指向 DistA 类
    (r'/src',SrcA),                                      # 指向 SrcA 类
    (r'/rdrt',tornado.web.RedirectHandler,{'url':'/src'})   # 定义一个直接转向 URL
    ])


if __name__ == '__main__':
    app.listen(8888)                                     # 设置监听服务器 8888 端口
    tornado.ioloop.IOLoop.instance().start()            # 启动服务器
```

在上述实例代码中定义了两个类，其中类 DistA 作为转向的目标 URL 请求处理器，类 SrcA 是转向处理器。当访问指向这个业务类时，会被转向到 '/dist' 网址。最后，在类 Application 中定义一个直接转向，只要访问 '/rdrt' 就会直接转向到 '/src'。在执行后如果试图访问 '/rdrt' 的 URL，会转向 '/src'，再最终转向 '/dist'。也就是说，无论是访问 '/rdrt'，还是访问 '/src'，最终的执行效果都如图 19-8 所示。

图 19-8

19.1.6　使用静态资源文件

支持在 Tornado 网站中可以直接使用静态的资源文件，如图片、JS 脚本、CSS 样式表等。当需要用到静态文件资源时，需要在 Application 类的初始化时提供"static_path"参数。

例如在下面的实例代码中，演示了使用图片静态资源文件的过程。

实例 19-6：显示杰克琼斯商品的最畅销款

源码路径：下载包 \daima\19\19-6

实例文件 tu.py 的具体实现代码如下：

```
import tornado.ioloop                                    # 导入 Tornado 框架中的相关模块
import tornado.web                                       # 导入 Tornado 框架中的相关模块
# 定义类 AAA，用于访问输出静态图片文件
class AAA(tornado.web.RequestHandler):
    def get(self):                                       # 获取 get 请求
```

```
        self.write(" 杰克琼斯的最畅销款：")
        self.write("<img src='/static/ttt.jpg' />")    #使用一幅本地图片
app = tornado.web.Application([
    (r'/stt',AAA),                                      #参数 "/stt" 请求
    ],static_path='./static')                           #调用本网站中的图片 "static/ttt.jpg"
if __name__ == '__main__':

    app.listen(8888)                                    #设置监听服务器 8888 端口
    tornado.ioloop.IOLoop.instance().start()           #启动服务器
```

在上述实例代码中，通过参数"/stt"请求返回的 HTML 代码中是一个 img 标签，并调用本网站中的图片"static/ttt.jpg"。在初始化类 Application 时提供了 static_path 参数，以指明静态资源的目录。最终的执行效果如图 19-9 所示。

图 19-9

19.2　使用 Django 框架

Django 是由 Python 语言开发的一个免费的开源网站框架，可以用于快速搭建高性能并优雅的网站。在本节的内容中，将详细讲解使用 Django 框架开发 Web 程序的过程。

19.2.1　搭建 Django 环境

在当今技术环境下，有多种安装 Django 框架的方法，下面对这些安装方法按难易程度进行排序，其中越靠前的越简单：

（1）Python 包管理器；

（2）操作系统包管理器；

（3）官方发布的压缩包；

（4）源码库。

最简单的下载和安装方式是使用 Python 包管理工具，建议读者使用这种安装方式。例

如可以使用 Setuptools（https://pypi.python.org/pypi/setuptools）中的 easy_install 或 pip。目前在所有的操作系统平台上都可使用这两个工具，对于 Windows 用户来说，在使用 Setuptools 时需要将 easy_install.exe 文件放在 Python 安装目录下的 Scripts 文件夹中。此时只须在 DOS 命令行窗口中使用一条命令就可以安装 Django，其中可以使用"easy_install"命令进行安装：

```
easy_install django
```

也可以使用"pip"命令进行安装：

```
pip install django
```

本书使用的版本是 1.10.4，控制台安装界面效果如图 19-10 所示。

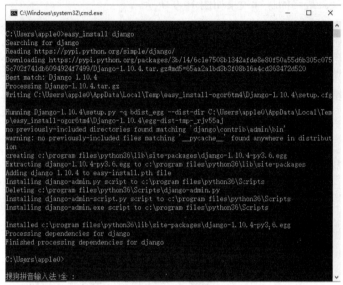

图 19-10

19.2.2 常用的 Django 命令

接下来将要讲解一些 Django 框架中常用的基本的命令，读者需要打开 Linux 或 MacOS 的 Terminal（终端）直接在终端中输入这些命令（不是 Python 的 shell 中）。如果读者使用的是 Windows 系统，则在 CMD 上输入操作命令。

（1）新建一个 Django 工程。

```
django-admin.py startproject project-name
```

"project-name"表示工程名字，一个工程是一个项目。在 Windows 系统中需要使用如下命令创建工程：

```
django-admin startproject project-name
```

（2）新建 app（应用程序）。

```
python manage.py startapp app-name
```

或：

```
django-admin.py startapp app-name
```

通常一个项目有多个 app，当然通用的 app 也可以在多个项目中使用。

（3）同步数据库。

```
python manage.py syncdb
```

读者需要注意，在 Django 1.7.1 及以上的版本中需要使用以下命令：

```
python manage.py makemigrations
python manage.py migrate
```

这种方法可以创建表，当在 models.py 中新增类时，运行它就可以自动在数据库中创建表了，不用手动创建。

（4）使用开发服务器。

开发服务器，即在开发时使用，在修改代码后会自动重启，这会方便程序的调试和开发。但是由于性能问题，建议只用来测试，不要用在生产环境。

```
python manage.py runserver
# 当提示端口被占用的时候，可以用其他端口：
python manage.py runserver 8001
python manage.py runserver 9999
（当然也可以 kill 掉占用端口的进程）
# 监听所有可用的 ip（计算机可能有一个或多个内网 ip，一个或多个外网 ip，即有多个 ip 地址）
python manage.py runserver 0.0.0.0:8000
# 如果是外网或者局域网计算机上可以用其他计算机查看开发服务器
# 访问对应的 ip 加端口，比如 http://172.16.20.2:8000
```

（5）清空数据库。

```
python manage.py flush
```

此命令会询问是 yes 还是 no，选择 yes 会把数据全部清空掉，只留下空表。

（6）创建超级管理员。

```
python manage.py createsuperuser
# 按照提示输入用户名和对应的密码就好了，邮箱可以留空，用户名和密码必填
# 修改用户密码可以用
python manage.py changepassword username
```

（7）导出数据，导入数据。

```
python manage.py dumpdata appname > appname.json
python manage.py loaddata appname.json
```

（8）Django 项目环境终端。

```
python manage.py shell
```

如果安装了 bpython 或 ipython，会自动调用它们的界面，推荐安装 bpython。这个命令和直接运行 Python 或 bpython 进入 shell 的区别是：可以在这个 shell 里面调用当前项目的 models.py 中的 API。

（9）数据库命令行。

```
python manage.py dbshell
```

Django 会自动进入在 settings.py 中设置的数据库，如果是 MySQL 或 PostgreSQL，会要求输入数据库的用户密码。在这个终端可以执行数据库的 SQL 语句。如果对 SQL 比较熟悉，可能喜欢这种方式。

19.2.3　第一个 Django 工程

例如在下面的实例代码中，演示了创建并运行第一个 Django Web 工程的过程。

实例 19-7：输出显示"优衣库价格实惠"

源码路径：下载包 \daima\19\19-7

（1）在 CMD 命令中定位到"H"盘，然后通过如下命令创建一个"mysite"目录作为"project
（工程）"。

```
django-admin startproject mysite
```

创建成功后会看到如下的目录样式：

```
mysite
├── manage.py
└── mysite
    ├── __init__.py

    ├── settings.py
    ├── urls.py
    └── wsgi.py
```

也就是说在"H"盘中新建了一个 mysite 目录，其中还有一个 mysite 子目录，这个子目
录 mysite 中是一些项目的设置 settings.py 文件，总的 urls 配置文件 urls.py，以及部署服务器
时用到的 wsgi.py 文件，文件 __init__.py 是 python 包的目录结构必需的，与调用有关。具体
说明见表 19-2。

表 19-2

名　　称	描　　述
mysite	项目的容器，保存整个工程
manage.py	一个实用的命令行工具，可以让你以各种方式与该 Django 项目进行交互
mysite/__init__.py	一个空文件，告诉 Python 该目录是一个 Python 包
mysite/settings.py	该 Django 项目的设置 / 配置
mysite/urls.py	该 Django 项目的 URL 声明，一份由 Django 驱动的网站"目录"
mysite/wsgi.py	一个 WSGI 兼容的 Web 服务器的入口，以便运行你的项目

（2）在 CMD 中定位到 mysite 目录下（注意，不是 mysite 中的 mysite 目录），然后通
过如下命令新建一个应用（app），名称为 learn。

```
H:\mysite>python manage.py startapp learn
```

此时可以看到在主 mysite 目录中多出了一个 learn 文件夹，在里面有如下的文件：

```
learn/
├── __init__.py
├── admin.py
├── apps.py
├── models.py
├── tests.py
└── views.py
```

（3）为了将新定义的 app 添加到 settings.py 文件的 INSTALLED_APPS 中，需要对文件
mysite/mysite/settings.py 进行如下修改：

```
INSTALLED_APPS = [
    'django.contrib.admin',
    'django.contrib.auth',
    'django.contrib.contenttypes',
    'django.contrib.sessions',
    'django.contrib.messages',
    'django.contrib.staticfiles',
    'learn',
]
```

这一步的目的是将新建的程序"learn"添加到 INSTALLED_APPS 中，如果不这样做，django 就不能自动找到 app 中的模板文件（app-name/templates/ 下的文件）和静态文件（app-name/static/ 中的文件）。

（4）定义视图函数，用于显示访问页面时的内容。在 learn 目录中打开文件 views.py，然后进行如下的修改：

```
#coding:utf-8
from django.http import HttpResponse
def index(request):
return HttpResponse(u"优衣库价格实惠! ")
```

对上述代码的具体说明如下：

第 1 行：声明编码为 utf-8，因为我们在代码中用到了中文，如果不声明就会报错。

第 2 行：引入 HttpResponse，用来向网页返回内容的。就像 Python 中的 print 函数一样，只不过 HttpResponse 是把内容显示到网页上。

第 3 ～ 4 行：定义一个 index() 函数，第一个参数必须是 request，与网页发来的请求有关。在 request 变量里面包含 get/post 的内容、用户浏览器和系统等信息。函数 index() 返回一个 HttpResponse 对象，可以经过一些处理，最终显示几个字到网页上。

现在问题来了，用户应该访问什么网址才能看到刚才写的这个函数呢？怎么让网址和函数关联起来呢？接下来需要定义和视图函数相关的 URL 网址。

（5）开始定义视图函数相关的 URL 网址，对文件 mysite/mysite/urls.py 进行如下的修改：

```
from django.conf.urls import url
from django.contrib import admin
from learn import views as learn_views    # 新修改的
urlpatterns = [
    url(r'^$', learn_views.index),         # 新修改的
    url(r'^admin/', admin.site.urls),
]
```

（6）最后在终端上运行如下命令进行测试：

```
python manage.py runserver
```

测试成功后显示如图 19-11 所示的界面效果。

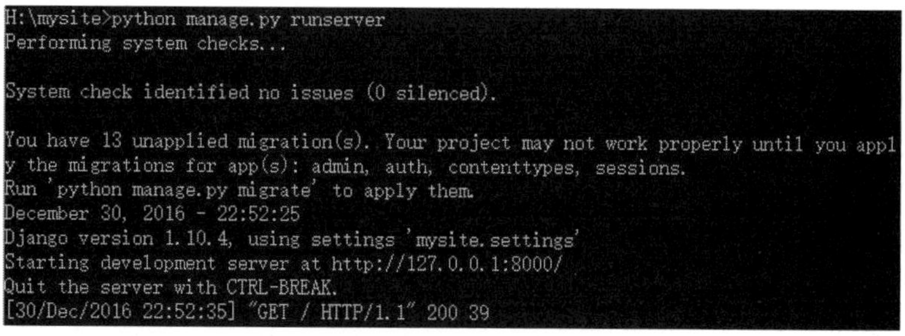

图 19-11

在浏览器中输入"http://localhost:8000/"后的执行效果如图 19-12 所示。

优衣库价格实惠！

图 19-12

19.2.4　在 URL 中传递参数

和前面学习的 Tornado 框架一样，使用 Django 框架也可以实现对 URL 参数的处理。例如在下面的实例代码中，演示了使用 Django 框架实现参数相加功能的过程。

实例 19-8：参数加法计算器

源码路径：下载包 \daima\19\19-8

（1）在 CMD 命令中定位到"H"盘，然后通过如下命令创建一个"zqxt_views"目录作为"project（工程）"。

```
django-admin startproject zqxt_views
```

也就是说在"H"盘中新建了一个 zqxt_views 目录，其中还有一个 zqxt_views 子目录，这个子目录中是一些项目的设置 settings.py 文件，总的 urls 配置文件 urls.py，以及部署服务器时用到的 wsgi.py 文件，文件 __init__.py 是 python 包的目录结构必需的，与调用有关。

（2）在 CMD 中定位到 zqxt_views 目录下（注意，不是 zqxt_views 中的 zqxt_views 目录），然后通过如下命令新建一个应用（app），名称为 calc：

```
cd zqxt_views
python manage.py startapp calc
```

此时自动生成目录的结构大致如下：

```
zqxt_views/
├── calc
│   ├── __init__.py
│   ├── admin.py
│   ├── apps.py
│   ├── models.py
│   ├── tests.py
│   └── views.py
├── manage.py
└── zqxt_views
    ├── __init__.py
    ├── settings.py
    ├── urls.py
    └── wsgi.py
```

（3）为了将新定义的 app 添加到 settings.py 文件的 INSTALLED_APPS 中，需要对文件 zqxt_views/zqxt_views/settings.py 进行如下修改：

```
INSTALLED_APPS = [
    'django.contrib.admin',
    'django.contrib.auth',
    'django.contrib.contenttypes',
    'django.contrib.sessions',
    'django.contrib.messages',

    'django.contrib.staticfiles',
    'calc',
]
```

这一步的目的是将新建的程序"calc"添加到 INSTALLED_APPS 中，如果不这样做，django 就不能自动找到 app 中的模板文件（app-name/templates/ 下的文件）和静态文件（app-name/static/ 中的文件）。

（4）定义视图函数，用于显示访问页面时的内容。对文件 calc/views.py 进行如下的修改：

```
from django.shortcuts import render
from django.http import HttpResponse

def add(request):
    a = request.GET['a']
    b = request.GET['b']
    c = int(a)+int(b)
    return HttpResponse(str(c))
```

在上述代码中，request.GET 类似于一个字典，当没有为传递的 a 设置值时，a 的默认值为 0。

（5）开始定义视图函数相关的 URL 网址，添加一个网址来对应我们刚才新建的视图函数。对文件 zqxt_views/zqxt_views/urls.py 进行如下的修改：

```
from django.conf.urls import url
from django.contrib import admin
from learn import views as learn_views    #新修改的

urlpatterns = [
    url(r'^$', learn_views.index),          #新修改的
    url(r'^admin/', admin.site.urls),
]
```

（6）最后在终端上运行如下命令进行测试：

```
python manage.py runserver
```

在浏览器中输入 "http://localhost:8000/add/" 后的执行效果如图 19-13 所示。

```
MultiValueDictKeyError at /add/
"'a'"

      Request Method: GET
         Request URL: http://localhost:8000/add/
      Django Version: 1.10.4
      Exception Type: MultiValueDictKeyError
     Exception Value: "'a'"
  Exception Location: C:\Program Files\Python36\lib\site-packages\django-1.10.4-py3.6.egg\django\utils\datastructures.py in __getitem__, line 85
   Python Executable: C:\Program Files\Python36\python.exe
      Python Version: 3.6.0
         Python Path: ['H:\\zqxt_views',
                      'C:\\Program Files\\Python36\\python36.zip',
                      'C:\\Program Files\\Python36\\DLLs',
                      'C:\\Program Files\\Python36\\lib',
                      'C:\\Program Files\\Python36',
                      'C:\\Program Files\\Python36\\lib\\site-packages',
                      'C:\\Program Files\\Python36\\lib\\site-packages\\flask-0.12-py3.6.egg',
                      'C:\\Program Files\\Python36\\lib\\site-packages\\click-6.6-py3.6.egg',
                      'C:\\Program Files\\Python36\\lib\\site-packages\\itsdangerous-0.24-py3.6.egg',
                      'C:\\Program Files\\Python36\\lib\\site-packages\\jinja2-2.8.1-py3.6.egg',
                      'C:\\Program Files\\Python36\\lib\\site-packages\\werkzeug-0.11.13-py3.6.egg',
                      'C:\\Program
                      Files\\Python36\\lib\\site-packages\\markupsafe-0.23-py3.6-win-amd64.egg',
                      'C:\\Program
                      Files\\Python36\\lib\\site-packages\\tornado-4.4.2-py3.6-win-amd64.egg',
                      'C:\\Program Files\\Python36\\lib\\site-packages\\django-1.10.4-py3.6.egg']
         Server time: Sat, 31 Dec 2016 12:05:23 +0800
```

图 19-13

如果在 URL 中输入数字参数，例如在浏览器中输入 "http://localhost:8000/add/?a= 4&b= 5"，执行后会显示这两个数字（4 和 5）的和，执行效果如图 19-14 所示。

9

图 19-14

在 Python 程序中，也可以采用 "/add/3/4/" 这样的方式对 URL 中的参数进行求和处理。这时需要修改文件 calc/views.py 的代码，在里面新定义一个求和函数 add2()，具体代码如下：

```
def add2(request, a, b):
    c = int(a) + int(b)
    return HttpResponse(str(c))
```

接着修改文件 zqxt_views/urls.py 的代码，再添加一个新的 URL，具体代码如下：

```
url(r'^add/(\d+)/(\d+)/$', calc_views.add2, name='add2'),
```

此时可以看到网址中多了"\d+"，正则表达式中的"\d"代表一个数字，"+"代表一个或多个前面的字符，写在一起"\d+"就表示是一个或多个数字，用括号括起来的意思是保存为一个子组（更多知识参见 Python 正则表达式），每一个子组将作为一个参数，被文件 views.py 中的对应视图函数接收。此时输入如下网址执行后就可以看到同样的执行效果：

```
http://localhost:8000/add/?add/4/5/
```

19.2.5 使用模板

在 Django 框架中，模板是一个文本，用于分离文档的表现形式和具体内容。为了方便开发者进行开发，Django 框架提供了很多模板标签，具体说明如下：

（1）autoescape：控制当前自动转义的行为，有 on 和 off 两个选项，例如：

```
{% autoescape on %}
    {{ body }}
{% endautoescape %}
```

（2）block：定义一个子模板可以覆盖的块。

（3）comment：注释，例如 {% comment %} 和 {% endcomment %} 之间的内容被解释为注释。

（4）csrf_token：一个防止 CSRF 攻击（跨站点请求伪造）的标签。

（5）cycle：循环给出的字符串或者变量，可以混用。例如：

```
{% for o in some_list %}
    <tr class="{% cycle 'row1' rowvalue2 'row3' %}">
        ...
    </tr>
{% endfor %}
```

值得注意的是，这里的变量的值默认不是自动转义的，要么相信你的变量，要么是用强制转义的方法，例如：

```
{% for o in some_list %}
    <tr class="{% filter force_escape %}{% cycle rowvalue1 rowvalue2 %}{% endfilter %}">
        ...
    </tr>
{% endfor %}
```

在某些情况下，可能想在循环外部引用循环中的下一个值，这时需要用 as 给 cycle 标签设置一个名字，这个名字代表的是当前循环的值。但是在 cycle 标签里面，可以用这个变量来获得循环中的下一个值。例如：

```
<tr>
    <td class="{% cycle 'row1' 'row2' as rowcolors %}">...</td>
    <td class="{{ rowcolors }}">...</td>
</tr>
<tr>
    <td class="{% cycle rowcolors %}">...</td>
    <td class="{{ rowcolors }}">...</td>
```

```
</tr>
```

对应的渲染的结果是：

```
<tr>
    <td class="row1">...</td>
    <td class="row1">...</td>
</tr>
<tr>
    <td class="row2">...</td>
    <td class="row2">...</td>
</tr>
```

但是一旦定义了 cycle 标签，默认就会使用循环中的第一个值。当你仅仅是想定义一个循环，而不想打印循环的值的时候（比如在父模板定义变量以方便继承），可以用 cycle 的 silent 参数（必须保证 silent 是 cycle 的最后一个参数），并且 silent 也具有继承的特点。尽管下面第二行中的 cycle 没有 silent 参数，但是由于 rowcolors 是前面定义的且包含 silent 参数的，所以第二个 cycle 也具有 silent 循环的特点。

```
{% cycle 'row1' 'row2' as rowcolors silent %}
{% cycle rowcolors %}
```

（6）debug：输出所有的调试信息，包括当前上下文和导入的模块。

（7）extends：表示当前模板继承了一个父模板，接受一个包含父模板名字的变量或者字符串常量。

（8）filter：通过可用的过滤器过滤内容，过滤器之间还可以相互（调用）。例如：

```
{% filter force_escape|lower %}
    This text will be HTML-escaped, and will appear in all lowercase.
{% endfilter %}
```

（9）firstof：返回列表中第一个可用（非 False）的变量或者字符串，注意 firstof 中的变量不是自动转义的。例如：

```
{% firstof var1 var2 var3 "fallback value" %}
```

（10）for：for 循环，可以在后面加入 reversed 参数遍历逆序的列表。例如：

```
{% for obj in list reversed %}
```

还可以根据列表的数据来写 for 语句，例如下面是对于字典类型数据的 for 循环：

```
{% for key, value in data.items %}
    {{ key }}: {{ value }}
{% endfor %}
```

另外，在 for 循环中还有一系列有用的变量，具体说明见表 19-3。

表 19-3

变 量	描 述
forloop.counter	当前循环的索引，从 1 开始
forloop.counter0	当前循环的索引，从 0 开始
forloop.revcounter	当前循环的索引（从后面算起），从 1 开始
forloop.revcounter0	当前循环的索引（从后面算起），从 0 开始
forloop.first	如果这是第一次循环返回真
forloop.last	如果这是最后一次循环返回真
forloop.parentloop	如果是嵌套循环，指的是外一层循环

例如在下面的实例中，演示了在 Django 框架中使用模板的过程。

实例 19-9：显示优衣库的广告词

源码路径：下载包 \daima\19\19-9

（1）分别创建一个名为"zqxt_tmpl"的项目和一个名称为"learn"的应用。

（2）将"learn"应用加入到 settings.INSTALLED_APPS 中，具体实现代码如下：

```
INSTALLED_APPS = (
    'django.contrib.admin',
    'django.contrib.auth',
    'django.contrib.contenttypes',
    'django.contrib.sessions',
    'django.contrib.messages',
    'django.contrib.staticfiles',
    'learn',

)
```

（3）打开文件 learn/views.py 编写一个首页的视图，具体实现代码如下：

```
from django.shortcuts import render
def home(request):
    return render(request, 'home.html')
```

（4）在"learn"目录下新建一个"templates"文件夹用于保存模板文件，然后在里面
新建一个 home.html 文件作为模板。文件 home.html 的具体实现代码如下：

```
<!DOCTYPE html>
<html>
<head>
    <title>欢迎光临</title>
</head>
<body>
The Science of LifeWear（服适人生创新的哲学）
</body>
</html>
```

（5）为了将视图函数对应到网址，对文件 zqxt_tmpl/urls.py 的代码进行如下的修改：

```
from django.conf.urls import include, url
from django.contrib import admin
from learn import views as learn_views
urlpatterns = [
    url(r'^$', learn_views.home, name='home'),
    url(r'^admin/', admin.site.urls),
]
```

（6）输入如下命令启动服务器：

```
python manage.py runserver
```

执行后将显示模板的内容，执行效果如图 19-15 所示。

The Science of LifeWear（服适人生创新的哲学）

图 19-15

19.2.6 使用表单

在动态 Web 应用中，表单是实现动态网页效果的核心。例如在下面的实例代码中，演示
了在 Django 框架中使用表单计算数字之和的过程。

实例 19-10：表单计算器

源码路径：下载包 \daima\19\19-10

（1）首先新建一个名为"zqxt_form2"的项目，然后进入到"zqxt_form2"文件夹新建一个名为"tools"的 app。

```
django-admin startproject zqxt_form2
python manage.py startapp tools
```

（2）在"tools"文件夹中新建文件 forms.py，具体实现代码如下：

```
from django import forms
class AddForm(forms.Form):
    a = forms.IntegerField()
    b = forms.IntegerField()
```

（3）编写视图文件 views.py，实现两个数字的求和处理，具体实现代码如下：

```
# coding:utf-8
from django.shortcuts import render
from django.http import HttpResponse
# 引入我们创建的表单类
from .forms import AddForm
def index(request):
    if request.method == 'POST':# 当提交表单时
        form = AddForm(request.POST) # form 包含提交的数据
        if form.is_valid():# 如果提交的数据合法

            a = form.cleaned_data['a']
            b = form.cleaned_data['b']
            return HttpResponse(str(int(a) + int(b)))
    else:# 当正常访问时
        form = AddForm()
    return render(request, 'index.html', {'form': form})
```

（4）编写模板文件 index.html，实现一个简单的表单效果。具体实现代码如下：

```
<form method='post'>
{% csrf_token %}
{{ form }}
<input type="submit" value=" 提交 ">
</form>
```

（5）在文件 urls.py 中设置将视图函数对应到网址，具体实现代码如下：

```
from django.conf.urls import include, url
from django.contrib import admin
from tools import views as tools_views
urlpatterns = [
    url(r'^$', tools_views.index, name='home'),
    url(r'^admin/', admin.site.urls),
]
```

在浏览器中运行后会显示一个表单效果，在表单中可以输入两个数字，执行效果如图 19-16 所示。

单击"提交"按钮后会计算这两个数字的和，并显示求和结果。执行效果如图 19-17 所示。

图 19-16　　　　　　　　　　　　　　　　　图 19-17

19.2.7 实现基本的数据库操作

在动态 Web 应用中，数据库技术永远是核心中的核心技术。Django 模型是与数据库相关的，与数据库相关的代码一般被保存在文件 models.py 中。Django 框架支持 SQLite3、MySQL 和 PostgreSQL 等数据库工具，开发者只需要在文件 settings.py 中进行配置即可，不用修改文件 models.py 中的代码。例如在下面的实例代码中，演示了在 Django 框架中创建 SQLite3 数据库信息的过程。

实例 19-11：创建 SQLite3 数据库

源码路径：下载包 \daima\19\19-11

（1）首先新建一个名为"learn_models"的项目，然后进入到"learn_models"文件夹新建一个名为"people"的 app。

```
django-admin startproject learn_models # 新建一个项目
cd learn_models # 进入到该项目的文件夹
django-admin startapp people # 新建一个 people 应用（app）
```

（2）将新建的应用（people）添加到文件 settings.py 中的 INSTALLED_APPS 中，也就是告诉 Django 有这样一个应用。

```
INSTALLED_APPS = (
    'django.contrib.admin',
    'django.contrib.auth',
    'django.contrib.contenttypes',
    'django.contrib.sessions',

    'django.contrib.messages',
    'django.contrib.staticfiles',
    'people',
)
```

（3）打开文件 people/models.py，新建一个继承自类 models.Model 的子类 Person，此类中有姓名和年龄这两种 Field。具体实现代码如下：

```
from django.db import models
class Person(models.Model):
    name = models.CharField(max_length=30)
    age = models.IntegerField()
    def __str__(self):
        return self.name
```

在上述代码中，name 和 age 这两个字段中不能有双下画线"__"，这是因为在 Django QuerySet API 中有特殊含义（用于关系，包含，不区分大小写，以什么开头或结尾，日期的大于小于，正则等）。另外，也不能有 Python 中的关键字。所以说 name 是合法的，student_name 也是合法的，但是 student__name 不合法，try、class 和 continue 也不合法，因为它们是 Python 的关键字。

（4）开始同步数据库操作，在此使用默认数据库 SQLite3，无须进行额外配置。具体命令如下：

```
# 进入 manage.py 所在的那个文件夹下输入这个命令
python manage.py makemigrations
python manage.py migrate
```

通过上述命令可以创建一个数据库表，当在前面的文件 models.py 中新增类 Person 时，运行上述命令后就可以自动在数据库中创建对应的数据库表，不用开发者手动创建。CMD

命令运行后会发现 Django 生成一系列的表，也生成上面刚刚新建的表 people_person。CMD
命令运行界面效果如图 19-18 所示。

```
mac:learn_models tu$ python manage.py syncdb
Creating tables ...
Creating table django_admin_log
Creating table auth_permission
Creating table auth_group_permissions
Creating table auth_group
Creating table auth_user_groups
Creating table auth_user_user_permissions
Creating table auth_user
Creating table django_content_type
Creating table django_session
Creating table people_person
```

图 19-18

（5）输入 CMD 命令进行测试，整个测试过程如下：

```
$ python manage.py shell
>>>from people.models import Person
>>>Person.objects.create(name="haoren", age=24)
<Person: haoren>
>>>Person.objects.get(name="haoren")
<Person: haoren>
```

19.2.8　Django 后台系统应用实践

在动态 Web 应用中，后台管理系统十分重要，网站管理员通过后台实现对整个网站的管理。
Django 框架的功能十分强大，为开发者提供了现成的 admin 后台管理系统，程序员只需要编
写很少的代码就可以实现功能强大的后台管理系统。例如在下面的实例代码中，演示了使用
Django 框架开发一个博客系统的过程。

实例 19-12：开发一个博客系统

源码路径：下载包 \daima\19\19-12

（1）新建一个名称为"zqxt_admin"的项目，然后进入到"zqxt_admin"文件夹新建一
个名为"blog"的 app。

```
django-admin startproject zqxt_admin
cd zqxt_admin
# 创建 blog 这个 app
python manage.py startapp blog
```

（2）修改"blog"文件夹中的文件 models.py，具体实现代码如下：

```
from __future__ import unicode_literals
from django.db import models
from django.utils.encoding import python_2_unicode_compatible
@python_2_unicode_compatible
class Article(models.Model):
    title = models.CharField('标题', max_length=256)
    content = models.TextField('内容')
    pub_date = models.DateTimeField('发表时间', auto_now_add=True, editable=True)
    update_time = models.DateTimeField('更新时间', auto_now=True, null=True)
    def __str__(self):
        return self.title

class Person(models.Model):
    first_name = models.CharField(max_length=50)
    last_name = models.CharField(max_length=50)
    def my_property(self):
        return self.first_name + ' ' + self.last_name
    my_property.short_description = "Full name of the person"
```

```
    full_name = property(my_property)
```

（3）将"blog"加入到 settings.py 文件中的 INSTALLED_APPS 中，具体实现代码如下：

```
INSTALLED_APPS = (
    'django.contrib.admin',
    'django.contrib.auth',
    'django.contrib.contenttypes',
    'django.contrib.sessions',
    'django.contrib.messages',
    'django.contrib.staticfiles',
    'blog',
)
```

（4）通过如下的命令同步所有的数据库表：

```
# 进入包含有 manage.py 的文件夹
python manage.py makemigrations
python manage.py migrate
```

（5）进入到文件夹"blog"，修改里面的文件 admin.py（如果没有新建一个），具体实现代码如下：

```
from django.contrib import admin
from .models import Article, Person
class ArticleAdmin(admin.ModelAdmin):
    list_display = ('title', 'pub_date', 'update_time',)
class PersonAdmin(admin.ModelAdmin):
    list_display = ('full_name',)
admin.site.register(Article, ArticleAdmin)
admin.site.register(Person, PersonAdmin)
```

输入下面的命令启动服务器：

```
python manage.py runserver
```

然后在浏览器中输入"http://localhost:8000/admin"会显示一个用户登录表单界面，如图 19-19 所示。

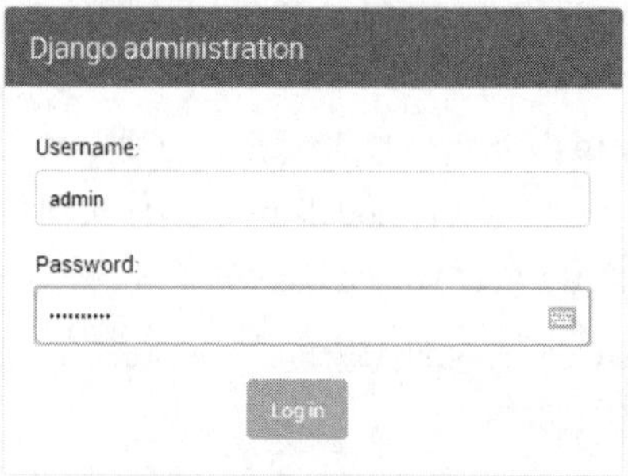

图 19-19

我们可以创建一个超级管理员用户，使用 CMD 命令进入包含有 manage.py 的文件夹"zqxt_admin"。然后输入如下命令创建一个超级账号，根据提示分别输入账号、邮箱地址和密码：

```
python manage.py createsuperuser
```

此时可以使用超级账号登录后台管理系统，登录成功后的界面效果如图 19-20 所示。

图 19-20

管理员可以修改、删除或添加账号信息，如图 19-21 所示。

图 19-21

也可以对系统内已经发布的博客信息进行管理维护，如图 19-22 所示。

图 19-22

也可以直接修改用户账号信息的密码，如图 19-23 所示。

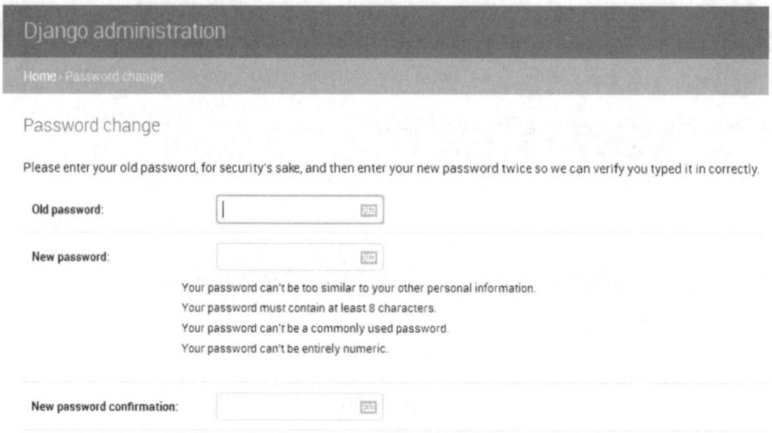

图 19-23

19.3 微框架 Flask

Flask 是一个免费的 Python Web 框架，也是一个年轻充满活力的微框架，有着众多的拥护者，文档齐全，社区活跃度高。Flask 的设计目标是实现一个 WSGI 的微框架，其核心代码保持简单和可扩展性，很容易学习。

19.3.1 开始使用 Flask 框架

因为 Flask 框架并不是 Python 语言的标准库，所以在使用之前必须先进行安装。可以使用 pip 命令实现快速安装，因为它会自动帮你安装其依赖的第三方库。在 CMD 命令提示符下使用如下命令进行安装：

```
pip install flask
```

成功安装 Flask 后的界面效果如图 19-24 所示。

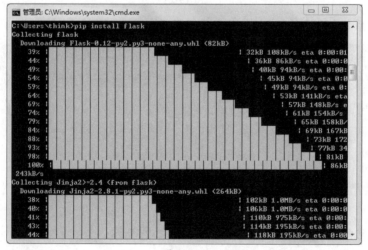

图 19-24

在安装 Flask 框架后，可以在交互式环境下使用 import flask 语句进行验证，如果没有错误提示，则说明成功安装 Flask 框架。另外也可以通过手动下载的方式进行手动安装，必须先下载安装 Flask 依赖的两个外部库，即 Werkzeug 和 Jinja2，分别解压后进入对应的目录，在命令提示符下使用 python setup.py install 来安装它们。具体流程如下：

（1）Flask 依赖外部库的下载地址分别如下：

```
https://github.com/mitsuhiko/jinja2/archive/master.zip
https://github.com/mitsuhiko/werkzeug/archive/master.zip
```

（2）在下面的下载地址下载 Flask，下载后再使用 python setup.py install 命令来安装它。

```
http://pypi.python.org/packages/source/F/Flask/Flask-0.10.1.tar.gz
```

例如在下面的实例代码中，演示了使用 Flask 框架开发一个简单 Web 程序的过程。

实例 19-13：显示巴萨足球队的主赞助商

源码路径：下载包 \daima\19\19-13

实例文件 19-13.py 的具体实现代码如下：

```
import flask                               # 导入 flask 模块
app = flask.Flask(__name__)               # 实例化类 Flask
@app.route('/')                            # 装饰器操作，实现 URL 地址
def helo():                                # 定义业务处理函数 helo()
    return '耐克，巴萨足球队的主赞助商！'

if __name__ == '__main__':
    app.run()                              # 运行程序
```

在上述实例代码中导入了 Flask 框架，然后实例化主类并自定义设置只返回一串字符的函数 helo()，然后使用 @app.route('/') 装饰器将 URL 和函数 helo() 联系起来，使得服务器收到对应的 URL 请求时，调用这个函数，返回这个函数生产的数据。

执行后会显示一行提醒语句，如图 19-25 所示。这表示 Web 服务器已经正常启动运行了，它的默认服务器端口为 5000，IP 地址为 127.0.0.1。

```
Python 3.4.4rc1 (v3.4.4rc1:04f3f725896c, Dec  6 2015, 17:06:10) [MSC v.1600 64 b
it (AMD64)] on win32
Type "copyright", "credits" or "license()" for more information.
>>>
==================== RESTART: E:\daim\19-14\flask1.py ====================
 * Running on http://127.0.0.1:5000/ (Press CTRL+C to quit)
127.0.0.1 - - [04/Jan/2017 12:59:18] "GET / HTTP/1.1" 200 -
```

图 19-25

在浏览器中输入网址"http://127.0.0.1:5000/"后便可以测试上述 Web 程序，执行效果如图 19-26 所示。通过按下键盘中的"Ctrl+C"组合键可以退出当前的服务器。

耐克，巴萨足球队的主赞助商！

图 19-26

当浏览器访问发出请求被服务器收到后，服务器还会显示出相关信息，如图 19-27 所示。表示访问该服务器的客户端地址、访问的时间、请求的方法以及表示访问结果的状态码。

```
==================== RESTART: E:\daim\19-14\flask1.py ====
 * Running on http://127.0.0.1:5000/ (Press CTRL+C to quit)
127.0.0.1 - - [04/Jan/2017 12:59:18] "GET / HTTP/1.1" 200 -
127.0.0.1 - - [04/Jan/2017 13:08:41] "GET / HTTP/1.1" 200 -
```

图 19-27

在上述实例代码中，方法 run() 的功能是启动一个服务器，在调用时可以通过参数来设置服务器。常用的主要参数如下：

- host：服务的 IP 地址，默认为 None。
- port：服务的端口，默认为 None。
- debug：是否开启调试模式，默认为 None。

19.3.2　传递 URL 参数

在 Flask 框架中，通过使用方法 route() 可以将一个普通函数与特定的 URL 关联起来。当服务器收到这个 URL 请求时，会调用方法 route() 返回对应的内容。Flask 框架中的一个函数可以由多个 URL 装饰器来装饰，实现多个 URL 请求由一个函数产生的内容回应。例如在下面的实例中，演示了将不同的 URL 映射到同一个函数上的过程。

实例 19-14：将不同的 URL 映射到同一个函数

源码路径：下载包 \daima\19\19-14

实例文件 flask2.py 的具体实现代码如下：

```
import flask                          # 导入 flask 模块
app = flask.Flask(__name__)           # 实例化类
@app.route('/')                       # 装饰器操作，实现 URL 地址映射
@app.route('/aaa')                    # 装饰器操作，实现第 2 个 URL 地址映射
def helo():
    return '你好，这是一个 Flask 程序！'

if __name__ == '__main__':
    app.run()                         # 运行程序
```

执行本实例后，无论是在浏览器中输入"http:// 127.0.0.1:5000/"，还是输入"http://127.0.0.1:5000/aaa"，在服务器端将这两个 URL 请求映射到同一个函数 helo()，所以输入两个 URL 地址后的效果一样。执行效果如图 19-28 所示。

图 19-28

在现实应用中，实现 HTTP 请求传递最常用的两种方法是"GET"和"POST"。在 Flask 框架中，URL 装饰器的默认方法为"GET"，通过使用 Flask 中 URL 装饰器的参数"方法类型"，可以让同一个 URL 的两种请求方法都映射在同一个函数上。在默认情况下，通过浏览器传递参数相关数据或参数时，都是通过 GET 或 POST 请求中包含参数来实现的。其实通过 URL 也可以传递参数，此时直接将数据放入到 URL 中，然后在服务器端获取传递的数据。在 Flask 框架中，获取的 URL 参数需要在 URL 装饰器和业务函数中分别进行定义或处理。有如下两种形式的 URL 变量规则（URL 装饰器中的 URL 字符串写法）：

```
/hello/<name>        # 例如获取 URL"/hello/wang" 中的参数 "wang" 给 name 变量
/hello/<int: id>     # 例如获取 URL"/hello/5" 中的参数 "5"，并自动转换为整数 5 给 id 变量
```

要想获取和处理 URL 中传递来的参数，需要在对应业务函数的参数列表中列出变量名，具体语法格式如下：

```
@app.route("/hello/<name>")
    def get_url_param (name):
    pass
```

这样在列表中列出变量名后，就可以在业务函数 get_url_param() 中引用这个变量值，并可以进一步使用从 URL 中传递过来的参数。

例如在下面的实例中，演示了使用 get 请求获取 URL 参数的过程。

实例 19-15：使用 get 请求获取 URL 参数

源码路径：下载包 \daima\19\19-15

实例文件 flask3.py 的具体实现代码如下：

```
import flask                                # 导入 flask 模块
html_txt = """                             # 变量 html_txt 初始化，作为 GET 请求的页面
<!DOCTYPE html>
<html>
    <body>
        <h2> 如果收到了 GET 请求 </h2>
        <form method='post'>                # 设置请求方法是 "post"
        <input type='submit' value='        按下我发送 POST 请求 ' />
        </form>

    </body>
</html>
"""
app = flask.Flask(__name__)                 # 实例化类 Flask
#URL 映射，不管是 'GET' 方法还是 'POST' 方法，都被映射到 helo() 函数
@app.route('/aaa',methods=['GET','POST'])
def helo():                                 # 定义业务处理函数 helo()
    if flask.request.method == 'GET':       # 如果接收到的请求是 GET
        return html_txt                     # 返回 html_txt 的页面内容
    else:                                   # 否则接收到的请求是 POST
        return ' 我司已经收到 POST 请求！ '
if __name__ == '__main__':
    app.run()                                                        # 运行程序
```

本实例演示了使用参数"方法类型"的 URL 装饰器实例的过程。在上述实例代码中，预先定义了 GET 请求要返回的页面内容字符串 html_txt，在函数 helo() 的装饰器中提供了参数 methods 为"GET"和"POST"字符串列表，表示 URL 为"/aaa"的请求，不管是'GET'方法还是'POST'方法，都被映射到 helo() 函数。在函数 helo() 内部使用 flask.request.method来判断收到的请求方法是"GET"还是"POST"，然后分别返回不同的内容。

执行本实例，在浏览器中输入"http://127.0.0.1:5000/aaa"后的效果如图 19-29 所示。单击"按下我发送 POST 请求"按钮后的效果如图 19-30 所示。

图 19-29　　　　　　　　　　　　　　　　　　　　图 19-30

19.3.3　使用 Session 和 Cookie

在 Flask 框架中，提供了上述 Session 和 Cookie 常用交互状态的存储方式，其中 Session

存储方式与其他 Web 框架有一些不同。Flask 框架中的 Session 使用了密钥签名的方式进行了加密，也就是说，虽然用户可以查看你的 Cookie，但是如果没有密钥就无法修改它，并且只被保存在客户端。

在 Flask 框架中，可以通过如下代码获取 Cookie。

```
flask. request.cookies.get('name ')
```

在 Flask 框架中，可以使用 make_response 对象设置 cookie，例如下面的代码。

```
resp = make_response (content)          #content 返回页面内容
resp.set_cookie ('username', 'the username')     # 设置名为 username 的 cookie
```

例如在下面的实例中，演示了使用 Cookie 跟踪用户的过程。

实例 19-16：使用 Cookie 跟踪用户

源码路径：下载包 \daima\19\19-16

实例文件 flask4.py 的具体实现代码如下：

```
import flask                               # 导入 flask 模块
html_txt = """                            # 变量 html_txt 初始化，作为 GET 请求的页面
<!DOCTYPE html>
<html>
    <body>
        <h2> 可以收到 GET 请求 </h2>
        <a href='/get_xinxi'> 单击我获取 Cookie 信息 </a>
    </body>

</html>
"""
app = flask.Flask(__name__)               # 实例化类 Flask
@app.route('/set_xinxi/<name>')           #URL 映射到指定目录中的文件
def set_cks(name):                        # 函数 set_cks() 用于从 URL 中获取参数并将其存入 cookie 中
    name = name if name else 'anonymous'
    resp = flask.make_response(html_txt)          # 构造响应对象
    resp.set_cookie('name',name)                  # 设置 cookie
    return resp
@app.route('/get_xinxi')
def get_cks():                            # 函数 get_cks() 用于从 Cookie 中读取数据并显示在页面中
    name = flask.request.cookies.get('name')     # 获取 cookie 信息
    return '获取的 cookie 信息是：' + name          # 打印显示获取到的 cookie 信息
if __name__ == '__main__':
    app.run(debug=True)
```

在上述实例代码中，首先定义了两个功能函数，其中第一个功能函数用于从 URL 中获取参数并将其存入 Cookie 中；第二个功能函数的功能是从 Cookie 中读取数据并显示在页面中。

当在浏览器中使用 "http://127.0.0.1:5000/set_xinxi/langchao" 浏览时，表示设置了名为 name（langchao）的 Cookie 信息，执行效果如图 19-31 所示。当单击"单击我获取 Cookie 信息"链接后来到 "/get_xinxi" 时，会在新页面中显示在 Cookie 中保存的 name 名称 "langchao" 的信息，效果如图 19-32 所示。

图 19-31   图 19-32

19.3.4　文件上传

在 Flask 框架中实现文件上传系统的方法非常简单，与传递 GET 或 POST 参数十分相似。
请看下面的例子，功能是在 Flask 框架中实现文件上传功能。

实例 19-17：开发一个 Flask 文件上传系统

源码路径：下载包 \daima\19\19-17

实例文件 flask5.py 的具体实现代码如下：

```python
import flask                                               # 导入 flask 模块
app = flask.Flask(__name__)                                # 实例化类 Flask
#URL 映射操作，设置处理 GET 请求和 POST 请求
@app.route('/upload',methods=['GET','POST'])

def upload():                                              # 定义文件上传函数 upload()
    if flask.request.method == 'GET':                     # 如果是 GET 请求
        return flask.render_template('upload.html')       # 返回上传页面
    else:                                                 # 如果是 POST 请求
        file = flask.request.files['file']                # 获取文件对象
        if file:                                          # 如果文件不为空
            file.save(file.filename)                      # 保存上传的文件
            return '上传成功！'                            # 打印显示提示信息
if __name__ == '__main__':
app.run(debug=True)
```

在上述实例代码中，只定义了一个实现文件上传功能的函数 upload()，能够同时处理
GET 请求和 POST 请求。其中将 GET 请求返回到上传页面，获得 POST 请求时获取上传文件，
并保存到当前的目录下。

当在浏览器中使用"http://127.0.0.1:5000/upload"运行时，显示一个文件上传表单界面，
效果如图 19-33 所示。单击"浏览"按钮可以选择一个要上传的文件，单击"上传"按钮后
会上传这个文件，并显示文件上传成功提示。执行效果如图 19-34 所示。

图 19-33　　　　　　　　　　　　　　　　　　图 19-34

第 20 章

数据可视化

（📹视频讲解：49 分钟）

数据可视化是指通过可视化的方式来探索数据，与当今比较热门的数据挖掘工作紧密相关，而数据挖掘指的是使用代码来探索数据集的规律和关联。在数据挖掘领域中，可以用一行代码就能实现的小型数字列表来表示数据集，也可以是用字节的数据来表示数据集。在软件开发领域，不仅仅以图像的方式来体现数据的完美呈现。以引人注目的简洁方式呈现数据，可以让浏览者能够明白其中的含义，发现数据集中原本未意识到的规律和意义。在本章的内容中，将详细讲解使用 Python 语言实现数据可视化的核心知识。

20.1 使用 Matplotlib

Matplotlib 是 Python 语言中最著名的数据可视化工具包，通过使用 Matplotlib，可以非常方便地实现和数据统计相关的图形，例如折线图、散点图、直方图等。正因 Matplotlib 在绘图领域的强大功能，所以在 Python 数据挖掘方面得到了重用。

20.1.1 搭建 Matplotlib 环境

在使用库 Matplotlib 之前，需要先确保安装了 Matplotlib 库。在 Windows 系统中安装 Matplotlib 之前，首先需要确保已经安装了 Visual Studio.NET。在安装 Visual Studio.NET 后，可以安装 Matplotlib 了，其中最简单的安装方式是使用 "pip" 命令或 "easy_install" 命令：

```
easy_install matplotlib
pip install matplotlib
```

按照上面介绍的方法操作，并不能保证安装的 Matplotlib 是当前最新版本的 Python。建议读者登录 https://pypi.python.org/pypi/matplotlib/，如图 20-1 所示。在这个页面中查找与你使用的 Python 版本匹配的 wheel 文件（扩展名为 ".whl" 的文件）。例如，如果使用的是 64 位的 Python 3.7，则需要下载 matplotlib-3.1.1-cp37-cp37m-win_amd64.whl。

Filename, size & hash ❓	File type	Python version	Upload date
matplotlib-3.1.1-cp36-cp36m-macosx_10_6_intel.macosx_10_9_intel.macosx_10_9_x86_64.macosx_10_10_intel.macosx_10_10_x86_64.whl (14.4 MB) 📋 SHA256	Wheel	cp36	Jul 3, 2019
matplotlib-3.1.1-cp36-cp36m-manylinux1_x86_64.whl (13.1 MB) 📋 SHA256	Wheel	cp36	Jul 3, 2019
matplotlib-3.1.1-cp36-cp36m-win32.whl (8.9 MB) 📋 SHA256	Wheel	cp36	Jul 3, 2019
matplotlib-3.1.1-cp36-cp36m-win_amd64.whl (9.1 MB) 📋 SHA256	Wheel	cp36	Jul 3, 2019
matplotlib-3.1.1-cp37-cp37m-macosx_10_6_intel.macosx_10_9_intel.macosx_10_9_x86_64.macosx_10_10_intel.macosx_10_10_x86_64.whl (14.4 MB) 📋 SHA256	Wheel	cp37	Jul 3, 2019
matplotlib-3.1.1-cp37-cp37m-manylinux1_x86_64.whl (13.1 MB) 📋 SHA256	Wheel	cp37	Jul 3, 2019
matplotlib-3.1.1-cp37-cp37m-win32.whl (8.9 MB) 📋 SHA256	Wheel	cp37	Jul 3, 2019
matplotlib-3.1.1-cp37-cp37m-win_amd64.whl (9.1 MB) 📋 SHA256	Wheel	cp37	Jul 3, 2019
matplotlib-3.1.1.tar.gz (37.8 MB) 📋 SHA256	Source	None	Jul 3, 2019

图 20-1

注意：如果登录 https://pypi.python.org/pypi/matplotlib/ 找不到适合自己的 Matplotlib，还可以尝试登录 https://www.lfd.uci.edu/~gohlke/pythonlibs/#matplotlib，如图 20-2 所示。这个网站发布安装程序的时间通常比 Matplotlib 官网要早一段时间。

```
←  →  C   🔒 https://www.lfd.uci.edu/~gohlke/pythonlibs/#matplotlib

Matplotlib, a 2D plotting library.
Requires numpy, dateutil, pytz, pyparsing, kiwisolver, cycler, setuptools,
ffmpeg, mencoder, avconv, or imagemagick.
matplotlib-2.2.4-cp27-cp27m-win32.whl
matplotlib-2.2.4-cp27-cp27m-win_amd64.whl
matplotlib-2.2.4-cp35-cp35m-win32.whl
matplotlib-2.2.4-cp35-cp35m-win_amd64.whl
matplotlib-2.2.4-cp36-cp36m-win32.whl
matplotlib-2.2.4-cp36-cp36m-win_amd64.whl
matplotlib-2.2.4-cp37-cp37m-win32.whl
matplotlib-2.2.4-cp37-cp37m-win_amd64.whl
matplotlib-2.2.4-pp271-pypy_41-win32.whl
matplotlib-2.2.4-pp370-pp370-win32.whl
matplotlib-2.2.4.chm
matplotlib-3.0.3-cp35-cp35m-win32.whl
matplotlib-3.0.3-cp35-cp35m-win_amd64.whl
matplotlib-3.0.3.chm
matplotlib-3.1.1-cp36-cp36m-win32.whl
matplotlib-3.1.1-cp36-cp36m-win_amd64.whl
matplotlib-3.1.1-cp37-cp37m-win32.whl
matplotlib-3.1.1-cp37-cp37m-win_amd64.whl
```

图 20-2

下载完成后得到的文件是 matplotlib-3.1.1-cp37-cp37m-win_amd64.whl，接下来将这个文件保存在"H:\matp"目录下，然后需要打开一个命令窗口，并切换到该项目文件夹"H:\matp"，再使用如下所示的"pip"命令来安装 Matplotlib：

```
python -m pip install --user matplotlib-3.1.1-cp37-cp37m-win_amd64.whl
```
具体安装过程如图 20-3 所示。

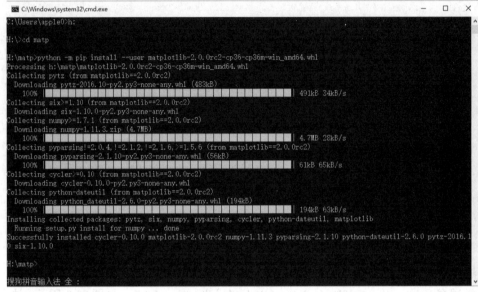

图 20-3

20.1.2 初级绘图

在使用 Matplotlib 绘制图形时，其中有两个最为常用的场景，一个是画点，另一个是画线。在本节的内容中，将详细讲解使用 Matplotlib 实现初级绘制的知识。

1. 绘制点

假设你有一堆的数据样本，想要找出其中的异常值，那么最直观的方法，就是将它们画成散点图。例如在下面的实例文件中，演示了使用 Matplotlib 绘制散点图的过程。

实例 20-1：使用 Matplotlib 绘制散点图

源码路径：下载包 \daima\20\20-1

实例文件 dian.py 的具体实现代码如下：

```python
import matplotlib.pyplot as plt        # 导入pyplot包，并缩写为plt
# 定义2个点的x集合和y集合
x=[1,2]
y=[2,4]

plt.scatter(x,y)                        # 绘制散点图
plt.show()                              # 展示绘画框
```

在上述实例代码中绘制了拥有两个点的散点图，向函数 scatter() 传递了两个分别包含 x 值和 y 值的列表。执行效果如图 20-4 所示。

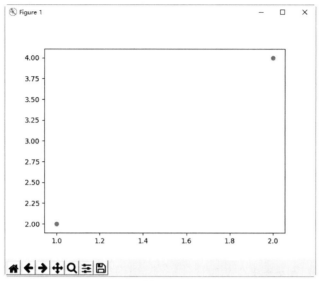

图 20-4

在上述实例中，可以进一步调整坐标轴的样式，例如可以加上如下的代码：

```
#[]里的 4 个参数分别表示 X 轴起始点，X 轴结束点，Y 轴起始点，Y 轴结束点
plt.axis([0,10,0,10])
```

2. 绘制折线

在使用 Matplotlib 绘制线形图时，其中最简单的是绘制折线图。例如在下面的实例文件中，使用 Matplotlib 绘制了一个简单的折线图，并对折线样式进行了定制，这样可以实现复杂数据的可视化效果。

实例 20-2：使用 Matplotlib 绘制折线图

源码路径：下载包 \daima\20\20-2

实例文件 zhe.py 的具体实现代码如下：

```
import matplotlib.pyplot as plt

squares = [1, 4, 9, 16, 25]
plt.plot(squares)
plt.show()
```

在上述实例代码中，使用平方数序列 1、4、9、16 和 25 来绘制一个折线图，在具体实现时，只需向 Matplotlib 提供这些平方数序列数字就能完成绘制工作。

（1）导入模块 pyplot，并给它指定了别名 plt，以免反复输入 pyplot，在模块 pyplot 中包含了很多用于生成图表的函数。

（2）创建了一个列表，在其中存储了前述平方数。

（3）将创建的列表传递给函数 plot()，这个函数会根据这些数字绘制出有意义的图形。

（4）通过函数 plt.show() 打开 Matplotlib 查看器，并显示绘制的图形。

执行效果如图 20-5 所示。

3. 设置标签文字和线条粗细

本章前面实例 20-2 界面的效果不够完美，开发者可以对绘制的线条样式进行灵活设置。例如可以设置线条的粗细、实现数据准确性校正等操作。例如在下面的实例文件中，演示了

使用 Matplotlib 绘制指定样式折线图效果的过程。

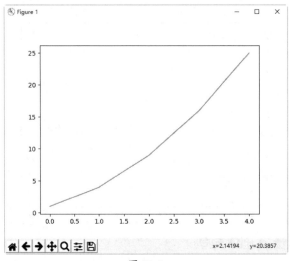

图 20-5

实例 20-3：绘制指定样式的折线图
源码路径：下载包 \daima\20\20-3

实例文件 she.py 的具体实现代码如下：

```python
import matplotlib.pyplot as plt        # 导入模块
input_values = [1, 2, 3, 4, 5]
squares = [1, 4, 9, 16, 25]

plt.plot(input_values, squares, linewidth=5)
# 设置图表标题，并在坐标轴上添加标签
plt.title("Numbers", fontsize=24)
plt.xlabel("Value", fontsize=14)
plt.ylabel("ARG Value", fontsize=14)
# 设置单位刻度的大小
plt.tick_params(axis='both', labelsize=14)
plt.show()
```

（1）第四行代码中的 "linewidth=5"：设置线条的粗细。

（2）第四行代码中的函数 plot()：当向函数 plot() 提供一系列数字时，它会假设第一个数据点对应的 x 坐标值为 0，但是实际上我们的第一个点对应的 x 值为 1。为改变这种默认行为，可以给函数 plot() 同时提供输入值和输出值，这样函数 plot() 可以正确地绘制数据，因为同时提供了输入值和输出值，所以无须对输出值的生成方式进行假设，所以最终绘制出的图形是正确的。

（3）第六行代码中的函数 title()：设置图表的标题。

（4）第六到八行中的参数 fontsize：设置图表中的文字大小。

（5）第七行中的函数 xlabel() 和第八行中的函数 ylabel()：分别设置 x 轴的标题和 y 轴的标题。

（6）第十行中的函数 tick_params()：设置刻度样式，其中指定的实参将影响 x 轴和 y 轴上的刻度（axis= 'both'），并将刻度标记的字体大小设置为 14（labelsize=14）。

执行效果如图 20-6 所示。

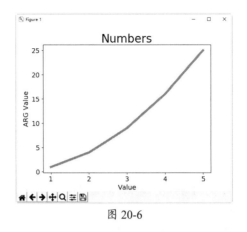

图 20-6

20.1.3 自定义散点图样式

在本章前面使用 Matplotlib 绘制图形时，大多数绘制图形比较简单。例如在本章实例 20-1 中绘制的散点图效果比较单一，其实我们可以继续使用 Matplotlib 对绘制的散点图的样式（例如自定义它的样式和颜色）进行处理，实现高级绘图功能。在现实应用中，经常需要绘制散点图并设置各个数据点的样式。例如，可能想以一种颜色显示较小的值，而用另一种颜色显示较大的值。当绘制大型数据集时，还需要对每个点都设置相同的样式，再使用不同的样式选项重新绘制某些点，这样可以突出显示它们的效果。在 Matplotlib 库中，可以使用函数 scatter() 绘制单个点，通过传递 x 点和 y 点坐标的方式在指定的位置绘制一个点。例如在下面的实例文件中，演示了使用 Matplotlib 绘制指定样式散点图效果的过程。

实例 20-4：绘制指定样式的散点图

源码路径：下载包 \daima\20\20-4

实例文件 dianyang.py 的具体实现代码如下：

```python
import matplotlib.pyplot as plt
from pylab import *
mpl.rcParams['font.sans-serif'] = ['SimHei'] #设置默认字体
mpl.rcParams['axes.unicode_minus'] = False #解决保存图像时负号'-'显示为方块的问题
x_values = list(range(1, 1001))
y_values = [x**2 for x in x_values]
plt.scatter(x_values, y_values, c=(0, 0, 0.8), edgecolor='none', s=40)
#设置图表标题，并设置坐标轴标签.
plt.title("大中华区销售统计表", fontsize=24)
plt.xlabel("节点", fontsize=14)

plt.ylabel("销售数据", fontsize=14)
#设置刻度大小.
plt.tick_params(axis='both', which='major', labelsize=14)
#设置每个坐标轴的取值范围
plt.axis([0, 110, 0, 1100])
plt.show()
```

（1）第二、三、四行代码：导入字体库，设置中文字体，并解决负号"−"显示为方块的问题。

（2）第五和第六行代码：使用 Python 循环实现自动计算数据功能，首先创建了一个包含 x 值的列表，其中包含数字 1 ～ 1000。接下来创建一个生成 y 值的列表解析，它能够遍历

x 值（for x in x_values），计算其平方值（x**2），并将结果存储到列表 y_values 中。

（3）第七行代码：将输入列表和输出列表传递给函数 scatter()。另外，因为 Matplotlib 允许给散点图中的各个点设置一个颜色，默认为蓝色点和黑色轮廓。所以当在散点图中包含的数据点不多时效果会很好。但是当需要绘制很多个点时，这些黑色的轮廓可能会粘连在一起，此时需要删除数据点的轮廓。所以在本行代码中，在调用函数 scatter() 时传递了实参：edgecolor= 'none'。为了修改数据点的颜色，在此向函数 scatter() 传递参数 c，并将其设置为要使用的颜色的名称 "red"。

注意：颜色映射（Colormap）是一系列颜色，它们从起始颜色渐变到结束颜色。在可视化视图模型中，颜色映射用于突出数据的规律，例如可能需要用较浅的颜色来显示较小的值，并使用较深的颜色来显示较大的值。在模块 pyplot 中内置了一组颜色映射，要想使用这些颜色映射，需要告诉 pyplot 应该如何设置数据集中每个点的颜色。

（4）第十五行代码：因为这个数据集较大，所以将点设置得较小，在本行代码中使用函数 axis() 指定了每个坐标轴的取值范围。函数 axis() 要求提供四个值：x 和 y 坐标轴的最小值和最大值。此处将 x 坐标轴的取值范围设置为 0 ~ 110，并将 y 坐标轴的取值范围设置为 0 ~ 1100。

（5）第十六行（最后一行）代码：使用函数 plt.show() 显示绘制的图形。当然也可以让程序自动将图表保存到一个文件中，此时只需将对 plt.show() 函数的调用替换为对 plt.savefig() 函数的调用即可。

```
plt.savefig (' plot.png' , bbox_inches='tight' )
```

在上述代码中，第一个实参用于指定要以什么样的文件名保存图表，这个文件将存储到当前实例文件 dianyang.py 所在的目录中。第二个实参用于指定将图表多余的空白区域裁剪掉。如果要保留图表周围多余的空白区域，可省略这个实参。

执行效果如图 20-7 所示。

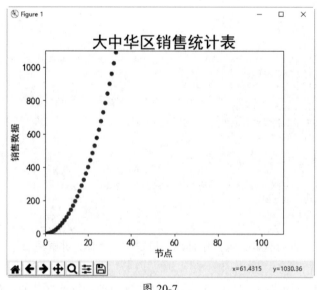

图 20-7

20.1.4　绘制柱状图

在现实应用中，柱状图经常被用于数据统计领域。在 Python 程序中，可以使用 Matplotlib 很容易地绘制一个柱状图。例如只需使用下面的三行代码就可以绘制一个柱状图：

```
import matplotlib.pyplot as plt
plt.bar(left = 0,height = 1)
plt.show()
```

在上述代码中，首先使用 import 导入了 matplotlib.pyplot，然后直接调用其 bar() 函数绘制柱状图，最后用 show() 函数显示图像。其中在函数 bar() 中存在如下两个参数：

● left：柱形的左边缘的位置，如果指定为 1，那么当前柱形的左边缘的 x 值就是 1.0。

● height：这是柱形的高度，也就是 y 轴的值。

执行上述代码后会绘制一个柱状图，如图 20-8 所示。

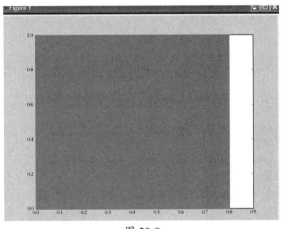

图 20-8

虽然通过上述代码绘制了一个柱状图，但是现实效果不够直观。在绘制函数 bar() 中，参数 left 和 height 除了可以使用单独的值（此时是一个柱形）外，还可以使用元组来替换（此时代表多个矩形）。例如在下面的实例文件中，演示了使用 Matplotlib 绘制多个柱状图效果的过程。

实例 20-5：绘制多个柱状图

源码路径：下载包 \daima\20\20-5

实例文件 zhu.py 的具体实现代码如下：

```
import matplotlib.pyplot as plt                    # 导入模块
plt.bar(x = (0,1),height = (1,0.5))                 # 绘制两个柱形图
plt.show()                                          # 显示绘制的图
```

执行效果如图 20-9 所示。

在上述实例代码中，x =（0,1）的意思是总共有两个矩形，其中第一个的左边缘为 0，第二个的左边缘为 1。参数 height 的含义也是同理。

如果觉得绘制的这两个矩形"太宽"了，不够美观。可以通过设置函数 bar() 中的参数 width 来设置它们的宽度。例如通过下面的代码设置柱状图的宽度，此时执行后的效果如图 20-10 所示。

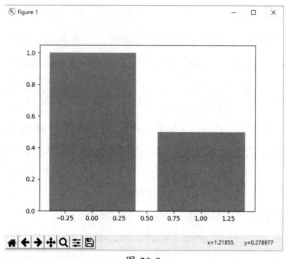

图 20-9

```
import matplotlib.pyplot as plt
plt.bar(x = (0,1),height = (1,0.5),width = 0.35)
plt.show()
```

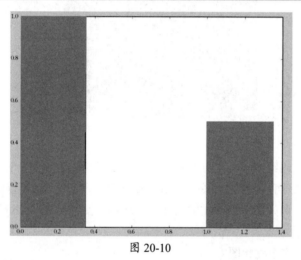

图 20-10

20.1.5 绘制多幅子图

在 Matplotlib 绘图系统中，可以显式地控制图像、子图和坐标轴。Matplotlib 中的"图像"指的是用户界面看到的整个窗口内容。在图像里面有所谓"子图"，子图的位置是由坐标网格确定的，而"坐标轴"却不受此限制，可以放在图像的任意位置。当调用 plot() 函数的时候，Matplotlib 调用 gca() 函数以及 gcf() 函数来获取当前的坐标轴和图像。如果无法获取图像，则会调用 figure() 函数来创建一个。从严格意义上来说，是使用 subplot（1,1,1）创建只有一个子图的图像。

在 Matplotlib 绘图系统中，所谓"图像"就是 GUI 里以"Figure #"为标题的那些窗口。图像编号从 1 开始，与 MATLAB 的风格一致，而与 Python 从 0 开始编号的风格不同。表 20-1 中的参数是图像的属性。

表 20-1

参　数	默认值	描　述
num	1	图像的数量
figsize	figure.figsize	图像的长和宽（英寸）
dpi	figure.dpi	分辨率（点 / 英寸）
facecolor	figure.facecolor	绘图区域的背景颜色
edgecolor	figure.edgecolor	绘图区域边缘的颜色
frameon	True	是否绘制图像边缘

在图形界面中可以单击右上角的 "x" 来关闭窗口（OS X 系统是左上角）。在 Matplotlib 也提供了名为 close() 的函数来关闭这个窗口。函数 close() 的具体行为取决于提供的参数。

● 不传递参数：关闭当前窗口。

● 传递窗口编号或窗口实例（instance）作为参数：关闭指定的窗口。

● all：关闭所有窗口。

和其他对象一样，可以使用 setp 或者是 set_something 的方法来设置图像的属性。例如下面实例的功能是让一个折线图和一个散点图同时出现在同一个绘画框中。

实例 20-6：同时绘制一个折线图和散点图

源码路径：下载包 \daima\20\20-6

实例文件 lia.py 的具体实现代码如下：

```
import matplotlib.pyplot as plt    #将绘画框进行对象化
fig=plt.figure()        #将p1定义为绘画框的子图，211表示将绘画框划分为2行1列，最后的1表示
                                                                第一幅图
p1=fig.add_subplot(211)
x=[1,2,3,4,5,6,7,8]
y=[2,1,3,5,2,6,12,7]
p1.plot(x,y)            #将p2定义为绘画框的子图，212表示将绘画框划分为2行1列，最后的2表示
                                                                第二幅图
p2=fig.add_subplot(212)
a=[1,2]
b=[2,4]
p2.scatter(a,b)
plt.show()
```

上述代码执行后的效果如图 20-11 所示。

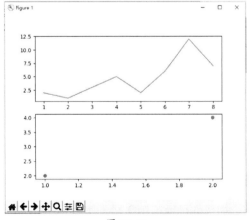

图 20-11

注意：在 Python 程序中，如果需要同时绘制多幅图表，可以给 figure 传递一个整数参数指定图表的序号，如果所指定序号的绘图对象已经存在的话，将不会创建新的对象，而只是让它成为当前绘图对象。例如下面的演示代码：

```
fig1 = pl.figure(1)
pl.subplot(211)
```

在上述代码中，代码"subplot(211)"把绘图区域等分为 2 行 ×1 列共两个区域，然后在区域 1（上区域）中创建一个轴对象。代码"pl.subplot(212)"在区域 2（下区域）创建一个轴对象。

20.1.6 绘制曲线

在 Python 程序中，最简单绘制曲线的方式是使用数学中的正弦函数或余弦函数。例如在下面的实例文件中，演示了使用正弦函数和余弦函数绘制曲线的过程。

实例 20-7：使用正弦函数和余弦函数绘制曲线

源码路径：下载包 \daima\20\20-7

实例文件 qu.py 的具体实现代码如下：

```
from pylab import *
X = np.linspace(-np.pi, np.pi, 256,endpoint=True)
C,S = np.cos(X), np.sin(X)
plot(X,C)

plot(X,S)
show()
```

执行后的效果如图 20-12 所示。

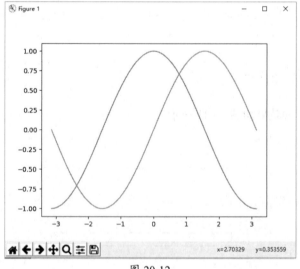

图 20-12

20.1.7 绘制 3D 图表

经过前面内容的讲解，相信你已经初步掌握了使用 Matplotlib 绘制图表的知识。在现实应用中，开发者还可以使用 Matplotlib 绘制出其他样式的图表。例如在下面的实例文件中，演示了使用 pyplot 包和 Matplotlib 包绘制 3D 样式图表的过程。

实例 20-8：绘制 3D 样式图表

源码路径：下载包 \daima\20\20-8

实例文件 3d.py 的具体实现代码如下：

```
# 导入 pyplot 包，并简写为 plt
import matplotlib.pyplot as plt                          # 导入 3D 包
from mpl_toolkits.mplot3d import Axes3D                   # 将绘画框进行对象化
fig = plt.figure() # 将绘画框划分为 1 个子图，并指定为 3D 图

ax = fig.add_subplot(111, projection='3d')               # 定义 X,Y,Z 三个坐标轴的数据集
X = [1, 1, 2, 2]
Y = [3, 4, 4, 3]
Z = [1, 100, 1, 1]                                       # 用函数填满 4 个点组成的三角形空间
ax.plot_trisurf(X, Y, Z)
plt.show()
```

执行后的效果如图 20-13 所示。

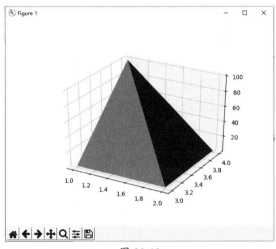

图 20-13

20.2　使用 pygal 库

在 Python 程序中，也可以使用库 pygal 实现数据的可视化操作功能。SVG 是一种矢量图格式，全称是 Scalable Vector Graphics ，被翻译为可缩放矢量图形。对于需要在尺寸不同的屏幕上显示的图表，SVG 会变得很有用，可以自动缩放，自适应观看者的屏幕。

20.2.1　安装 pygal 库

通过使用 Pygal，可以在用户与图表交互时突出元素并调整元素的大小，还可以轻松地调整整个图表的尺寸，使其适合在微型智能手表或巨型显示器上显示。安装 pygal 库的命令格式如下所示，具体安装过程如图 20-14 所示。

```
pip install pygal
```

另外，也可以从 GitHub 网站下载，具体命令格式如下：

```
git clone git://github.com/Kozea/pygal.git
pip install pygal
```

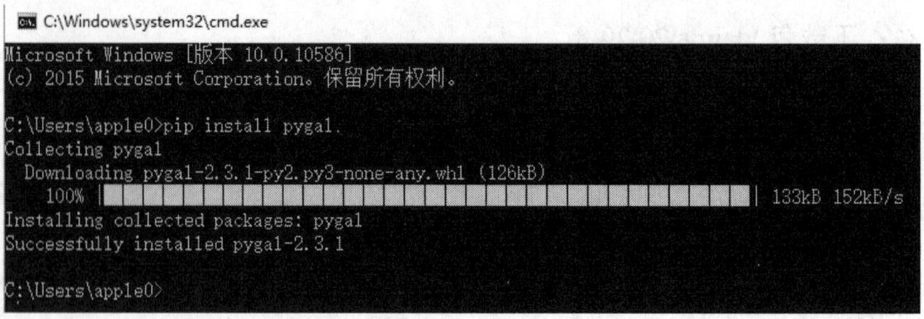

图 20-14

20.2.2 可视化模拟掷骰子游戏的数据

例如在下面的实例中，演示了使用库 pygal 模拟实现掷骰子游戏的过程。

实例 20-9：掷骰子 100 次的可视化模拟

源码路径：下载包 \daima\20\20-9

首先定义了骰子类 Die，然后使用函数 range() 模拟掷骰子 100 次，然后统计每个骰子点数的出现次数，最后在柱形图中显示统计结果。实例文件 01.py 的具体实现代码如下：

```python
import random

class Die:
    """
    一个骰子类
    """
    def __init__(self, num_sides=6):
        self.num_sides = num_sides


    def roll(self):
        return random.randint(1, self.num_sides)

import pygal

die = Die()
result_list = []
# 掷1000次
for roll_num in range(1000):
    result = die.roll()
    result_list.append(result)

frequencies = []
# 范围1~6，统计每个数字出现的次数
for value in range(1, die.num_sides + 1):
    frequency = result_list.count(value)
    frequencies.append(frequency)

# 条形图
hist = pygal.Bar()
hist.title = 'Results of rolling one D6 1000 times'
# x轴坐标
hist.x_labels = [1, 2, 3, 4, 5, 6]
# x、y轴的描述
hist.x_title = 'Result'
hist.y_title = 'Frequency of Result'
```

```
# 添加数据，第一个参数是数据的标题
hist.add('D6', frequencies)
# 保存到本地，格式必须是 svg
hist.render_to_file('die_visual.svg')
```

执行后会生成一个名为"die_visual.svg"的文件，我们可以浏览器打开这个 SVG 文件，打开后会显示统计柱形图。执行效果如图 20-15 所示。如果将鼠标指向数据，可以看到显示了标题"D6"，x 轴坐标以及 y 轴坐标。六个数字出现的频次是差不多的，其实理论上概率是 1/6，随着实验次数的增加，趋势越来越明显。

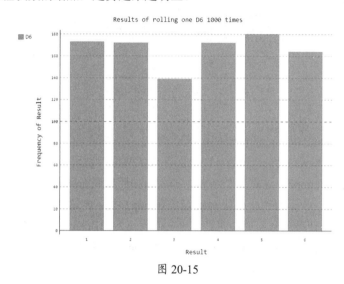

图 20-15

20.2.3　使用 pygal 绘制世界人口统计图

接下来开始回到正题，在下面的实例文件 05.py 中，演示了使用 pygal 模块绘制 2015 年世界人口地图的过程。2015 年世界各国家和地区人口数据保存在文件 population_data.json 中，读者也可以下载最新年份的统计数据。

实例 20-10：绘制 2015 年世界人口地图

源码路径：下载包 \daima\20\20-10

实例文件 05.py 的具体实现代码如下：

```
import json
from pygal.maps.world import COUNTRIES
from pygal.maps.world import World
# 将数据加载到一个列表中
from pygal.style import RotateStyle as RS, LightColorizedStyle as LS
from country_code import get_country_code

with open('population_data.json') as f:
    pop_data = json.load(f)

# 创建一个包含人口数量的字典
world_populations = {}
# 打印每个国家 2010 年的人口
for pop_dict in pop_data:
    if pop_dict['Year'] == '2010':
        country_name = pop_dict['Country Name']
```

```
        population = int(float(pop_dict['Value']))
        code = get_country_code(country_name)
        if code:
            world_populations[code] = population
# 根据人口数量，将所有国家分成三组
pop1, pop2, pop3 = {}, {}, {}
for code, population in world_populations.items():
    if population < 10000000:
        pop1[code] = population
    elif population < 1000000000:
        pop2[code] = population
    else:
        pop3[code] = population

wm_style = RS('#336699',base_style=LS)
wm = World(style=wm_style)
wm.title = 'World Population in 2010, by Country'
wm.add('0-10m',pop1)
wm.add('10m-10bn',pop2)
wm.add('>10bn',pop3)
wm.render_to_file('world_population.svg')
```

● world_populations：是一个 dict，在里面存放了两位国别码与人口的键值对。

● pop1、pop2 和 pop3：这是 3 个字典，把人口按照数量分阶梯，人口一千万以下的存放在 pop1 中，一千万到十亿级别的存放在 pop2 中，十亿以上的存放在 pop3 中，这样做的目的是使颜色分层更加明显，更方便找出各个阶梯里人口最多的国家。由于分了三个层次，在添加数据的时候也 add 三次，把这三个字典分别传进去。

● wm = World(style=wm_style)：这是一个地图类，导入方法是：

```
from pygal.maps.world import World
```

● wm_style = RS('#336699' , base_style=LS)：修改了 pygal 默认的主题颜色，第一个参数是十六进制的 RGB 颜色，前两位代表 R，中间两位代表 G，最后两位代表 B。数字越大颜色越深。第二个参数设置基础样式为亮色主题，pygal 默认使用较暗的颜色主题，通过此方法可以修改默认样式。

执行后的局部效果如图 20-16 所示。由此可见会分三个颜色的层次。这三种颜色里面颜色最深的就对应了三个阶梯里人口最多的国家和地区（南极洲除外）。

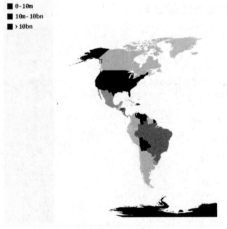

图 20-16

20.3 读写处理 CSV 文件

CSV 是逗号分隔值（Comma-Separated Values）的缩写，其文件以纯文本形式存储表格数据（数字和文本）。有时也被称为字符分隔值，因为分隔字符也可以不是逗号。CSV 文件由任意数目的记录组成，记录间以某种换行符分隔。每条记录由字段组成，字段间的分隔符是其他字符或字符串，最常见的是逗号或制表符。CSV 文件一般都是纯文本文件，建议使用 WordPad 或是记事本（NOTE）来开启，也可以先另存为 Excel 后再打开。

20.3.1 CSV 模块介绍

在 Python 程序中，建议使用内置模块 csv 来处理 CSV 文件。在接下来的内容中，将详细讲解 Python 语言中 csv 模块的内置成员。

1. 内置方法

（1）csv.reader(csvfile, dialect= 'excel' , **fmtparams)：返回一个读取器对象，将在给定的 csvfile 文件中进行迭代。

● 参数 csvfile：可以是任何支持 iterator 协议的对象，并且每次调用 __next__() 方法时返回一个字符串。参数 csvfile 可以是文件对象或列表对象，如果 csvfile 是文件对象，则应使用 newline= '' 打开它。

● 参数 dialect：表示编码风格，默认为 Excel 的风格，用逗号"，"分隔。dialect 方式也支持自定义格式，通过调用 register_dialect 方法来注册。

● 参数 fmtparams：这是一个格式化参数，用来覆盖 dialect 参数指定的编码风格。

（2）csv.writer(csvfile, dialect= 'excel' , **fmtparams)：返回一个 writer 对象，负责将用户的数据转换为给定类文件对象上的分隔字符串。各个参数的具体含义同前面的方法 reader() 相同。

2. 类

（1）csv.DictReader(csvfile, fieldnames=None, restkey=None, restval=None, dialect= 'excel' , *args, **kwds)：功能是创建一个对象，其操作类似于普通读取器，但将读取的信息映射到一个字典中，其中的键由可选参数 fieldnames 给出。参数 fieldnames 是一个序列，其元素按顺序与输入数据的字段相关联，这些元素将成为结果字典的键。如果省略 fieldnames 参数，则 csvfile 的第一行中的值将用作字段名称。如果读取的行具有比字段名序列更多的字段，则剩余数据将作为键值为 restkey 的序列添加。如果读取的行具有比字段名序列少的字段，则剩余的键使用可选的 restval 参数的值。任何其他可选或关键字参数都传递给底层的 reader 实例。

（2）csv.DictWriter(csvfile, fieldnames, restval= '' , extrasaction= 'raise' , dialect= 'excel' , *args, **kwds)：功能是创建一个类似于常规 writer 的对象，但是将字典映射到输出行。参数 fieldnames 是一个序列，用于标识传递给 writerow() 方法的字典中的值被写入 csvfile。如果字典在 fieldnames 中缺少键，则可选的 restval 参数指定要写入的值。如果传递给 writerow() 方法的字典包含 fieldnames 中未找到的键，则可选的 extrasaction 参数指示要执行的操作。如果

将 "extrasaction" 设置为 "raise" 则会引发 ValueError 错误，如果设置为 "ignore" 则会忽略字典中的额外值。任何其他可选或关键字参数都传递给底层的 writer 实例。

注意：类 ignore 与类 DictReader 不同，DictWriter 的 fieldnames 参数不是可选的。因为 Python 中的 dict 对象没有排序，所以没有足够的信息来推断将该行写入到 csvfile 的顺序。

20.3.2 操作 CSV 文件

请看下面的例子：假设存在一个名为 "sample.csv" 的 CSV 文件，在里面保存了 Title、Release Date 和 Director 三种数据，具体内容如下：

```
Title,Release Date,Director
And Now For Something Completely Different,1971,Ian MacNaughton
Monty Python And The Holy Grail,1975,Terry Gilliam and Terry Jones
Monty Python's Life Of Brian,1979,Terry Jones
Monty Python Live At The Hollywood Bowl,1982,Terry Hughes
Monty Python's The Meaning Of Life,1983,Terry Jones
```

通过如下所示的实例文件 001.py，可以打印输出 CSV 文件 sample.csv 中的日期和标题内容。

实例 20-11：输出 CSV 文件中的日期和标题内容

源码路径：下载包 \daima\20\20-11

实例文件 001.py 的具体实现代码如下：

```
for line in open("sample.csv"):
    title, year, director = line.split(",")
    print(year, title)
```

执行后会输出：

```
Release Date Title
1971 And Now For Something Completely Different
1975 Monty Python And The Holy Grail
1979 Monty Python's Life Of Brian
1982 Monty Python Live At The Hollywood Bowl
1983 Monty Python's The Meaning Of Life
```

请看下面的实例，功能是使用 csv 模块打印输出文件 sample.csv 中的日期和标题的内容。

实例 20-12：提取并打印 CSV 文件中的指定内容

源码路径：下载包 \daima\20\20-12

实例文件 002.py 的具体实现代码如下：

```
import csv
reader = csv.reader(open("sample.csv"))
for title, year, director in reader:
    print(year, title)
```

执行后会输出：

```
Release Date Title
1971 And Now For Something Completely Different
1975 Monty Python And The Holy Grail
1979 Monty Python's Life Of Brian
1982 Monty Python Live At The Hollywood Bowl
1983 Monty Python's The Meaning Of Life
```

20.4　使用 Pandas 库

Pandas 是 Python Data Analysis Library 的缩写，是基于 NumPy 的一种数据分析工具，是为了解决数据分析任务而创建的。在库 Pandas 中纳入了大量库和一些标准的数据模型，提供了高效的操作大型数据集所需的工具。

20.4.1　安装 Pandas 库

虽然 Pandas 官方文档声称在使用者的计算机系统中无须安装即可使用 pandas，这时需要使用 Wakari 免费服务，可以在云中提供托管的 IPython Notebook 服务。开发者只需创建一个账户，即可在几分钟内通过 IPython Notebook 在浏览器中访问并使用 pandas。但是对于大多数开发者来说，还是建议使用如下所示的命令来安装 pandas：

```
pip install pandas
```

接下来可以通过如下的实例文件，测试 pandas 是否安装成功并成功运行。

实例 20-13：测试 Pandas 库是否安装成功并成功运行

源码路径：下载包 \daima\20\20-13

实例文件 001.py 的具体实现代码如下：

```
import pandas as pd
print(pd.test())
```

因机器配置差异执行效果会有所区别，在笔者机器中执行后会输出：

```
running: pytest --skip-slow --skip-network C:\Users\apple\AppData\Local\
Programs\Python\Python36\lib\site-packages\pandas
============================ test session starts ============================
platform win32 -- Python 3.6.2, pytest-3.3.1, py-1.5.2, pluggy-0.6.0
rootdir: H:\daima\12\20-4, inifile:
collected 10360 items / 3 skipped

pandas\tests\test_algos.py ..........................................     [  0%]
.................s..........                                              [  0%]

pandas\tests\test_base.py ......................                          [  1%]
pandas\tests\test_categorical.py ..............................s......    [  1%]
..........................................                               [  2%]
..........................................                               [  2%]
pandas\tests\test_common.py ...............                              [  2%]
### 为节省本书篇幅，后面省略好多信息
```

注意：为了节省本书的篇幅，在书中将不再详细讲解 pandas API 的语法知识，这方面知识请读者阅读 pandas 的官方文档，具体地址是：

http://pandas.pydata.org/pandas-docs/stable/generated/pandas.read_csv.html

20.4.2　从 CSV 文件读取数据

在库 Pandas 中，可以使用方法 read_csv() 读取 CSV 文件中的数据。在默认情况下，read_csv() 方法会假设 CSV 文件中的字段是用逗号进行分隔的。假设存在一个名为"bikes.csv"的 CSV 文件，在里面保存了蒙特利尔的一些骑自行车数据，在里面保存了每天在蒙特利尔七条不同的道路上有多少人骑自行车。例如在下面的实例文件中，读取并显示了文件

bikes.csv 中的前三条数据。

实例 20-14：读取并显示了 CSV 文件中的前 3 条数据

源码路径：下载包 \daima\20\20-14

实例文件 002.py 的具体实现代码如下：

```
import pandas as pd
broken_df = pd.read_csv('bikes.csv')
print(broken_df[:3])
```

执行后会输出：

```
    Date;Berri 1;Brébeuf (données non disponibles);Côte-Sainte-
Catherine;Maisonneuve 1;Maisonneuve 2;du Parc;Pierre-Dupuy;Rachel1;St-Urbain
(données non disponibles)
0  01/01/2012;35;;0;38;51;26;10;16;
1  02/01/2012;83;;1;68;153;53;6;43;
2  03/01/2012;135;;2;104;248;89;3;58;
```

读者会发现上述执行效果显得比较凌乱，此时可以利用方法 read_csv() 中的参数选项进行设置。方法 read_csv() 的语法格式如下：

```
pandas.read_csv(filepath_or_buffer, sep=', ', delimiter=None, header='infer',
names=None, index_col=None, usecols=None, squeeze=False, prefix=None, mangle_dupe_
cols=True, dtype=None, engine=None, converters=None, true_values=None, false_
values=None, skipinitialspace=False, skiprows=None, nrows=None, na_values=None,
keep_default_na=True, na_filter=True, verbose=False, skip_blank_lines=True, parse_
dates=False, infer_datetime_format=False, keep_date_col=False, date_parser=None,
dayfirst=False, iterator=False, chunksize=None, compression='infer', thousands=None,
decimal='.', lineterminator=None, quotechar='"', quoting=0, escapechar=None,
comment=None, encoding=None, dialect=None, tupleize_cols=False, error_bad_
lines=True, warn_bad_lines=True, skipfooter=0, skip_footer=0, doublequote=True,
delim_whitespace=False, as_recarray=False, compact_ints=False, use_unsigned=False,
low_memory=True, buffer_lines=None, memory_map=False, float_precision=None) [source]
```

例如在下面的实例中，使用更加规整的格式读取并显示了文件 bikes.csv 中的前三条数据。

实例 20-15：用规整的格式读取并显示 CSV 文件中的前 3 条数据

源码路径：下载包 \daima\20\20-15

实例文件 003.py 的具体实现代码如下：

```
import pandas as pd
fixed_df = pd.read_csv('bikes.csv', sep=';', encoding='latin1', parse_
dates=['Date'], dayfirst=True, index_col='Date')
print(fixed_df[:3])
```

执行后会输出：

```
            Berri 1  Brébeuf (donnÃ©es non disponibles)  \
Date
2020-01-01       35                                 NaN
2020-01-02       83                                 NaN
2020-01-03      135                                 NaN

            CÃ´te-Sainte-Catherine  Maisonneuve 1  Maisonneuve 2  du Parc  \
Date
2020-01-01                       0             38             51       26
2020-01-02                       1             68            153       53
2020-01-03                       2            104            248       89

            Pierre-Dupuy  Rachel1  St-Urbain (donnÃ©es non disponibles)
```

Date			
2020-01-01	10	16	NaN
2020-01-02	6	43	NaN
2020-01-03	3	58	NaN

20.5　使用 NumPy 库

NumPy 是 Python 语言实现科学计算的一个库，在里面提供了一个多维数组对象，各种派生对象（例如屏蔽的数组和矩阵）以及一系列用于数组快速操作的例程，包括数学、逻辑、形状操作、排序、选择、I/O、离散傅里叶变换、基本线性代数、基本统计操作和随机模拟等。

20.5.1　NumPy 基础

在 Python 程序中使用库 NumPy 之前，需要先通过如下 pip 命令来安装 NumPy。

```
pip install numpy
```

当然也可以在 PyCharm 中安装库 NumPy，如图 20-17 所示。

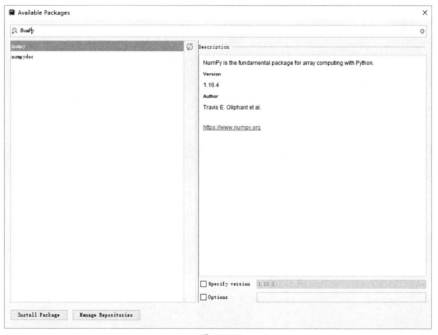

图 20-17

20.5.2　数组对象

在库 NumPy 中提供了一个 N 维数组类型 ndarray，用于描述相同类型的"元素"的集合，我们可以使用例如 N 个整数来对元素进行索引。在库 NumPy 中，所有 ndarrays 都是同质的：每个元素占用相同大小的内存块，并且所有块都以完全相同的方式解释。如何解释数组中的每个元素由单独的数据类型对象指定，每个数组与其中一个对象相关联。除了基本类型之外（整数、浮点等），数据类型对象也可以表示数据结构。从数组中提取的元素（例如通过索引）

由一个 Python 对象表示，该对象的类型为 NumPy 中内置的数组标量类型之一，数组标量允许简单地处理更复杂的数据布置。

在库 NumPy 中，ndarray 是（通常大小固定的）一个多维容器，由相同类型和大小的元素组成。数组中的维度和元素数量由其 shape 定义，它是由 N 个正整数组成的元组，每个整数指定每个维度的大小。数组中元素的类型由单独的数据类型对象（dtype）指定，每个 ndarray 与其中一个对象相关联。

与 Python 中的其他容器对象一样，ndarray 的内容可以通过索引或切片（例如使用 N 个整数）以及 ndarray 的方法和属性访问和修改数组。不同的 ndarrays 可以共享相同的数据，使得在一个 ndarray 中进行的改变在另一个中可见。也就是说，ndarray 可以是到另一个 ndarray 的 "view"，并且其引用的数据由 "base" ndarray 处理。ndarrays 还可以是由 Python strings 或实现 buffer 或 array 接口的对象拥有的内存的视图。

例如在下面的实例文件中，创建了一个 2×3 的二维数组，并由 4 字节整数元素组成。

实例 20-16：创建一个由 4 字节整数组成的 2×3 的二维数组

源码路径：下载包 \daima\20\20-16

实例文件 001.py 的具体实现代码如下：

```python
import numpy as np
x = np.array([[1, 2, 3], [4, 5, 6]], np.int32)

print(type(x))
print(x.shape)
print(x.dtype)
```

执行后会输出：

```
<class 'numpy.ndarray'>
(2, 3)
int32
```

在库 NumPy 中，可以使用类似 Python 容器的语法对数组进行索引，并且可以使用切片生成数组的视图。例如在下面的实例文件中，演示了上述两种用法的过程。

实例 20-17：通过索引切片生成数组的视图

源码路径：下载包 \daima\20\20-17

实例文件 002.py 的具体实现代码如下：

```python
import numpy as np
x = np.array([[1, 2, 3], [4, 5, 6]], np.int32)
print(x[1, 2])

y = x[:,1]
print(y)
y[0] = 9 # 这也改变了 x 中的对应元素
print(y)
print(x)
```

执行后会输出：

```
6
[2 5]
[9 5]
[[1 9 3]
 [4 5 6]]
```

第21章

Python 多媒体开发实战

（ 视频讲解：16 分钟）

　　在软件程序的开发过程中，为了满足某些项目程序的需要，经常需要开发音频和视频等多媒体程序。在本章的内容中，将详细讲解使用 Python 内置模块和第三方库开发多媒体应用程序的知识，为读者步入本书后面知识的学习打下坚实的基础。

21.1　使用模块 audioop 处理原始音频数据

　　在 Python 语言中，内置模块 audioop 提供了对声音片段的一些有用的操作，对存储在 bytes-like 对象中的有符号整数采样 81624 或 32 位宽的声音片段进行操作。除非另有说明，否则所有标量项都是整数。从 Python 3.4 版本开始，添加了对 24 位示例的支持。

21.1.1　内置模块 audioop 介绍

　　在 Python 内置模块 audioop 中，主要包含表 21-1 中的内置成员。

表 21-1

内置成员	描　　述
exception audioop.error	所有的错误都会引发此异常
audioop.add（fragment1, fragment2, width）	返回一个作为参数传递的两个样本相加的片。参数 width 表示以字节为单位的样本宽度，1、2、3 或 4 两个片段应具有相同的长度。在溢出的情况下截取样本
audioop.adpcm2lin（adpcmfragment, width, state）	将 Intel/DVI ADPCM 编码片段解码为线性片段，返回一个元组（sample，newstate），参数 width 用于指定宽度
audioop.alaw2lin（fragment, width）	将 a-LAW 编码中的声音片段转换为线性编码的声音片段。因为 a-LAW 编码始终使用 8 位采样，所以参数 width 仅设置此处输出片段的采样宽度
audioop.avg（fragment, width）	返回 fragment 片段中所有样本的平均值
audioop.avgpp（fragment, width）	返回 fragment 片段中所有样本的平均峰值
audioop.bias（fragment, width, bias）	返回作为原始 fragment 的片段，并向每个样本添加偏差
audioop.byteswap(fragment, width)	处理 fragment 片段中的所有样本，并返回修改的片段。将大尾数样本转换为小尾数法，反之亦然
audioop.cross(fragment, width)	返回作为参数传递的 fragment 片段中的零交叉的数量

内置成员	描　述
audioop.findfactor(fragment, reference)	返回 rms（add（fragment，mul（reference，-F））) 处理后的最小因子 F，以使其与片段 fragment 尽可能匹配。所有片段都应该包含 2 个字节样本，该例程所花费的时间与 len(fragment) 成比例
audioop.findfit(fragment, reference)	将引用 reference 与片段 fragment（应为更长的片段）的一部分进行匹配，通过使用 findfactor() 从片段中取出片段来计算最佳匹配的最小化结果
audioop.findmax(fragment, length)	搜索 fragment 片段，获取 length 长度的切片（不是字节）
audioop.getsample(fragment, width, index)	返回样本 index 的值
audioop.lin2adpcm(fragment, width, state)	将采样转换为 4 位 Intel/DVI ADPCM 编码。ADPCM 编码是自适应编码方案，其中每个 4 比特数是一个采样和下一个采样之间的差除以（变化）步长。英特尔 / DVI ADPCM 算法已经选择供 IMA 使用，因此它很可能成为一个标准。其中，参数 state 是包含编码器状态的元组，编码器返回一个元组 tuple（adpcmfrag，newstate），并且使用 lin2adpcm() 新建一个编码。在初始调用中，None 可以作为状态传递。参数 adpcmfrag 是每个字节打包 2 个 4 位值的 ADPCM 编码片段
audioop.lin2alaw(fragment, width)	将音频片段中的样本转换为 a-LAW 编码，并将其作为字节对象返回。a-LAW 是一种音频编码格式，只需使用 8 位采样即可获得约 13 位的动态范围
audioop.lin2lin(fragment, width, newwidth)	以 1-、2-、3- 和 4 字节格式转换样本
audioop.lin2ulaw(fragment, width)	将音频片段中的样本转换为 u-LAW 编码，并将其作为字节对象返回。u-LAW 是一种音频编码格式，只需使用 8 位采样即可获得约 14 位的动态范围
audioop.max(fragment, width)	返回片段中所有样本的绝对值的最大值
audioop.maxpp(fragment, width)	返回声音片段中的最大值
audioop.minmax(fragment, width)	返回由声音片段中所有样本的最小值和最大值组成的元组
audioop.mul(fragment, width, factor)	返回具有原始片段中的所有样本乘以浮点值因子的片段，在溢出的情况下截取样本
audioop.ratecv(fragment, width, nchannels, inrate, outrate, state[, weightA[, weightB]])	转换输入片段的帧速率。其中，参数 state 是包含转换器状态的元组；参数 weightA 和 weightB：是简单数字滤波器的参数，分别默认为 1 和 0
audioop.reverse(fragment, width)	反转片段中的样本，并返回修改的片段
audioop.rms(fragment, width)	返回片段的均方根，即 sqrt(sum(S_i^2)/n)，这是音频信号中的功率的度量
audioop.tomono(fragment, width, lfactor, rfactor)	将立体声片段转换为单声道片段。在添加两个声道以给出单声道信号之前，左声道乘以 lfactor，右声道乘以 rfactor
audioop.tostereo(fragment, width, lfactor, rfactor)	从单声道片段生成立体声片段，从单声道采样计算立体声片段中的每对采样，通过 rfactor 将左声道采样乘以因子和右声道采样
audioop.ulaw2lin(fragment, width)	将 u-LAW 编码中的声音片段转换为线性编码的声音片段。因为 u-LAW 编码始终使用 8 位样本，所以参数 width 仅指此处输出片段的样本宽度

21.1.2　使用模块 audioop 播放音乐

例如在下面的实例文件 audi.py 中，演示了使用模块 audioop 播放指定 WAV 文件的过程。

实例 21-1：播放指定的音乐文件

源码路径：下载包 \daima\21\21-1

实例文件 audi.py 的具体实现代码如下：

```
import pygame
import pyaudio
import wave
import sys
import audioop

CHUNK = 1024

(height, width) = (600, 800)

if len(sys.argv) < 2:
    print("Plays a wave file.\n\nUsage: %s filename.wav" % sys.argv[0])
    sys.exit(-1)

wf = wave.open(sys.argv[1], 'rb')
p = pyaudio.PyAudio()

stream = p.open(format=p.get_format_from_width(wf.getsampwidth()),
                channels=wf.getnchannels(),
                rate=wf.getframerate(),
                output=True)

data = wf.readframes(CHUNK)

screen = pygame.display.set_mode((800, 600))
clock = pygame.time.Clock()
# 设置窗口标题的音频文件格式
pygame.display.set_caption(sys.argv[1])
running = True

# pygame 循环运行
while running:
    for event in pygame.event.get():
        if event.type == pygame.QUIT:
            running = False

    stream.write(data)
    data = wf.readframes(CHUNK)
    # 查找当前音频数据块的均方根
    rms = audioop.rms(data, 2)
    print(rms)
    i = int(rms * 0.01)

    screen.fill((255, 255, 255))
    # 因为 R, g, b 必须是 int，我们只需把任何可能出现的元素传递给整数。
    pygame.draw.line(screen, (0 + int(i / 5), 255 - i, 255 - i), (400, 80), (400,
120), 1 + (i * 2))
    pygame.draw.circle(screen, (255 - i, 255 - i, 0 + int(i / 5)), (400, 375),
10 + i, 0)
    pygame.draw.circle(screen, (0 + int(i / 4), 0 + i, 255 - i), (400, 375), 5
+ (i / 2), 0)
    pygame.draw.circle(screen, (0 + i, 255 - int(i / 3), 255 - i), (400, 375),
1 + (i / 3), 0)
    #   ^   couple cool examples   ^

    pygame.draw.circle(screen, 0x000000, (700, 150 + i), 20 + int(i / 15), 0)
    pygame.draw.circle(screen, 0x000000, (100, (height - 150) - i), 20 + int(i
/ 15), 0)

    pygame.display.flip()
```

```
        clock.tick(3000)

stream.stop_stream()
stream.close()

p.terminate()
```

21.2　使用模块 aifc

在 Python 语言中，模块 aifc 的功能是读 / 写 AIFF 和 AIFF-C 文件。AIFF 是音频交换文件格式，用于将数字音频样本存储在文件中，AIFF-C 是包括压缩音频数据能力格式的较新版本。在本节的内容中，将详细讲解使用模块 aifc 读写 AIFF 和 AIFF-C 文件的知识。

21.2.1　模块 aifc 基础

在模块 aifc 中包含了表 21-2 中的内置成员。

表 21-2

内置成员	描　　述
aifc.open(file, mode=None)	打开 AIFF 或 AIFF-C 文件并返回对象实例。其中，参数 file 是命名文件的字符串或文件对象；参数 mode 在当文件打开或读取时必须是 r 或 rb，当文件打开或写入时必须是 w 或 wb。如果省略此参数，则使用 file.mode（如果存在），否则使用 'rb'。当用于写入操作时，文件对象应该是可搜索的，除非提前知道要写多少个样本，并可以在 with 语句中使用函数 writeframesraw()、setnframes() 和 open()。当 with 块完成时，调用 close() 函数
aifc.getnchannels()	返回音频通道数（单声道为 1，立体声为 2）
aifc.getsampwidth()	返回单个样本的字节大小
aifc.getframerate()	返回采样率（每秒音频帧数）
aifc.getnframes()	返回文件中的音频帧数
aifc.getcomptype()	返回一个长度为 4 的字节数组，描述音频文件中使用的压缩类型。对于 AIFF 文件，返回的值为 b 'NONE'
aifc.getcompname()	返回一个字节数组可转换为音频文件中使用的压缩类型的可读的描述。对于 AIFF 文件，返回的值为 b 'not compressed'
aifc.getmarkers()	返回音频文件中的标记列表。这个标记由三个元素的元组组成，其中第一个是标记 ID（整数），第二个是从数据开始的标记位置（整数），第三个是标记的名称（字符串）
aifc.getmark(id)	按照 getmarkers() 中的描述返回元组，以获取给定 id 的标记
aifc.readframes(nframes)	读取并返回音频文件中的下一个 nframes 帧。返回的数据是一个字符串，包含每个帧的所有通道的未压缩样本
aifc.rewind()	以回滚的方式读取指针，下一个 readframes() 将从头开始
aifc.setpos(pos)	查找指定帧的编号
aifc.tell()	返回当前帧的编号
aifc.close()	关闭 AIFF 文件。调用此方法后，将无法再使用 aifc 对象
aifc.aiff()	创建 AIFF 文件。默认值是创建 AIFF-C 文件，文件名以 '.aiff ' 结尾的创建为 AIFF 文件
aifc.aifc()	创建 AIFF-C 文件。默认值是创建 AIFF-C 文件，文件名以 '.aiff ' 结尾的创建为 AIFF 文件
aifc.setnchannels(nchannels)	指定音频文件中的通道数

内置成员	描　　述
aifc.setsampwidth(width)	设置音频采样的大小（以字节为单位）
aifc.setframerate(rate)	以每秒帧数指定采样频率
aifc.setnframes(nframes)	设置要写入音频文件的帧数。如果未设置此参数，或未正确设置，则文件需要支持搜索功能
aifc.setcomptype(type, name)	设置压缩类，如果未设置，音频数据将不会被压缩。在 AIFF 文件中，是不可能压缩的。其中，参数 name：是压缩类型的人为可读描述。参数 type：作为字节数组，此参数应该是长度为 4 的字节数组。目前支持的压缩类型有：b 'NONE'，b 'ULAW'，b 'ALAW'，b 'G722'
aifc.setparams(nchannels, sampwidth, framerate, comptype, compname)	同时设置所有上述参数。参数是由各种参数组成的元组，这意味着可以使用 getparams() 调用的结果作为 setparams() 的参数
aifc.setmark(id, pos, name)	给定指定的 id（大于 0）添加标记，并在给定位置添加给定名称。此方法可以在 close() 之前的任何时间调用
aifc.writeframes(data)	将数据写入到输出文件，只能在设置音频文件参数后调用
aifc.writeframesraw(data)	功能类似于 writeframes()，除了音频文件的头没有更新
aifc.close()	关闭 AIFF 文件。文件的头部被更新以反映音频数据的实际大小。调用此方法后，将无法再使用 aifc 对象

21.2.2　使用模块 aifc 获取多媒体文件的信息

例如在下面的实例文件中，演示了使用模块 aifc 获取指定文件信息的过程。

实例 21-2：打印某个多媒体文件的信息

源码路径：下载包 \daima\21\21-2

实例文件 test.py 的具体实现代码如下：

```python
import aifc

file = aifc.open('aiff_01.aif')
print(file.getnchannels())
print(file.getsampwidth())
print(file.getframerate())
a = aifc.open("aiff_01.aif", "r")

if a.getnchannels() == 1:
    print("mono,",)
else:
    print("stereo,",)

print(a.getsampwidth()*8, "bits,",)
print(a.getframerate(), "Hz sampling rate")

data = a.readframes(a.getnframes())
```

执行后会输出：

```
2
2
8000
stereo,
16 bits,
8000 Hz sampling rate
```

21.3　使用模块 wave

在 Python 语言中，模块 wave 为 WAV 格式的文件提供了一个方便的操作界面。虽然此模块不支持压缩 / 解压缩功能，但是同时支持单声道和立体声功能。在本节的内容中，将详细讲解使用模块 wave 读取和写入 WAV 文件的知识。

21.3.1　模块 wave 基础

在模块 wave 中包含了表 21-3 中的内置成员。

表 21-3

内置成员	描　　述
wave.open(file, mode=None)	如果 file 文件是字符串，则打开该名称的文件，否则将其视为类文件对象。rb 为只读模式。wb 为只写模式。 注意，open() 函数不能读或写操作 WAV 文件。可以在 with 语句中使用。当 with 块完成时，调用 Wave_read.close() 或 Wave_write.close() 方法
wave.openfp(file, mode)	为维持向后兼容性的 open() 函数的同义词
exception wave.Error	当某些内容违反了 WAV 规范或遇到实现缺陷时出现的错误
Wave_read.close()	如果流由 wave 打开则关闭流，并使实例不可用
Wave_read.getnchannels()	返回音频通道数，单声道返回 1，立体声返回 2
Wave_read.getsampwidth()	返回样本宽度，以字节为单位
Wave_read.getframerate()	返回采样频率
Wave_read.getnframes()	返回音频的帧数
Wave_read.getcomptype()	返回压缩类型，NONE 是唯一支持的类型
Wave_read.readframes(n)	读取并返回最多 n 个音频帧，以字节为单位
Wave_read.rewind()	将文件指针回滚到音频流的开头
Wave_write.close()	如果文件已由 wave 打开则关闭该文件。如果输出流不可寻址并且 nframes 与实际写入的帧数不匹配，将会引发异常
Wave_write.setnchannels(n)	设置通道数
Wave_write.setsampwidth(n)	将样本宽度设置为 n 个字节
Wave_write.setframerate(n)	将帧速率设置为 n
Wave_write.setnframes(n)	将帧数设置为 n
Wave_write.setcomptype(type, name)	设置压缩类型和描述
Wave_write.tell()	返回文件中的当前位置
Wave_write.writeframesraw(data)	写入音频帧，而不更正 nframes
Wave_write.writeframes(data)	写入音频帧，并确保 nframes 正确。如果不可查找输出流，并且在写入数据后已写入的帧总数与 nframe 的先前设置值不匹配，则会引发错误

21.3.2　使用模块 wave 操作处理 WAV 文件

例如在下面的实例中，演示了使用模块 wave 操作处理 WAV 文件的过程。

实例 21-3：打印指定多媒体文件的信息

源码路径：下载包 \daima\21\21-3

（1）编写文件 download_audio.py 来下载网络中指定 URL 地址的 WAV 文件，具体实现代码如下：

```
import time
import mechanize
import cookielib
# import pysox
from bs4 import BeautifulSoup
# Browser
br = mechanize.Browser()
# CookieJar
cj = cookielib.LWPCookieJar()
br.set_cookiejar(cj)

# Browser options
br.set_handle_equiv(True)
br.set_handle_gzip(True)
br.set_handle_referer(True)
br.set_handle_redirect(True)
br.set_handle_robots(False)

# Want debugging messages?
br.set_debug_http(True)
br.set_debug_redirects(True)
br.set_debug_responses(True)

# User Agent
br.addheaders = [('User-agent', 'Mozilla/5.0 (X11; U; Linux i686; en-US;
rv:1.9.0.1) Gecko/2008071615 Fedora/3.0.1-1.fc9 Firefox/3.0.1')]

# Proxy
br.set_proxies({"http":"user:password@123.456.789.101:60099"})

simples_url = ""

som_url = ""

image_url = ""

mp3_filename = ""

filetype = ".mp3"

# for i in xrange(100):
br.open(image_url)
br.retrieve(som_url,mp3_filename+str(0)+filetype)
```

（2）编写文件 generate_dataset.py，功能是使用模块 wave 获取指定 WAV 文件的信息，
具体实现代码如下：

```
import wave
from wave import Wave_read

filename = '123.wav'
outfile = 'soundbytes.txt'
wavobj = wave.open(filename,'rb')

frames = wavobj.getnframes()
print(frames)
print(wavobj.getsampwidth())
wavobj.close()
print('done!')
```

执行后会输出：

```
11058198
2
done!
```

21.4　基于 tkinter 模块的音乐播放器

在 Python 程序中，通过使用图形界面模块 tkinter 可以开发出界面美观的音乐播放器。在本节的内容中，将通过一个具体实例的实现过程，详细讲解使用 tkinter 模块开发一个音乐播放器的过程。

实例 21-4：多功能音乐播放器

源码路径： 下载包 \daima\21\21-4

实例文件 musicplayer.py 的具体实现代码如下：

（1）使用 import 语句导入需要的模块，对应代码如下：

```
import os
import pygame
import tkinter
import tkinter.filedialog
from mutagen.id3 import ID3
```

（2）创建一个 tkinter 对象，设置窗口大小为 300×300，设置音乐列表框的宽度。对应代码如下：

```
root = tkinter.Tk()
root.minsize(300, 300)


listofsongs = []
realnames = []
v = tkinter.StringVar()
songlabel = tkinter.Label(root, textvariable=v, width=35)
index = 0
```

（3）编写函数 nextsong() 用于播放列表中的下一首音乐，对应代码如下：

```
def nextsong(event):
    global index
    if index < len(listofsongs) - 1:
        index += 1
    else:
        index = 0;
    pygame.mixer.music.load(listofsongs[index])
    pygame.mixer.music.play()
    updatelabel()
```

（4）编写函数 stopsong() 用于播放列表中的上一首音乐，对应代码如下：

```
def previoussong(event):
    global index
    if index > 0 :
        index -= 1
    else:
        index = len(listofsongs) - 1
    pygame.mixer.music.load(listofsongs[index])
    pygame.mixer.music.play()
    updatelabel()
```

（5）编写函数 previoussong() 停止播放当前，对应代码如下：

```
def stopsong(event):
    pygame.mixer.music.stop()
    v.set("")
```

（6）编写函数 updatelabel() 更新播放界面中显示的播放音乐名，对应代码如下：

```
def updatelabel():
    global index
    v.set(realnames[index])
```

（7）编写函数 directorychooser() 用于获取对话框目录中所有 MP3 格式的文件，并将文件名显示在列表框中。对应代码如下：

```
def directorychooser():
    directory = tkinter.filedialog.askdirectory()
    os.chdir(directory)

    for files in os.listdir(directory):
        if files.endswith('.mp3'):
            realdir = os.path.realpath(files)
            audio = ID3(realdir)
            realnames.append(audio['TIT2'].text[0])
            listofsongs.append(files)
            # print(files)

    pygame.mixer.init()
    pygame.mixer.music.load(listofsongs[0])
    pygame.mixer.music.play()


directorychooser()
```

（8）依次显示 TK 界面框中的各个元素，包括显示标题、歌曲列表、播放控制按钮等。对应代码如下：

```
label = tkinter.Label(root, text=" 玉珑音乐盒 ")
label.pack()

listbox = tkinter.Listbox(root)
listbox.pack()
# List of songs
realnames.reverse()
for item in realnames:
    listbox.insert(0, item)
realnames.reverse()

nextbutton = tkinter.Button(root, text=' 下一首 ')
nextbutton.pack()

previousbutton = tkinter.Button(root, text=" 上一首 ")
previousbutton.pack()

stopbutton = tkinter.Button(root, text=" 停止播放 ")
stopbutton.pack()

nextbutton.bind("<Button-1>", nextsong)
previousbutton.bind("<Button-1>", previoussong)
stopbutton.bind('<Button-1>', stopsong)

songlabel.pack()

root.mainloop()
```

执行后的效果如图 21-1 所示。

图 21-1

第 22 章

开发网络爬虫

（📹视频讲解：42 分钟）

网络爬虫（又被称为网页蜘蛛，网络机器人，在 FOAF 社区中间，更经常的称为网页追逐者），是一种按照一定的规则，自动地抓取万维网信息的程序或者脚本。网络爬虫的最终目的是抓取别人家网页中的内容"据为己用"，这样就不用自己去手工录入信息了。例如市面中有一些类似的网站，例如通过小插件抓取天气预报数据显示在自己的博客中，抓取股票行情显示在自己的博客页面中。在本章的内容中，将详细讲解使用 Python 语言开发网络爬虫项目的知识。

22.1 网络爬虫基础

对于网络爬虫这一新奇的概念，大家可以将其理解为在网络中爬行的一只小蜘蛛，互联网就比作一张大网，而爬虫便是在这张网上爬来爬去的蜘蛛，如果它遇到你喜欢的资源，那么这只小蜘蛛就会把这些信息抓取下来"据为己用"。

小蜘蛛在抓取一个网页中的数据时，必须用到这个网页的地址，其实就是指向网页的超链接。在抓取另外的网页时，小蜘蛛需要爬到另外一张网上（网址）来获取数据。这样，整个连在一起的大网对这只蜘蛛来说触手可及。

当用户浏览网页时可能会看到许多好看的图片，例如在浏览 http://image.baidu.com/ 时会看到很多张的图片以及百度搜索框，这个过程其实就是用户输入网址之后，经过 DNS 服务器，找到服务器主机，向服务器发出一个请求，服务器经过解析之后，发送给用户的浏览器 HTML、JS、CSS 等文件。当浏览器将这些各类信息解析出来，浏览用户便可以看到形形色色的图片了。由此可见，用户看到的网页实质是由 HTML 代码构成的，爬虫抓取的便是这些内容，通过分析和过滤这些 HTML 代码，实现对图片和文字等资源的获取。

22.2 开发简单的网络爬虫应用程序

在本节下面的内容中，将讲解几个简单实例的实现过程，让读者了解开发网络爬虫应用程序的方法，为步入本章后面的综合实战项目的学习打下基础。

22.2.1 抓取 ×× 百科文字信息

下面的实例能够抓取 ×× 百科网站中的热门信息，具体功能如下：

● 抓取 ×× 百科热门段子；

● 过滤带有图片的段子；

● 每当按一次回车键，显示一个段子的发布时间、发布人、段子内容和点赞数。

实例 22-1：打印输出抓取的爬虫信息

源码路径：下载包 \daima\22\22-1

（1）确定 URL 并抓取页面代码

首先我们确定好页面的 URL 是 http://www.qiushibaike.com/hot/page/1，其中最后一个数字 1 代表页数，可以传入不同的值来获得某一页的段子内容。初步构建如下的代码来打印页面代码内容，先构造了最基本的页面抓取方式：

```
import urllib
import urllib.request
page = 1
url = 'http://www.qiushibaike.com/hot/page/' + str(page)
user_agent = 'Mozilla/4.0 (compatible; MSIE 5.5; Windows NT)'
headers = { 'User-Agent' : user_agent }
try:
    request = urllib.request.Request(url,headers = headers)
    response = urllib.request.urlopen(request)
    print (response.read())
except (urllib.request.URLError, e):
    if hasattr(e,"code"):
        print (e.code)
    if hasattr(e,"reason"):
        print e.reason
```

执行后会打印输出第一页的 HTML 代码。

（2）提取某一页的所有段子

在获取了 HTML 代码之后，接下来开始获取某一页的所有段子。首先我们审查元素看一下，按浏览器的 F12，截图如图 22-1 所示。

```
<div class="articleGender manIcon">28</div>
</div>


<a href="/article/118348358" target="_blank" class='contentHerf' >
<div class="content">


<span>历史课上，女老师的鞋跟突然断了。她感慨道："我这鞋都穿五年了。"这时，角落里有人低声说道："不愧是历史老师！"</span>


</div>
</a>
```

图 22-1

由此可见，每一个段子都是被 <div class= "articleGender manIcon" >…</div> 包含的内容。如果想获取页面中的发布人、发布日期、段子内容以及点赞的个数，需要注意有些段子是带有图片的。如果想在控制台中显示图片信息是不可能的，所以需要直接把带有图片的段

子删除掉，只保存仅含文本的段子。所以需要加入如下正则表达式来匹配一下，使用方法
re.findall() 找寻所有匹配的内容。编写的正则表达式匹配语句如下：

```
pattern = re.compile(
        '<div.*?author clearfix">.*?<h2>(.*?)</h2>.*?<div.*?content".*?<sp
an>(.*?)</span>.*?</a>(.*?)<div class= "stats".*?number" >(.*?)</i>', re.S)
```

上述正则表达式是整个程序的核心，本实例的实现文件是 baike.py，具体实现代码
如下：

```
import urllib.request
import re
class Qiubai:

    # 初始化,定义一些变量
    def __init__(self):
        # 初始页面为1
        self.pageIndex = 1
        # 定义UA
            self.user_agent = 'Mozilla/5.0 (Windows NT 6.1; WOW64)
AppleWebKit/537.36 (KHTML, like Gecko) Chrome/55.0.2883.75 Safari/537.36'
        # 定义headers
        self.headers = {'User-Agent': self.user_agent}
        # 存放段子的变量,每一个元素是每一页的段子
        self.stories = []
        # 程序是否继续运行
        self.enable = False
    def getPage(self, pageIndex):
        """
        传入某一页面的索引后的页面代码
        """
        try:
            url = 'http://www.qiushibaike.com/hot/page/' + str(pageIndex)
            # 构建request
            request = urllib.request.Request(url, headers=self.headers)
            # 利用urlopen获取页面代码
            response = urllib.request.urlopen(request)
            # 页面转为utf-8编码
            pageCode = response.read().decode("utf8")
            return pageCode
        # 捕获错误原因
        except (urllib.request.URLError, e):
            if hasattr(e, "reason"):
                print (u"连接××百科失败,错误原因 ", e.reason)
                return None
    def getPageItems(self, pageIndex):
        """
        传入某一页代码,返回本页不带图的段子列表
        """
        # 获取页面代码
        pageCode = self.getPage(pageIndex)
        # 如果获取失败,返回None
        if not pageCode:
            print ("页面加载失败...")
            return None
        # 匹配模式
        pattern = re.compile(
                '<div.*?author clearfix">.*?<h2>(.*?)</h2>.*?<div.*?content".*?<sp
an>(.*?)</span>.*?</a>(.*?)<div class="stats".*?number">(.*?)</i>', re.S)
        # findall匹配整个页面内容,items匹配结果
        items = re.findall(pattern, pageCode)
        # 存储整页的段子
```

```python
        pageStories = []
        # 遍历正则表达式匹配的结果，0name, 1content, 2img, 3votes
        for item in items:
            # 是否含有图片
            haveImg = re.search("img", item[2])
            # 不含，加入 pageStories
            if not haveImg:
                # 替换 content 中的 <br/> 标签为 \n
                replaceBR = re.compile('<br/>')
                text = re.sub(replaceBR, "\n", item[1])
                # 在 pageStories 中存储: 名字、内容、赞数
                pageStories.append(
                    [item[0].strip(), text.strip(), item[3].strip()])
        return pageStories
    def loadPage(self):
        """
        加载并提取页面的内容，加入列表中
        """
        # 如未看页数少于2，则加载并抓取新一页补充
        if self.enable is True:
            if len(self.stories) < 2:
                pageStories = self.getPageItems(self.pageIndex)
                if pageStories:
                    # 添加到 self.stories 列表中
                    self.stories.append(pageStories)
                    # 实际访问的页码 +1
                    self.pageIndex += 1
    def getOneStory(self, pageStories, page):
        """
        调用该方法，回车输出一个段子，按下 q 结束程序的运行
        """
        # 循环访问一页的段子
        for story in pageStories:
            # 等待用户输入，回车输出段子，q 退出
            shuru = input()
            self.loadPage()
            # 如果用户输入 q 退出
            if shuru == "q":
                # 停止程序运行，start() 中 while 判定
                self.enable = False
                return
            # 打印 story:0 name, 1 content, 2 votes
            print (u"第 %d 页 \t 发布人 :%s\t\3:%s\n%s" % (page, story[0], story[2],
story[1]))
    def start(self):
        """
        开始方法
        """
        print (u" 正在读取 ×× 百科，回车查看新段子，q 退出 ")
        # 程序运行变量 True
        self.enable = True
        # 加载一页内容
        self.loadPage()
        # 局部变量，控制当前读到了第几页
        nowPage = 0
        # 直到用户输入 q，self.enable 为 False
        while self.enable:
            if len(self.stories) > 0:
                # 输出一页段子
                pageStories = self.stories.pop(0)
                # 用于打印当前页面，当前页数 +1
                nowPage += 1
                # 输出这一页段子
```

```
                        self.getOneStory(pageStories, nowPage)
if __name__ == '__main__':
    qiubaiSpider = Qiubai()
    qiubaiSpider.start()
```

执行效果如图 22-2 所示，每次按下回车键就会显示下一条热门糗事信息。

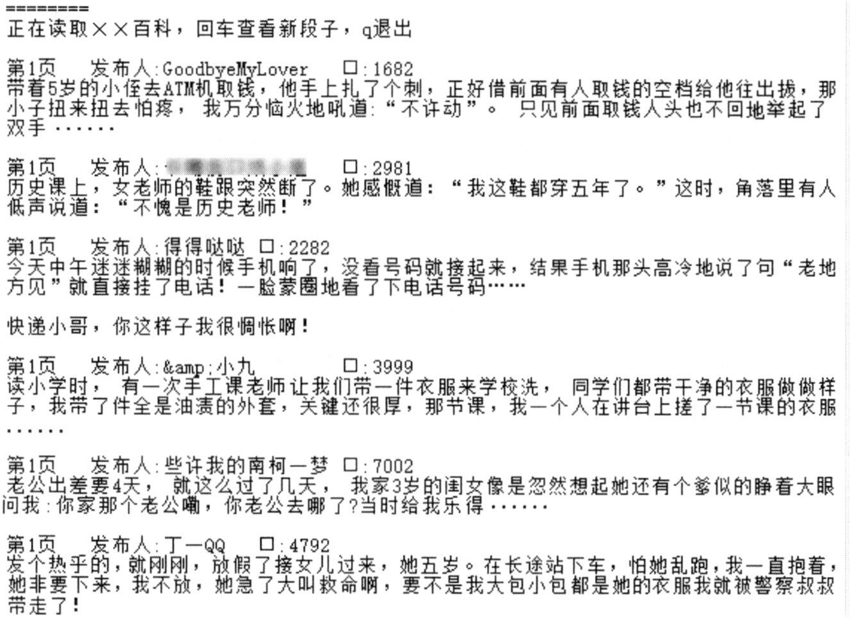

图 22-2

22.2.2 抓取某贴吧信息

下面的实例能够抓取百度某贴吧中某个帖子的信息，具体功能如下：

● 对 ×× 贴吧的任意帖子进行抓取；

● 设置是否只抓取楼主发帖内容；

● 将抓取到的内容分析并保存到指定的记事本文件。

实例 22-2：抓取 ×× 贴吧信息并保存到本地文件

源码路径：下载包 \daima\22\22-2

（1）确定 URL 并抓取页面代码

我们的目标是抓取 ×× 贴吧中的这个帖子：http://tieba.baidu.com/p/4928967042 4928967042?see_lz=1&pn=1，这是一个关于"【天下足球】重回故地 - 情缘难尽：贝克汉姆、C 罗 ...."，分析一下这个地址。

● tieba.baidu.com：是百度的二级域名，指向 ×× 贴吧的服务器。

● /p/4928967042：是服务器某个资源，即这个帖子的地址定位符。

● see_lz 和 pn：表示该 URL 的两个参数，分别代表只看楼主和帖子页码，等于 1 表示该条件为真。

针对 ×× 贴吧的地址，可以把 URL 分为两部分，一部分为基础部分，另一部分为参数部分。例如，上面的 URL 我们划分基础部分是 http://tieba.baidu.com/p/4928967042，参数部

分是 ?see_lz=1&pn=1。

（2）抓取页面

熟悉了抓取 URL 的格式后，接下来开始用 urllib 库来抓取页面中的内容。其中，有些帖子想指定给程序是否要只看楼主，所以把只看楼主的参数初始化放在类的初始化上，即 init 方法。另外，获取页面的方法需要知道一个参数就是帖子页码，所以这个参数的指定放在该方法中。

（3）提取帖子标题

首先提取帖子的标题，在浏览器中审查元素，或者按 F12 键，查看页面源代码，我们找到标题所在的代码段，可以发现这个标题的 HTML 代码是：

```
<title>【天下足球】重回故地 - 情绪难尽：贝克汉姆、C 罗、范佩西 _ 曼联吧 _×× 贴吧</title>
```

如果想提取 <h1> 标签中的内容，另外因为 h1 标签实在太多，所以同时还需要指定这个 class 确定唯一。正则表达式代码如下：

```
pattern = re.compile('<h3 class="core_title_txt.*?>(.*?)</h3>',re.S)
```

（4）提取帖子页数

同样道理，帖子总页数功能也可以通过分析页面中的共多少页来获取。获取帖子总页数的方法如下：

```
        # 获取帖子共有多少页
        def getPageNum(self,page):
                pattern = re.compile('<li class="l_reply_num.*?</
span>.*?<span.*?>(.*?)</span>',re.S)
            result = re.search(pattern,page)
            if result:
            #print result.group(1)    # 测试输出
                return result.group(1).strip()
            else:
                return None
```

（5）提取正文内容

通过审查元素可以看到，在 ×× 贴吧每一层楼的主要内容都在 <div id= "post_content_ xxxx" ></div> 标签里面，所以可以编写如下所示的正则表达式代码：

```
<div id="post_content_.*?>(.*?)</div>
```

与之相应地，获取页面所有楼层数据的方法的实现代码如下：

```
        # 获取每一层楼的内容，传入页面内容
        def getContent(self,page):
            pattern = re.compile('<div id="post_content_.*?>(.*?)</div>',re.S)
            items = re.findall(pattern,page)
            # 以列表形式返回匹配的字符串
            contents=[]
            for item in items:
                content="\n"+self.tool.replace(item)+"\n"
                contents.append(content.encode('utf-8'))
            return contents
```

（6）编写工具类 Tool

编写工具类 Tool 对抓取到的文本进行处理，把各种各样复杂的标签剔除掉，还原精华内容，把文本处理写成一个方法也可以，不过为了实现更好的代码架构和代码重用，我们可以考虑把标签等的处理写作一个类。定义一个名为 Tool 的类，然后里面定义方法

replace()，功能是替换各种标签。在类中定义了几个正则表达式，主要利用 re.sub() 方法对文本进行匹配后然后替换。具体的思路已经写到注释中，类 Tool 的具体实现代码如下：

```
# 处理页面标签类
class TOOL:
    # 去除 img 标签 ,7 位长空格
    removeImg = re.compile('<img.*?>| {7}|')
    # 删除超链接标签
    removeAddr = re.compile('<a.*?>|</a>')
    # 把换行的标签换为 \n
    replaceLine = re.compile('<tr>|<div>|</div>|</p>')
    # 将表格制表 <td> 替换为 \t
    replaceTD= re.compile('<td>')
    # 把段落开头换为 \n 加空两格
    replacePara = re.compile('<p.*?>')
    # 将换行符或双换行符替换为 \n
    replaceBR = re.compile('<br><br>|<br>')
    # 将其余标签刷除
    removeExtraTag = re.compile('<.*?>')
    def replace(self,x):
        x = re.sub(self.removeImg,"",x)
        x = re.sub(self.removeAddr,"",x)
        x = re.sub(self.replaceLine,"\n",x)
        x = re.sub(self.replaceTD,"\t",x)
        x = re.sub(self.replacePara,"\n    ",x)
        x = re.sub(self.replaceBR,"\n",x)
        x = re.sub(self.removeExtraTag,"",x)
        #strip() 将前后多余内容删除
        return x.strip()
```

到此为止，整个实例介绍完毕。实例文件 tieba.py 的主要实现代码如下：

```
class BDTB:
    # 初始化，传入基地址，是否只看楼主的参数
    def __init__(self,baseUrl,seeLZ,floorTag):
        self.baseUrl=baseUrl
        self.seeLZ='?see_lz='+str(seeLZ)
        self.tool=TOOL()
        # 全局 file 变量，文件写入操作对象
        self.file = None
        # 楼层标号，初始为 1
        self.floor = 1
        # 默认的标题，如果没有成功获取到标题的话则会用这个标题
        self.defaultTitle = u"×× 贴吧 "
        # 是否写入分隔符的标记
        self.floorTag = floorTag
    # 传入页码，获取该页帖子的代码
    def getPage(self,pageNum):
        url=self.baseUrl+self.seeLZ+'&pn='+str(pageNum)
        request=urllib.request.Request(url)
        response=urllib.request.urlopen(request)
        #print(response.read())
        return response.read().decode('utf-8')
        #3.0 现在的参数更改了 , 现在读取的是 bytes-like 的 , 但参数要求是 chart-like 的 , 加了个编码
    # 获取帖子标题
    def getTitle(self,page):
        pattern = re.compile('<h3 class="core_title_txt.*?>(.*?)</h3>',re.S)
        #re.s 整体匹配
        result = re.search(pattern,page)
        if result:
            #print result.group(1)   # 测试输出
```

```
                        return result.group(1).strip()
                else:
                        return None
        # 获取帖子共有多少页
        def getPageNum(self,page):
                pattern = re.compile('<li class="l_reply_num.*?</
span>.*?<span.*?>(.*?)</span>',re.S)
                result = re.search(pattern,page)
                if result:
                #print result.group(1)  # 测试输出
                        return result.group(1).strip()
                else:
                        return None
        # 获取每一层楼的内容，传入页面内容
        def getContent(self,page):
                pattern = re.compile('<div id="post_content_.*?>(.*?)</div>',re.S)
                items = re.findall(pattern,page)
                # 以列表形式返回匹配的字符串
                contents=[]
                for item in items:
                        content="\n"+self.tool.replace(item)+"\n"
                        contents.append(content.encode('utf-8'))
                return contents
        def setFileTitle(self,title):
                # 如果标题不是 None，即成功获取到标题
                if title is not None:
                        self.file = open(title + ".txt","wb")
                else:
                        self.file = open(self.defaultTitle + ".txt","wb")
        def writeData(self,contents):
                # 向文件写入每一楼的信息
                for item in contents:
                        if self.floorTag == '1':
                                # 楼之间的分隔符
                                floorLine = "\n" + str(self.floor) + u"--------------------------
----------------------------------------------------------\n"
                                self.file.write(floorLine.encode())
                        self.file.write(item)
                        self.floor += 1

        def start(self):
                indexPage = self.getPage(1)
                pageNum = self.getPageNum(indexPage)
                title = self.getTitle(indexPage)
                self.setFileTitle(title)
                if pageNum == None:
                        print("URL 已失效，请重试 ")
                        return
                print(" 该帖子共有 " + str(pageNum) + " 页 ")
                for i in range(1,int(pageNum)+1):
                        print(" 正在写入第 " + str(i) + " 页数据 ")
                        page = self.getPage(i)
                        contents = self.getContent(page)
                        self.writeData(contents)
                print(u" 写入任务完成 ")
print(u" 请输入帖子代号 ")
baseURL = 'http://tieba.baidu.com/p/' + str(input(u'http://tieba.baidu.com/p/'))
seeLZ = input(" 是否只获取楼主发言，是输入 1，否输入 0\n")
floorTag = input(" 是否写入楼层信息，是输入 1，否输入 0\n")
bdtb = BDTB(baseURL,seeLZ,floorTag)
bdtb.start()
```

执行后将提示输入一个帖子的地址，例如输入：4931694016，然后询问"是否只获取楼主发言"和"是否写入楼层信息"。执行效果如图 22-3 所示。

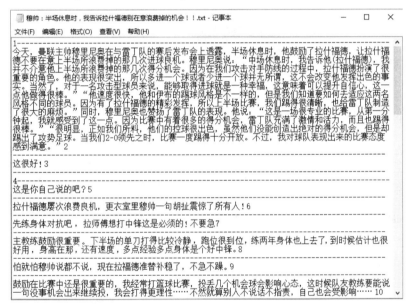

请输入帖子代号
http://tieba.baidu.com/p/4931694016
是否只获取楼主发言，是输入1，否输入0
0
是否写入楼层信息，是输入1，否输入0
1
该帖子共有2页
正在写入第1页数据
正在写入第2页数据
写入任务完成
>>>

图 22-3

在实例文件 tieba.py 的同级目录下生成一个和帖子标题相同的记事本文件"穆帅：半场休息时，我告诉拉什福德别在意浪费掉机会！！.txt"，双击打开这个文件，会发现在里面存储了抓取的帖子"http://tieba.baidu.com/p/4931694016"中的内容，如图 22-4 所示。

图 22-4

22.3　使用爬虫框架 Scrapy

因为爬虫应用程序的需求日益高涨，所以在市面中诞生了很多第三方开元爬虫框架，其中 Scrapy 是一个为了爬取网站数据、提取结构性数据而编写的应用框架。Scrapy 框架的用途十分广泛，可以用于数据挖掘、数据监测和自动化测试等工作。在本节的内容中，将简要讲解爬虫框架 Scrapy 的基本用法。

22.3.1　Scrapy 框架基础

框架 Scrapy 使用了 Twisted 异步网络库来处理网络通信，其整体架构大致如图 22-5 所示。

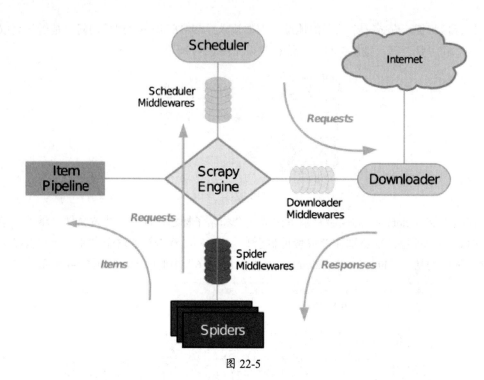

图 22-5

在 Scrapy 框架中，主要包括表 22-1 中的组件。

表 22-1

组件名称	描　述
引擎（Scrapy）	用来处理整个系统的数据流处理，触发事务（框架核心）
调度器（Scheduler）	用来接收引擎发过来的请求，压入队列中，并在引擎再次请求的时候返回。可以将调度器想象成一个 URL（抓取网页的网址或者说是链接）的优先队列，由它来决定下一个要抓取的网址是什么，同时去除重复的网址
下载器（Downloader）	用于下载网页内容，并将网页内容返回给蜘蛛（Scrapy 下载器是建立在 twisted 这个高效的异步模型上的）
爬虫（Spiders）	用于从特定的网页中提取自己需要的信息，即所谓的实体（Item）。用户也可以从中提取出链接，让 Scrapy 继续抓取下一个页面
项目管道（Pipeline）	负责处理爬虫从网页中抽取的实体，主要的功能是持久化实体、验证实体的有效性、清除不需要的信息。当页面被爬虫解析后，将被发送到项目管道，并经过几个特定的次序处理数据
下载器中间件（Downloader Middlewares）	位于 Scrapy 引擎和下载器之间的框架，主要是处理 Scrapy 引擎与下载器之间的请求及响应
爬虫中间件（Spider Middlewares）	介于 Scrapy 引擎和爬虫之间的框架，主要工作是处理蜘蛛的响应输入和请求输出
调度中间件（Scheduler Middlewares）	介于 Scrapy 引擎和调度之间的中间件，从 Scrapy 引擎发送到调度的请求和响应

使用 Scrapy 框架后，整个程序的运行流程大概如下：

（1）首先，引擎从调度器中取出一个链接（URL）用于接下来的抓取；

（2）引擎把 URL 封装成一个请求（Request）传给下载器，下载器把资源下载下来，并封装成应答包（Response）；

（3）然后，爬虫解析 Response；

（4）若是解析出实体（Item），则交给实体管道进行进一步的处理；

（5）若是解析出的是链接（URL），则把 URL 交给 Scheduler 等待抓取。

22.3.2 搭建 Scrapy 环境

在本地计算机安装 Python 后，可以使用"pip"命令或"easy_install"命令来安装 Scrapy，具体命令格式如下：

```
pip scrapy
easy_install scrapy
```

另外还需要确保已经安装了"win32api"模块，在安装此模块时必须安装和本地 Python 版本相对应的版本和位数（32 位或 64 位）。读者可以登录：https://www.lfd.uci.edu/~gohlke/ pythonlibs/ 找到需要的版本，如图 22-6 所示。

PyWin32 provides extensions for Windows.
 To install pywin32 system files, run `python.exe`
 pywin32 − 220.1 − cp27 − cp27m − win32.whl
 pywin32 − 220.1 − cp27 − cp27m − win amd64.whl
 pywin32 − 220.1 − cp34 − cp34m − win32.whl
 pywin32 − 220.1 − cp34 − cp34m − win amd64.whl
 pywin32 − 220.1 − cp35 − cp35m − win32.whl
 pywin32 − 220.1 − cp35 − cp35m − win amd64.whl
 pywin32 − 220.1 − cp36 − cp36m − win32.whl
 pywin32 − 220.1 − cp36 − cp36m − win amd64.whl

图 22-6

下载后将得到一个".whl"格式的文件，定位到此文件的目录，然后通过如下命令即可安装"win32api"模块：

```
python -m pip install --user ".whl" 格式文件的全名
```

注意：如果遇到"ImportError: DLL load failed: 找不到指定的模块。"错误，需要将"Python\Python35\Lib\site-packages\win32"目录中的如下文件保存到本地系统盘中的"Windows\System32"目录下：

- pythoncom36.dll。
- pywintypes36.dll。

22.3.3 创建第一个 Scrapy 项目

请看下面的实例代码，演示了创建第一个 Scrapy 项目的过程。

实例 22-3：使用 Scrapy 开发一个简易爬虫程序

源码路径：下载包 \daima\22\22-3

1. 创建项目

在开始爬取数据之前，必须先创建一个新的 Scrapy 项目。进入准备存储代码的目录中，然后运行如下的命令：

```
scrapy startproject tutorial
```

上述命令的功能是创建一个包含下列内容的 "tutorial" 目录：

```
tutorial/
    scrapy.cfg
    tutorial/
        __init__.py
        items.py
        pipelines.py
        settings.py
        spiders/
            __init__.py
            ...
```

对上述文件的具体说明见表 22-2。

表 22-2

名　　称	描　　述
scrapy.cfg	项目的配置文件
tutorial/	该项目的 python 模块。之后在此加入代码
tutorial/items.py	项目中的 item 文件
tutorial/pipelines.py	项目中的 pipelines 文件
tutorial/settings.py	项目的设置文件
tutorial/spiders/	放置 spider 代码的目录

2. 定义 Item

Item 是保存爬取到数据的容器，其使用方法和 Python 中的字典类似，并且提供了额外保护机制来避免拼写错误导致的未定义字段错误。我们可以通过创建一个 scrapy.Item 类，并且定义类型为 scrapy.Field 的类属性来定义一个 Item。

首先根据需要从 dmoz.org 获取到的数据对 item 进行建模。需要从 dmoz 中获取名字，url 以及网站的描述。对此，在 item 中定义相应的字段。编辑 "tutorial" 目录中的文件 items.py，具体实现代码如下：

```
import scrapy
class DmozItem(scrapy.Item):
    title = scrapy.Field()
    link = scrapy.Field()
    desc = scrapy.Field()
```

通过定义 item，可以很方便地使用 Scrapy 中的其他方法。而这些方法需要知道我们的 item 的定义。

3. 编写第一个爬虫（Spider）

Spider 是用户编写用于从单个网站（或者一些网站）爬取数据的类，其中包含了一个用于下载的初始 URL，如何跟进网页中的链接以及如何分析页面中的内容，提取生成 item 的方法。为了创建一个 Spider，必须继承类 scrapy.Spider，且定义如下的三个属性：

● name：用于区别 Spider。该名字必须是唯一的，您不可以为不同的 Spider 设定相同的名字。

● start_urls：包含了 Spider 在启动时进行爬取的 url 列表。因此，第一个被获取到的页面将是其中之一。后续的 URL 则从初始的 URL 获取到的数据中提取。

- parse()：是 spider 的一个方法。被调用时，每个初始 URL 完成下载后生成的 Response 对象将会作为唯一的参数传递给该函数。该方法负责解析返回的数据（response data），提取数据（生成 item）以及生成需要进一步处理 URL 的 Request 对象。

下面是我们编写的第一个 Spider 代码，保存在"tutorial/spiders"目录下的文件 dmoz_spider.py 中，具体实现代码如下：

```python
import scrapy
class DmozSpider(scrapy.Spider):
    name = "dmoz"
    allowed_domains = ["dmoz.org"]
    start_urls = [
        "http://www.dmoz.org/Computers/Programming/Languages/Python/Books/",
            "http://www.dmoz.org/Computers/Programming/Languages/Python/Resources/"
    ]
    def parse(self, response):
        filename = response.url.split("/")[-2]
        with open(filename, 'wb') as f:
            f.write(response.body)
```

4. 爬取

进入项目的根目录，执行下列命令启动 spider：

```
scrapy crawl dmoz
```

"crawl dmoz"是负责启动用于爬取"dmoz.org"网站的 spider，之后会得到如下的输出：

```
2019-07-23 18:13:07-0400 [scrapy] INFO: Scrapy started (bot: tutorial)
2019-07-23 18:13:07-0400 [scrapy] INFO: Optional features available: ...
2019-07-23 18:13:07-0400 [scrapy] INFO: Overridden settings: {}
2019-07-23 18:13:07-0400 [scrapy] INFO: Enabled extensions: ...
2019-07-23 18:13:07-0400 [scrapy] INFO: Enabled downloader middlewares: ...
2019-07-23 18:13:07-0400 [scrapy] INFO: Enabled spider middlewares: ...
2019-07-23 18:13:07-0400 [scrapy] INFO: Enabled item pipelines: ...
2019-07-23 18:13:07-0400 [dmoz] INFO: Spider opened
2019-07-23 18:13:08-0400 [dmoz] DEBUG: Crawled (200) <GET http://www.dmoz.org/
Computers/Programming/Languages/Python/Resources/> (referer: None)
2019-07-23 18:13:09-0400 [dmoz] DEBUG: Crawled (200) <GET http://www.dmoz.org/
Computers/Programming/Languages/Python/Books/> (referer: None)
2019-07-23 18:13:09-0400 [dmoz] INFO: Closing spider (finished)
```

查看包含"dmoz"的输出，可以看到在输出的 log 中包含定义在"start_urls"的初始 URL，并且与 spider 中是一一对应的。在 log 中可以看到其没有指向其他页面（（referer:None））。除此之外，创建了两个包含 url 所对应的内容的文件：Book 和 Resources。

由此可见，Scrapy 为 Spider 的 start_urls 属性中的每个 URL 创建了 scrapy.Request 对象，并将 parse 方法作为回调函数（callback）赋值给了 Request。Request 对象经过调度，执行生成 scrapy.http.Response 对象并送回给 spider parse() 方法。

5. 提取 Item

有很多种从网页中提取数据的方法，Scrapy 使用了一种基于 XPath 和 CSS 表达式的机制：Scrapy Selectors。 关于 Selector 和其他提取机制的信息，建议读者请参考 Selector 的官方文档。下面给出 XPath 表达式的例子及对应的含义：

- /html/head/title：选择 HTML 文档中 <head> 标签内的 <title> 元素。

- /html/head/title/text()：选择上面提到的 <title> 元素的文字。

- //td：选择所有的 <td> 元素。

- //div[@class= "mine"]：选择所有具有 class= "mine" 属性的 div 元素。

上面仅仅是列出了几个简单的 XPath 例子，XPath 实际上要比这远远强大得多。为了配合 XPath，Scrapy 除了提供了 Selector 之外，还提供了方法来避免每次从 response 中提取数据时生成 Selector 的麻烦。

在 Selector 中有如下四个最基本的方法：

- xpath()：传入 xpath 表达式，返回该表达式所对应的所有节点的 selector list 列表。

- css()：传入 CSS 表达式，返回该表达式所对应的所有节点的 selector list 列表。

- extract()：序列化该节点为 unicode 字符串并返回 list。

- re()：根据传入的正则表达式对数据进行提取，返回 unicode 字符串 list 列表。

接下使用内置的 Scrapy shell，首先进入本实例项目的根目录，然后执行如下命令来启动 shell：

```
scrapy shell "http://www.dmoz.org/Computers/Programming/Languages/Python/Books/"
```

此时 shell 将会输出类似如下所示的内容：

```
[ ... Scrapy log here ... ]
2019-07-23 17:11:42-0400 [default] DEBUG: Crawled (200) <GET http://www.dmoz.org/Computers/Programming/Languages/Python/Books/> (referer: None)
[s] Available Scrapy objects:
[s]   crawler    <scrapy.crawler.Crawler object at 0x3636b50>
[s]   item       {}
[s]   request    <GET http://www.dmoz.org/Computers/Programming/Languages/Python/Books/>
[s]   response   <200 http://www.dmoz.org/Computers/Programming/Languages/Python/Books/>
[s]   settings   <scrapy.settings.Settings object at 0x3fadc50>
[s]   spider     <Spider 'default' at 0x3cebf50>
[s] Useful shortcuts:
[s]   shelp()          Shell help (print this help)
[s]   fetch(req_or_url) Fetch request (or URL) and update local objects
[s]   view(response)   View response in a browser
In [1]:
```

当载入 shell 后会得到一个包含 response 数据的本地 response 变量。输入 "response.body" 命令后会输出 response 的包体，输入 "response.headers" 后可以看到 response 的包头。更为重要的是，当输入 response.selector 时，将获取到一个可以用于查询返回数据的 selector（选择器），以及映射到 response.selector.xpath()、response.selector.css() 的快捷方法（shortcut）:response.xpath() 和 response.css()。同时，shell 根据 response 提前初始化了变量 sel。该 selector 根据 response 的类型自动选择最合适的分析规则（XML vs HTML）。

6. 提取数据

接下来尝试从这些页面中提取些有用的数据，可以在终端中输入 response.body 来观察 HTML 源码并确定合适的 XPath 表达式。但是这个任务非常无聊且不易，可以考虑使用 Firefox 的 Firebug 扩展来简化工作。

在查看了网页的源码后，会发现网站的信息是被包含在第二个 <ul> 元素中。可以通过下面的代码选择该页面中网站列表里的所有 <li> 元素。

```
responsexpath('//ul/li')
```

通过如下命令获取对网站的描述：

```
response.xpath('//ul/li/text()').extract()
```

通过如下命令获取网站的标题：

```
response.xpath('//ul/li/a/text()').extract()
```

22.4　综合实战——桌面壁纸抓取系统

本实例的功能是抓取网站 "http://desk.zol.com.cn/" 中的桌面壁纸，将抓取的图片保存到本地指定文件夹中，并将抓取的图片信息保存到 MySQL 数据库中。

源码路径：下载包 \daima\22\22-4

22.4.1　创建项目

本实例是使用 Scrapy 框架实现的，进入准备存储代码的目录中，然后运行如下的命令创建一个项目：

```
scrapy startproject webCrawler_scrapy
```

上述命令的功能是创建一个包含下列内容的 "tutorial" 目录：

```
webCrawler_scrapy /
    scrapy.cfg
    tutorial/
        __init__.py
        items.py
        pipelines.py
        settings.py
        spiders/
            __init__.py
            ...
```

22.4.2　系统设置

编写文件 settings.py 实现系统设置功能，在此文件中设置将要连接的 MySQL 数据库的配置信息，并设置数据库数据和 JSON 数据的保存属性。文件 settings.py 的具体实现代码如下：

```
ITEM_PIPELINES = {
    'webCrawler_scrapy.pipelines.WebcrawlerScrapyPipeline': 300,#保存到 mysql 数
                                                                  据库
    'webCrawler_scrapy.pipelines.JsonWithEncodingPipeline': 300,#保存到文件中
}
```

22.4.3　创建数据库

编写文件 dbhelper.py，在类 DBHelper 中创建数据库 "testdb"，然后在里面创建一个表 "testtable"。

● 方法 init()：获取 settings 配置文件中的信息。

● 方法 connectMysql()：连接到 MySQL，不是连接到具体的数据库。

- 方法 connectDatabase()：连接到 settings 配置文件中的数据库名（MYSQL_DBNAME）。
- 方法 createDatabase(self)：创建数据库（settings 文件中配置的数据库名）。

文件 dbhelper.py 的具体实现代码如下：

```python
import pymysql
from scrapy.utils.project import get_project_settings # 导入 seetings 配置
class DBHelper():
    ''' 这个类也是读取 settings 中的配置, 自行修改代码进行操作 '''
    def __init__(self):
        self.settings=get_project_settings() # 获取 settings 配置, 设置需要的信息
        self.host=self.settings['MYSQL_HOST']
        self.port=self.settings['MYSQL_PORT']
        self.user=self.settings['MYSQL_USER']
        self.passwd=self.settings['MYSQL_PASSWD']
        self.db=self.settings['MYSQL_DBNAME']
    # 连接到 mysql, 不是连接到具体的数据库
    def connectMysql(self):
        conn=MySQLdb.connect(host=self.host,
                             port=self.port,
                             user=self.user,
                             passwd=self.passwd,
                             #db=self.db, 不指定数据库名
                             charset='utf8') # 要指定编码, 否则中文可能乱码
        return conn
    # 连接到具体的数据库（settings 中设置的 MYSQL_DBNAME）
    def connectDatabase(self):
        conn=MySQLdb.connect(host=self.host,
                             port=self.port,
                             user=self.user,
                             passwd=self.passwd,
                             db=self.db,
                             charset='utf8') # 要指定编码, 否则中文可能乱码
        return conn
    # 创建数据库
    def createDatabase(self):
        ''' 因为创建数据库直接修改 settings 中的配置 MYSQL_DBNAME 即可, 所以就不要传 sql
                                                            语句了 '''
        conn=self.connectMysql() # 连接数据库
        sql="create database if not exists "+self.db
        cur=conn.cursor()
        cur.execute(sql) # 执行 sql 语句
        cur.close()
        conn.close()
    # 创建表
    def createTable(self,sql):
        conn=self.connectDatabase()
        cur=conn.cursor()
        cur.execute(sql)
        cur.close()
        conn.close()
    # 插入数据
    def insert(self,sql,*params): # 注意这里 params 要加 *, 因为传递过来的是元组, * 表示参
                                                            数个数不定
        conn=self.connectDatabase()
        cur=conn.cursor();
        cur.execute(sql,params)
        conn.commit() # 注意要 commit
        cur.close()
        conn.close()
    # 更新数据
    def update(self,sql,*params):
        conn=self.connectDatabase()
```

```
                cur=conn.cursor()
                cur.execute(sql,params)
                conn.commit()#注意要commit
                cur.close()
                conn.close()
        # 删除数据
        def delete(self,sql,*params):
            conn=self.connectDatabase()
            cur=conn.cursor()
            cur.execute(sql,params)
            conn.commit()
            cur.close()
            conn.close()
    '''测试DBHelper的类'''
    class TestDBHelper():
        def __init__(self):
            self.dbHelper=DBHelper()
        # 测试创建数据库(settings配置文件中的MYSQL_DBNAME,直接修改settings配置文件即可)
        def testCreateDatebase(self):
            self.dbHelper.createDatabase()
        # 测试创建表
        def testCreateTable(self):
            sql="create table testtable(id int primary key auto_increment,name
varchar(50),url varchar(200))"
            self.dbHelper.createTable(sql)
        # 测试插入
        def testInsert(self):
            sql="insert into testtable(name,url) values(%s,%s)"
            params=("test","test")
            self.dbHelper.insert(sql,*params) #  *表示拆分元组,调用insert(*params)
                                                                    会重组成元组
        def testUpdate(self):
            sql="update testtable set name=%s,url=%s where id=%s"
            params=("update","update","1")
            self.dbHelper.update(sql,*params)
        def testDelete(self):
            sql="delete from testtable where id=%s"
            params=("1")
            self.dbHelper.delete(sql,*params)
    if __name__=="__main__":
        testDBHelper=TestDBHelper()
        #testDBHelper.testCreateDatebase()   # 执行测试创建数据库
        #testDBHelper.testCreateTable()       # 执行测试创建表
        #testDBHelper.testInsert()            # 执行测试插入数据
        #testDBHelper.testUpdate()            # 执行测试更新数据
        #testDBHelper.testDelete()            # 执行测试删除数据
```

如果嫌麻烦，可以在 MySQL 数据库中手动创建一个名为"testdb"的数据库，并在里面
创建一个名为"testtable"的表，如图 22-7 所示。

图 22-7

22.4.4　声明需要格式化处理的字段

在文件 items.py 中声明需要格式化处理的字段，具体实现代码如下：

```python
import scrapy
class WebcrawlerScrapyItem(scrapy.Item):
    '''定义需要格式化的内容（或是需要保存到数据库的字段）'''
    # define the fields for your item here like:
    # name = scrapy.Field()
    name = scrapy.Field()      #修改你所需要的字段
    url = scrapy.Field()
```

22.4.5　实现保存功能类

在文件 pipelines.py 中定义了两个用于实现保存功能的类，一个是用于将抓取的数据保存到 MySQL 数据库的类 WebcrawlerScrapyPipeline，一个是用于将抓取的数据保存到 JSON 文件的类 JsonWithEncodingPipeline。

● 方法 from_settings()：功能是得到 settings 中的 MySQL 数据库配置信息，得到数据库连接池 dbpool。

● 方法 __init__()：得到连接池 dbpool。

● 方法 process_item()：是 pipeline 默认调用的方法，功能是进行数据库操作。

● 方法 _conditional_insert()：将数据插入数据库。

● 方法 _handle_error()：实现错误处理。

文件 pipelines.py 的具体实现代码如下：

```python
from twisted.enterprise import adbapi
import pymysql
import pymysql.cursors
import codecs
import json
from logging import log
class JsonWithEncodingPipeline(object):
    '''保存到文件中对应的class
    1.在settings.py文件中配置
    2.在自己实现的爬虫类中yield item,会自动执行'''
    def __init__(self):
        self.file = codecs.open('info.json', 'w', encoding='utf-8')#保存为json
                                                                    文件
    def process_item(self, item, spider):
        line = json.dumps(dict(item)) + "\n"#转为json的
        self.file.write(line)#写入文件中
        return item
    def spider_closed(self, spider):#爬虫结束时关闭文件
        self.file.close()
class WebcrawlerScrapyPipeline(object):
    '''保存到数据库中对应的class
    1.在settings.py文件中配置
    2.在自己实现的爬虫类中yield item,会自动执行'''
    def __init__(self,dbpool):
        self.dbpool=dbpool
        '''这里注释中采用写死在代码中的方式连接线程池,可以从settings配置文件中读取,更
                                                                     加灵活
        self.dbpool=adbapi.ConnectionPool('MySQLdb',
                                          host='127.0.0.1',
                                          db='crawlpicturesdb',
                                          user='root',
                                          passwd='123456',
```

```
                                        cursorclass=MySQLdb.cursors.
DictCursor,
                                        charset='utf8',
                                        use_unicode=False)'''
        @classmethod
        def from_settings(cls,settings):
        '''1.@classmethod 声明一个类方法，而对于平常我们见到的则叫作实例方法。
            2.类方法的第一个参数 cls（class 的缩写，指这个类本身），而实例方法的第一个参数是 self，
                                                        表示该类的一个实例
            3.可以通过类来调用，就像 C.f()，相当于 java 中的静态方法 '''
            dbparams=dict(
                host=settings['MYSQL_HOST'],#读取 settings 中的配置
                db=settings['MYSQL_DBNAME'],
                user=settings['MYSQL_USER'],
                passwd=settings['MYSQL_PASSWD'],
                charset='utf8',#编码要加上，否则可能出现中文乱码问题
                cursorclass=pymysql.cursors.DictCursor,
                use_unicode=False,
            )
            dbpool=adbapi.ConnectionPool('pymysql',**dbparams)#** 表示将字典扩展为关键
                                                字参数,相当于 host=xxx,db=yyy....
            return cls(dbpool)#相当于 dbpool 付给了这个类，self 中可以得到
    #pipeline 默认调用
    def process_item(self, item, spider):
        query=self.dbpool.runInteraction(self._conditional_insert,item)#调用插入的方法
        query.addErrback(self._handle_error,item,spider)#调用异常处理方法
        return item
    #写入数据库中
    def _conditional_insert(self,tx,item):
        #print item['name']
        sql="insert into testtable(name,url) values(%s,%s)"
        params=(item["name"],item["url"])
        tx.execute(sql,params)
    #错误处理方法
    def _handle_error(self, failue, item, spider):
        print (failue)
```

22.4.6　实现具体的爬虫

编写文件 pictureSpider_demo.py 实现具体的爬虫操作，具体实现流程如下：

（1）继承于类 scrapy.spiders.Spider；

（2）声明如下的三个属性。

● name：定义爬虫名，要和 settings 中的 BOT_NAME 属性对应的值一致。

● allowed_domains：搜索的域名范围，也就是爬虫的约束区域，规定爬虫只爬取这个域名下的网页。

● start_urls：开始爬取的地址。

（3）实现方法 parse()，该方法名不能改变。因为在 Scrapy 源码中，默认 callback 方法的方法名就是 parse。

（4）最后返回 item。

文件 pictureSpider_demo.py 的主要实现代码如下：

```
from webCrawler_scrapy.items import WebcrawlerScrapyItem # 导入 item 对应的类，
crawlPictures 是项目名，items 是 items.py 文件，import 的是 items.py 中的 class，也可以 import *
class Spdier_pictures(scrapy.spiders.Spider):
    name="webCrawler_scrapy"     #定义爬虫名，要和 settings 中的 BOT_NAME 属性对应的值一致
    allowed_domains=["desk.zol.com.cn"] #搜索的域名范围，也就是爬虫的约束区域，规定爬
```

```
                                                            虫只爬取这个域名下的网页
    start_urls=["http://desk.zol.com.cn/fengjing/1920x1080/1.html"]   # 开始爬取
                                                                           的地址

    # 该函数名不能改变，因为 Scrapy 源码中默认 callback 函数的函数名就是 parse
    def parse(self, response):
        se=Selector(response) # 创建查询对象，HtmlXPathSelector 已过时
            if(re.match("http://desk.zol.com.cn/fengjing/\d+x\d+/\d+.html",
                        response.url)):# 如果 url 能够匹配到需要爬取的 url，就爬取
            src=se.xpath("//ul[@class='pic-list2  clearfix']/li")# 匹配到 ul 下的
                                                                      所有小 li

                for i in range(len(src)):# 遍历 li 个数
                    imgURLs=se.xpath("//ul[@class='pic-list2  clearfix']/li[%d]/a/
                                     img/@src"%i).extract() # 依次抽取所需要的信息
                    titles=se.xpath("//ul[@class='pic-list2  clearfix']/li[%d]/a/
                                    img/@title"%i).extract()

                    if imgURLs:
                            realUrl=imgURLs[0].replace("t_s208x130c5","t_
                                 s2560x1600c5") # 这里替换一下，可以找到更大的图片
                    file_name=u"%s.jpg"%titles[0] # 要保存文件的命名
                    # 拼接这个图片的路径，笔者是放在 H 盘：H:/pa/pics
                    path=os.path.join("H:/pa/pics ",file_name)
                    type = sys.getfilesystemencoding()
                    print (file_name.encode(type))
                    item=WebcrawlerScrapyItem()    # 实例 item（具体定义的 item 类），将
                                               要保存的值放到事先声明的 item 属性中
                    item['name']=file_name
                    item['url']=realUrl
                    print (item["name"],item["url"])
                    yield item  # 返回 item，这时会自定义解析 item
                    # 接收文件路径和需要保存的路径，会自动去文件路径下载并保存到我们指定的本地路径
                    urllib.request.urlretrieve(realUrl,path)
```

开始执行测试程序，在控制台中输入如下命令后开始执行抓取操作：

```
scrapy crawl webCrawler_scrapy
```

抓取过程的控制台界面效果如下：

```
2019-07-11 10:33:41 [scrapy.middleware] INFO: Enabled extensions:
['scrapy.extensions.telnet.TelnetConsole',
 'scrapy.extensions.corestats.CoreStats',
 'scrapy.extensions.logstats.LogStats']
2019-07-11 10:33:41 [scrapy.middleware] INFO: Enabled downloader middlewares:
['scrapy.downloadermiddlewares.robotstxt.RobotsTxtMiddleware',
 'scrapy.downloadermiddlewares.httpauth.HttpAuthMiddleware',
 'scrapy.downloadermiddlewares.downloadtimeout.DownloadTimeoutMiddleware',
 'scrapy.downloadermiddlewares.defaultheaders.DefaultHeadersMiddleware',
 'scrapy.downloadermiddlewares.useragent.UserAgentMiddleware',
 'scrapy.downloadermiddlewares.retry.RetryMiddleware',
 'scrapy.downloadermiddlewares.redirect.MetaRefreshMiddleware',
 'scrapy.downloadermiddlewares.httpcompression.HttpCompressionMiddleware',
 'scrapy.downloadermiddlewares.redirect.RedirectMiddleware',
 'scrapy.downloadermiddlewares.cookies.CookiesMiddleware',
 'scrapy.downloadermiddlewares.stats.DownloaderStats']
2019-07-11 10:33:42 [scrapy.middleware] INFO: Enabled spider middlewares:
['scrapy.spidermiddlewares.httperror.HttpErrorMiddleware',
 'scrapy.spidermiddlewares.offsite.OffsiteMiddleware',
 'scrapy.spidermiddlewares.referer.RefererMiddleware',
 'scrapy.spidermiddlewares.urllength.UrlLengthMiddleware',
 'scrapy.spidermiddlewares.depth.DepthMiddleware']
2019-07-11 10:33:42 [scrapy.middleware] INFO: Enabled item pipelines:
['webCrawler_scrapy.pipelines.JsonWithEncodingPipeline',
 'webCrawler_scrapy.pipelines.WebcrawlerScrapyPipeline']
2019-07-11 10:33:42 [scrapy.core.engine] INFO: Spider opened
```

```
    2019-07-11 10:33:42 [scrapy.extensions.logstats] INFO: Crawled 0 pages (at 0
pages/min), scraped 0 items (at 0 items/min)
    2019-07-11 10:33:42 [scrapy.extensions.telnet] DEBUG: Telnet console listening
on 127.0.0.1:6024
    2019-07-11 10:33:42 [scrapy.core.engine] DEBUG: Crawled (200) <GET http://desk.
zol.com.cn/robots.txt> (referer: None)
    2019-07-11 10:33:42 [scrapy.core.engine] DEBUG: Crawled (200) <GET http://desk.
zol.com.cn/fengjing/1920x1080/1.html> (referer: None)
    b'\xb4\xd4\xc1\xd6\xc0\xef\xb5\xc4\xd1\xf4\xb9\xe2\xd7\xc0\xc3\xe6\xb1\xda\xd6\
xbd.jpg'
    丛林里的阳光桌面壁纸.jpg http://desk.fd.zol-img.com.cn/t_s2560x1600c5/g5/M00/02/05/
ChMkJ1hssrmIOTAYAA-6c0hf2TIAAZFxAAgMyAAD7qL352.jpg
    2019-07-11 10:33:42 [scrapy.core.scraper] DEBUG: Scraped from <200 http://desk.
zol.com.cn/fengjing/1920x1080/1.html>
    {'name': '丛林里的阳光桌面壁纸.jpg',
     'url': 'http://desk.fd.zol-img.com.cn/t_s2560x1600c5/g5/M00/02/05/
ChMkJ1hssrmIOTAYAA-6c0hf2TIAAZFxAAgMyAAD7qL352.jpg'}
    2019-07-11 10:33:42 [py.warnings] WARNING: c:\users\apple0\appdata\local\programs\
python\python35\lib\site-packages\pymysql\cursors.py:323: Warning: (1366, b"Incorrect
string value: '\\xE4\\xB8\\x9B\\xE6\\x9E\\x97...' for column 'name' at row 1")
      self._do_get_result()

    b'\xb4\xbf\xc3\xc0\xd1\xa9\xbe\xb0\xd7\xc0\xc3\xe6\xb1\xda\xd6\xbd.jpg'
    纯美雪景桌面壁纸.jpg http://desk.fd.zol-img.com.cn/t_s2560x1600c5/g5/M00/00/0C/ChM
kJ1g1BlOIOLfdAAkcOIZ6ph0AAX_3wKHuxoACRxQ570.jpg
    2019-07-11 10:33:43 [scrapy.core.scraper] DEBUG: Scraped from <200 http://desk.
zol.com.cn/fengjing/1920x1080/1.html>
    {'name': '纯美雪景桌面壁纸.jpg',
     'url': 'http://desk.fd.zol-img.com.cn/t_s2560x1600c5/g5/M00/00/0C/ChMkJ1g1BlOI
OLfdAAkcOIZ6ph0AAX_3wKHuxoACRxQ570.jpg'}
```

打开数据库后会发现在数据中保存抓取的图片信息，如图 22-8 所示。

图 22-8

在指定的保存目录 "H:/pa/pics" 中保存了抓取的图片，如图 22-9 所示。

图 22-9

并且在项目根目录中还生成一个名为 "info.json" 的 JSON 文件，具体实现代码如下所示：

```
{"url": "http://desk.fd.zol-img.com.cn/t_s2560x1600c5/g5/M00/02/05/
ChMkJ1hssrmIOTAYAA-6c0hf2TIAAZFxAAgMyAAD7qL352.jpg", "name": "\u4e1b\u6797\u91cc\
u7684\u9633\u5149\u684c\u9762\u58c1\u7eb8.jpg"}
    {"url": "http://desk.fd.zol-img.com.cn/t_s2560x1600c5/g5/M00/00/0C/ChMkJ1g1BlO
IOLfdAAkcOIZ6ph0AAX_3wKHuxoACRxQ570.jpg", "name": "\u7eaf\u7f8e\u96ea\u666f\u684c\
u9762\u58c1\u7eb8.jpg"}
    {"url": "http://desk.fd.zol-img.com.cn/t_s2560x1600c5/g5/M00/0F/0D/
ChMkJ1gyrq2IQiRcAAxu-yQ2xsMAAX8QQM6NvgADG8T113.jpg", "name": "\u624b\u7ed8\u68ee\
u6797\u5c0f\u5c4b\u684c\u9762\u58c1\u7eb8.jpg"}
    {"url": "http://desk.fd.zol-img.com.cn/t_s2560x1600c5/g5/M00/0D/01/ChMkJlgq0z-
IC78PAA1UbwykJUgAAXxIwMAwQcADVSH340.jpg", "name": "\u552f\u7f8e\u6797\u95f4\u5c0f\
u8def\u684c\u9762\u58c1\u7eb8.jpg"}
    {"url": "http://desk.fd.zol-img.com.cn/t_s2560x1600c5/g5/M00/09/09/ChMkJlggWJ2
IeSq7ABRDPe2fU3EAAXjaANtwFQAFENV357.jpg", "name": "2016\u5e7411\u6708\u65e5\u5386\
u58c1\u7eb8.jpg"}
```

第23章

大数据实战：网络爬虫房价数据并数据分析

（📹视频讲解：44 分钟）

　　房价现在已经成为人们最为关注的对象之一，些许的风吹草动都会引起大家的注意。在本章的内容中，将详细讲解使用 **Python** 语言采集主流网站中国内主流城市房价信息的过程，包括新房价格、二手房价格和房租价格，这些采集的数据可以进一步进行数据分析。

23.1　背景介绍

　　随着房价的不断升高，人们对房价的关注度也越来越高，房产投资者希望通过对房价数据预判房价走势、从而进行有效的投资，获取收益；因结婚、为小孩上学等需要买房的民众，希望通过房价数据寻找买房的最佳时机，以最适合的价格购买能满足需要的房产。

　　在当前市场环境下，因为房价水平牵动大多数人的心，所以各大房产网都上线了"查房价"相关的功能模块，以满足购房者 / 计划购房者经常关注房价行情的需求，从而实现增加产品活跃度、促进购房转化的目的。

　　整个房产网市场用户群大多一样，主要是房源资源和营销方式有所差异。然而，以 X 家和 X 壳为首的房产网巨头公司的房源，由于有品牌与质量的优势正快速扩张，市场上的推广费用也越来越贵。而购房者迫切希望通过分析找到最精确的房价查询系统。

23.2　需求分析

　　本项目将提供国内主流城市、每个区域、每个小区的房价成交情况、关注情况、发展走势，乃至每个小区的解读 / 评判；以此解决用户购房没有价格依据，无从选择购房时机的问题；满足用户及时了解房价行情，以最合适价格购买最合适位置房产的需求。

　　通过使用本系统可以产生如下的价值：

　　（1）增加活跃度：由于对房价的关注是中长期性质的，不断更新的行情数据可以增加用户活跃度。

　　（2）促进转化：使用房价数据等帮助用户购房推荐合适的位置与价格，可以提高用户的咨询率与成交率。

　　（3）减少跳失：若没有此功能，会导致一些购房观望者，无从得知房价变化，而最终选择离开。

23.3　模块架构

房价查询系统的基本模块架构如图 23-1 所示。

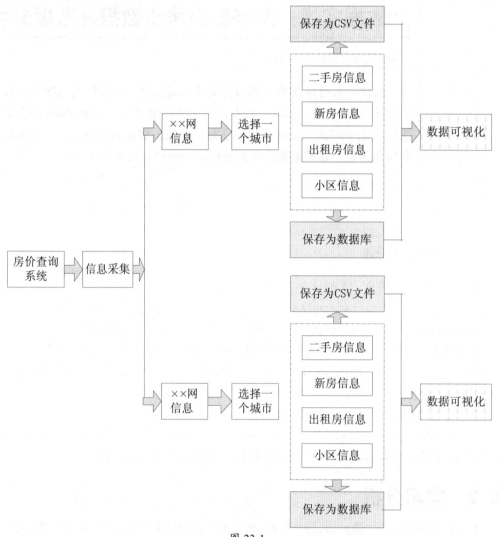

图 23-1

23.4　系统设置

在开发一个大型应用程序时，需要模块化开发经常用到的系统设置模块。在本节的内容中，将详细讲解实现本项目系统设置模块的过程。

23.4.1　选择版本

因为在当前市面中同时存在 Python 2 和 Python3 版本，所以本系统分别推出了对应的两个实现版本。编写文件 version.py 共用户选择使用不同的 Python 版本，具体实现代码如下：

```
import sys

if sys.version_info < (3, 0):    # 如果小于 Python3
    PYTHON_3 = False
else:
    PYTHON_3 = True

if not PYTHON_3:    # 如果小于 Python3
    reload(sys)
    sys.setdefaultencoding("utf-8")
```

23.4.2　保存日志信息

为了便于系统维护，编写文件 log.py 保存使用本系统的日志信息，具体实现代码如下：

```
import logging
from lib.utility.path import LOG_PATH

logger = logging.getLogger(__name__)
logger.setLevel(level=logging.INFO)
handler = logging.FileHandler(LOG_PATH + "/log.txt")
handler.setLevel(logging.INFO)
formatter = logging.Formatter('%(asctime)s - %(levelname)s - %(message)s')
handler.setFormatter(formatter)
logger.addHandler(handler)

if __name__ == '__main__':
    pass
```

23.4.3　设置创建的文件名

本系统能够将抓取的房价信息保存到本地 CSV 文件中，保存 CSV 文件的文件夹的命名机制有日期、城市和房源类型等。编写系统设置文件 path.py，功能是根据不同的机制创建对应的文件夹来保存 CSV 文件。文件 path.py 的具体实现代码如下：

```
def get_root_path():
    file_path = os.path.abspath(inspect.getfile(sys.modules[__name__]))
    parent_path = os.path.dirname(file_path)
    lib_path = os.path.dirname(parent_path)
    root_path = os.path.dirname(lib_path)
    return root_path


def create_data_path():
    root_path = get_root_path()
    data_path = root_path + "/data"
    if not os.path.exists(data_path):
        os.makedirs(data_path)
    return data_path


def create_site_path(site):
    data_path = create_data_path()
    site_path = data_path + "/" + site
    if not os.path.exists(site_path):
        os.makedirs(site_path)
    return site_path
```

```
def create_city_path(site, city):
    site_path = create_site_path(site)
    city_path = site_path + "/" + city
    if not os.path.exists(city_path):
        os.makedirs(city_path)
    return city_path


def create_date_path(site, city, date):
    city_path = create_city_path(site, city)
    date_path = city_path + "/" + date
    if not os.path.exists(date_path):
        os.makedirs(date_path)
    return date_path


# const for path
ROOT_PATH = get_root_path()
DATA_PATH = ROOT_PATH + "/data"
SAMPLE_PATH = ROOT_PATH + "/sample"
LOG_PATH = ROOT_PATH + "/log"

if __name__ == "__main__":
    create_date_path("lianjia", "sh", "20160912")
    create_date_path("anjuke", "bj", "20160912")
```

23.4.4 设置抓取城市

本系统能够将抓取国内主流一线、二线城市的房价，编写文件 city.py 设置要抓取的城市，实现城市缩写和城市名的映射。如果想抓取其他已有城市的话，需要把相关城市信息放入到文件 city.py 中的字典中。文件 city.py 的具体实现代码如下：

```
cities = {
    'bj': '北京',
    'cd': '成都',
    'cq': '重庆',
    'cs': '长沙',
    'dg': '东莞',
    'dl': '大连',
    'fs': '佛山',
    'gz': '广州',
    'hz': '杭州',
    'hf': '合肥',
    'jn': '济南',
    'nj': '南京',
    'qd': '青岛',
    'sh': '上海',
    'sz': '深圳',
    'su': '苏州',
    'sy': '沈阳',
    'tj': '天津',
    'wh': '武汉',
    'xm': '厦门',
    'yt': '烟台',
}


lianjia_cities = cities
beike_cities = cities
```

```
def create_prompt_text():
    """
    根据已有城市中英文对照表拼接选择提示信息
    :return: 拼接好的字串
    """
    city_info = list()
    count = 0
    for en_name, ch_name in cities.items():
        count += 1
        city_info.append(en_name)
        city_info.append(": ")
        city_info.append(ch_name)
        if count % 4 == 0:
            city_info.append("\n")
        else:
            city_info.append(", ")
    return 'Which city do you want to crawl?\n' + ''.join(city_info)


def get_chinese_city(en):
    """
    拼音名转中文城市名
    :param en: 拼音
    :return: 中文
    """
    return cities.get(en, None)


def get_city():
    city = None
    # 允许用户通过命令直接指定
    if len(sys.argv) < 2:
        print("Wait for your choice.")
        # 让用户选择爬取哪个城市的二手房小区价格数据
        prompt = create_prompt_text()
        # 判断 Python 版本
        if not PYTHON_3:  # 如果小于 Python3
            city = raw_input(prompt)
        else:
            city = input(prompt)
    elif len(sys.argv) == 2:
        city = str(sys.argv[1])
        print("City is: {0}".format(city))
    else:
        print("At most accept one parameter.")
        exit(1)

    chinese_city = get_chinese_city(city)
    if chinese_city is not None:
        message = 'OK, start to crawl ' + get_chinese_city(city)
        print(message)
        logger.info(message)
    else:
        print("No such city, please check your input.")
        exit(1)
    return city


if __name__ == '__main__':
    print(get_chinese_city("sh"))
```

23.5 破解反爬机制

在市面中很多站点都设立了反爬机制，防止站点内的信息被爬取。在本节的内容中，将详细讲解本项目破解反爬机制的过程。

23.5.1 定义爬虫基类

编写文件 base_spider.py 定义爬虫基类，首先设置随机延迟，防止爬虫被禁止。然后设置要爬取的目标站点，下面代码默认抓取的是果壳。最后获取城市列表来选择将要爬取的目标城市。文件 base_spider.py 的具体实现代码如下：

```python
thread_pool_size = 50

# 防止爬虫被禁，随机延迟设定
# 如果不想 delay，就设定 False,
# 具体时间可以修改 random_delay()，由于多线程，建议数值大于 10
RANDOM_DELAY = False
LIANJIA_SPIDER = "lianjia"
BEIKE_SPIDER = "ke"
# SPIDER_NAME = LIANJIA_SPIDER
SPIDER_NAME = BEIKE_SPIDER


class BaseSpider(object):
    @staticmethod
    def random_delay():
        if RANDOM_DELAY:
            time.sleep(random.randint(0, 16))

    def __init__(self, name):
        self.name = name
        if self.name == LIANJIA_SPIDER:
            self.cities = lianjia_cities
        elif self.name == BEIKE_SPIDER:
            self.cities = beike_cities
        else:
            self.cities = None
        # 准备日期信息，爬到的数据存放到日期相关的文件夹下
        self.date_string = get_date_string()
        print('Today date is: %s' % self.date_string)

        self.total_num = 0  # 总的小区个数，用于统计
        print("Target site is {0}.com".format(SPIDER_NAME))
        self.mutex = threading.Lock()  # 创建锁

    def create_prompt_text(self):
        """
        根据已有城市中英文对照表拼接选择提示信息
        :return: 拼接好的字串
        """
        city_info = list()
        count = 0
        for en_name, ch_name in self.cities.items():
            count += 1
            city_info.append(en_name)
            city_info.append(": ")
            city_info.append(ch_name)
            if count % 4 == 0:
                city_info.append("\n")
```

```
        else:
            city_info.append(", ")
    return 'Which city do you want to crawl?\n' + ''.join(city_info)

def get_chinese_city(self, en):
    """
    拼音名转中文城市名
    :param en: 拼音
    :return: 中文
    """
    return self.cities.get(en, None)
```

23.5.2　浏览器用户代理

编写文件 headers.py 实现浏览器用户代理功能，具体实现代码如下：

```
USER_AGENTS = [
    "Mozilla/4.0 (compatible; MSIE 6.0; Windows NT 5.1; SV1; AcooBrowser; .NET
CLR 1.1.4322; .NET CLR 2.0.50727)",
    "Mozilla/4.0 (compatible; MSIE 7.0; Windows NT 6.0; Acoo Browser; SLCC1;
.NET CLR 2.0.50727; Media Center PC 5.0; .NET CLR 3.0.04506)",
    "Mozilla/4.0 (compatible; MSIE 7.0; AOL 9.5; AOLBuild 4337.35; Windows NT
5.1; .NET CLR 1.1.4322; .NET CLR 2.0.50727)",
    "Mozilla/5.0 (Windows; U; MSIE 9.0; Windows NT 9.0; en-US)",
    "Mozilla/5.0 (compatible; MSIE 9.0; Windows NT 6.1; Win64; x64; Trident/5.0;
.NET CLR 3.5.30729; .NET CLR 3.0.30729; .NET CLR 2.0.50727; Media Center PC 6.0)",
    "Mozilla/5.0 (compatible; MSIE 8.0; Windows NT 6.0; Trident/4.0; WOW64;
Trident/4.0; SLCC2; .NET CLR 2.0.50727; .NET CLR 3.5.30729; .NET CLR 3.0.30729; .NET
CLR 1.0.3705; .NET CLR 1.1.4322)",
    "Mozilla/4.0 (compatible; MSIE 7.0b; Windows NT 5.2; .NET CLR 1.1.4322;
.NET CLR 2.0.50727; InfoPath.2; .NET CLR 3.0.04506.30)",
    "Mozilla/5.0 (Windows; U; Windows NT 5.1; zh-CN) AppleWebKit/523.15 (KHTML,
like Gecko, Safari/419.3) Arora/0.3 (Change: 287 c9dfb30)",
    "Mozilla/5.0 (X11; U; Linux; en-US) AppleWebKit/527+ (KHTML, like Gecko,
Safari/419.3) Arora/0.6",
    "Mozilla/5.0 (Windows; U; Windows NT 5.1; en-US; rv:1.8.1.2pre)
Gecko/20070215 K-Ninja/2.1.1",
    "Mozilla/5.0 (Windows; U; Windows NT 5.1; zh-CN; rv:1.9) Gecko/20080705
Firefox/3.0 Kapiko/3.0",
    "Mozilla/5.0 (X11; Linux i686; U;) Gecko/20070322 Kazehakase/0.4.5",
    "Mozilla/5.0 (X11; U; Linux i686; en-US; rv:1.9.0.8) Gecko
Fedora/1.9.0.8-1.fc10 Kazehakase/0.5.6",
    "Mozilla/5.0 (Windows NT 6.1; WOW64) AppleWebKit/535.11 (KHTML, like Gecko)
Chrome/17.0.963.56 Safari/535.11",
    "Mozilla/5.0 (Macintosh; Intel Mac OS X 10_7_3) AppleWebKit/535.20 (KHTML,
like Gecko) Chrome/19.0.1036.7 Safari/535.20",
    "Opera/9.80 (Macintosh; Intel Mac OS X 10.6.8; U; fr) Presto/2.9.168
Version/11.52",
    ]


def create_headers():
    headers = dict()
    headers["User-Agent"] = random.choice(USER_AGENTS)
    headers["Referer"] = "http://www.{0}.com".format(SPIDER_NAME)
    return headers
```

23.5.3　在线 IP 代理

编写文件 proxy.py，功能是模拟使用专业在线代理中的 IP 地址，具体实现代码如下：

```
def spider_proxyip(num=10):
    try:
```

```
        url = 'http://www. 网站域名 .com/nt/1'
        req = requests.get(url, headers=create_headers())
        source_code = req.content
        print(source_code)
        soup = BeautifulSoup(source_code, 'lxml')
        ips = soup.findAll('tr')

        for x in range(1, len(ips)):
            ip = ips[x]
            tds = ip.findAll("td")
            proxy_host = "{0}://".format(tds[5].contents[0]) + tds[1].contents[0]
+ ":" + tds[2].contents[0]
            proxy_temp = {tds[5].contents[0]: proxy_host}
            proxys_src.append(proxy_temp)
            if x >= num:
                break
    except Exception as e:
        print("spider_proxyip exception:")
        print(e)
```

23.6 爬虫抓取信息

本系统的核心是爬虫抓取房价信息，在本节的内容中，将详细讲解抓取不同类型房价信息的过程。

23.6.1 设置解析元素

编写文件 xpath.py，功能是根据要爬取的目标网站设置要抓取的 HTML 元素，具体实现代码如下：

```
from lib.spider.base_spider import SPIDER_NAME, LIANJIA_SPIDER, BEIKE_SPIDER

if SPIDER_NAME == LIANJIA_SPIDER:
    ERSHOUFANG_QU_XPATH = '//*[@id="filter-options"]/dl[1]/dd/div/a'
    ERSHOUFANG_BANKUAI_XPATH = '//*[@id="filter-options"]/dl[1]/dd/div[2]/a'
    XIAOQU_QU_XPATH = '//*[@id="filter-options"]/dl[1]/dd/div/a'
    XIAOQU_BANKUAI_XPATH = '//*[@id="filter-options"]/dl[1]/dd/div[2]/a'
    DISTRICT_AREA_XPATH = '//div[3]/div[1]/dl[2]/dd/div/div[2]/a'
    CITY_DISTRICT_XPATH = '//div[3]/div[1]/dl[2]/dd/div/div/a'
elif SPIDER_NAME == BEIKE_SPIDER:
    ERSHOUFANG_QU_XPATH = '//*[@id="filter-options"]/dl[1]/dd/div/a'
    ERSHOUFANG_BANKUAI_XPATH = '//*[@id="filter-options"]/dl[1]/dd/div[2]/a'
    XIAOQU_QU_XPATH = '//*[@id="filter-options"]/dl[1]/dd/div/a'
    XIAOQU_BANKUAI_XPATH = '//*[@id="filter-options"]/dl[1]/dd/div[2]/a'
    DISTRICT_AREA_XPATH = '//div[3]/div[1]/dl[2]/dd/div/div[2]/a'
    CITY_DISTRICT_XPATH = '//div[3]/div[1]/dl[2]/dd/div/div/a'
```

23.6.2 抓取二手房信息

（1）编写文件 ershou_spider.py 定义爬取二手房数据的爬虫派生类，具体实现流程如下：

① 编写函数 collect_area_ershou_data()，功能是获取每个板块下所有的二手房信息，并且将这些信息写入 CSV 文件中保存。对应代码如下：

```
    def collect_area_ershou_data(self, city_name, area_name, fmt="csv"):
        """
```

```
                :param city_name: 城市
        :param area_name: 板块
        :param fmt: 保存文件格式
        :return: None
        """
        district_name = area_dict.get(area_name, "")
        csv_file = self.today_path + "/{0}_{1}.csv".format(district_name, area_name)
        with open(csv_file, "w") as f:
            # 开始获得需要的板块数据
            ershous = self.get_area_ershou_info(city_name, area_name)
            # 锁定，多线程读写
            if self.mutex.acquire(1):
                self.total_num += len(ershous)
                # 释放
                self.mutex.release()
            if fmt == "csv":
                for ershou in ershous:
                    # print(date_string + "," + xiaoqu.text())
                    f.write(self.date_string + "," + ershou.text() + "\n")
        print("Finish crawl area: " + area_name + ", save data to : " + csv_file)
```

② 编写函数 get_area_ershou_info()，功能是通过爬取页面获得城市指定板块的二手房信息，对应代码如下：

```
@staticmethod
def get_area_ershou_info(city_name, area_name):
    """
    :param city_name: 城市
    :param area_name: 板块
    :return: 二手房数据列表
    """
    total_page = 1
    district_name = area_dict.get(area_name, "")
    # 中文区县
    chinese_district = get_chinese_district(district_name)
    # 中文板块
    chinese_area = chinese_area_dict.get(area_name, "")

    ershou_list = list()
    page = 'http://{0}.{1}.com/ershoufang/{2}/'.format(city_name, SPIDER_NAME,
area_name)
    print(page)  # 打印板块页面地址
    headers = create_headers()
    response = requests.get(page, timeout=10, headers=headers)
    html = response.content
    soup = BeautifulSoup(html, "lxml")

    # 获得总的页数，通过查找总页码的元素信息
    try:
        page_box = soup.find_all('div', class_='page-box')[0]
        matches = re.search('.*"totalPage":(\d+),.*', str(page_box))
        total_page = int(matches.group(1))
    except Exception as e:
        print("\tWarning: only find one page for {0}".format(area_name))
        print(e)

    # 从第一页开始，一直遍历到最后一页
    for num in range(1, total_page + 1):
        page = 'http://{0}.{1}.com/ershoufang/{2}/pg{3}'.format(city_name,
SPIDER_NAME, area_name, num)
        print(page)  # 打印每一页的地址
        headers = create_headers()
        BaseSpider.random_delay()
```

```
        response = requests.get(page, timeout=10, headers=headers)
        html = response.content
        soup = BeautifulSoup(html, "lxml")

        # 获得有小区信息的 panel
        house_elements = soup.find_all('li', class_="clear")
        for house_elem in house_elements:
            price = house_elem.find('div', class_="totalPrice")
            name = house_elem.find('div', class_='title')
            desc = house_elem.find('div', class_="houseInfo")
            pic = house_elem.find('a', class_="img").find('img', class_="lj-
lazy")

            # 继续清理数据
            price = price.text.strip()
            name = name.text.replace("\n", "")
            desc = desc.text.replace("\n", "").strip()
            pic = pic.get('data-original').strip()
            # print(pic)


            # 作为对象保存
            ershou = ErShou(chinese_district, chinese_area, name, price, desc, pic)
            ershou_list.append(ershou)
        return ershou_list
```

③ 编写函数 start(self)，功能是根据获取的城市参数来爬取这个城市的二手房信息，对应的实现代码如下：

```
    def start(self):
        city = get_city()
        self.today_path = create_date_path("{0}/ershou".format(SPIDER_NAME),
city, self.date_string)

        t1 = time.time()  # 开始计时

        # 获得城市有多少区列表，district: 区县
        districts = get_districts(city)
        print('City: {0}'.format(city))
        print('Districts: {0}'.format(districts))

        # 获得每个区的板块，area: 板块
        areas = list()
        for district in districts:
            areas_of_district = get_areas(city, district)
            print('{0}: Area list:  {1}'.format(district, areas_of_district))
            # 用 list 的 extend 方法，L1.extend(L2)，该方法将参数 L2 的全部元素添加到 L1 的尾部
            areas.extend(areas_of_district)
            # 使用一字典来存储区县和板块的对应关系，例如 {'beicai': 'pudongxinqu', }
            for area in areas_of_district:
                area_dict[area] = district
        print("Area:", areas)
        print("District and areas:", area_dict)

        # 准备线程池用到的参数
        nones = [None for i in range(len(areas))]
        city_list = [city for i in range(len(areas))]
        args = zip(zip(city_list, areas), nones)
        # areas = areas[0: 1]    # For debugging

        # 针对每个板块写一个文件，启动一个线程来操作
        pool_size = thread_pool_size
        pool = threadpool.ThreadPool(pool_size)
```

```
        my_requests = threadpool.makeRequests(self.collect_area_ershou_data, args)
        [pool.putRequest(req) for req in my_requests]
        pool.wait()
        pool.dismissWorkers(pool_size, do_join=True)   # 完成后退出

        # 计时结束，统计结果
        t2 = time.time()
        print("Total crawl {0} areas.".format(len(areas)))
        print("Total cost {0} second to crawl {1} data items.".format(t2 - t1,
self.total_num))
```

（2）编写文件 ershou.py，功能是爬取指定城市的二手房信息，具体实现代码如下：

```
from lib.spider.ershou_spider import *

if __name__ == "__main__":
    spider = ErShouSpider(SPIDER_NAME)
    spider.start()
```
执行文件 ershou.py 后，会先提示用户选择一个要抓取的城市：
```
Today date is: 20190212
Target site is ke.com
Wait for your choice.
Which city do you want to crawl?
bj: 北京，cd: 成都，cq: 重庆，cs: 长沙
dg: 东莞，dl: 大连，fs: 佛山，gz: 广州
hz: 杭州，hf: 合肥，jn: 济南，nj: 南京
qd: 青岛，sh: 上海，sz: 深圳，su: 苏州
sy: 沈阳，tj: 天津，wh: 武汉，xm: 厦门
yt: 烟台，
```

输入一个城市的两个字母标识，例如输入 bj 并按下回车后，会抓取当天北京市的二手房信息，并将抓取到的信息保存到 CSV 文件中，如图 23-2 所示。

图 23-2

23.6.3 抓取楼盘信息

（1）编写文件 loupan_spider.py 定义爬取楼盘数据的爬虫派生类，具体实现流程
如下：

① 编写函数 collect_city_loupan_data()，功能是将指定城市的新房楼盘数据存储下来，并
将抓取的信息默认存到 CSV 文件中。对应的实现代码如下：

```
def collect_city_loupan_data(self, city_name, fmt="csv"):
    """
    :param city_name: 城市
    :param fmt: 保存文件格式
    :return: None
    """
    csv_file = self.today_path + "/{0}.csv".format(city_name)
    with open(csv_file, "w") as f:
        # 开始获得需要的板块数据
        loupans = self.get_loupan_info(city_name)
        self.total_num = len(loupans)
        if fmt == "csv":
            for loupan in loupans:
                f.write(self.date_string + "," + loupan.text() + "\n")
    print("Finish crawl: " + city_name + ", save data to : " + csv_file)
```

② 编写函数 get_loupan_info()，功能是爬取指定目标城市的新房楼盘信息，对应代码
如下：

```
@staticmethod
def get_loupan_info(city_name):
    """
    :param city_name: 城市
    :return: 新房楼盘信息列表
    """
    total_page = 1
    loupan_list = list()
    page = 'http://{0}.fang.{1}.com/loupan/'.format(city_name, SPIDER_NAME)
    print(page)
    headers = create_headers()
    response = requests.get(page, timeout=10, headers=headers)
    html = response.content
    soup = BeautifulSoup(html, "lxml")

    # 获得总的页数
    try:
        page_box = soup.find_all('div', class_='page-box')[0]
        matches = re.search('.*data-total-count="(\d+)".*', str(page_box))
        total_page = int(math.ceil(int(matches.group(1)) / 10))
    except Exception as e:
        print("\tWarning: only find one page for {0}".format(city_name))
        print(e)

    print(total_page)
    # 从第一页开始，一直遍历到最后一页
    headers = create_headers()
    for i in range(1, total_page + 1):
            page = 'http://{0}.fang.{1}.com/loupan/pg{2}'.format(city_name,
SPIDER_NAME, i)
        print(page)
        BaseSpider.random_delay()
        response = requests.get(page, timeout=10, headers=headers)
        html = response.content
        soup = BeautifulSoup(html, "lxml")
```

```
# 获得有小区信息的 panel
house_elements = soup.find_all('li', class_="resblock-list")
for house_elem in house_elements:
    price = house_elem.find('span', class_="number")
    total = house_elem.find('div', class_="second")
    loupan = house_elem.find('a', class_='name')

    # 继续清理数据
    try:
        price = price.text.strip()
    except Exception as e:
        price = '0'

    loupan = loupan.text.replace("\n", "")

    try:
        total = total.text.strip().replace(u'总价', '')
        total = total.replace(u'/套起', '')
    except Exception as e:
        total = '0'

    print("{0} {1} {2} ".format(
        loupan, price, total))

    # 作为对象保存
    loupan = LouPan(loupan, price, total)
    loupan_list.append(loupan)
return loupan_list
```

③　编写函数 start(self)，功能是根据获取的城市参数来爬取这个城市的二手房信息，对应的实现代码如下：

```
def start(self):
    city = get_city()
    print('Today date is: %s' % self.date_string)
    self.today_path = create_date_path("{0}/loupan".format(SPIDER_NAME),
city, self.date_string)

    t1 = time.time()   # 开始计时
    self.collect_city_loupan_data(city)
    t2 = time.time()   # 计时结束，统计结果

    print("Total crawl {0} loupan.".format(self.total_num))
    print("Total cost {0} second ".format(t2 - t1))
```

（2）编写文件 loupan.py，功能是爬取指定城市的新房楼盘信息，具体实现代码如下：

```
from lib.spider.loupan_spider import *

if __name__ == "__main__":
    spider = LouPanBaseSpider(SPIDER_NAME)
    spider.start()
执行文件 loupan.py 后，会先提示用户选择一个要抓取的城市：
Today date is: 20190212
Target site is ke.com
Wait for your choice.
Which city do you want to crawl?
bj: 北京 , cd: 成都 , cq: 重庆 , cs: 长沙
dg: 东莞 , dl: 大连 , fs: 佛山 , gz: 广州
hz: 杭州 , hf: 合肥 , jn: 济南 , nj: 南京
qd: 青岛 , sh: 上海 , sz: 深圳 , su: 苏州
```

```
sy: 沈阳，tj: 天津，wh: 武汉，xm: 厦门
yt: 烟台，
```

输入一个城市的两个字母标识，例如输入 jn 并按下回车后，会抓取当天济南市的新房楼盘信息，并将抓取到的信息保存到 CSV 文件中，如图 23-3 所示。

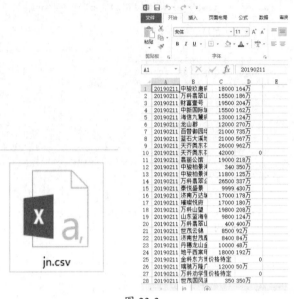

图 23-3

23.6.4　抓取小区信息

（1）编写文件 xiaoqu_spider.py 定义爬取小区数据的爬虫派生类，具体实现流程如下：

① 编写函数 collect_area_xiaoqu_data()，功能是获取每个板块下的所有小区的信息，并且将这些信息写入 CSV 文件中进行保存。对应代码如下：

```python
1    def collect_area_xiaoqu_data(self, city_name, area_name, fmt="csv"):
         """
         :param city_name: 城市
         :param area_name: 板块
         :param fmt: 保存文件格式
         :return: None
         """
         district_name = area_dict.get(area_name, "")
         csv_file = self.today_path + "/{0}_{1}.csv".format(district_name, area_name)
         with open(csv_file, "w") as f:
             # 开始获得需要的板块数据
             xqs = self.get_xiaoqu_info(city_name, area_name)
             # 锁定
             if self.mutex.acquire(1):
                 self.total_num += len(xqs)
                 # 释放
                 self.mutex.release()
             if fmt == "csv":
                 for xiaoqu in xqs:
                     f.write(self.date_string + "," + xiaoqu.text() + "\n")
         print("Finish crawl area: " + area_name + ", save data to : " + csv_file)
         logger.info("Finish crawl area: " + area_name + ", save data to : " + csv_file)
```

② 编写函数 get_xiaoqu_info()，功能是获取指定小区的详细信息，对应代码如下：

```
@staticmethod
def get_xiaoqu_info(city, area):
    total_page = 1
    district = area_dict.get(area, "")
    chinese_district = get_chinese_district(district)
    chinese_area = chinese_area_dict.get(area, "")
    xiaoqu_list = list()
    page = 'http://{0}.{1}.com/xiaoqu/{2}/'.format(city, SPIDER_NAME, area)
    print(page)
    logger.info(page)

    headers = create_headers()
    response = requests.get(page, timeout=10, headers=headers)
    html = response.content
    soup = BeautifulSoup(html, "lxml")

    # 获得总的页数
    try:
        page_box = soup.find_all('div', class_='page-box')[0]
        matches = re.search('.*"totalPage":(\d+),.*', str(page_box))
        total_page = int(matches.group(1))
    except Exception as e:
        print("\tWarning: only find one page for {0}".format(area))
        print(e)

    # 从第一页开始，一直遍历到最后一页
    for i in range(1, total_page + 1):
        headers = create_headers()
        page = 'http://{0}.{1}.com/xiaoqu/{2}/pg{3}'.format(city, SPIDER_
NAME, area, i)
        print(page)    # 打印板块页面地址
        BaseSpider.random_delay()
        response = requests.get(page, timeout=10, headers=headers)
        html = response.content
        soup = BeautifulSoup(html, 'lxml')

        # 获得有小区信息的 panel
        house_elems = soup.find_all('li', class_="xiaoquListItem")
        for house_elem in house_elems:
            price = house_elem.find('div', class_="totalPrice")
            name = house_elem.find('div', class_='title')
            on_sale = house_elem.find('div', class_="xiaoquListItemSellCount")

            # 继续清理数据
            price = price.text.strip()
            name = name.text.replace("\n", "")
            on_sale = on_sale.text.replace("\n", "").strip()

            # 作为对象保存
            xiaoqu = XiaoQu(chinese_district, chinese_area, name, price, on_sale)
            xiaoqu_list.append(xiaoqu)
    return xiaoqu_list
```

③　编写函数 start(self)，功能是根据获取的城市参数来爬取这个城市的小区信息，对应的实现代码如下：

```
def start(self):
    city = get_city()
    self.today_path = create_date_path("{0}/xiaoqu".format(SPIDER_NAME),
city, self.date_string)
    t1 = time.time()    # 开始计时
```

```
# 获得城市有多少区列表，district：区县
districts = get_districts(city)
print('City: {0}'.format(city))
print('Districts: {0}'.format(districts))

# 获得每个区的板块，area：板块
areas = list()
for district in districts:
    areas_of_district = get_areas(city, district)
    print('{0}: Area list:  {1}'.format(district, areas_of_district))
    # 用list的extend方法，L1.extend(L2)，该方法将参数L2的全部元素添加到L1的尾部
    areas.extend(areas_of_district)
    # 使用一个字典来存储区县和板块的对应关系，例如{'beicai': 'pudongxinqu', }
    for area in areas_of_district:
        area_dict[area] = district
print("Area:", areas)
print("District and areas:", area_dict)

# 准备线程池用到的参数
nones = [None for i in range(len(areas))]
city_list = [city for i in range(len(areas))]
args = zip(zip(city_list, areas), nones)
# areas = areas[0: 1]

# 针对每个板块写一个文件，启动一个线程来操作
pool_size = thread_pool_size
pool = threadpool.ThreadPool(pool_size)
my_requests = threadpool.makeRequests(self.collect_area_xiaoqu_data, args)
[pool.putRequest(req) for req in my_requests]
pool.wait()
pool.dismissWorkers(pool_size, do_join=True)    # 完成后退出

# 计时结束，统计结果
t2 = time.time()
print("Total crawl {0} areas.".format(len(areas)))
 print("Total cost {0} second to crawl {1} data items.".format(t2 - t1,
self.total_num))
```

（2）编写文件 xiaoqu.py，功能是爬取指定城市的小区信息，具体实现代码如下：

```
from lib.spider.xiaoqu_spider import *

if __name__ == "__main__":
    spider = XiaoQuBaseSpider(SPIDER_NAME)
    spider.start()
执行文件xiaoqu.py后，会先提示用户选择一个要抓取的城市：
Today date is: 20190212
Target site is ke.com
Wait for your choice.
Which city do you want to crawl?
bj: 北京，cd: 成都，cq: 重庆，cs: 长沙
dg: 东莞，dl: 大连，fs: 佛山，gz: 广州
hz: 杭州，hf: 合肥，jn: 济南，nj: 南京
qd: 青岛，sh: 上海，sz: 深圳，su: 苏州
sy: 沈阳，tj: 天津，wh: 武汉，xm: 厦门
yt: 烟台，
```

输入一个城市的两个字母标识，例如输入 jn 并按下回车后，会抓取当天济南市的小区信息，并将抓取到的信息保存到 CSV 文件中，如图 23-4 所示。

名称 ^	修改日期	类型	大小
changqing_changqing1111.csv	2019/2/11 21:28	Microsoft Excel ...	4 KB
changqing_changqingdaxuecheng.csv	2019/2/11 21:27	Microsoft Excel ...	2 KB
gaoxin_aotizhonglu.csv	2019/2/11 21:27	Microsoft Excel ...	1 KB
gaoxin_aotizhongxin.csv	2019/2/11 21:27	Microsoft Excel ...	2 KB
gaoxin_guojihuizhanzhongxin.csv	2019/2/11 21:27	Microsoft Excel ...	1 KB
gaoxin_hanyu.csv	2019/2/11 21:27	Microsoft Excel ...	3 KB
gaoxin_jingshidonglu.csv	2019/2/11 21:27	Microsoft Excel ...	1 KB
gaoxin_kanghonglu.csv	2019/2/11 21:27	Microsoft Excel ...	1 KB
gaoxin_qiluruanjianyuan.csv	2019/2/11 21:27	Microsoft Excel ...	2 KB
gaoxin_shijidadao.csv	2019/2/11 21:27	Microsoft Excel ...	1 KB
huaiyin_baimashan.csv	2019/2/11 21:27	Microsoft Excel ...	3 KB
huaiyin_chalujie.csv	2019/2/11 21:27	Microsoft Excel ...	3 KB
huaiyin_daguanyuan.csv	2019/2/11 21:27	Microsoft Excel ...	5 KB
huaiyin_dikoulu.csv	2019/2/11 21:27	Microsoft Excel ...	6 KB
huaiyin_duandian.csv	2019/2/11 21:27	Microsoft Excel ...	3 KB
huaiyin_ertongyiyuan.csv	2019/2/11 21:27	Microsoft Excel ...	1 KB
huaiyin_huochezhan3.csv	2019/2/11 21:27	Microsoft Excel ...	3 KB
huaiyin_jianshelu2.csv	2019/2/11 21:27	Microsoft Excel ...	4 KB
huaiyin_jingshixilu.csv	2019/2/11 21:27	Microsoft Excel ...	1 KB
huaiyin_kuangshanqu1.csv	2019/2/11 21:27	Microsoft Excel ...	3 KB
huaiyin_lashan.csv	2019/2/11 21:27	Microsoft Excel ...	4 KB
huaiyin_liancheng.csv	2019/2/11 21:27	Microsoft Excel ...	2 KB
huaiyin_liuzhangshanlu.csv	2019/2/11 21:27	Microsoft Excel ...	1 KB
huaiyin_meilihu.csv	2019/2/11 21:27	Microsoft Excel ...	2 KB
huaiyin_nanxinzhuang.csv	2019/2/11 21:27	Microsoft Excel ...	3 KB

图 23-4

23.7　数据可视化

在抓取到房价数据后，我们可以将 CSV 文件实现可视化分析。但是为了更加方便地操作，可以将抓取的数据保存到数据库中，然后提取数据库中的数据进行数据分析。在本节的内容中，将详细讲解将数据保存到数据库并进行数据分析的过程。

23.7.1　抓取数据并保存到数据库

编写文件 xiaoqu_to_db.py，功能是抓取指定城市的小区房价数据保存到数据库中，我们可以选择存储的数据库类型有 MySQL、MongoDB、JSON、CSV 和 Excel，默认的存储方式是 MySQL。文件 xiaoqu_to_db.py 的具体实现流程如下：

（1）创建提示语句，询问用户将要抓取的目标城市。对应实现代码如下：

```
pymysql.install_as_MySQLdb()
def create_prompt_text():
    city_info = list()
    num = 0
```

```
        for en_name, ch_name in cities.items():
            num += 1
            city_info.append(en_name)
            city_info.append(": ")
            city_info.append(ch_name)
            if num % 4 == 0:
                city_info.append("\n")
            else:
                city_info.append(", ")
        return 'Which city data do you want to save ?\n' + ''.join(city_info)
```

（2）设置数据库类型，根据不同的存储类型执行对应的写入操作。对应实现代码
如下：

```
    if __name__ == '__main__':
        # 设置目标数据库
        ###################################
        # mysql/mongodb/excel/json/csv
        database = "mysql"
        # database = "mongodb"
        # database = "excel"
        # database = "json"
        # database = "csv"
        ###################################
        db = None
        collection = None
        workbook = None
        csv_file = None
        datas = list()

        if database == "mysql":
            import records
            db = records.Database('mysql://root:66688888@localhost/
lianjia?charset=utf8', encoding='utf-8')
        elif database == "mongodb":
            from pymongo import MongoClient
            conn = MongoClient('localhost', 27017)
            db = conn.lianjia  # 连接 lianjia 数据库，没有则自动创建
            collection = db.xiaoqu  # 使用 xiaoqu 集合，没有则自动创建
        elif database == "excel":
            import xlsxwriter
            workbook = xlsxwriter.Workbook('xiaoqu.xlsx')
            worksheet = workbook.add_worksheet()
        elif database == "json":
            import json
        elif database == "csv":
            csv_file = open("xiaoqu.csv", "w")
            line = "{0};{1};{2};{3};{4};{5};{6}\n".format('city_ch', 'date',
'district', 'area', 'xiaoqu', 'price', 'sale')
            csv_file.write(line)
```

（3）准备日期信息，将爬到的数据保存到对应日期的相关文件夹下。对应的实现代码
如下：

```
    city = get_city()
    date = get_date_string()
    # 获得 csv 文件路径
    # date = "20180331"    # 指定采集数据的日期
    # city = "sh"          # 指定采集数据的城市
    city_ch = get_chinese_city(city)
    csv_dir = "{0}/{1}/xiaoqu/{2}/{3}".format(DATA_PATH, SPIDER_NAME, city, date)

    files = list()
```

```
        if not os.path.exists(csv_dir):
            print("{0} does not exist.".format(csv_dir))
            print("Please run 'python xiaoqu.py' firstly.")
            print("Bye.")
            exit(0)
    else:
        print('OK, start to process ' + get_chinese_city(city))
    for csv in os.listdir(csv_dir):
        data_csv = csv_dir + "/" + csv
        # print(data_csv)
        files.append(data_csv)
```

（4）清理数据，删除没有房源信息的小区。对应实现代码如下：

```
    # 清理数据
    count = 0
    row = 0
    col = 0
    for csv in files:
        with open(csv, 'r') as f:
            for line in f:
                count += 1
                text = line.strip()
                try:
                    # 如果小区名里面没有逗号，那么总共是 6 项
                    if text.count(',') == 5:
                        date, district, area, xiaoqu, price, sale = text.split(',')
                    elif text.count(',') < 5:
                        continue
                    else:
                        fields = text.split(',')
                        date = fields[0]
                        district = fields[1]
                        area = fields[2]
                        xiaoqu = ','.join(fields[3:-2])
                        price = fields[-2]
                        sale = fields[-1]
                except Exception as e:
                    print(text)
                    print(e)
                    continue
                sale = sale.replace(r'套在售二手房', '')
                price = price.replace(r'暂无', '0')
                price = price.replace(r'元/m²', '')
                price = int(price)
                sale = int(sale)
                print("{0} {1} {2} {3} {4} {5}".format(date, district, area,
xiaoqu, price, sale))
```

（5）将爬取到的房价数据添加到数据库中或 JSON、Excel、CSV 文件中。对应实现代
码如下：

```
                # 写入 mysql 数据库
                if database == "mysql":
                    db.query('INSERT INTO xiaoqu (city, date, district, area,
xiaoqu, price, sale) '
                                'VALUES(:city, :date, :district, :area, :xiaoqu,
:price, :sale)',
                                    city=city_ch, date=date, district=district,
area=area, xiaoqu=xiaoqu, price=price,
                                        sale=sale)
                # 写入 mongodb 数据库
                elif database == "mongodb":
```

```
                        data = dict(city=city_ch, date=date, district=district,
area=area, xiaoqu=xiaoqu, price=price,
                                sale=sale)
                        collection.insert(data)
                    elif database == "excel":
                        if not PYTHON_3:
                            worksheet.write_string(row, col, city_ch)
                            worksheet.write_string(row, col + 1, date)
                            worksheet.write_string(row, col + 2, district)
                            worksheet.write_string(row, col + 3, area)
                            worksheet.write_string(row, col + 4, xiaoqu)
                            worksheet.write_number(row, col + 5, price)
                            worksheet.write_number(row, col + 6, sale)
                        else:
                            worksheet.write_string(row, col, city_ch)
                            worksheet.write_string(row, col + 1, date)
                            worksheet.write_string(row, col + 2, district)
                            worksheet.write_string(row, col + 3, area)
                            worksheet.write_string(row, col + 4, xiaoqu)
                            worksheet.write_number(row, col + 5, price)
                            worksheet.write_number(row, col + 6, sale)
                        row += 1
                    elif database == "json":
                        data = dict(city=city_ch, date=date, district=district,
area=area, xiaoqu=xiaoqu, price=price,
                                sale=sale)
                        datas.append(data)
                    elif database == "csv":
                        line = "{0};{1};{2};{3};{4};{5};{6}\n".format(city_ch,
date, district, area, xiaoqu, price, sale)
                        csv_file.write(line)

    # 写入，并且关闭句柄
    if database == "excel":
        workbook.close()
    elif database == "json":
        json.dump(datas, open('xiaoqu.json', 'w'), ensure_ascii=False,
indent=2)
    elif database == "csv":
        csv_file.close()

    print("Total write {0} items to database.".format(count))
```

执行后会提示用户选择一个目标城市：
```
Wait for your choice.
Which city do you want to crawl?
bj: 北京, cd: 成都, cq: 重庆, cs: 长沙
dg: 东莞, dl: 大连, fs: 佛山, gz: 广州
hz: 杭州, hf: 合肥, jn: 济南, nj: 南京
qd: 青岛, sh: 上海, sz: 深圳, su: 苏州
sy: 沈阳, tj: 天津, wh: 武汉, xm: 厦门
yt: 烟台,
```

假设输入 jn 并按下回车键，则会将济南市的小区信息保存到数据库中。因为在上述代码中设置的默认存储方式是 MySQL，所以会在将抓取到的数据保存到 MySQL 数据库中，如图 23-5 所示。

图 23-5

注意：MySQL 数据库的数据库结构通过导入源码目录中的 SQL 文件 lianjia_xiaoqu.sql 创建。

23.7.2　可视化济南市房价最贵的 4 个小区

编写文件 pricetubiao.py，功能是提取分析 MySQL 数据中的数据，可视化展示当日济南市房价最贵的 4 个小区。文件 pricetubiao.py 的具体实现代码如下：

```python
import pymysql
from pylab import *
mpl.rcParams["font.sans-serif"] = ["SimHei"]
mpl.rcParams["axes.unicode_minus"] = False

##获取一个数据库连接，注意如果是 UTF-8 类型的，需要指定数据库
db = pymysql.connect(host="localhost", user='root', passwd="66688888",
port=3306, db="lianjia", charset='utf8')
cursor = db.cursor()   # 获取一个游标
sql = "select xiaoqu,price from xiaoqu where price!=0 order by price desc LIMIT 4"
cursor.execute(sql)
result = cursor.fetchall()   # result 为元组

# 将元组数据存进列表中
xiaoqu = []
price = []
for x in result:
    xiaoqu.append(x[0])
    price.append(x[1])

# 直方图
plt.bar(range(len(price)), price, color='steelblue', tick_label=xiaoqu)
plt.xlabel(" 小区名 ")
plt.ylabel(" 价格 ")
plt.title(" 济南房价 Top 4 小区 ")
for x, y in enumerate(price):
    plt.text(x - 0.1, y + 1, '%s' % y)
plt.show()
cursor.close()        # 关闭游标
db.close()            # 关闭数据库
```

执行效果如图 23-6 所示。

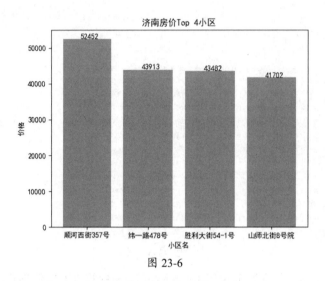

图 23-6

23.7.3 可视化济南市主要地区的房价均价

编写文件 gequ.py，功能是提取分析 MySQL 数据中的数据，可视化展示当日济南市主要行政区的房价均价。文件 gequ.py 的具体实现代码如下：

```
import pymysql
from pylab import *
mpl.rcParams["font.sans-serif"] = ["SimHei"]
mpl.rcParams["axes.unicode_minus"] = False
plt.figure(figsize=(10, 6))
## 获取一个数据库连接，注意如果是 UTF-8 类型的，需要指定数据库
db = pymysql.connect(host="localhost", user='root', passwd="66688888",
port=3306, db="lianjia", charset='utf8')
cursor = db.cursor()  # 获取一个游标

sql = "select district,avg(price) as avgsprice from xiaoqu where price!=0 group
by district"

cursor.execute(sql)
result = cursor.fetchall()  # result 为元组

# 将元组数据存进列表中
district = []
avgsprice = []
for x in result:
    district.append(x[0])
    avgsprice.append(x[1])

# 直方图
plt.bar(range(len(avgsprice)), avgsprice, color='steelblue', tick_
label=district)
plt.xlabel("行政区")
plt.ylabel("平均价格")
plt.title("济南市主要行政区房价均价")
for x, y in enumerate(avgsprice):
    plt.text(x - 0.5, y + 2, '%s' % y)
```

```
plt.show()
cursor.close()    # 关闭游标
db.close()    # 关闭数据库
```

执行效果如图 23-7 所示。

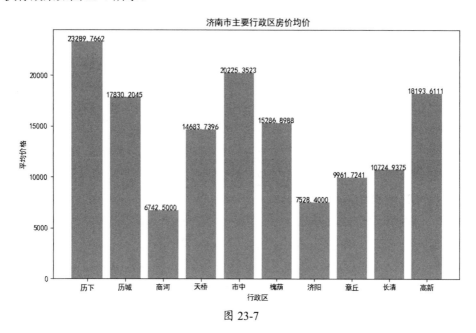

图 23-7